U0003953

站在巨人肩上 **1**
On the Shoulders of Giants

天體運行論（復刻精裝版）

作者：哥白尼（Nicolaus Copernicus）
編 / 導讀：霍金（Stephen Hawking）
譯者：張卜天
責任編輯：湯皓全　美術編輯：何萍萍
法律顧問：董安丹律師、顧慕堯律師
出版者：大塊文化出版股份有限公司　台北市 10550 南京東路 4 段 25 號 11 樓
www.locuspublishing.com　讀者服務專線：0800-006689
TEL: (02) 87123898　FAX: (02) 87123897
郵撥帳號：18955675　戶名：大塊文化出版股份有限公司
版權所有・翻印必究

總經銷：大和書報圖書股份有限公司　地址：新北市新莊區五工五路 2 號
TEL: (02) 8990-2588（代表號）　FAX: (02) 2290-1658
二版一刷：2019 年 3 月

定價：新台幣 600 元

大體運行論 / 哥白尼 (Nicolaus Copernicus) 著；
霍金 (Stephen Hawking) 編・導讀；張卜天譯．
-- 二版 .-- 臺北市：大塊文化，2019.03　面；　公分
譯自 On the revolutions of heavenly spheres
ISBN 978-986-213-961-5(精裝)

1. 天文學

320　108001712

On the Revolutions *of* Heavenly Spheres

天體運行論

哥白尼 著　霍金 編・導讀

張卜天 譯

目錄

關於英文文本的說明

　　本書所選的英文文本均譯自業已出版的原始文獻。我們無意把作者本人的獨特用法、拼寫或標點強行現代化，也不會使各文本在這方面保持統一。

　　尼古拉・哥白尼的《天體運行論》（*On the Revolutions of Heavenly Spheres*）初版於 1543 年，出版時的標題為 *De revolutionibus orbium colestium*。這裏選的是 Charles Glen Wallis 的譯本。

原編者

前　言

　　「如果說我看得比別人更遠，那是因爲我站在巨人的肩上。」伊薩克・牛頓在 1676 年致羅伯特・胡克的一封信中這樣寫道。儘管牛頓在這裏指的是他在光學上的發現，而不是指他關於引力和運動定律那更重要的工作，但這句話仍然不失爲一種適當的評論——科學乃至整個文明是累積前進的，它的每項進展都建立在已有的成果之上。這就是本書的主題，從尼古拉・哥白尼提出地球繞太陽轉的劃時代主張，到愛因斯坦關於質量與能量使時空彎曲的同樣革命性的理論，本書用原始文獻來追溯我們關於天的圖景的演化歷程。這是一段動人心魄的傳奇之旅，因爲無論是哥白尼還是愛因斯坦，都使我們對自己在萬事萬物中的位置的理解發生了深刻的變化。我們置身於宇宙中心的那種特權地位已然逝去，永恆和確定性已如往事雲煙，絕對的空間和時間也已經爲橡膠布所取代了。

　　難怪這兩種理論都遭到了強烈的反對：哥白尼的理論受到了教廷的干預，相對論受到了納粹的壓制。我們現在有這樣一種傾向，即把亞里斯多德和托勒密關於太陽繞地球這個中心旋轉之較早的世界圖景斥之爲幼稚的想法。然而，我們不應對此冷嘲熱諷，這種模型決非頭腦簡單的產物。它不僅把亞里斯多德關於地球是一個圓球而非扁平盤子的推論包含在內，而且在實現其主要功能，即出於占星術的目的而預言天體在天空中的視位置方面也是相當準確的。事實上，在這方面，它足以同 1543 年哥白尼所提出的地球與行星都繞太陽旋轉的異端主

張相媲美。

伽利略之所以會認為哥白尼的主張令人信服，並不是因為它與觀測到的行星位置更相符，而是因為它的簡潔和優美，與之相對的則是托勒密模型中複雜的本輪。在《關於兩門新科學的對話》中，薩耳維亞蒂和薩格列多這兩個角色都提出了有說服力的論證來支持哥白尼，然而第三個角色辛普里修卻依然有可能為原典所辯和托勒密辯護，他堅持認為，實際上是地球處於靜止，太陽繞地球旋轉。

直到克卜勒開展的工作，日心模型才變得更加精確起來，之後牛頓賦予了它運動定律，地心圖景這才最終徹底喪失了可信性。這是我們宇宙觀的巨大轉變：如果我們不在中心，我們的存在還能有什麼重要性嗎？上帝或自然律為什麼要在乎從太陽算起的第三塊岩石上（這正是哥白尼留給我們的地方）發生了什麼呢？現代的科學家在尋求一個人在其中沒有任何地位的宇宙的解釋方面勝過了哥白尼。儘管這種研究在尋找支配宇宙的客觀的、非人格的定律方面是成功的，但它並沒有（至少是目前）解釋宇宙為什麼是這個樣子，而不是與定律相一致的許多可能宇宙中的另一個。

有些科學家會說，這種失敗只是暫時的，當我們找到終極的統一理論時，它將唯一地決定宇宙的狀態、引力的強度、電子的質量和電荷等。然而，宇宙的許多特徵（比如我們是在第三塊岩石上，而不是第二塊或第四塊這一事實）似乎是任意和偶然的，而不是由一個主要方程式所規定的。許多人（包括我自己）都覺得，要從簡單定律推出這樣一個複雜而有結構的宇宙，需要借助於所謂的「人擇原理」，它使我們重新回到了中心位置，而自哥白尼時代以來，我們已經謙恭到不再作此宣稱了。人擇原理基於這樣一個不言自明的事實，那就是在我們已知的產生（智慧？）生命的先決條件當中，如果宇宙不包含恆星、行星以及穩定的化合物，我們就不會提出關於宇宙本性的問題。即使把極理論能夠唯一地預測了宇宙的狀態和它的組成的事情，而且我們發現在使生命得以可能的一個小子集中也只是一個驚人的巧合罷了。

然而，本書中的最後一位思想家阿爾伯特·愛因斯坦的著作卻提

出了一種新的可能性。愛因斯坦曾對量子理論的發展起過重要的作用，量子理論認為，一個系統並不像我們可能認為的那樣只有單一的歷史，而是每種可能的歷史都有一些可能性。愛因斯坦還幾乎單槍匹馬地創立了廣義相對論，在這種理論中，空間與時間是彎曲的，並且是動力學的。這意味著它們受量子理論的支配，宇宙本身具有每一種可能的形狀和歷史。這些歷史中的大多數都將非常不適於生命的成長，但也有極少數會具備一切所需的條件。這極少數歷史相比於其他是否只有很小的可能性，這是無關緊要的，因為在無生命的宇宙中，將不會有人去觀察它們。但至少存在著一種歷史是生命可以成長的，我們自己就是證據，儘管可能不是智慧的證據。牛頓說他是「站在巨人的肩上」，但正如本書所清楚闡明的，我們對事物的理解並非只是基於前人的著作而穩步前行的。有時，正像面對哥白尼和愛因斯坦那樣，我們不得不向著一個新的世界圖景做出理智上的跨越。也許牛頓本應這樣說：「我把巨人的肩用做了跳板。」

哥白尼生平與著作

　　尼古拉·哥白尼（1473-1543）這位十六世紀的波蘭牧師和數學家，往往被認爲是近代天文學的奠基人。他之所以能夠獲得如此殊榮，是因爲他是第一個得出這樣結論的人──即行星與太陽並非繞地球旋轉。當然，關於日心宇宙的猜想早在阿里斯塔克（Aristarchus）（死於西元前 230 年）那裏就出現了，但在哥白尼以前，這個想法從未被認眞考慮過。要想理解哥白尼的貢獻，考察科學發現在他那個時代所具有的宗教和文化涵義是重要的。

　　早在西元前四世紀，希臘思想家、哲學家亞里斯多德（西元前 384—前 322）在其《論天》（*De Caelo*）一書中就構想了一個行星體系。他還斷定，由於在月食發生時地球落在月亮上的陰影總是呈圓形，所以地球是球狀的而不是扁平的。他之所以猜想地球是圓的，還因爲遠航船隻的船體總是先於船帆在地平線上消失。

　　在亞里斯多德的地心體系中，地球是靜止不動的，而水星、金星、火星、木星、土星以及太陽和月亮則繞地球做圓周運動。亞里斯多德還認爲，恆星固定於天球之上，根據他的宇宙尺度，這些恆星距離土星天球並不是太遠，他確信天體在做完美的圓周運動，並有很好的理由認爲地球處於靜止。一塊從塔頂釋放的石頭會垂直下落，它並沒有像我們所期待的那樣落在西邊，如果地球是自西向東旋轉的話（亞里斯多德並不認爲石頭會參與地球的旋轉）。在嘗試把物理學與形而上學結合起來的過程中，亞里斯多德提出了他的「原動者」理論，這種

理論認為,有一種隱藏在恆星後面的神祕力量引起了他所觀察到的圓周運動。這種宇宙模型為神學家們所接受和擁護,他們往往把原動者解釋為天使。亞里斯多德的這一看法持續了數個世紀之久。許多現代學者都認為,宗教權威對這種理論的普遍接受阻礙了科學的發展,因為挑戰亞里斯多德的理論,就等於挑戰教會本身的權威。

在亞里斯多德去世五個世紀之後, 一個名叫克勞迪烏斯·托勒密 (Claudius Ptolemaeus)(87-150)的埃及人建立了一個宇宙模型,用它可以更準確地預測天球的運動和行程。像亞里斯多德一樣,托勒密也認為地球是靜止不動的,他推論說,物體之所以會落向地心,是因為地球必定靜止在宇宙的中心。托勒密最終精心設計了一個天體沿著自身的本輪(本輪是這樣一個圓,行星沿著本輪運動,而同時本輪的中心又沿著一個更大的圓做圓周運動)做圓周運動的體系。為了達到目的,他把地球從宇宙的中心稍微移開了一些,並把新的中心稱為「偏心均速點」(equant)——一個幫助解釋行星運動的假想的點,只要適當選擇圓的大小,托勒密就能夠更好地預測天體的運行。基督教與托勒密的地心體系基本上沒有什麼衝突,地心體系在恆星後面為天堂和地獄留下了空間,所以教會把托勒密的宇宙模型當做真理接受了下來。

亞里斯多德和托勒密的宇宙圖景統治達一千多年,其間基本沒有經歷什麼大的改動,直到 1514 年,波蘭牧師尼古拉·哥白尼才復活了日心宇宙模型。哥白尼只是把它當做一個計算行星位置的模型提了出來,因為他擔心如果主張它是對實在的描述,那麼教會就可能把他定為異端。通過對行星運動的研究,哥白尼確信地球只是另外一顆行星罷了,位於宇宙中心的是太陽。這一假說以日心模型而著稱。哥白尼的突破是世界史上最重大的範式轉換之一,它為近代天文學開闢了道路,並且對科學、哲學和宗教都有著深遠的影響。這位上了年紀的牧師不願洩漏自己的理論,以免招致教會權威的過激反應,所以他只是把自己的著作給少數幾位天文學家看了。到了 1543 年,當哥白尼臨死時,他的巨著《天體運行論》(*On the Revolutions of Heavenly*

Spheres 或 *De Revolutionibus Orbium Coelestium*）出版了。他活著的時候沒有見證他的日心理論可能造成的混亂。

1473 年 2 月 19 日，哥白尼出生在托倫（Torun）城的一個非常重視教育的商人和市政官員家庭。他的舅舅，埃姆蘭德（Ermland）的主教魯卡斯・瓦琴洛德（Lukasz Watzenrode），確保他的這個外甥可以得到波蘭最好的學術教育。1491 年，哥白尼進入克拉科夫大學就讀，在那裏學習了四年的通識課程之後，他決定去義大利學習法律和醫學，這也是當時波蘭傑出人物的普遍做法。當哥白尼在博洛尼亞（Bologna）大學（在那裏，他最終成了一位天文學教授）就讀時，曾寄宿在一位著名的數學家多米尼科・馬利亞・德・諾瓦拉（Domenico Maria de Novara）家中，哥白尼後來成了他的學生。諾瓦拉是托勒密的批評者，他對其西元二世紀的天文學理論持懷疑態度。1500 年 11 月，哥白尼在羅馬對一次月食進行了觀測。儘管在以後的幾年裏，他仍在義大利學習醫學，但他從未喪失過對天文學的熱情。

在獲得了教會法博士學位之後，哥白尼在他舅舅生活過的海爾斯堡（Heilsberg）主教教區行醫，王室成員和高級牧師都要求他看病，但哥白尼卻把絕大部分時間花在了窮人身上。1503 年，他回到波蘭，搬進了他舅舅在里茲巴克瓦明斯基（Lidzbark Warminski）的主教官邸。在那裏，他負責處理主教教區的一些行政事務，同時也擔任他舅舅的顧問。當舅舅於 1512 年去世以後，哥白尼就到弗勞恩堡（Frauen-burg）永久定居，並在後半生一直擔任牧師職務。然而，這位數學、醫學和神學方面的學者最廣爲人知的工作才剛剛開始。

1513 年 3 月，哥白尼從聖堂參事會買回來八百塊建築石料和一桶石灰，建了一座觀測塔樓。在那裏，他利用四分儀、視差儀和星盤等儀器對太陽、月亮和恆星進行觀測。在接下來的一年，他寫了一本簡短的《要釋》（*Commentary on the Theories of the Motions of Heavenly Objects from their Arrangements* 或 *De hypothesibus motuum coelestium a se constitutis commentariolus*），但是他拒絕發表手稿，而只是謹慎地把它在最可靠的朋友中流傳。《要釋》是闡述

地球運動而太陽靜止這一天文學理論的初次嘗試。哥白尼開始對統治西方思想數個世紀的亞里斯多德—托勒密天文學體系感到不滿。在他看來，地球的中心並不是宇宙的中心，而只是月球軌道的中心。哥白尼最終認為，我們所觀測到的行星運動的明顯擾動，是地球繞軸自轉和沿軌道運轉共同作用的結果。「像其他任何行星一樣，我們也繞太陽旋轉。」他在《要釋》中得出了這樣的結論。

儘管關於日心宇宙的猜想可以追溯到西元前二世紀的阿里斯塔克，但是神學家和學者們都覺得，地心理論更讓人感到踏實，這一前提幾乎是不爭的事實。哥白尼小心翼翼地避免公開暴露自己的任何觀點，而寧願通過數學演算和細心繪製圖形來默默發展自己的思想，以免把理論流傳到朋友圈子以外。1514 年，當教皇利奧十世責成弗桑布隆（Fossombrone）的保羅主教讓哥白尼對改革教曆發表看法時，這位波蘭天文學家回答說，我們關於日月運動與周年長度之間關係的知識匱乏到經受不起任何改革。然而，這個挑戰必定使哥白尼耿耿於懷，因為他後來把一些相關的觀測寫信告訴了教皇保羅三世（指派米開朗基羅為西斯汀禮拜堂作畫的正是這位教皇），這些觀測在七十年後成了制定格里高利曆的基礎。

哥白尼仍然擔心會受到民眾和教會的譴責，他花了數年私下修訂和增補了《要釋》，其結果就是 1530 年完成的《天體運行論》，但卻晚了 13 年才出版。然而，擔心教會的譴責並非哥白尼遲遲不願出版的唯一原因。哥白尼是一個完美主義者，他總覺得自己的發現尚待考證和修訂，他不斷講授自己的行星理論，甚至還給認可其著作的教皇克萊門七世作講演。1536 年，克萊門正式要求哥白尼發表自己的理論。哥白尼的一個 25 歲的德國學生也敦促老師發表《天體運行論》，這個人名叫格奧格·約阿希姆·雷蒂庫斯（Georg Joachim Rheticus），他放棄了維滕堡（Wittenburg）的數學教席來跟哥白尼學習。1540 年，雷蒂庫斯協助編輯這部著作，並把原稿交給了紐倫堡的路德教印刷商，從而最終促成了哥白尼革命。

當《天體運行論》於 1543 年面世時，那些把日心宇宙當做前提的

新教神學家攻擊它有悖於《聖經》。他們認為，哥白尼的理論有可能誘使人們相信，他們只是自然秩序的一部分，而不是自然繞之加以排列的中心。正是由於神職人員的這種反對，或許再加上對非地心宇宙圖景的普遍懷疑，從 1543 年到 1600 年間，只有屈指可數的幾位科學家擁護哥白尼理論。畢竟，哥白尼並未解決地球繞軸自轉（以及繞太陽旋轉）的任何體系都要面臨的主要問題，即地上的物體是如何跟隨旋轉的地球一起運動的。一位義大利科學家、公開的哥白尼主義者喬爾達諾·布魯諾（Giordano Bruno）回答了這個問題，他主張空間可能沒有邊界，太陽系也許只是宇宙中許多類似體系中的一個。布魯諾還為天文學拓展了一些《天體運行論》沒有觸及到的純思辨領域。在他的著作和講演中，這位義大利科學家宣稱，宇宙中存在著無數個有智能生命的世界，甚至有些生命比人還要高級。這種肆無忌憚的言論引起了教廷的警覺，由於這種異端思想，教廷對他進行了譴責和審判。1600 年，布魯諾被燒死在火刑柱上。

然而總體上說，這部著作並沒有立即對近代天文學研究產生影響。在《天體運行論》中，哥白尼所提出的實際上不是日心體系，而是日靜體系。他認為太陽並非精確位於宇宙的中心，而是在它的附近，只有這樣，才能對觀測到的逆行和亮度變化做出解釋。他斷言，地球每天繞軸自轉一周，每年繞太陽運轉一周。這本書共分為六卷，在第一卷中，他與托勒密體系進行了論辯。在托勒密體系中，所有天體都圍繞地球旋轉，而且這種體系還得出了正確的日心次序：水星、金星、火星、木星和土星（當時所知道的六顆行星）。在第二卷中，哥白尼運用數學（即本輪和偏心均速點）解釋了恆星與行星的運動，並且推論出太陽運動和地球運動的結果是一致的。第三卷提出了對二分點歲差的數學說明，哥白尼把它歸於地球繞軸的搖擺。《天體運行論》的其餘部分則把焦點集中在了行星與月球的運行上面。

哥白尼是第一個把金星與水星正確定位的人，他極為準確地定出了已知行星的次序和距離。他發現這兩顆行星（金星與水星）距離太陽較近，而且注意到它們在地球軌道內以較快的速度運行。

在哥白尼以前，太陽曾被認為是另一顆行星。把太陽置於行星體系的實際中心是哥白尼革命的開始。由於把地球從原本是所有天體賴以穩定的宇宙中心移開了，哥白尼被迫要提出重力理論。哥白尼之前的重力解釋只假定了一個重力中心（地球），而哥白尼卻推測，每一個天體都可能有自己的重力特性，並且斷言說，任何地方的重物都趨向它們自己的中心。這種洞察力終將造就萬有引力理論，但其影響並不是即刻產生的。

到了 1543 年，哥白尼的身體右側已經癱瘓，他的身心狀況也已大不如前。這位完美主義者不得不在印刷的最後階段讓出了他的《天體運行論》原稿。哥白尼委任他的學生雷蒂庫斯處理他的手稿，但是當雷蒂庫斯被迫離開紐倫堡時，這份手稿卻落入了路德教派神學家安德里亞斯・奧西安得（Andreas Osiander）之手。為了安撫地心理論的擁護者，奧西安得在哥白尼不知情的情況下，擅自做了幾處改動。他在扉頁上加入了「假說」一詞，並且刪去了幾處重要的段落，還摻進了他自己的一些話，這些做法減弱了這部著作的影響力和可靠性。據說，哥白尼直到臨終之時才在弗勞恩堡得到了這本書的一個副本，這時他還不知道奧西安得所做的手腳。哥白尼的思想在以後的一百年裏一直相對模糊不定，直到十七世紀，才有像伽利略・伽利萊、約翰內斯・克卜勒和伊薩克・牛頓這樣的人把自己的工作建立在日心宇宙之上，從而有力地消除了亞里斯多德思想的影響。許多人都對這位改變了人們宇宙觀的波蘭牧師做出過評論，在這當中，也許最富表現力的要屬德國作家兼科學家約翰・沃爾夫岡・馮・歌德對哥白尼貢獻的評價了：

> 哥白尼的學說撼動人類精神之深，自古以來沒有任何一種發明、沒有任何一個創見可與之相比。當地球就迫使我承認宇宙中有一兩顆時，還數了度有人知道它為什麼是一個白足的球體。或許，人類還從未面臨過這樣大的挑戰，因為如果承認這個理論，無數事物就將灰飛煙滅了！誰還會相信那個清純、虔敬而又浪漫

的伊甸樂園呢？感官的證據、充滿詩意的宗教信仰還有那麼大的
說服力嗎？難怪他的同時代人不願聽憑這一切白白逝去，而要對
這一學說百般阻撓，而這在它的皈依者們看來，卻又無異於要求
了觀念的自由，認可了思想的偉力，這真是聞所未聞，甚至連做
夢都想不到的。

——約翰·沃爾夫岡·馮·歌德

序　言

與讀者談談這部著作中的假說①

　　既然這部著作中的新假說——讓地球運動起來，而把靜止不動的太陽置於宇宙的中心——已經廣為人知，因此我毫不懷疑，某些飽學之士一定會為此火冒三丈，認為當前在早已正確建立起來的人文學科中製造任何干擾都是錯誤的。然而，如果他們願意認真進行考察之後再作結論，那麼就會發現本書作者其實並沒有做出什麼可以橫加指責的事情。要知道，數學家的職責就是先通過艱苦的、訓練有素的觀察把天的運動的歷史蒐集起來，然後——由於他無論如何也不能發現這些運動的真正原因——再想像或構想出任何令他自己滿意的原因或假說，以至於通過假設這些原因，過去和將來的那些同樣的運動也可以通過幾何學原理計算出來，本書作者在這兩個方面做得都很出色。這些假說無須真實，甚至也並不一定是可能的，只要它們能夠提供一套與觀測結果相符的計算方法，那就足夠了。或許碰巧有這樣一個人，

---

① 這篇序言最初被認為是哥白尼本人所作，但人們後來才知道，它其實是由哥白尼的一個朋友、路德教派神學家安德里亞斯・奧西安得 （Andreas Osiander） 所作，他當時負責《天體運行論》的編印。——英譯者

他對幾何學和光學一竅不通，竟認爲金星的本輪是可能的，並且相信這就是爲什麼金星會在 40°左右的角距離處交替移到太陽前後的原因之一。難道誰還能認識不到這個假設必然會導致如下結果：行星的視直徑在近地點處要比在遠地點處大四倍多，從而星體要大出十六倍以上？但任何時代的經驗都沒有表明這種情況出現過②。在這門學科中還有其他一些同樣荒唐的事情，但這裏沒有必要也不在乎羅列它們了。事實已經很清楚，這門學科對視運動不均勻的原因絕對是全然無知的。如果說它憑想像提出了一些原因（它當然已經想像出很多了），那麼這不是爲了說服任何人相信它們是眞實的，而只需要認爲它們爲計算提供了一個可靠的基礎。但由於同一種運動有時可以對應不同的假說（比如爲太陽的運動提出離心率和本輪），數學家一定會願意優先選用最易掌握的假說。也許哲學家會要求知道其可能性有多大，但除非是受到神明的啓示，否則誰也無法把握任何確定的東西，或是能夠把它傳達給別人。因此，請允許我把這些新的假說也公之於世，讓它們與那些現在不再被認爲是可能的古代假說列在一起。我之所以要這樣做，更是因爲這些新假說是美妙而簡潔的，而且與大量精確的觀測結果相符。既然是假說，誰也不要指望能從天文學中得到任何確定的東西，因爲天文學提供不出這樣的東西。如果不瞭解這一點，他就會把爲了別的用處而提出的想法當做眞理，於是在離開這門學科時，相比於剛剛跨入它的門檻之時，他儼然就是一個更大的傻瓜。再見。

② 托勒密讓金星沿著一個本輪運轉，它的半徑與攜帶此本輪的偏心圓的半徑之比約爲 3:4。因此可以想見，按照奧西安得所說的比例，行星的視星等將會隨著行星與地球距離的改變而改變。而且已經發現，無論行星什麼時候在本輪上，太陽的平位置看起來都位於 EPA 這條直線上。因此，正如觀測所表明的，如果取此本輪和偏心圓的比例，那麼從地球上看去，金星的位置就永遠不會超過與其本輪的中心，即太陽的平位置相距 40°處很遠。——英譯者

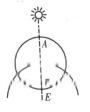

致教皇保羅三世（哥白尼原序）

最神聖的父啊，我完全可以設想，某些人一聽到我在這本關於天球運行的書中賦予地球以某種運動，就會馬上大嚷大叫，說既然我主張這樣的觀點，就應當立即被轟下臺去。我對自己的著作還沒有偏愛到那種程度，以致可以不顧別人對它的看法。儘管我認識到，哲學家的想法並不會受制於俗眾的判斷，因為他的職責就是在上帝允許的人類理智範圍之內探求萬物的真理，但我還是認為那些完全失當的意見應予以避免。我深深地意識到，由於許多人都對地球靜居於宇宙的中心深信不疑，就好像這個結論已為世世代代所證實一樣，所以如果我提出相反的論斷而把運動歸於地球，那就肯定會被他們視為荒唐之舉。因此我猶豫了很久，不知是應當把我寫的論證地球運動的《要釋》（_Commentary_）公之於世，還是應當仿效畢達哥拉斯學派（Pythagoreans）和其他一些人的慣例，只把哲學的奧祕口授給親友而不見諸文字——這有呂西斯（Lysis）給希帕庫斯（Hipparchus）寫的書信為證。在我看來，他們這樣做並非像有些人所認為的那樣，是害怕別人分享自己的學說，而是為了使自己歷盡千辛萬苦獲得的寶貴成果不會遭人恥笑。因為有這樣一幫庸人，除非是有利可圖，否則從不關心任何學術研究；或者雖然受到他人鼓勵和示範而投身哲學研究，卻因心智愚鈍而只能像蜂群中的雄蜂那樣混跡於哲學家當中。想到這些，我不由得擔心起我理論中的那些新奇的和難以理解的東西也許會招人恥笑，這個想法幾乎使我放棄了這項已經開展起來的工作。

然而正當我猶豫不決甚至是灰心喪氣的時候，我的朋友使我改變了主意。其中頭一位是卡普阿（Capua）的紅衣主教尼古拉・舍恩貝格（Nicholas Shönberg），他在各科研究中都享有盛名；其次是我的摯友蒂德曼・吉澤（Tiedemann Giese），他是庫爾姆（Kulm）教區的主教，專心致力於神學以及其他人文學科的研究。他經常鼓勵我，甚至有時不乏責備地敦促我發表這部著作，它至今已經埋藏了不止一

個九年而是四個九年了。還有別的不少著名學者也敦促我不要因為疑慮而拒絕把我的著作奉獻出來，以饗對數學真正有興趣的人。他們還說，我的地動學說當前在許多人看來愈是顯得荒謬，待將來我出版的注解本用明晰的論證把迷霧驅散，他們就愈是會對地動學說表示讚賞和感激。正他們的勸說之下，我終於答應了朋友們長期以來的要求，決定讓他們出版這部著作。

　　然而陛下，我在經歷了日日夜夜的艱苦研究之後，已經敢於把已的成果公之於世，並且橫下心來記下我關於地動的觀點，這可能會使您感到驚奇。然而您或許更加期望我做出解釋，我怎麼膽敢反對數學家們的公認觀點並且幾乎違背常識，竟然設想地球會運動。那麼，我不打算向陛下隱瞞，促使我另尋一套體系來計算天球運行的，正是數學家們在這方面研究中的彼此不一致。因為首先，數學家們在日月運動方面的研究就是不可靠的，他們甚至不能觀測或計算出回歸年的固定長度；其次，在確定日月和其他五大行星的運動時，他們沒有使用相同的原理、假設或對運轉和視運動的解釋。一些人只用了同心圓，而另一些人則用了偏心圓和本輪，而且即便如此也沒有獲得令人滿意的結果。雖然那些相信同心圓的人已經證明，各種不同的運動可以用這些圓疊加出來，但他們卻無法得出任何與現象完全相符的確定結果。設想出偏心圓的那些人，即使看似能夠使計算結果與視運動相一致，卻違反了運動的均勻性這一首要原則；再就是，他們無法發現或推論出最重要的一點，即宇宙的形狀及其各個部分的某種可公度性。他們就像這樣一位畫家：要畫一張像，從不同地方臨摹了手、腳、頭和其他部位，儘管每一部分都可能畫得相當好，但卻彼此缺乏協調，把它們湊在一起所組成的不是一個人，而是一個怪物。因此我發現，在被他們稱為「方法」的論證過程當中，他們不是遺漏了某些必不可少的細節，就是塞進了一些與主題毫不相干的外來的東西，要是他們遵循了可靠的原則，情況就不會是這個樣了。因為如果他們所採用的假說沒有錯，那麼由這些假說所得出的任何推論也必定會得到證實。也許我現在所說的話還不能使人明瞭，但大家終究會逐漸弄清楚的。

於是，當我對傳統數學在研究各個天球運動中的可疑之處思索了很長時間之後，我開始對哲學家們不能發現這個由最美好、最有秩序的造物主為我們創造的世界機器的確切運動機制而感到氣憤，因為他們在別的方面，對於同宇宙相比極為渺小的瑣事都做過極為仔細的研究。因此，我不辭辛苦地重讀了我所能得到的一切哲學家的著作，想知道是否有人曾經假定過，天球的運動與在各個學派講授數學的人所認為的不同。結果，我首先在西塞羅（Cicero）的著作中發現，希塞塔斯（Hicetas）曾經設想過地球在運動，後來我又在普魯塔克（Plutarch）的著作中發現，還有別的人也持這一觀點。為了說明問題，不妨把他的原話摘引如下：

> 有些人認為地球是靜止不動的，但畢達哥拉斯學派的菲洛勞斯（Philolaus）說過，地球同太陽和月亮一樣，繞（中心）火沿著一個傾斜的圓周運行。龐圖斯（Pontus）的赫拉克利德（Heraclides）和畢達哥拉斯學派的埃克番圖斯（Ecphantus）也認為地球在運動，但不是直線運動，而是像車輪一樣圍繞著它的中心自西向東旋轉③。

這就啟發我也開始考慮地球的運動。儘管這個想法似乎很荒唐，但我想既然前人可以隨意構造圓周來解釋星空現象，那麼我也可以嘗試假定地球有某種運動，看看這樣得到的結果是否比我的前人對天球運行的解釋更好。

於是，通過假定地球具有我在本書中所賦予的那些運動，經過長期反覆觀測，我終於發現：如果把其他行星的運動同地球的圓周運動聯繫在一起，並且按照每顆行星的旋轉來計算，那麼不僅可以得出各種觀測現象，而且所有行星及其天球或軌道圓的大小與次序以及天穹

③《哲學家的見解》（De placitis philosophorum），III，13。——英譯者

本身就全都密切地聯繫在一起了，以至於不能變動任何一部分而不在其餘部分和整個宇宙中引起混亂。

因此，在撰寫本書時我採用了如下次序：第一卷講述我賦予地球的運動以及天球或軌道圓的分佈，所以這一卷可以說是涵蓋了宇宙的總體結構；在其餘各卷中，我把其他行星的所有運動及其天球或軌道圓同地球的運動聯繫了起來。這樣我就可以瞭解，只要行星的視運動及其軌道圓可以在多大程度上被拯救[4]。我絲毫也不曾懷疑，只要——正如哲學首先要求的那樣——有真才實學的數學家願意深入而非膚淺地認真思考我在本書中為證明這些事情所引的材料，就一定會贊同我的觀點。為了使學者和普通人都能看到我絕不迴避任何批評，我願意把我這些嘔心瀝血得到的研究成果奉獻給陛下而不是別人，因為在我所生活的地球一隅之中，無論是地位的高貴，還是對學問乃至數學的熱愛，陛下都是至高無上的。雖然俗話說暗箭難防，但您的權威和判斷定能輕而易舉地阻止誹謗者的惡語中傷。

也許會有一些對數學一竅不通、卻又自詡為行家裏手的空談家為了一己之私，摘引《聖經》的章句加以曲解，以此對我的著作進行非難和攻擊，對於這種意見，我絕不予以理睬，而只會笑其愚勇。眾所周知，拉克坦修（Lactantius）也許在別的方面是一位頗有名望的作家，但卻不能算是一個數學家。他在談論大地形狀的時候表現得非常孩子氣，而且還譏笑那些認為大地是球形的人。所以，如果學者們看到這類人譏笑我的話，也毋須感到驚奇。數學是為數學家而寫的，如果我沒有弄錯，他們將會相信我的辛勤努力會為以您為首的教廷做出貢獻。因為不久以前，在利奧十世治下，修改教曆的問題在拉特蘭（Lateran）會議上引發了爭議。會議沒有做出決定的唯一原因是，年月的長度和日月的運動尚不能足夠精確地測定。從那時起，在當時主

---

④ 來自柏拉圖所提出的「拯救現象」（save the phenomena），即用勻速圓周運動的疊加來描述天體的運動。——中譯者

持編曆事務的弗桑布隆（Fossombrone）的保羅主教這位傑出人物的鼓勵之下，我開始就這些事項進行更為準確的觀測。至於在這方面我到底取得了什麼進展，我還是要特別提請陛下以及所有其他博學的數學家們來判定。為了不使陛下覺得我是在有意誇大本書的效用，我現在就轉入正題。

第一卷^①

在滋養人類自然稟賦的各種文化和技術研究中，我認爲首先應當懷著極大熱忱去研究的，是那些美好而値得瞭解的事物。那就是探究宇宙中神聖的圓周運動和星體的路徑，它們的亮度、距離、出沒以及天上其他現象的成因，也就是最終解釋宇宙的整體結構。有什麼東西能比天更美呢？要知道，天囊括了一切美好的事物。它的名字本身就說明了這一點：Caelum（天）的原意是雕琢得很美的東西，而 Mundus（世界）則意爲純潔和優雅。由於其非同尋常的完美性，許多哲學家都把世界稱爲可見的神明。因此，如果就研究主題來評判各門學科的價値，那麼最出色的就是這樣一門學科，有些人稱之爲天文學，另一些人稱之爲占星術，而不少古人則稱其爲數學的最終目的。這門學科可算得上是一切學問的巓峰，它最値得一個自由的人去研究。它幾乎依賴於其他一切數學分支，算術、幾何、光學、測地學、力學以及所有其他學科都對它有所貢獻。旣然一切高尙學術的目的都是爲了引導人類的心靈遠離邪惡，接近更美好的事物，這門學科當可以更爲出色地完成這一使命，給予心靈無法想像的愉悅。當一個人致力於由神明所支配的最有秩序的事物時，他通過潛心思索和體認，難道還覺察不到什麼是最美好的事，不去讚美一切幸福和善之所歸的萬物的創造者

---

① 前三段引言可以在托恩（Thorn）百周年紀念版和華沙版中找到。——英譯者

嗎？虔誠的《詩篇》作者宣稱上帝的作品使其歡欣鼓舞，這並非空穴來風，因為這些作品就像某種媒介一樣把我們引向對於至善的沉思。

　　在這門學科能夠賦予廣大民眾以裨益和美感方面（且不談對於個人的無盡益處），柏拉圖曾經表示過最大的關注。他曾在《法律篇》（*Laws*）第七卷中指出，這門學科尤其應當加以研究，因為它可以定出月和年的天數，確定儀式和慶祝的時間，從而使國家保持活力和警惕性。柏拉圖說，如果有人曾認這項研究對於一個想要從事最高學術研究的人的必要性，那麼他的想法就是愚不可及的。他認為任何不具備關於太陽、月亮以及其他星體的必要知識的人，都不可能變得高尚或被稱為高尚。

　　然而這門研究最崇高主題的、與其說是人的倒不如說是神的科學，遇到的困難卻並不少。特別是，我發現這門學科的許多研究者對於它的原理和假設（希臘人稱之為「假說」）的意見並不統一，所以他們所使用的並不是同一套計算方法。而且，除非是隨著時間的推移，憑藉許多以前的觀測結果，這方面的知識才可以被一代代地傳給後人，否則行星和星體的運行就不可能通過精確的計算確定下來，以使其得到透徹的理解。儘管亞歷山大里亞（Alexandria）的克勞迪烏斯·托勒密遠比他人認真和勤奮，他利用四十多年的觀測，已經把這門學科發展到了臻於完美的境地，以至於一切他似乎都已經涉及了。但我還是發現，仍然有相當多的事實與他的體系所得出的結論不相符，而且後來還發現了一些他所不知道的運動。因此在論及太陽的回歸年時，甚至連普魯塔克也說：「到目前為止，數學家們的聰明才智還無法把握星辰的運動。」以年本身為例，我想人人都知道，關於它什麼樣的看法都有，以致許多人已經對精確測量它感到絕望。同樣，對於其他行星，我也將試圖——這有賴於上帝的幫助，否則我將一事無成——就這些問題進行更為詳盡的研究，因為這門學科的創始者們我們可以把他們保持得很好而保持進行比較——把握我的時間越長，我用以支持自己理論的途徑就越多。此外，我承認自己闡述事物的方式將與前人有很大不同，但是我很感激他們，因為正是他們最先

開闢了研究這些事物的道路。

第一章　宇宙是球形的

首先應當指出，宇宙是球形的。這或是因爲在一切形體中，球形是最完美的，它是一個完整的整體，不需要連接處；或是因爲它的容積最大，因此特別適於包容萬物；或是因爲宇宙的各個部分，即日月星辰看起來都是這種形狀；或是因爲宇宙中的一切物體都有被這種邊界包圍的趨勢，就像水滴或別的液滴那樣。因此誰都不會懷疑，這種形狀也必定屬於天體。

第二章　大地也是球形的

大地也是球形的，因爲它在各個方向上都擠壓中心。但是地上有高山和深谷，所以乍看起來，大地並不像是一個完美的球體，儘管山谷只能使大地整體的球形發生一點點改變。

這一點可以說明如下：我們從任何地方向北走，周日旋轉軸的北天極都會逐漸升高，南天極則相應降低。北面的一些星辰永不下落，而南面的一些星辰則永不升起。在義大利看不見老人星，在埃及卻可以看到它。在義大利可以看見波江座南部諸星，在我們這些較冷的地方卻看不見。相反，當我們往南走的時候，南面的諸星升高，而在我們這裏看來很高的星卻沉下去了。

不僅如此，天極的高度變化同我們在地上所走的路程成正比。如果大地不是球形的，情況就絕不會如此。由此可見，大地被限定在兩極之間，並且因此是球形的。

再者，我們東邊的居民看不到我們這裏傍晚發生的日／月食，西邊的居民也看不到這裏早晨發生的日／月食；至於中午的日／月食，我們東邊的居民要比我們看到的晚一些，而西邊的居民則要比我們看到的早一些。

　　航海家們已經注意到，大海也是這種形狀。比如當從船的甲板上還看不到陸地的時候，在桅杆頂端卻能看到。反之，如果在桅杆頂端放置一個明亮的東西，那麼當船駛離海岸的時候，岸上的人就會看到亮光逐漸降低，直至最後消失，好像是在沉沒一樣。

　　此外，本性即為流溢的水同土一樣總是趨於低處，海水不會超過兩岸凸相的限度而流到岸上悅高的地方。因此，只要陸地露出海面，它就比海面距離地球中心更遠。

第三章　大地和水是如何形成球狀的

　　遍佈大地的海水四處奔流，填滿了低窪的溝壑。由此可見，水的體積應當小於大地，否則大地就會被水淹沒（因為水和大地都因自身的重量而趨於同一中心）。為了讓生命得以存活，大地的某些部分沒有被淹沒，比如隨處可見的島嶼，而大洲乃至整塊大陸（orbis terrarum）不就是一個更大的島嶼嗎？我們不能聽信某些逍遙學派人士的臆測，認為水的體積要比大地大十倍。他們的根據是，當元素相互轉化時，一份土可以變成十份水。他們還斷言，大地之所以會高出水面，只是因為大地內部存在的大量空洞使得陸地在重量上不平衡，因而幾何中心與重心不重合。他們的錯誤是由於對幾何學的無知造成的。他們不懂得，只要大地還有某些部分是乾的，水的體積就不可能比大地大七倍，除非大地完全離開其重心並把這個位置讓給水。由於球的體積與直徑的立方成正比，所以如果水與大地的體積之比為 7:1，那麼大地的直徑就不會大於水體的半徑。因此，水的體積更不可能比大地大十倍。大地的幾何中心與重心並沒有多少差別，這可以從以下事實來判定：從海洋伸展開去的陸地的凸度並不總是連續增加的，否則陸地上的水就會被全部排光，而且內陸海和星羅的海灣也不可能形成。此外，從海岸到海洋的深度也那麼也連續地增加，不見得航海的人們無論航行多遠也不會遇到島嶼、礁石或任何形式的陸地。可是我們知道，埃及海和紅海之間相距還不到兩英里，這幾乎就是大陸（orbis terrarum）的

正中。另一方面,托勒密在他的《宇宙志》(*Cosmography*)一書中,把有人居住的陸地擴展到了中央圈,外面還是不爲人知的地方,近代人又在這些地方加上了中國以及經度寬達 60°的廣闊地區。由此可知,有人居住的陸地所占經度範圍已經比海洋更大了,如果再加上我們這個時代在西班牙和葡萄牙國王統治時期所發現的島嶼,特別是亞美利加(以發現它的船長命名,因其大小至今不明,被視爲新大陸)以及許多聞所未聞的新島嶼,那麼我們對於對蹠點或對蹠人(腳對腳站的人)的存在就不會太過驚奇。因爲幾何學使我們相信,亞美利加大陸與恆河流域的印度恰好位於直徑的兩端。

有鑒於所有這些事實,我認爲大地與水顯然具有同一重心,也就是大地的幾何中心。由於大地較重,而且裂隙裏充滿了水,所以儘管水域的面積也許更大一些,但水的體積還是比大地小很多。

大地與包圍它的水結合在一起,其形狀必定與大地投下的影子相同。在月食的時候可以看到大地的影子是一條完美的圓弧。因此大地既不是像恩培多克勒(Empedocles)和阿那克薩戈拉(Anaxagoras)所設想的平面,也不是像留基伯(Leucippus)所設想的鼓形;既不是像赫拉克利特(Heraclitus)所設想的船形,也不是像德謨克利特(Democritus)所設想的另一種凹形;既不是像阿那克西曼德(Anaximander)所設想的柱體,也不是像克塞諾芬尼(Xeno-phanes)所設想的底部生根、厚度朝根部增加的一個形狀;大地的形狀正是哲學家們所理解的完美的球形。

第四章　天體的運動是均勻而永恆的圓周運動,或是由圓周運動複合而成

現在我應當指出,天體的運動是圓周運動,因爲球體的運動就是沿圓周旋轉。球體正是通過這樣的動作顯示它具有最簡單物體的形狀。當它本身在同一個地方旋轉時,起點和終點既無法發現,又無法相互區分。

可是由於天球或軌道圓 （orbital circle）[2] 有多個，所以運動是多種多樣的。其中最明顯的就是周日旋轉，希臘人稱之爲 $\nu\upsilon\chi\theta\eta\mu\epsilon\rho\sigma\varsigma$，也就是晝夜更替。他們設想，除地球以外的整個宇宙都是這樣自東向西旋轉的。這種運動被視做一切運動的共同量度，因爲時間本身主要就是用日來衡量的。

其次，我們還看到了沿相反方向即自西向東的其他旋轉。日、月和五大行星都作這種運動。太陽的這種運動爲我們定出了年，月亮的這種運動爲我們定出了月，這些都是最爲常見的時間週期。其他五大行星也都沿著各自的軌道做著類似的運動。然而，這些運動與第一種運動（即周日旋轉）又有許多不同之處。首先，它們不是繞著與第一種運動相同的兩極旋轉，而是繞著傾斜的黃道軸旋轉；其次，它們似乎並未在軌道上均勻地運動，因爲日月的運行時快時慢，五大行星有時甚至還會出現逆行和留。太陽徑直前行，行星則有時偏南、有時偏北地漫遊。正是由於這個緣故，它們被稱爲「行星」。此外，這些星體有時距地球較近（這時它們位於近地點），有時距地球較遠（這時它們位於遠地點）。

然而儘管有這麼多不規則的情況，我還是應當承認，這些星體的運動總是圓周運動，或者是由許多圓周運動複合而成的，否則這些不均勻性就不可能遵循一定的規律定期反覆。因爲只有圓周運動才可能使物體回復到先前的位置。例如，太陽由圓周運動的複合可以使晝夜更替不絕，四季周而復始。這裏還應當有許多種不同的運動，因爲一個簡單的天體不可能被單一的球帶動做不均勻的運動。之所以會存在這種不均勻性，要麼是因爲動力不穩定（無論是施動者的外在原因，還是受動者的內在原因），要麼就是因爲運行過程中物體自身的變化。

---

[2]「軌道圓」（orbis）是指行星在其天球（sphaera）上運動時所處的大圓。哥白尼用 orbis 一詞主要指的是圓而非球，因爲儘管球對於運動的機械解釋來說也許是必要的，但對於數學解釋來說只有圓才是必不可少的。——英譯者

而這兩種假設都不能被我們的理智所接受，因爲很難設想這種事情會出現在最完美的體系當中。因此，我們只能認爲這些星體的運動本來是均勻的，但在我們看來卻成了不均勻的，這或者是因爲其軌道圓的旋轉軸有別於地球，或者是因爲地球並不位於其軌道圓的中心。當我們在地球上觀察這些星體的運行時，它們與地球的距離並非保持不變，而光學已經表明，物體在近處看要比在遠處看位移大，所以即便行星在相同的時間裏沿軌道圓走過相同的弧段，其視運動也是不一樣的。因此，我認爲必須首先仔細考察地球與天的關係，以免我們在研究最崇高的事物的時候，會對與我們最近的事物茫然無知，並且由於同樣的錯誤，把本應屬於地球的東西歸於天體。

第五章　地球是否做圓周運動，地球的位置在何處

既已說明大地也呈球形，我現在應當研究一下，它的形狀是否也決定了它的運動，以及地球在宇宙中處於什麼位置，否則就不可能爲天上出現的運動提供可靠的解釋。儘管許多權威都斷定，地球位於宇宙的中心並且靜止不動，相反的觀點是不可思議的甚至是可笑的，然而如果我們認眞地研究一下，就會發現這個問題並未得到解決，因此絕不能被置之一旁。無論是觀測對象運動還是觀測者運動，或者是兩者同時不一致地運動，都會使觀測對象的視位置發生變化。同方向的等速運動（我指的是相對於觀測對象和觀測者的運動）是覺察不出來的。要知道，我們是在地球上看天穹的旋轉，因此如果假定地球在運動，那麼在我們看來，地球外面的一切物體也會有程度相同但方向相反的運動，就好像它們在越過地球一樣。特別要指出的是，周日旋轉就是這樣一種運動，因爲除地球和它周圍的東西以外，周日運動似乎把整個宇宙都捲進去了。然而，如果你承認天穹並沒有參與這一運動，而是地球在自西向東地旋轉，那麼經過認眞研究你就會發現，這才符合日月星辰出沒的實際情況。既然包容萬物的天穹爲宇宙所共有，那麼立刻就有這樣一個問題：爲什麼要把運動歸於包容者而不歸於被包

容者？爲什麼要歸之於安置者而不歸之於被安置者呢？

事實上，畢達哥拉斯學派的赫拉克利德和埃克番圖斯，以及敘拉古（Syracuse）的希塞塔斯（據西塞羅著作記載）都持有這種觀點。他們認爲，大地在宇宙中央旋轉。因爲他們相信，星星沉沒是被地球本身擋住了，星星升起則是因爲地球又轉開了。如果我們同意這個假設，那麼就會產生一個難題，即地球的位置位何處。迄今爲止，幾乎所有人都認爲地球是宇宙的中心。如果有人認爲，地球並非恰好位於宇宙的中心或中央，而是離宇宙中心有一段距離，這段距離同恆星天球相比非常小，同太陽或其他行星的軌道圓相比卻差不多；於是，他會認爲太陽和行星的運動之所以看上去不均勻，是因爲它們不是繞地心，而是繞別的中心均勻地轉動，從而也許可以爲不均勻的視運動找到合理的解釋。行星看起來時遠時近，這一事實必然說明其軌道圓的中心並非地心。至於是地球靠近它們然後離開，還是它們靠近地球然後離開，這尚不清楚。

因此，如果有人除周日旋轉以外還要賦予地球別的運動，這並不會讓人感到驚奇。事實上，據說畢達哥拉斯派學者菲洛勞斯就主張，地球除圓周運動以外還參與了其他幾種運動，地球是一顆行星。據柏拉圖的傳記作者說，菲洛勞斯是卓越的數學家，柏拉圖曾經專程去義大利拜訪他。

然而，許多人以爲，他們能夠用幾何推理來證明地球是宇宙的中心，一如浩瀚無垠的天穹中的一個小點。地球作爲中心是靜止不動的，因爲當宇宙運動的時候，它的中心保持靜止，而且越靠近中心運動越慢。

第六章　天之大，地的尺寸無可比擬

同大穹相比，地球這個龐然大物眞顯得微不足道了，這一點可以從如下事實推出：地平圈（希臘詞爲 $\text{ori}\zeta\text{ovtes}$）把天球正好分成相等的兩半。如果地球的大小或者地球到宇宙中心的距離同天穹相比非常

大，那麼情況就不會是這樣。因為一個圓要是把球分為兩半，就勢必會通過球心，而且是在球面上所能描出的最大的圓。

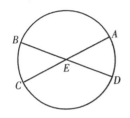

設圓 $ABCD$ 為地平圈，地球上的觀測者位於點 E，也就是地平圈的中心。地平圈把星空分為可見部分和不可見部分。假定我們用裝在點 E 的望筒、天宮儀或水準器看到，巨蟹宮的第一星在 C 點上升的同時，摩羯宮的第一星在 A 點下落，於是 A、E 和 C 都在穿過望筒的一條直線上。顯然，這條線是黃道的一條直徑，因為黃道六宮形成了一個半圓，而它的中點 E 就是地平圈的中心。當黃道各宮移動位置，摩羯宮第一星在 B 點升起時，我們可以看到巨蟹宮在 D 點沉沒，此時 BED 將是一條直線，並且為黃道的一條直徑。但我們已經看到，AEC 也是同一圓周的一條直徑，因此，兩線的交點 E 將是圓周的中心。由此可知，地平圈總是將黃道（天球上的一個大圓）分成相等的兩半。然而在球面上，將一個大圓平分的圓必定是大圓。所以地平圈是一個大圓，圓心就是黃道的中心。儘管從地表和地心引向同一點的直線必定不同，但光學表明，當兩條線的長度同地球相比為無限長時，兩線可視為平行；當兩線距離同長度相比為無限小時，則可視為重合。

這一切都清楚地表明，天不知要比地大多少倍，可以說尺寸為無限大。如果要做一個感性的判斷，那麼可以說，地與天相比不過是一顆微塵，有如茫茫滄海之一粟。但我們似乎並沒有說出更多，它還不能說明地球必然靜居於宇宙的中心。事實上，如果龐大無比的宇宙每 24 小時轉一圈，而不是它微小的一部分即地球在轉，那就更使人驚訝了。主張中心不動，最靠近中心的部分運動得最慢，這並不能說明地球靜止於宇宙中心。這跟天穹轉動而天極不動，越靠近天極的星轉動越慢是一樣的。譬如說，小熊星座（拱極星）遠比天鷹座或大犬座運轉得慢，是因為它離極很近，描出的圓較小。由於它們同屬一球，當球旋轉時，軸上沒有運動，而球上任何部分的運動都互不相同，所以

隨著整個球的轉動，儘管每一點轉回初始位置所需的時間相同，但移動的距離卻並不相同。

這一論證主張，地球作爲天球的一部分，也要參與天球整體的運動，儘管因爲處於中心而運動較小。但地球是一個體而不是一個中心點，在相同的時間內，它也會在天球上描出弧，只不過描出的弧較小罷了。這種論點的錯誤昭然若揭。假如果真如此，就會有的地方永遠是正午，有的地方永遠是午夜，星體的周日出沒也就不曾發生，因爲宇宙整體與局部的運動是統一而不可分割的。

情況各不相同的天體都受到另一種關係的支配，即軌道圓較小的星體比軌道圓較大的星體運轉得快。最遠的行星——土星——每三十年轉動一周，最靠近地球的月亮每月轉動一周，最後，地球則被認爲每晝夜轉動一周。因此，這又一次對天穹周日旋轉的說法提出了質疑。此外，以上所述使得地球的位置更加難以確定，因爲所證明的只是天比地大很多，但究竟大到什麼程度則是完全不清楚的。與此相反，由於不可再分的最小微粒，即所謂的「原子」，無法感知，所以如果一次取出很少的幾個，就不能構成一個可見物體；但大量原子加在一起最終是能夠達到可見尺度的。地球的位置也是一樣，雖然它不在宇宙的中心，但與恆星天球相比，這個距離是微不足道的。

第七章　爲什麼古人認爲地球靜居於宇宙的中心

古代哲學家試圖通過其他一些理由來證明地球靜居於宇宙的中心，他們認爲輕重是最有力的證據。在他們看來，土是最重的元素，一切有重物體都要朝地球運動，趨向它的中心。

由於大地是球形的，所以重物都因自己的本性而朝著與地表垂直的方向運動。如果不是由於地球阻攔，就會一直衝向地心，因爲垂直於與球面相切的平面的直線必定走向球過球心。向中心運動的物體在到達終點後必然靜止，所以整個地球都會靜止於宇宙中心。再者，由於地球包容一切落體，所以地球由於自身的重量而靜止不動。

他們試圖通過運動及其本性類似地證明自己的結論。亞里斯多德說，單個簡單物體的運動是簡單運動，簡單運動包括直線運動和圓周運動，而直線運動又分為朝上和朝下兩種。因此，每一簡單運動不是朝向中心（即朝下），就是遠離中心（即朝上），或是環繞中心（即圓周運動）。只有土和水是重元素，應當朝下運動，趨於中心；而輕元素氣和火則應離開中心朝上運動。這四種元素做直線運動，天體則圍繞中心做圓周運動，這似乎是合理的，這就是亞里斯多德所斷言的結論。因此，亞歷山大里亞的托勒密曾經說過，如果地球在運動，哪怕只做周日旋轉，也會同上述道理相違背。因為要使地球每 24 小時就轉一整圈，這個運動必定異常劇烈，速度快到無法超越。在急速旋轉的情況下，物體很難聚在一起，除非有某種恆常的力把它們結合在一起，否則再堅固的東西也會飛散開去。托勒密說，如果情況是這樣，那麼地球早就應該分崩離析，並且在天穹中消散了，這當然是荒謬絕倫的。更有甚者，一切生命和其他重物都不可能安然無恙。同時，自由落體既不會落到指定地點，也不會沿直線落下。還有，雲和其他在空中漂浮的東西也會不斷向西移動。

第八章　上述論證的不當之處以及對它們的反駁

根據以上所述以及諸如此類的理由，他們認為地球必定靜居於宇宙的中心，這一點是毫無疑問的。而現在我們所說的地球運動乃是天然的而非受迫的。天然與受迫的效果是截然相反的，由外力支配的物體總會分崩離析，不能長久，而天然過程卻總能進行得很平穩，使物體保持最佳狀態。因此，托勒密擔心地球和地上的一切都會因天然旋轉而分崩離析，這是毫無根據的，地球的旋轉與源自人的技能和智慧的產物完全不同。他為什麼不替比地球大得多而運動又快得多的宇宙擔心呢？既然極為劇烈的運動會使天穹遠離中心，那麼天穹不就變得無比廣闊了嗎？一旦運動停止，天穹也會隨之瓦解嗎？

如果這種推理站得住腳，那麼天穹一定是無限大的。因為猛烈的

力量把運動往上提得越高,運動就變得越快,原因是它在 24 小時內必須轉過越來越大的距離。反過來說,運動越快,天穹也就越廣闊。於是越大就越快,越快就越大,如此推論下去,天穹的大小和速度都會變成無限大。而根據物理學的公理,無限者既不能被超越,也不能被推動,因此天穹必定是靜止的。

他們又說,天穹之外既沒有物體,也沒有空間,甚至連虛無也沒有,是絕對的「烏有」,因此天穹沒有向外擴張的餘地。然而,竟然有物體可以為烏有所束縛,這豈不是咄咄怪事?假如天穹在外側沒有限制,而只是在內側為凹面所限,那倒更有理由說明,天穹之外別無它物,因為無論多大的物體都包含在天穹之內。天穹是靜止不動的,而天穹運動是人們推測宇宙有限的主要依據。

但我們還是把宇宙是否有限的問題留給自然哲學家們去探討吧!我們只是認定,地球限於兩極之間,並以一個球面為邊界。那麼,我們為什麼遲遲不肯承認地球具有與它的形狀天然相適應的運動,而認為是整個宇宙(它的限度對於我們來說是未知的,也是不可能知曉的)在轉動呢?為什麼不肯承認看起來屬於天穹的周日旋轉,其實是地球運動的反映呢?正如維吉爾(Virgil)著作中的埃涅阿斯(Aeneas)所說:「我們駛出海港前行,陸地與城市退向後方。」③ 當船隻在平靜的海面上行駛時,船員們會覺得自己與船上的東西都沒有動,而外面的一切都在運動,這其實只是反映了船本身的運動罷了。由此可以想像,當地球運動時,地球上的人也會覺得整個宇宙都在做圓周運動。那麼,我們怎樣來說明雲和空中其他漂浮物的升降呢?這是因為不僅地上的水隨地球一起運動,而且大部分空氣以及其他任何與地球有類似關係的東西也會隨著地球一起運動。這或許是因為靠近地面的空氣中含有土或水,從而遵循與地球一樣的自然法則;或是因為這部分空

③埃涅阿斯是維吉爾史詩《埃涅伊德》(*Aeneid*)中的主人公,這句話選自《埃涅伊德》,III,72。——中譯者

氣靠近地球而又不受阻力，所以從不斷旋轉著的地球那裏獲得了運動。而另一方面，同樣令人驚奇的是，他們說高空的空氣遵循天的運動，那些突然出現的星體（我指的是希臘人所說的「彗星」或「鬍鬚星」）就說明了這一點，因為它們就是在那個區域創生的。同其他星體一樣，它們也有出沒。可以認為，那部分空氣距地球太遠，因此不會再與地球一起運動。離地球最近的空氣以及漂浮在其中的東西看起來將是靜止的，除非是被風或其他運動所擾亂。空氣中的風難道不就是大海中的海流嗎？

　　但我們必須承認，升降物體在宇宙中的運動具有兩重性，即都是直線運動與圓周運動的複合。由於自身重量而朝下運動的土質物，無疑會保持它們所屬整體（即地球）的性質。火質物被驅往高空也是由於這個原因。地上的火主要來源於土質物，他們認為火焰只不過是熾熱的煙。火的一個性質是使它所侵入的東西膨脹，這種力量非常大，以至於無論用什麼方法或工具都無法阻止它噴發到底。膨脹運動是從中心到四周，所以如果地球的某一部分著火了，它就會從中間往上膨脹。因此，他們說簡單物體的運動必然是簡單運動（特別是圓周運動），這是對的，但只有當這一物體保持其天然位置時才是如此。事實上，在位置不變的情況下，它只能做圓周運動，因為與靜止類似，圓周運動可以完全保持自己的原有位置；而直線運動則會使物體離開其天然位置，或者以各種方式從這個位置上移開。但物體離開原位是與宇宙的整體秩序和形式不一致的。因此，只有那些尚未處於正常狀態，並且沒有完全遵循本性而運動的物體才會做直線運動，此時它們已經與整體相分離，失去了統一性。況且，即使沒有圓周運動，上下運動的物體也不是在簡單、均勻和規則地運動，它們單憑自己的輕重是無法取得平衡的。任何落體都是開始慢而後不斷加快，而我們注意到地上的火（這是唯一可經驗到的）在上升到高處時就忽然減慢了，這說明原因就在於土質物所受到的作用。

　　圓周運動由於有永不衰竭的動力，所以總是均勻地運動。但直線運動的動力卻會很快停止，因為物體到達天然位置之後就不再有輕

重，運動也就停止了。因此，由於圓周運動是整體的運動，而局部還
可以有直線運動，所以圓周運動可以與直線運動並存，正像「活著」
可以與「生病」並存一樣。亞里斯多德把簡單運動分為離中心、向中
心和繞中心三種類型，這只能被當成一種邏輯訓練。正如我們雖然區
分了點、線、面，但它們都不能孤獨存在或脫離真體而存在。

再者，我認為靜止比變化和不穩定更高貴、更神聖，因此把變化
和不穩定歸於地球要比歸於宇宙更妥當。此外，把運動歸於包容者或
提供空間的東西，卻不歸於佔據空間的被包容者地球，這似乎是相當
荒謬的。最後，由於行星距離地球時近時遠，所以同一顆星繞中心（他
們認為是地心）的運動必定既是離中心的又是向中心的運動。因此，
我們應當在更一般的意義上來理解這種繞心運動。如果每一運動都有
一固有的中心，那就足夠了。考慮到這一切，地球運動比靜止的可能
性更大。對於周日旋轉來說，情況尤為如此，因為這是地球本身所固
有的。我想關於問題的第一部分，就說到這裏吧！

第九章　地球是否可被賦予多種運動以及宇宙中心問題

我在前面已經說明，否認地球運動是沒有道理的，所以我們現在
應當考慮，地球是否不止參與一種運動，以至於可以被看成一顆行星。
行星視運動的不均勻性以及它們與地球距離的變化（這些現象是無法
用以地球為中心的同心圓來解釋的）都說明，地球並不是諸行星旋轉
的中心。既然有許多中心，我們就可以討論宇宙中心到底是地球的重
心還是別的某一點。我個人認為，重力或重性不是別的，而是神聖的
造物主注入到物體各部分中的一種天然傾向，以使其結合成為完整的
球體。我們可以相信，太陽、月亮以及其他明亮的行星都有這種性質，
並因此而保持球狀，儘管它們是以各不相同的方式運轉的。所以如果
說地球還有別的運動，那就一定是跟其他行星類似的運動。周年轉動
就屬於這些運動中的一種。如果把周年轉動從太陽換到地球，而把太
陽看成是靜止的，那麼黃道各宮和恆星在清晨和晚上都會顯現出同樣

的東升西落；而且行星的停留、逆行和順行都可以認為不是行星的自行，而是地球運動的反映。最後，我們將會認識到，居於宇宙中心的正是太陽。正如人們所說，只要我們睜開雙眼，正視事實，就會發現星體排列的次序以及整個宇宙的和諧都揭示了這個真理。

第十章　天球的次序

恆星天球是一切可見事物中最高的東西，這是誰都不會懷疑的。至於行星，古代哲學家們相信，它們的次序是按照運轉週期來排列的。他們的根據是，等速運動物體離我們越遠則視運動越慢，這一點已為歐幾里得的《光學》（*Optics*）所證實。因此他們認為，月亮轉一圈的時間最短，是因為它距離地球最近，轉的圓最小；而之所以把土星排得最高，是因為它轉一圈的時間最長，軌道最大。土星之下是木星，然後是火星。

至於金星和水星，意見就有分歧了，因為這兩顆行星並不像其他行星那樣可以達到最大距角④，因此，有些人把它們排在太陽之上，比如柏拉圖著作中的蒂邁歐；也有些人把它們排在太陽之下，比如托勒密和許多現代人；阿爾佩特拉鳩斯（Alpetragius）則把金星排在太陽之上，把水星排在太陽之下。要是同意柏拉圖的看法，認為行星本身是暗的，它們只是由於接受太陽光才發光，那麼位於太陽之下的行星看上去就應該呈半圓形或弓形，因為它們一般是向上，也就是朝著太陽反射它所接受的光線，一如我們在新月或殘月中所見到的情形。此外，他們還認為，行星要是在太陽之下，那麼當它們從太陽前掠過時就會遮住太陽（遮住多少要看行星的大小），但歷史上從未觀察到這種

---

④ 金星與太陽的最大距角大約為 45°，水星大約為 24°，而土星、木星和火星卻可以達到最大距角，即 180°。——英譯者

掩食現象，因此他們認為，這些行星絕不會位於太陽之下。⑤

　　而那些把金星和水星排在太陽之下的人則援引日月之間的廣闊空間為依據。他們算出，地月之間的最大距離為地球半徑的 $64\frac{1}{6}$ 倍，為日地最小距離的 $\frac{1}{18}$。而日地間最小距離為地球半徑的 1160 倍，所以日月距離為地球半徑的 1096 倍。為了不使如此廣闊的空間完全空虛，他們宣稱近地點與遠地點之間的距離（他們用這些距離計算出各個天球的厚度⑥），大約是十分之日月距離。⑥是緊跟著月亮的遠地點之外是水星的近地點；水星的遠地點之外是金星的近地點；最後，金星的遠地點幾乎緊接著太陽的近地點。他們算出，水星近地點與遠地點之間的距離約為 $177\frac{1}{2}$ 個地球半徑，剩下的空間差不多剛好可以用金星的近地點和遠地點之差，即 910 個地球半徑填滿。⑦ 所以，他們否認這些行星是像月亮那樣的不發光物體，而認為它們要麼是自己發光，要麼就是通過吸收太陽光來發光。同時，由於緯度經常變化，它們很少正好走到太陽與我們的視線之間，因此不會掩食太陽。還應談到，這兩顆行星與太陽相比非常之小。根據阿拉坦西斯（Aratensis）的阿爾-巴

⑤第一次通過望遠鏡觀測到金星凌日是一六三九年。——英譯者

⑥也就是說，天球的厚度將通過本輪與天球直徑之比，或（如右圖所示）三個同心圓中最內圓與最外圓之間的距離來測定。——英譯者

⑦按照近地點和遠地點，軌道圓的排列順序可用下圖來表示，此圖是按比例繪製的。——英譯者

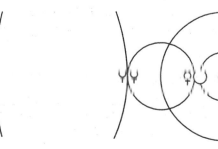

塔尼(al-Battani)的看法，甚至連比水星更大的金星也不足以遮住太陽的百分之一。他估計太陽的直徑要比金星大 10 倍，因此，要在那麼強烈的日光下看到這麼小的一個斑點絕非易事。此外，阿維洛伊(Averroes)在對托勒密著作的《注釋》(*Paraphrase*)中談到，當他觀察到表中所列的太陽與水星的相合時，他看到了一顆黑斑。他由此推定這兩顆行星是在太陽天球以下運動的。

但這種推理也是不可靠的。根據托勒密的說法，地月間的最小距離為地球半徑的 38 倍，但下面將會說明，據更準確的估計應大於 49 倍。但就我所知，在這個廣闊的空間中除空氣和所謂的「火元素」之外，一無所有。

此外，使得金星偏離太陽兩側達 45°角距的本輪的直徑，必定要比地心與金星近地點的距離大 6 倍，後面將會說明這一點。⑧ 如果金星是繞靜止的地球旋轉，那麼在這個能夠包含地球、空氣、以太、月亮、水星以及金星的巨大本輪的空間裏，他們要放置什麼東西呢？

再有，托勒密關於太陽應處在呈現沖和沒有沖的行星之間的說法也是不可信的，因為月亮也有對太陽的沖，這一事實本身就暴露出此種說法的謬誤。

再者，有人把金星排在太陽之下，再下面是水星，或者別的什麼順序，這樣做的理由何在呢？為什麼金星和水星不像其他行星⑨ 那樣

---

⑧ 按照托勒密的說法，金星本輪的半徑與其偏心圓半徑之比介於 2:3 和 3:4 之間，大約為 43⅓:60。由於在近地點要從平均距離或偏心圓半徑中減去本輪，在遠地點要把平均距離加上本輪，所以金星的近地距離與遠地距離之比大約為 1:6。也就是說，由於行星的視星等與距離的平方成反比，所以在從近地點移向遠地點的過程中，行星視星等的比例為 36:1。但我們實際上並沒有看到行星視星等的增加。在哥白尼本人的體系中，現象與為拯救別的現象而提出的假說不符的情況仍然存在。——英譯者

⑨ 托勒密讓金星與水星本輪的中心按照與平太陽相同的速率沿黃經繞地球轉動，這樣，平太陽總是位於從地心到它們本輪中心的直線上，而外行星的本輪中心與平太陽的角距則是任意的。——英譯者

遵循與太陽相分離的獨立路徑呢？即使它們的相對快慢不會打亂它們
的次序，也還是有這樣的問題。因此，要麼地球不是行星序列及其軌
道圓的中心，要麼行星的次序是定不出來的。我們沒有任何理由相信，
為什麼最高的位置應當屬於土星，而不是木星或其他某顆行星。因此，
我認為必須重視馬提亞努斯·卡佩拉（Martianus Capella）（一部百
科全書的作者）和其他一些拉丁學者所抱的觀點，即他們其他行星一樣，
並не是木星個星體地球旋轉，而是被太陽沿圓周中心旋轉，所以它們偏離
太陽不會超過它們的軌道圓所容許的範圍。除了說明它們的天球中心
靠近太陽，這還能是什麼意思呢？水星的軌道圓必定包含在金星的軌
道圓——後者必定比前者大兩倍——之內，水星天球可以在這個廣闊
區域中佔據其應有的空間。⑩如果有人由此認為土星、木星和火星都圍
繞這一中心旋轉，並且認為這些行星的軌道圓大到足以包含金星、水
星以及地球的軌道圓，這種看法並不錯，行星均勻運動的圖示就可以
證明這一點⑪。眾所周知，這些外行星在黃昏升起時距地球最近，這時
它們與太陽相沖，即地球在行星與太陽之間；而在黃昏下落時距地球
最遠，這時行星隱藏在太陽附近，即太陽在行星與地球之間。這些事
實足以清楚地說明，行星旋轉的中心不是地球，而是金星和水星旋

⑩ 如圖所示。此圖是按比例繪製的。——英譯者
⑪ 以火星為例，根據托勒密的說法，火星的本輪與它的偏心圓
　之比為 $39\frac{1}{2}$:60，約為2:3。在 79 個太陽年中，火星要在本輪
　上轉動 37 個近點周，而本輪要在偏心圓上轉動 42 個黃經
　周。為方便起見，我們說太陽的運動與兩行星之一的運動之
　比為2:1。哥白尼在這裏是說，如果行星的運動中心圍繞運動

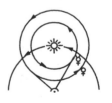

的太陽旋轉，那麼托勒密的近點周將代表太陽沿黃經趕外行星的次數：於是 37 個近點
周加上 42 個黃經周得到太陽轉動的 79 周。這就是說，太陽現在將在一個相對大小等
於托勒密體系中的火星本輪的圓周上繞地球轉動，它同時攜帶一個相對大小等於托勒
密體系中的火星的偏心圓的本輪，而火星則在這個本輪上沿相反方向以太陽速度的一
半運轉。由這兩種假說所導出的在地球上所看到的現象是相同的，這一點可以從下圖
看出。

轉的中心——太陽。⑫ 因為所有行星軌道的中心都是共同的,所以在金星的凸軌道圓與火星的凹軌道圓之間的空間也可看成是一個軌道圓

托勒密的假說

太陽的運動＝240°
偏心圓的運動＝120°
本輪的運動＝120°

半哥白尼假說

太陽的運動＝240°
火星的運動＝120°

根據托勒密的假說,地球大致位於太陽、火星和黃道所在同心圓的中心。設行星的本輪半徑與行星的偏心圓半徑之比為 2:3。首先,設太陽現在位於獅子宮的起始位置,本輪近地點的行星位於與太陽相對的寶瓶宮的起始位置。然後,把太陽東移 240°至白羊宮的起始位置,同時把本輪東移 120°至雙子宮的起始位置,把本輪上的行星東移 120°,則行星將出現在太陽以西約 36°的金牛宮。

但根據半哥白尼假說,太陽是在一個相對大小等於火星的托勒密本輪的圓上繞地球運動,而火星則位於一個相對大小等於其托勒密偏心圓、圓心在太陽的本輪上運動。如果起始的時候火星和太陽的視位置與以前相同,太陽沿著火星的圓心軌跡東移 240°,火星在其本輪上西移 120°,則火星將再次出現在位於太陽以西約 36°的金牛宮。——英譯者

⑫ 哥白尼問的是,為什麼當行星與太陽相合時,行星總是位於遠地點,而相衝時總是位於近地點。因為根據托勒密體系,相反的情況也是可能的。附圖清楚地說明了這一點。——英譯者

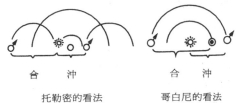

合　沖　　　　　合　沖

托勒密的看法　　　哥白尼的看法

或天球，它的兩個表面是與這些圓同心的。這裏可以容納地球及其衛星月球以及月亮天球內所包含的東西。我們不能把月球與地球分開，因為月球無疑距地球最近，這一空間對於月球又很充分和恰當。因此我敢斷言，地球載著月亮繞太陽在其他行星之間描出很大的一個圓，每年一圈。宇宙的中心在靜止的太陽附近，太陽的任何視運動都可以由地球的運動來說明。儘管日地距離與行星天球比起來並不算太小，但千里如此之大，以至於同恆星天球的距離相比，日地距離仍是微不足道的。我認為，這種看法要比那種把地球放在宇宙中心，因而必須假定幾乎無數層天球的混亂結果更令人信服。我們應當遵循造物主的智慧，造物主不做徒勞之舉，而更願意給同一事物賦予多種效力。我的這些看法雖然難懂，幾乎難以設想，並與許多人的意見相左，但借助上帝的幫助，我將在下面透徹地闡明它們，至少要讓那些懂點兒數學的人明白是怎麼一回事。

因此，如果我們承認前面關於週期同軌道圓大小成比例的觀點（沒有人能提出更合理的原則），那麼天球由高到低的次序可排列如下：最高的是恆星天球，它包容自身和一切，因而是靜止不動的。它是宇宙的居所，其他一切星體的運動和位置都要以此為參照。有人認為，它也進行著某種運動，但在討論地球的運動時，我將對此給出一種不同的解釋；接下來是第一顆行星——土星，它每 30 年轉動一周；其次是木星，每 12 年轉一周，而後是火星，每兩年轉一周；再下是地球以及作為本輪的月球天球，每年轉一周；第五是金星，

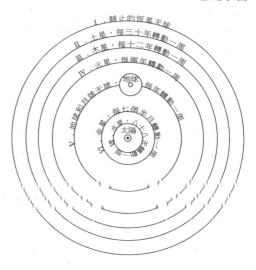

每 7 個半月轉一周；第六是水星，每 88 天轉一周⑬。位於中央的就是太陽。在這個華美的殿堂裏，誰能把這盞明燈放到更好的位置，使之

⑬ 爲了說明哥白尼是怎樣推導出旋轉週期的，考慮下列內行星的托勒密比例：

	近點周	黃經周	太陽年
水星	145	46＋	46＋
金星	5	8－	8－

值得注意的是，一年中黃經周的數目等於太陽周的數目，而且這兩顆行星與太陽之間的距角有限。爲了說明這兩種特殊的現象，哥白尼讓地球在一個包含著金星和水星軌道的圓周上運動，而太陽就位於三條軌道的中心。於是行星在很多年間的近點周就成了行星在繞日旋轉的過程中趕上地球的次數。這就是說，在許多個太陽年中，行星繞日運行的圈數將等於近點周與黃經周之和。舉例來說，金星在 8 個太陽年中大約繞日運行 13 次，於是它的運行週期約爲 $7\frac{1}{2}$ 個月；類似地，水星約爲 88 天——儘管由於某種未知的原因，哥白尼實際上寫的是金星爲 9 個月 (nono mense reducitur)，水星爲 80 天 (octaginta dierum spatio circumcurrens)。

讀者們也許可以由右圖認識到，托勒密和哥白尼關於金星視運動的解釋是等價的。根據托勒密的假說，地球位於黃道、太陽周和帶著本輪的金星軌道圓的中心。本輪半徑與軌道圓的半徑之比約爲 3:4。首先，設太陽位於天蠍宮的中央，金星位於其本輪的近地點，與太陽相合。然後讓太陽東移 180°至金牛宮的中央，本輪的中心也是如此。那麼在這段時間內，行星將在其本輪上東移 $112\frac{1}{2}$°至太陽以西約 30°的白羊宮中央。

但根據哥白尼的假說，太陽位於金星和地

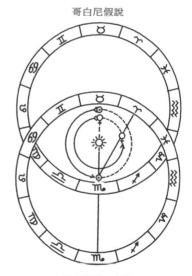

哥白尼假說

地球的運動＝180°
金星的運動＝$292\frac{1}{2}$°

能同時照亮一切呢？事實上，有人把太陽稱爲宇宙之燈、宇宙之心、宇宙之主宰，這都沒有什麼不妥。三重偉大的赫爾墨斯（Hermes Trismegistus）把太陽稱爲「可見之神」，索福克勒斯（Sophocles）筆下的埃萊克特拉（Electra）則稱其爲「洞悉萬物者」。於是，太陽就像端坐在王位上統領著繞其運行的行星家族。地球還有一個侍從月球，正如亞里斯多德在一篇叫《論動物》（De Animalibus）的作品中所講，地球同月球有著最緊密的親緣，地球還被太陽孕育著，每年分娩一次。

球的軌道圓的中心，金星的托勒密本輪和軌道圓的相對大小不變，但由於與恆星天球的大小相比，日地距離微乎其微，所以我們仍把地球保持在黃道中心，這對現象沒有影響。現在，如果從太陽上看去，地球位於金牛宮的中央，行星位於日地之間的近地點上，從而金星和太陽看起來位於天蠍宮的中央，那麼當金星東移 292½° 時，太陽看上去將位於金牛宮的中央，行星則位於太陽以西約 30°的白羊宮中央。

讓我們回到三顆外行星。

	近點周	黃經周	太陽年
火星	37	42＋	79
木星	65	6－	71－
土星	57	2＋	59－

值得注意的是，根據托勒密的假說，偏心圓的轉動和近點周的總數等於太陽周數，且相合發生在行星的遠地點處，相沖發生在近地點處。但根據哥白尼的假說，托勒密的近點周現在代表的是地球趕上外行星的次數，沿黃經的旋轉週期保持不變。例如，土星在 59 年中將沿黃經轉動兩周，或者說 30 年繞日一周。這顆行星將直接沿著它的偏心圓，而不是沿著托勒密本輪旋轉，而地球將在一個相對大小等於前一本輪的內圓上運行。當然就現象來說，這兩種假說是等價的。

換句話說，爲了構造一種理論來說明托勒密所不能解釋的四種事實，即(1)兩顆內行星的黃經周的數目與太陽周相等；(2)外行星的太陽周等於近點周與黃緯周之和；(3)水星和金星與太陽之間有限的角偏離；(4)土星、木星和火星在遠地點的會以及在近地點的沖，哥白尼把金星和水星的軌道圓壓縮至攜帶地球的一個圓周，又把土星、木星和火星的三個本輪壓縮到這個圓周。也就是說，現在一個圓實現了五個圓的功能。——英譯者

　　因此，這種次序表明宇宙具有令人驚歎的對稱性，天球的運動與尺寸之間也有著內在的和諧，這是其他方式所無法企及的。⑭ 細心觀察的人會注意到，爲什麼木星的順行和逆行看起來比土星長而比火星短，而金星的卻比水星的長；⑮ 爲什麼土星的這種擺動比木星頻繁，而火星與金星卻沒有水星多；⑯ 再者，爲什麼土星、木星和火星在（與太陽的平位置）相沖的時候要比被掩食和複現時距地球更近。特別是爲什麼當火星整夜都出現在天空時，它的亮度似乎可以與木星相比，我們只有從它的微紅色才能將其辨認出來，但在其他情況下，它在星空

⑭ 我們回憶一下本輪半徑和偏心圓半徑之間的托勒密比例。

	本輪	偏心圓	離心率
水星	$22\frac{1}{2}$	60	3
金星	$43\frac{1}{6}$	60	$1\frac{1}{4}$
火星	$39\frac{1}{2}$	60	6
木星	$11\frac{1}{2}$	60	$2\frac{2}{5}$
土星	$6\frac{1}{2}$	60	$3\frac{1}{4}$

在托勒密體系中，由於不存在公度，所以偏心圓彼此間的相對大小是無法計算的。但是現在，由於水星與金星的偏心圓以及火星、木星和土星的本輪都已被化歸爲地球的軌道圓，所以容易計算出軌道圓的相對大小（這裏是內行星的本輪與外行星的偏心圓）。根據本輪和偏心圓之間必然的可公度性，它們均可與地球的軌道圓公度。例如，如果我們把日地距離設爲1，則行星與太陽的距離約爲：

水星$\frac{1}{3}$	地球1	木星5
金星$\frac{3}{4}$	火星$1\frac{1}{2}$	土星9　　　　　　——英譯者

⑮ 對於三顆外行星，量度順行和逆行的角以行星中心爲頂點，以到地球軌道圓的切線爲邊。而對於兩顆內行星，角以地球的中心爲頂點，以到行星軌道圓的切線爲邊。容易看到，根據軌道圓的相對大小，土星的順行和逆行之弧看上去將小於木星，木星又小於火星，金星則大於水星。——英譯者

⑯ 順行和逆行的轉換與地球趕上外行星以及內行星趕上地球的次數成正比。地球趕上土星的次數多於趕上木星，趕上木星多於趕上火星，趕上火星多於被金星趕上，被金星趕上少於被水星趕上。此即順行與逆行的頻率次序。——英譯者

裏看上去只不過是一顆二等星，只有仔細
跟蹤觀察才能認出它來。[⑰] 所有這些現象
都是由同一個原因，即地球運動引起的。

　　但恆星沒有這些現象，這說明它們極
為遙遠，以至於周年轉動的天球及其形象
都在我們眼前消失于見了。因為光學已經
闡明，有一個觀看過物動有　它們的離範
圍，超出這個範圍就看不見了。星光的閃
爍也說明，在最遠的行星土星與恆星天球
之間是無比遙遠的，這個特徵正是恆星與
行星的主要區別。運動的物體與不動的物
體之間必定有著巨大的差異，最卓越的造
物主的神聖作品是何等偉大啊！

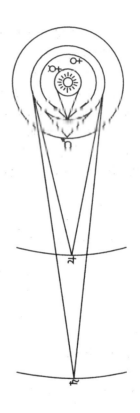

第十一章　地球三重運動的證明

　　既然行星有如此眾多的現象支持地球的運動，我現在就來對這種

---

⑰ 根據托勒密的體系，只有從此星亮度的變化才能推論出它在近地點和遠地點與地球的
　相對距離。但根據哥白尼體系，這個值可由行星的近地點與遠地點的相對距離（其值
　為 1:5）得出。假定當行星與太陽相合時可以被看到，則行星視直徑之比應當與這個比
　值成反比。——英譯者

運動做一概述，並進而用這一假說解釋我們所觀察到的現象。總的說來，必須承認地球有三重運動：

第一重運動是地球自西向東繞地軸晝夜旋轉，希臘人稱之為 $\nu\nu\chi\theta\eta\mu\epsilon\rho\iota\nu o\varsigma$。由於這重運動，整個宇宙看起來像是在沿相反方向運轉。地球的這重運動描出了赤道，有些人仿效希臘人的說法 $\iota\sigma\eta\epsilon\rho\iota\nu o\varsigma$ 把它稱為「晝夜平分圈」。

第二重運動是地心沿黃道自西向東繞太陽做周年轉動，也就是(如我已經講過的) 地球和它的同伴一起沿黃道十二宮的次序 (從白羊宮到金牛宮) 在金星與火星之間運動。由於這重運動，太陽看起來像是在黃道上做類似的運動。例如，當地心通過摩羯宮時，太陽看起來正通過巨蟹宮；當地球在寶瓶宮時，太陽看起來正通過獅子宮，等等。

需要確認的是，赤道和地軸相對於穿過黃道各宮中心的圓以及黃道面的傾角是可變的，因為如果它是固定的，並且只受地心運動的影響，那麼就不會出現晝夜長度不等的現象了。這樣一來，在某些地方就會老是夏至或冬至，或者老是秋分或春分，或者老是夏天或冬天，或者老是一個季節。

因此需要有第三重運動，即傾角的運動。這也是一種周年轉動，但卻與地心運動的方向相反，即沿著與黃道各宮次序相反的方向 (從白羊宮到雙魚宮) 自東向西運行。由於這種運動與地心運動的週期幾乎相等而方向相反，這就使得地軸和地球上最大的緯度圈即赤

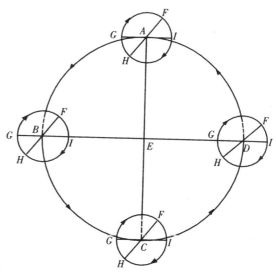

道幾乎總是指向同一方向。與此同時，由於地球的這種運動，太陽看起來像是沿黃道在傾斜的方向上運動，就好像地心是宇宙的中心一樣。這時需要記住，與恆星天球相比，日地距離可以忽略不計。

　　這些事情最好用圖形而不是語言來說明。設圓 $ABCD$ 為地心在黃道面上周年運動的軌跡，圓心附近的點 E 為太陽，用直徑 AEC 和 BED 把這個圓周四等分。設點 A 為巨蟹宮，點 B 為天秤宮，點 C 為摩羯宮，點 D 為白羊宮。假設地心原來位於點 A。圍繞點 A 作地球赤道 $FGHI$，它與黃道不在同一平面上，直徑 GAI 為赤道面與黃道面的交線。作直徑 FAH 與 GAI 垂直，設點 F 為赤道上最南的一點，點 H 為最北的一點。這時，地球的居民將看見靠近中心點 E 的太陽在冬至時位於摩羯宮，因為赤道上最北的點 H 朝向太陽。由於赤道與 AE 的傾角，周日自轉描出與赤道平行而間距為傾角 EAH 的南回歸線。現在令地心自西向東順行，最大傾斜點 F 沿相反方向轉動同樣角度，兩者都轉過一個象限到達點。在這段時間內，由於兩者運動相等，所以 $\angle EAI$ 始終等於 $\angle AEB$，直徑 FAH 和 FBH，GAI 和 GBI，以及赤道和赤道都始終保持平行。由於已經多次提到過的理由，這些平行線在無比廣闊的天穹中可以視為相互重合。所以從天秤宮的第一點 B 看來，E 在白羊宮，兩平面的交線（黃赤交線）為 $GBIE$。在周日自轉中，軸線的垂直平面不會偏離這條線。相反，自轉軸將完全傾斜在側平面上，這時太陽在春分點。當地心繼續運動，走過半圈到達點 C 時，太陽將進入巨蟹宮。赤道上最大南傾點 F 現在朝向太陽，太陽看起來是在北回歸線上運動，與赤道的角距為 ECF。當 F 繼續轉過圓周的第三象限時，交線 GI 再次與 ED 重合，這時看見太陽是在天秤宮的秋分點上。再轉下去，HF 逐漸轉向太陽，於是又會回到初始點的情況。

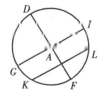

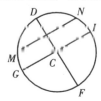

我們也可以用另一種方式來解釋：設 AEC 為黃道直徑，也

就是黃道面同與之垂直的平面的交線。繞點 *A* 和點 *C*（相當於巨蟹宮和摩羯宮）分別作通過兩極的地球經度圈 *DGFI*。設地球自轉軸爲 *DF*，北極爲 *D*，南極爲 *F*，*GI* 爲赤道的直徑。當點 *F* 轉向點 *E* 的太陽時，赤道向北的傾角爲 *IAE*，於是周日旋轉使太陽看起來沿著南回歸線運動，南回歸線直徑爲 *KL*，它與赤道的角距即太陽（在摩羯宮）到赤道的視距爲 *LI*。或者更確切地說，從 *AE* 方向看來，周日自轉描出了一個以地心爲頂點、以平行於赤道的圓周爲底的錐面。[18] 在相對的點 *C*，情況也是如此，不過方向相反。談到這裏就很清楚了，地心與傾角這兩種彼此相反的運動，使得地軸保持在固定的方向，並使這一切現象看起來像是太陽的運動。

我已經說過，地心與傾角的周年運轉接近相等，因爲如果它們精確相等，那麼二分點和二至點以及黃道傾角相對於恆星天球都不會有什麼變化。但由於相差極小，所以只有隨著時間的流逝才能顯現出來。從托勒密時代到現在，二分點歲差共計約 21°。由於這個緣故，有些人相信恆星天球也在運動，因此設想了第九層天球。當這又不夠用時，近代人又加上了第十層天球。然而，他們仍然無法獲得用我用地球運動所得到的成果。我將把這種運動作爲一條證明其他運動的原理和假說。

第十二章　圓的弦長

貫穿本書的論證是以直線、弧、平面和球面三角的性質爲基礎的。雖然歐幾里得的《幾何原本》（*Elements*）已經提出了關於這些對象的許多基本知識，但其中卻不包含我們最需要的由角求邊和由邊求角的方法。角的大小不能用弦來量度，弦也不能用角來量度，然而弧的大

---

[18] 或者換句話說，地球赤道軸圍繞黃道軸畫出一個以地心爲頂點、轉動週期大致等於地心轉動週期的雙錐面。——英譯者

小卻可以由角量度。爲此，我提出一種方法，可以求出任意弧所對的弦長，通過這些弦長就可求出角所對的弧長了，而反過來也可以通過弧長來確定弦長。因此，我在這裏探討一下弦和弧以及平面三角和球面三角的邊和角似乎是合適的，在這方面托勒密只是零星地談過一些內容。我將盡可能使這些問題得到最後解決，從而使我下面要做的工作變得更爲清晰。按照數學家的一般做法，我把圓周分成360°。古人將直徑劃分爲120等分，但爲了避免在弧長的求除運算中出現分數（因爲弦長經常是不可通約的，而且平方後也往往如此）的麻煩，後人也把它分成1200000等分或2000000等分。當阿拉伯數字得到普遍使用之後，有人也使用其他合適的直徑體系。把這樣的體系應用於數學運算，速度肯定要快過希臘或拉丁體系。爲此，我也採用直徑的200000份的分法，這已足夠排除任何大的誤差了。當數量之比不是整數比時，我只好取近似值。下面我將用六條定理和一個問題來說明這一點，內容基本是仿照托勒密的。

定理 1

給定圓的直徑，可求內接（正）三角形、正方形、（正）五邊形、（正）六邊形和（正）十邊形的邊長。

歐幾里得在《幾何原本》中證
明，直徑的一半或半徑等於六邊形

$$\overline{\qquad \underset{A \quad\; C\; E \qquad\quad B \qquad\qquad D}{\qquad}}$$

的邊長（《幾何原本》IV，15），三角形邊長的平方等於六邊形邊長平方的3倍（《幾何原本》XIII，12），而正方形邊長的平方等於六邊形邊長平方的2倍（《幾何原本》IV，9和I，47）。因此，如果取六邊形邊長爲100000單位，則正方形邊長爲141422單位，三角形邊長爲173205單位。

而正五邊形的邊長。依照同樣道理，《幾何原本》II，11或VI，30，設點 C 爲它的黃金分割點，較長的一段爲 CB，把它再延伸一個相等長度 BD，則整條線 ABD 也已被黃金分割。其中較短的 BD 是

圓內接十邊形的邊長，AB 是內接六邊形的邊長，此結果可由《幾何原本》XIII，5 和 9 得出。

BD 可按下列方法求出：設 AB 的中點爲點 E，則由《幾何原本》XIII，3 可得，

$$(EBD)^2 = 5(EB)^2,$$

而

$$EB = 50000,$$

所以由它的平方的 5 倍可得

$$EBD = 111803,$$

因此，

$$BD = EBD - EB = 111803 - 50000 = 61803,$$

這就是我們所要求的十邊形的邊長。

而五邊形邊長的平方等於六邊形邊長與十邊形邊長的平方之和（《幾何原本》XIII，10），所以五邊形邊長爲 117557 單位。

因此，當圓的直徑爲已知時，其內接三角形、正方形、五邊形、六邊形和十邊形的邊長均可求得。　　　　　　　　　證畢。

推論

已知一段圓弧的弦，可求半圓剩餘部分所對弦長。

半圓所對的角爲直角。在直角三角形中，直角所對的邊（即直徑）的平方等於兩直角邊的平方之和。由於十邊形一邊所對的弧爲 36°，我們業已證明其長度爲 61803 單位，而直徑爲 200000 單位，所以可得半圓剩下的 144°所對的弦長爲 190211 單位。

五邊形一邊的長度爲 117557 單位，它所對的弧爲 72°，於是可求得半圓其餘 108°所對弦長爲 161803 單位。

定理 2

在圓內接四邊形中，以對角線為邊所作矩形等於兩組對邊所作矩形之和。

設 $ABCD$ 為圓內接四邊形，那麼以 AC 和 DB 為邊所作矩形等於 AB、CD 所作矩形與 AD、BC 所作矩形之和。

取

$$\angle ABE = \angle CBD,$$

加上共同的 $\angle EBD$，得到

$$\angle ABD = \angle EBC,$$

此外，

$$\angle ACB = \angle BDA,$$

因為它們對著圓周上的同一段弧，因此兩個相似三角形 $\triangle BCE$ 和 $\triangle BDA$ 的相應邊長成比例，即

$$BC{:}BD = EC{:}AD,$$

於是

$$EC \cdot BD = BC \cdot AD \text{。}$$

而因為

$$\angle ABE = \angle CBD,$$

由於對著同一段圓弧，

$$\angle BAC = \angle BDC,$$

所以 $\triangle ABE$ 和 $\triangle CBD$ 也相似。於是，

$$AB{:}BD = AE{:}CD,$$

$$AB \cdot DC = AE \cdot BD \text{。}$$

但我們已經證明了

$$EC \cdot BD = BC \cdot AD,$$

相加可得

$$BD \cdot AC = AD \cdot BC + AB \cdot CD \text{。}$$

此即需要證明的結論。

定理 3

已知在半圓內兩不相等的弧所對的弦長，可求兩弧之差所對的弦長。

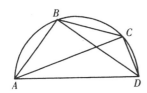

在直徑爲 AD 的半圓 $ABCD$ 中，設 AB 和 AC 分別爲不等弧長所對的弦，我們希望求弦長 BC。由上所述，可求得半圓剩餘部分所對的弦長 BD 和 CD。於是在半圓中作四邊形 $ABCD$，它的對角線 AC 和 BD 以及三邊 AB、AD 和 CD 都爲已知。根據本章定理 2，

$$AC \cdot BD = AB \cdot CD + AD \cdot BC。$$

因此，

$$AD \cdot BC = AC \cdot BD - AB \cdot CD。$$

所以，

$$(AC \cdot BD - AB \cdot CD) \div AD = BC。$$

即爲我們所要求的長度。

由上所述，例如當五邊形和六邊形的邊長爲已知時，其邊對應弧之差 $12°$（即 $72° - 60°$）所對的弦長可由這個方法求得爲 20905 單位。

定理 4

已知任意弧所對的弦，可求其半弧所對的弦長。

設 ABC 爲一圓，直徑爲 AC。設 $\overset{\frown}{BC}$ 爲給定的帶弦的弧。從圓心 E 作直線 EF 垂直於 BC。根據《幾何原本》III，3：EF 將平分弦 $\overset{\frown}{BC}$ 於點 F，平分 BC 於點 D，作弦 AB 和

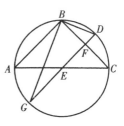

BD。由於 $\triangle ABC$ 和 $\triangle EFC$ 為相似直角三角形（它們共有 $\angle ECF$）。因此，由於

$$CF = \frac{1}{2}BFC，$$

所以

$$EF = \frac{1}{2}AB。$$

而半圓剩餘部分所對弦長 AB 可以求得，所以 EF 也可得出，於是就得到半徑的剩餘弧分 AD。作直徑 DGF，連接 BF。在三角形 BDF 中，BF 垂直於斜邊。

因此，

$$GD \cdot DF = (BD)^2，$$

於是 $\overset{\frown}{BDC}$ 的一半所對的弦 BD 的長度便求出了。

因為 $12°$ 的弧所對的弦長已經求得，於是可求得 $6°$ 的弧所對的弦長為 10467 單位，$3°$ 為 5235 單位，$1\frac{1}{2}°$ 為 2618 單位，$\frac{3}{4}°$ 為 1309 單位。

定理 5

已知兩弧所對的弦，可求兩弧之和所對的弦長。

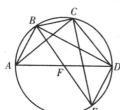

設 $\overset{\frown}{AB}$ 和 $\overset{\frown}{BC}$ 為圓內已知的兩段弧，則整個 $\overset{\frown}{ABC}$ 弧所對的弦長也可求得。

作直徑 AFD 和 BFE 以及弦 BD 和 CE。由於弦 AB 和 BC 已知，而

$$弦\ DE = 弦\ AB，$$

所以由前面的推論可求得 BD 和 CE 的弦長。連接 CD，補足四邊形 $BCDE$，其對角線 BD 和 CE 以及三邊 BC、DE 和 BE 都可求得，剩下的一邊 CD 也可由定理 2 求出。因此半圓剩餘部分所對弦長 CA 可以求得，此即我們所要求的整個 $\overset{\frown}{ADC}$ 所對的弦。

至此，與 $3°$、$1\frac{1}{2}°$ 和 $\frac{3}{4}°$ 弧所對的弦長都已求得。用這些間距可以製得非常精確的表。然而，如果我們需要增加一度或半度，把兩段相

加，或作其他運算，那麼求得的弦長是否正確就值得懷疑了，這是因爲我們缺乏證明它們的圖形關係。但用另一種方法可以做到這一點，它所得到的結果與所要求得的量相差極小。托勒密也計算過 1°和½°所對的弦長，不過他首先說的是以下定理：

定理 6

大弧與小弧之比大於對應兩弦長之比。

設 $\overset{\frown}{AB}$ 和 $\overset{\frown}{BC}$ 爲圓內兩段相鄰的弧，其中 $\overset{\frown}{BC}$ 較大，則

$$\overset{\frown}{BC}:\overset{\frown}{AB} > 弦\ BC：弦\ AB。$$

設直線 BD 等分 $\angle B$。連接 AC，與弦 BD 交於點 E。連接 AD 和 CD，則

$$AD = CD，$$

因爲它們所對的弧相等。

由於在△ABC 中，角平分線也交 AC 於點 E，所以底邊的兩段之比

$$EC:AE = BC:AB \quad （《幾何原本》VI，3）。$$

由於

$$BC > AB，$$

所以

$$EC > EA。$$

作 DF 垂直於 AC，它等分 AC 於點 F，則點 F 必定在較長的一段 EC 上。由於三角形中大角對大邊，所以在△DEF 中，

$$DE > DF，$$

而

$$AD > DE，$$

則以 D 爲中心、DE 爲半徑作的圓弧將與 AD 相交並超出 DF。設此弧與 AD 交於點 H，與 DF 的延長線交於點 I。由於

$$\text{扇形 } EDI > \triangle EDF \text{,}$$

而

$$\triangle DEA > \text{扇形 } DEH \text{,}$$

所以

$$\triangle DEF : \triangle DEA < \text{扇形 } EDI : \text{扇形 } DEH \text{。}$$

而扇形與其弧或中心角成比例，頂點相同的三角形與其底邊成正比，所以

$$\angle EDF : \angle ADE > \text{底 } EF : \text{底 } AE \text{。}$$

相加可得，

$$\angle FDA : \angle ADE > \text{底 } AF : \text{底 } AE \text{。}$$

同樣可得，

$$\angle CDA : \angle ADE > \text{底 } AC : \text{底 } AE \text{。}$$

相減可得，

$$\angle CDE : \angle EDA > \text{底 } CE : \text{底 } EA \text{。}$$

而

$$\angle CDE : \angle EDA = \widehat{CB} : \widehat{AB} \text{,}$$

因此，

$$CE : AE = \text{弦 } CB : \text{弦 } AB$$
$$\widehat{CB} : \widehat{AB} > \text{弦 } BC : \text{弦 } AB \text{。} \qquad\qquad \text{證畢。}$$

問題

兩點之間直線最短，弧長總大於它所對的弦長。但隨著弧長不斷減少，這個不等式逐漸趨於等式，以至於最終圓弧與直線在圓的切點處一同消失。所以此前不久，它們的差別必定小到難以察覺。

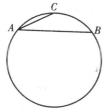

例如，設 AB 為 $3°$，AC 為 $1\frac{1}{2}°$，設直徑為 200000 單位，我們已經求得

$$\text{弦 } AB = 5235 \text{,}$$

$$弦\ AC = 2618。$$

雖然

$$\widehat{AB} = 2\widehat{AC},$$

但

$$弦\ AB < 2\ 弦\ AC$$
$$弦\ AC - 2617 = 1。$$

如果取

$$\widehat{AB} = 1\tfrac{1}{2}°,$$
$$\widehat{AC} = \tfrac{3}{4}°,$$

則

$$弦\ AB = 2618,弦\ AC = 1309。$$

雖然弦 AC 應當大於弦 AB 的一半,但它與後者似乎沒有什麼差別,弧與直線現在看起來是相同的。於是當弦與弧差別十分微小以至於成為一體時,我們無疑可以把 1309 當做 $\tfrac{3}{4}$° 所對的弦長,並且按比例求出 1°或其他分度所對的弦長。於是,$\tfrac{1}{4}$° 與 $\tfrac{3}{4}$° 相加,可得 1°所對弦長為 1745 單位,$\tfrac{1}{2}$°為 $872\tfrac{1}{2}$ 單位,$\tfrac{1}{3}$°約為 582 單位。

我相信在表中只列入倍弧所對的半弧就足夠了。用這種方法,我們可以把以前需要在半圓內展開的數值簡潔地壓縮到一個象限之內。這種做法對於證明和計算是很方便的,因為我們經常使用的是弦長之半。表中每增加 $\tfrac{1}{6}$°給出一值,共分三欄。第一欄為弧的度數和分數,第二欄為倍弧的半弦數值,第三欄為每隔 $\tfrac{1}{6}$°該半弦值的差值。我們用這些差值可以按比例內插任意弧分的值。此表如下:

圓周弦長表圓

弧 °	弧 ′	倍弧所對半弦	半弦間的差值	弧 °	弧 ′	倍弧所對半弦	半弦間的差值	弧 °	弧 ′	倍弧所對半弦	半弦間的差值
0	10	291	291	5	10	9005	290	10	10	17051	286
0	20	582	291	5	20	9295	290	10	20	17937	286
0	30	870	290	5	30	9586	290	10	30	18223	286
0	40	1163	291	5	40	9874	290	10	40	18509	286
0	50	1454	291	5	50	10164	289	10	50	18795	286
1	0	1745	291	6	0	10453	289	11	0	19081	285
1	10	2036	291	6	10	10742	289	11	10	19366	286
1	20	2327	290	6	20	11031	289	11	20	19652	285
1	30	2617	291	6	30	11320	289	11	30	19937	285
1	40	2908	291	6	40	11609	289	11	40	20222	285
1	50	3199	291	6	50	11898	289	11	50	20507	284
2	0	3490	291	7	0	12187	289	12	0	20791	285
2	10	3781	290	7	10	12476	288	12	10	21076	284
2	20	4071	291	7	20	12764	289	12	20	21360	284
2	30	4362	291	7	30	13053	288	12	30	21644	284
2	40	4653	290	7	40	13341	288	12	40	21928	284
2	50	4943	291	7	50	13629	288	12	50	22212	283
3	0	5234	290	8	0	13917	288	13	0	22495	283
3	10	5524	290	8	10	14205	288	13	10	22778	284
3	20	5814	291	8	20	14493	288	13	20	23062	282
3	30	6105	290	8	30	14781	288	13	30	23344	283
3	40	6395	290	8	40	15069	287	13	40	23627	283
3	50	6685	290	8	50	15356	287	13	50	23910	282
4	0	6975	290	9	0	15643	288	14	0	24192	282
4	10	7265	290	9	10	15931	287	14	10	24474	282
4	20	7555	290	9	20	16218	287	14	20	24756	282
4	30	7845	290	9	30	16505	287	14	30	25038	281
4	40	8135	290	9	40	16792	286	14	40	25319	282
4	50	8425	290	9	50	17078	287	14	50	25601	281
5	0	8715	290	10	0	17365	286	15	0	25882	281

續表

弧		倍弧所對半弦	半弦間的差值	弧		倍弧所對半弦	半弦間的差值	弧		倍弧所對半弦	半弦間的差值
°	′			°	′			°	′		
15	10	26163	280	20	10	34475	273	25	10	42525	263
15	20	26443	281	20	20	34748	273	25	20	42788	263
15	30	26724	280	20	30	35021	272	25	30	43051	262
15	40	27004	280	20	40	35293	272	25	40	43313	262
15	50	27284	280	20	50	35565	272	25	50	43575	262
16	0	27564	279	21	0	35837	271	26	0	43837	261
16	10	27843	279	21	10	36108	271	26	10	44098	261
16	20	28122	279	21	20	36379	271	26	20	44359	261
16	30	28401	279	21	30	36650	270	26	30	44620	260
16	40	28680	279	21	40	36920	270	26	40	44880	260
16	50	28959	278	21	50	37190	270	26	50	45140	259
17	0	29237	278	22	0	37460	270	27	0	45399	259
17	10	29515	278	22	10	37730	269	27	10	45658	259
17	20	29793	278	22	20	37999	269	27	20	45917	258
17	30	30071	277	22	30	38268	269	27	30	46175	258
17	40	30348	277	22	40	38587	268	27	40	46433	257
17	50	30625	277	22	50	38805	268	27	50	46690	257
18	0	30902	276	23	0	39073	268	28	0	46947	257
18	10	31178	276	23	10	39341	267	28	10	47204	256
18	20	31454	276	23	20	39608	267	28	20	47460	256
18	30	31730	276	23	30	39875	266	28	30	47716	255
18	40	32006	276	23	40	40141	267	28	40	47971	255
18	50	32282	275	23	50	40408	266	28	50	48226	255
19	0	32557	275	24	0	40674	265	29	0	48481	254
19	10	32832	274	24	10	40939	265	29	10	48735	254
19	20	33106	275	24	20	41204	265	29	20	48989	253
19	30	33381	274	24	30	41469	265	29	30	49242	253
19	40	33655	274	24	40	41734	264	29	40	49495	253
19	50	33929	273	24	50	41998	264	29	50	49748	252
20	0	34202	273	25	0	42262	263	30	0	50000	252

續表

弧		倍弧所對半弦	半弦間的差值	弧		倍弧所對半弦	半弦間的差值	弧		倍弧所對半弦	半弦間的差值
°	′			°	′			°	′		
30	10	50252	251	35	10	57596	237	40	10	64501	222
30	20	50503	251	35	20	57833	237	40	20	64723	222
30	30	50754	250	35	30	58070	237	40	30	64945	221
30	40	51004	250	35	40	58307	236	40	40	65166	220
30	50	51254	250	35	50	58543	236	40	50	65386	220
31	0	51504	249	36	0	58779	235	41	0	65606	219
31	10	51753	249	36	10	59014	234	41	10	65825	219
31	20	52002	248	36	20	59248	234	41	20	66044	218
31	30	52250	248	36	30	59482	234	41	30	66262	218
31	40	52498	247	36	40	59716	233	41	40	66480	217
31	50	52745	247	36	50	59949	232	41	50	66697	216
32	0	52992	246	37	0	60181	232	42	0	66913	216
32	10	53238	246	37	10	60413	232	42	10	67129	215
32	20	53484	246	37	20	60645	231	42	20	67344	215
32	30	53730	245	37	30	60876	231	42	30	67559	214
32	40	53975	245	37	40	61107	230	42	40	67773	214
32	50	54220	244	37	50	61337	229	42	50	67987	213
33	0	54464	244	38	0	61566	229	43	0	68200	212
33	10	54708	243	38	10	61795	229	43	10	68412	212
33	20	54951	243	38	20	62024	227	43	20	68624	211
33	30	55194	242	38	30	62251	228	43	30	68835	211
33	40	55436	242	38	40	62479	227	43	40	69046	210
33	50	55678	241	38	50	62706	226	43	50	69256	210
34	0	55919	241	39	0	62932	226	44	0	69466	209
34	10	56160	240	39	10	63158	225	44	10	69675	208
34	20	56400	241	39	20	63383	225	44	20	69883	208
34	30	56641	239	39	30	63608	224	44	30	70091	207
34	40	56880	239	39	40	63832	224	44	40	70298	207
34	50	57119	239	39	50	64056	223	44	50	70505	206
35	0	57358	238	40	0	64279	222	45	0	70711	205

弧		倍弧所對半弦	半弦間的差值	弧		倍弧所對半弦	半弦間的差值	弧		倍弧所對半弦	半弦間的差值
°	′			°	′			°	′		
45	10	70916	205	50	10	76791	186	55	10	82082	166
45	20	71121	204	50	20	76977	185	55	20	82248	165
45	30	71325	204	50	30	77162	185	55	30	82413	164
45	40	71529	203	50	40	77347	184	55	40	82577	164
45	50	71732	202	50	50	77531	184	55	50	82741	163
46	0	71934	202	51	0	77715	182	56	0	82904	162
46	10	72136	201	51	10	77897	182	56	10	83066	162
46	20	72337	200	51	20	78079	182	56	20	83228	161
46	30	72537	200	51	30	78261	181	56	30	83389	160
46	40	72737	199	51	40	78442	180	56	40	83549	159
46	50	72936	199	51	50	78622	179	56	50	83708	159
47	0	73135	198	52	0	78801	179	57	0	83867	158
47	10	73333	198	52	10	78980	178	57	10	84025	157
47	20	73531	197	52	20	79158	177	57	20	84182	157
47	30	73728	196	52	30	79335	177	57	30	84339	156
47	40	73924	195	52	40	79512	176	57	40	84495	155
47	50	74119	195	52	50	79688	176	57	50	84650	155
48	0	74314	194	53	0	79864	174	58	0	84805	154
48	10	74508	194	53	10	80038	174	58	10	84959	153
48	20	74702	194	53	20	80212	174	58	20	85112	152
48	30	74896	194	53	30	80386	172	58	30	85264	151
48	40	75088	192	53	40	80558	172	58	40	85415	151
48	50	75280	191	53	50	80730	172	58	50	85566	151
49	0	75471	190	54	0	80902	170	59	0	85717	149
49	10	75661	190	54	10	81072	170	59	10	85866	149
49	20	75851	189	54	20	81242	169	59	20	86015	148
49	30	76040	189	54	30	81411	169	59	30	86163	147
49	40	76299	188	54	40	81580	168	59	40	86310	147
49	50	76417	187	54	50	81748	167	59	50	86457	145
50	0	76604	187	55	0	81915	167	60	0	86602	145

弧		倍弧所對半弦	半弦間的差值	弧		倍弧所對半弦	半弦間的差值	弧		倍弧所對半弦	半弦間的差值
°	′			°	′			°	′		
60	10	86747	145	65	10	90753	122	70	10	94068	99
60	20	86892	144	65	20	90875	121	70	20	94167	97
60	30	87030	142	65	30	90996	120	70	30	94264	97
60	40	87178	142	65	40	91116	119	70	40	94361	96
60	50	87320	142	65	50	91235	119	70	50	94457	95
61	0	87462	141	66	0	91354	118	71	0	94552	94
61	10	87603	140	66	10	91472	118	71	10	94646	93
61	20	87743	139	66	20	91590	116	71	20	94739	93
61	30	87882	138	66	30	91706	116	71	30	94832	92
61	40	88020	138	66	40	91822	114	71	40	94924	91
61	50	88158	137	66	50	91936	114	71	50	95015	90
62	0	88295	136	67	0	92050	114	72	0	95105	90
62	10	88431	135	67	10	92164	112	72	10	95195	89
62	20	88566	135	67	20	92276	112	72	20	95284	88
62	30	88701	134	67	30	92388	111	72	30	95372	87
62	40	88835	133	67	40	92499	110	72	40	95459	86
62	50	88968	133	67	50	92609	109	72	50	95545	85
63	0	89101	131	68	0	92718	109	73	0	95630	85
63	10	89232	131	68	10	92827	108	73	10	95715	84
63	20	89363	130	68	20	92935	107	73	20	95799	83
63	30	89493	129	68	30	93042	106	73	30	95882	82
63	40	89622	129	68	40	93148	105	73	40	95964	81
63	50	89751	128	68	50	93253	105	73	50	96045	81
64	0	89879	127	69	0	93358	104	74	0	96126	80
64	10	90006	127	69	10	93462	103	74	10	96206	79
64	20	90133	125	69	20	93565	102	74	20	96285	78
64	30	90258	125	69	30	93667	102	74	30	96363	77
64	40	90383	124	69	40	93769	101	74	40	96440	77
64	50	90507	124	69	50	93870	99	74	50	96517	75
65	0	90631	122	70	0	93969	99	75	0	96592	75

續表

弧		倍弧所對半弦	半弦間的差值	弧		倍弧所對半弦	半弦間的差值	弧		倍弧所對半弦	半弦間的差值
°	′			°	′			°	′		
75	10	96667	75	80	10	98531	49	85	10	99644	24
75	20	96742	73	80	20	98580	49	85	20	99668	24
75	30	96815	72	80	30	98629	47	85	30	99692	22
75	40	96887	72	80	40	98676	47	85	40	99714	22
75	50	96959	71	80	50	98723	46	85	50	99736	20
76	0	97030	69	81	0	98769	45	86	0	99756	20
76	10	97099	70	81	10	98814	44	86	10	99776	19
76	20	97169	68	81	20	98858	44	86	20	99795	18
76	30	97237	67	81	30	98902	42	86	30	99813	17
76	40	97304	67	81	40	98944	42	86	40	99830	17
76	50	97371	66	81	50	98986	41	86	50	99847	16
77	0	97437	65	82	0	99027	40	87	0	99863	15
77	10	97502	64	82	10	99067	39	87	10	99878	14
77	20	97566	64	82	20	99106	38	87	20	99892	13
77	30	97630	62	82	30	99144	38	87	30	99905	12
77	40	97692	62	82	40	99182	37	87	40	99917	11
77	50	97754	61	82	50	99219	36	87	50	99928	11
78	0	97815	60	83	0	99255	35	88	0	99939	10
78	10	97875	59	83	10	99290	34	88	10	99949	9
78	20	97934	58	83	20	99324	33	88	20	99958	8
78	30	97992	58	83	30	99357	32	88	30	99966	7
78	40	98050	57	83	40	99389	32	88	40	99973	6
78	50	98107	56	83	50	99421	31	88	50	99979	6
79	0	98163	55	84	0	99452	30	89	0	99985	4
79	10	98218	54	84	10	99482	29	89	10	99989	4
79	20	98272	53	84	20	99511	28	89	20	99993	3
79	30	98325	53	84	30	99539	28	89	30	99996	2
79	40	98378	52	84	40	99567	27	89	40	99998	1
79	50	98430	51	84	50	99594	26	89	50	99999	1
80	0	98481	50	85	0	99620	24	90	0	100000	0

第十三章 平面三角形的邊和角

一

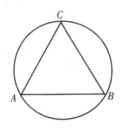

已知三角形的各角，則各邊可求。

設三角形為△ABC，根據《幾何原本》IV，5：對它作外接圓，於是在 360°等於兩個直角的體系中，AB、BC 和 CA 三段弧都可求得。當弧為已知時，取直徑為 200000，則圓內接三角形各邊的長度可由上表得出。

二

已知三角形的兩邊和一角，則另一邊和兩角可求。

已知的兩邊可以相等也可以不相等，已知的角可以是直角、銳角或鈍角，已知角可以是也可以不是已知兩邊的夾角。

首先，設△ABC 中已知的兩邊 AB 與 AC 相等，並設此兩邊的夾角為已知 ∠A。

於是底邊 BC 兩側的另外兩個角可求。此兩角都等於兩直角減去 ∠A 後的一半。如果已知角在底邊，那麼由於與之相等的角已知，用兩直角減掉它們，就得到了另一個角。當三角形的角和邊均為已知時，取半徑 AB 或 AC 等於 100000，或直徑等於 000000，則底邊 BC 可由表查得。

三

若直角 ∠ *BAC* 的相鄰兩邊爲已知，則另一邊和兩角可求。

因爲顯然，

$$(AB)^2+(AC)^2=(BC)^2,$$

所以 *BC* 的長度可以求出，各邊的相互關係也得到了。所對角爲直角的圓弧是半圓，其直徑爲底邊 *BC*。如果取 *BC* 爲 200000 單位，則可得 ∠*B*、∠*C* 兩角所對弦 *AB* 和 *AC* 的長度。在 180°等於兩直角的體系中，查表可得 ∠*B*、∠*C* 兩角的度數。

如果已知的是 *BC* 和一條直角邊，也可得到相同結果，我想這一點已經很清楚了。

四

若一銳角 ∠ *ABC* 及其夾邊 *AB* 和 *BC* 爲已知，則另一邊和兩角可求。

從點 *A* 向 *BC* 作垂線 *AD*，需要時（視垂線是否落在三角形內而定）延長 *BC* 線，形成兩個直角三角形△*ABD* 和△*ADC*。由於 ∠*ADB* 是直角，由假設 ∠*B* 爲已知，所以△*ABD* 的三個角都爲已知。設直徑 *AB*

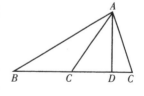

爲 200000 單位，於是 ∠*A*、∠*B* 兩角所對的弦 *AD* 和 *BD* 可由表查出，*AD*、*BD* 以及 *BC* 與 *BD* 的差 *CD* 也都可求出。

因此在直角三角形△*ADC* 中，如果已知 *AD* 和 *CD* 兩邊，那麼所求的邊 *AC* 以及 ∠*ACD* 也可依照上述方法得出。

五

若一鈍角∠*ABC*及其兩邊*AB*和*BC*爲已知，則另一邊和兩角可求。

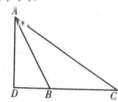

從點*A*向*CB*的延長線作垂線*AD*，得到三個角均爲已知的△*ABD*。∠*ABC*的補角∠*ABD*已知，∠*D*又是直角，所以如果設*AB*爲200000單位，則*BD*和*AD*都可以得到。因爲*BA*和*BC*的相互比值已知，*BC*也可用與*BD*相同的單位表示，於是整個*CBD*也如此。直角三角形△*ADC*的情況與此相同，因爲*AD*和*CD*兩邊已知，於是所要求的邊*AC*以及∠*BAC*和∠*ACB*都可求出。

六

若△*ABC*的兩邊*AC*和*AB*以及一邊*AC*所對的∠*B*爲已知，則另一邊和兩角可求。

如果設△*ABC*的外接圓的直徑爲200000個單位，則*AC*可由表查出。由已知的*AC*與*AB*的比值，可用相同單位求出*AB*。查表可得∠*ACB*和剩下的∠*BAC*。利用後者，弦*CB*也可求得。知道了這一比值，邊長就可用任何單位來表示了。

七

若三角形的三邊爲已知，則三個角可求。

等邊三角形的每個角都是兩直角的二分之一，這是盡人皆知的。

等腰三角形的情況也很清楚。腰與第三邊之比等於半徑與弧所對的弦之比，在360°圓心角等於四直角的體系中，兩腰所夾的角可由表

查出。⑲ 底角等於兩直角減去兩腰夾角所得差的一半。

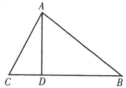

　　如果所研究的三角形是不等邊的，我們可以把它分解為直角三角形。設 △ABC 為不等邊三角形，它的三邊均爲已知，作 AD 垂直於最長邊 BC。根據《幾何原本》II，13：如果 AB 所對的角爲銳角，則

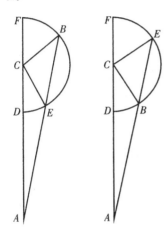

$$(AC)^2+(BC)^2-(AB)^2=2BC \cdot CD。$$

∠C 必定爲銳角，否則根據《幾何原本》I，17-19：AB 就將成爲最長邊，而這與假設相反。因此，如果知道了 BD 和 DC，那麼同以前多次遇到的情況一樣，我們就得到了邊、角均爲已知的直角三角形 △ABD 和 △ADC。由此，△ABC 的各角就得到了。

另一種方法

　　利用《幾何原本》III，36，也許更容易得出結果。設最短邊爲 BC，以點 C 爲圓心、BC 爲半徑畫的圓將與其他兩邊或其中的一邊相截。

⑲ 如附圖所示：英譯者

先設圓與兩邊都相截，即與 AB 截於點 E，與 AC 截於點 D。延長 ADC 線到點 F，使 DCF 爲直徑。根據歐氏定理，

$$FA \cdot AD = BA \cdot AE。$$

這是因爲這兩個乘積都等於從點 A 引出的切線的平方。由於 AF 的各段已知，所以整個 AF 也可知。由於

$$半徑 CF = 半徑 CD = BC，$$

並且

$$AD = CA - CD。$$

因此，由於已知 $BA \cdot AE$，所以可求得 AE 以及 $\overset{\frown}{BE}$ 所對弦 BE 的長度。連接 EC，便得到各邊已知的等腰三角形 $\triangle BCE$，於是可得 $\angle EBC$，由此便可求得 $\triangle ABC$ 的其他兩角 $\angle C$ 和 $\angle A$。

再設（如前頁右圖所示）圓不與 AB 相截。BE 可求得，而且等腰三角形 $\triangle BCE$ 中的 $\angle CBE$ 及其補角 $\angle ABC$ 都可求得。根據前面所說的方法，其他角也可求出。

關於平面三角形我已經說得夠多了，其中還包括了許多測地學的內容。下面我轉到球面三角形。

第十四章　球面三角形

這裏我把球面上由三條大圓弧所圍成的圖形稱爲球面三角形。兩相交大圓間的夾角大小定義爲以交點爲極的大圓弧上同兩大圓之兩交點間的弧長，此弧與整個圓之比等於所定義的角與四直角即 360° 之比。

一

古球面上任意畫按大圓弧中，兩弧之和大於第二弧，則由這三條大圓弧可構成一球面三角形。

關於圓弧的這個結論，《幾何原本》XI，23 已經對角度作過證明。

由於大圓的平面通過球心，所以三段大圓弧顯然在球心形成了一個立體角，因此本命題成立。

二

（球面）三角形中任一邊均小於半圓。

半圓在球心形不成角度，而是成一直線穿過球心。而其餘兩個角在球心不能構成立體角，因此它們形不成球面三角形。

我想這就是爲什麼托勒密要在論述這類三角形(特別是球面扇形)時規定各邊均不能大於半圓的原因。

三

在球面三角形中，如有一角爲直角，則直角對邊的二倍弧所對的弦同其一鄰邊二倍弧所對的弦之比，等於球的直徑同對邊和另一鄰邊所夾角的二倍所對的弦之比。

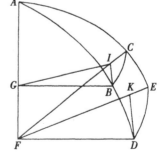

設 ABC 爲球面三角形，其中 $\angle C$ 爲直角，則我們要證明，兩倍 $\overset{\frown}{AB}$ 所對的弦同兩倍 $\overset{\frown}{BC}$ 所對的弦之比等於球的直徑同兩倍的 $\angle BAC$ 在大圓上所對弦之比。

以點 A 爲極作大圓 $\overset{\frown}{DE}$，設 $\overset{\frown}{ABD}$ 和 $\overset{\frown}{ACE}$ 爲所形成的兩個象限。從球心點 F 作下列各圓面的交線：圓面 ABD 和圓面 ACE 的交線 $\overset{\frown}{FA}$，圓面 ACE 和圓面 DE 的交線 $\overset{\frown}{FE}$，ABD 和圓面 DE 的交線 $\overset{\frown}{FD}$，以及 AC 和 BC 的交線 $\overset{\frown}{FC}$。然後作 BG 垂直於 FA，BI 垂直於 FC，以及 DK 垂直於 FE。連接 GI。

如果圓與圓相交並通過其兩極，則兩圓相互正交。因此 $\angle AED$ 爲直角。根據假設，$\angle ACB$ 也是直角。於是 EDF 和 BCF 兩平面均垂

直於平面 AEF。在平面 AEF 上，如果從點 K 作一直線垂直於交線 FKE，那麼根據平面相互垂直的定義，這條垂線將與 KD 成一直角。因此，根據《幾何原本》XI，4：直線 KD 垂直於圓面 AEF。同樣，作 BI 垂直於同一平面，根據《幾何原本》XI，6：DK 平行於 BI。由於

$$\angle FGD = \angle GFD = 90°，$$

所以 FD 平行於 GB。根據《幾何原本》XI，10，

$$\angle FDK = \angle GBI。$$

但是

$$\angle FKD = 90°，$$

所以根據定義，

$$GI \perp IB。$$

由於相似三角形的邊長成比例，所以

$$DF:BG = DK:BI。$$

由於 BI 垂直於半徑 CF，所以

$$BI = \tfrac{1}{2} \text{弦 } 2\widehat{CB}，$$

同樣，

$$BG = \tfrac{1}{2} \text{弦 } 2\widehat{BA}，$$

$$DK = \tfrac{1}{2} \text{弦 } 2\widehat{DE} \quad (\text{或 } \tfrac{1}{2} \text{弦 } 2\widehat{DAE})$$

而 DF 是球的半徑，所以就有，

$$\text{弦 } 2\widehat{AB} : \text{弦 } 2\widehat{BC} = \text{直徑} : \text{弦 } 2\widehat{DAE} \quad (\text{或弦 } 2\widehat{DE})$$

這條定理的證明對於今後是有用的。

四

球面三角形中，一角爲直角，若另一角和任一邊已知，則其餘的邊、角可求。

設球面三角形 ABC 中，$\angle A$ 爲直角，而其餘的兩角之一 $\angle B$ 也是已知的。

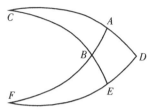

　　已知邊的情形可分三種：它或與兩已知角都相鄰（$\overarc{AB}$），或僅與直角相鄰（$\overarc{AC}$），或者與直角相對（$\overarc{BC}$）。

　　首先設 $\overarc{AB}$ 爲已知邊。以點 C 爲極作大圓 $\overarc{DE}$，完成象限 $\overarc{CAD}$ 和 $\overarc{CBE}$。延長 $\overarc{AB}$ 和 $\overarc{DE}$，使其相交於點 F。由於

$$\angle A = \angle D = 90°，$$

所以點 F 反過來也是 $\overarc{CAD}$ 的極。如果球面上的兩個大圓相交成直角，則它們將彼此平分並通過對方的極點，因此 $\overarc{ABF}$ 和 $\overarc{DEF}$ 都是象限。因 $\overarc{AB}$ 已知，象限的其餘部分 $\overarc{BF}$ 也已知，$\angle EBF$ 等於其已知的對頂角 $\angle ABC$。根據上一定理，弦 $2\overarc{BF}$：弦 $2\overarc{EF}$＝球的直徑：弦 $2\overarc{EBF}$。而這中間有三個量是已知的，即球的直徑、弦 $2\overarc{BF}$ 和絃 $2\overarc{EBF}$ 或它們的一半，所以根據《幾何原本》VI，15：½ 弦 $2\overarc{EF}$ 也可知，於是查表可得 $\overarc{EF}$。因此，象限的其餘部分 $\overarc{DE}$ 即所求的 $\angle C$ 可得。

　　反過來也同樣，

$$弦\ 2\overarc{DE}：弦\ 2\overarc{AB}＝弦\ 2\overarc{EBC}：弦\ 2\overarc{CB}，$$

但 $\overarc{DE}$、$\overarc{AB}$ 和 $\overarc{CE}$ 這三個量是已知的，因此第四個量，即 2 倍 $\overarc{CB}$ 所對的弦可得，於是所要求的邊 $\overarc{CB}$ 可得。

　　由於

$$弦\ 2\overarc{CB}：弦\ 2\overarc{CA}＝弦\ 2\overarc{BF}：弦\ 2\overarc{EF}，$$

而這兩個比值都等於

$$球的直徑：弦\ 2\overarc{CBA}，$$

且等於同一比值的兩個比值也彼此相等，所以旣然弦 $\overarc{BF}$、弦 $\overarc{EF}$ 和絃 $\overarc{CB}$ 三者爲已知，那麼第四個弦 $\overarc{CA}$ 可求得，而 $\overarc{CA}$ 爲球面三角形 ABC 的第三邊。

　　再設 $\overarc{AC}$ 爲已知的邊，我們所要求的是 $\overarc{AB}$ 和 $\overarc{BC}$ 兩邊以及餘下的 $\angle C$。與前面類似，反過來可得，

$$弦\ 2\overarc{CA}：弦\ 2\overarc{CB}＝弦\ 2\overarc{ABC}：直徑，$$

由此可得 $\overset{\frown}{CB}$ 邊以及象限的剩餘部分 $\overset{\frown}{AD}$ 和 $\overset{\frown}{BE}$。再由

$$弦\,2\overset{\frown}{AD}:弦\,2\overset{\frown}{BE}=弦\,2\overset{\frown}{ABF}\text{（直徑）}:弦\,2\overset{\frown}{BF}，$$

因此可得 $\overset{\frown}{BF}$ 及剩下的邊 $\overset{\frown}{AB}$。

類似地，

$$弦\,2\overset{\frown}{BC}:弦\,2\overset{\frown}{AD}=2\,弦\,\overset{\frown}{CBE}:弦\,2\overset{\frown}{DE}，$$

於是可得弦 $2\overset{\frown}{DE}$，即所要求的餘下的 $\angle C$。

最後，如果 $\overset{\frown}{DC}$ 爲已知的邊，可仿前述求得 $\overset{\frown}{AC}$ 以及餘下的 $\overset{\frown}{AD}$ 和 $\overset{\frown}{BE}$。正如已經多次說過的，利用直徑和它們所對的弦，可求得 $\overset{\frown}{BF}$ 及餘邊 $\overset{\frown}{AB}$。於是按照前述定理，由已知的 $\overset{\frown}{BC}$、$\overset{\frown}{AB}$ 和 $\overset{\frown}{CBE}$，可求得 $\overset{\frown}{ED}$，即爲我們所要求的餘下的 $\angle C$。

於是在球面三角形 ABC 中，$\angle A$ 爲直角，$\angle B$ 和任一邊已知，則其餘的邊、角可求。

五

如果已知球面三角形之三角，且一角爲直角，則各邊（之比）可求。

仍採用前圖。由於 $\angle C$ 已知，可求得 $\overset{\frown}{DE}$ 和象限的剩餘部分 $\overset{\frown}{BF}$。由於 $\overset{\frown}{BE}$ 是從 $\overset{\frown}{DEF}$ 的極上畫出的，所以 $\angle BEF$ 爲直角。由於 $\angle EBF$ 是一個已知角的對頂角，所以按照前述定理，已知一個直角 $\angle E$、另一角 $\angle B$ 和邊 $\overset{\frown}{EF}$ 的球面三角形 BEF 的邊、角均可求。因此 $\overset{\frown}{BF}$ 可得，象限的剩餘部分 $\overset{\frown}{AB}$ 也可得。類似地，在球面三角形 ABC 中，同樣可得其餘的邊 $\overset{\frown}{AC}$ 和 $\overset{\frown}{BC}$。

六

同一球上的兩直角球面三角形，若有一角和一邊（無論與相等的角相鄰還是相對）相等，則其他對應邊、角均相等。

設 ABC 爲半球，球面三角形 ABD 和 CEF 爲它上面的兩個三

角形。設 $\angle A$ 和 $\angle C$ 為直角，$\angle ADB$ 等於 $\angle CEF$，其中有一邊等於另一邊。先設等邊為等角的鄰邊，即 $\widehat{AD}$ 等於 $\widehat{CE}$。則我要證明，邊 $\widehat{AB}$ 等於邊 $\widehat{CF}$，邊 $\widehat{BD}$ 等於邊 $\widehat{EF}$，餘下的 $\angle ABD$ 也等於餘下的 $\angle CFE$。

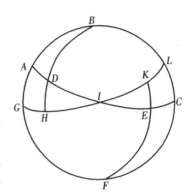

以點 B 和點 F 為極，作大圓的象限 $\widehat{GHI}$ 與 $\widehat{IKL}$，完成象限 $\widehat{ADI}$ 和 $\widehat{CEI}$。它們必定在半球的極，即點 I 相交，因為 $\angle A$ 和 $\angle C$ 為直角，而象限 $\widehat{GHI}$ 和 $\widehat{CEI}$ 都通過圓 ABC 的兩極。

因此，由於已經假定

$$邊\ \widehat{AD}=邊\ \widehat{CE}，$$

則它們的餘邊

$$\widehat{DI}=\widehat{IE}。$$

而

$$\angle IDH=\angle IEK，$$

因為它們是等角的對頂角；以及

$$\angle H=\angle K=90°，$$

因為等於同一比值的兩個比值也彼此相等；且根據本章定理三，

$$弦\ 2\widehat{ID}：弦\ 2\widehat{HI}=球的直徑：弦\ 2\widehat{IDH}，$$

以及

$$弦\ 2\widehat{EI}：弦\ 2\widehat{KI}=球的直徑：弦\ 2\widehat{IEK}，$$

因此，

$$弦\ 2\widehat{ID}：弦\ 2\widehat{HI}=弦\ 2\widehat{EI}：弦\ 2\widehat{IK}。$$

根據歐幾里得《幾何原本》V，14，

$$弦\ 2\widehat{DI}=弦\ 2\widehat{IE}，$$

因此

$$弦\ 2\widehat{HI}=弦\ 2\widehat{IK}。$$

因為在相等的圓中，等弦截出等弧，而分數在乘以相同的因數後保持相同的比值。所以單弧 $\overarc{IH}$ 與 $\overarc{IK}$ 相等，於是象限的剩餘部分 $\overarc{GH}$ 和 $\overarc{KL}$ 也相等。於是顯然，

$$\angle B = \angle F，$$

根據本章定理三的逆定理，

弦 $2\overarc{AD}$：弦 $2\overarc{BD}$＝弦 $2\overarc{IHG}$：弦 $2\overarc{BLH}$（或直徑），

以及

$$弦 2\overarc{EC}：弦 2\overarc{EF}＝弦 2\overarc{KL}：弦 2\overarc{FEK}（或直徑），$$

因此，

$$弦 2\overarc{AD}：弦 2\overarc{BD}＝弦 2\overarc{EC}：弦 2\overarc{EF}$$

而根據假設，

$$\overarc{AD}＝\overarc{CE}，$$

因此，根據歐幾里得《幾何原本》V，14，

$$\overarc{BD}＝\overarc{EF}。$$

同樣，如果已知 $\overarc{BD}$ 與 $\overarc{EF}$ 相等，我們可以用同樣方法證明其餘的邊、角均相等。

如果假設 $\overarc{AB}$ 與 $\overarc{CF}$ 相等，則由比例關係可得同樣結論。

七

兩非直角球面三角形，一角相等，與等角相鄰的邊也相等，則其他對應邊、角均相等。

在 ABD 和 CEF 兩個球面三角形中，如果

$$\angle B = \angle F，$$
$$\angle D = \angle E，$$

且邊 $\overarc{BD}$ 與等角相鄰，

$$邊 \overarc{BD}＝邊 \overarc{EF}。$$

則我們要證明，這兩個球面三角形的對應邊、角都相等。

再次以點 B 和點 F 為極作大圓 $\overarc{GH}$ 和 $\overarc{KL}$。設 $\overarc{AD}$ 與 $\overarc{GH}$ 延長

後交於點 N，$\overset{\frown}{EC}$ 和 $\overset{\frown}{LK}$ 延長後交於
點 M。

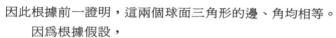

於是在球面三角形 HDN 和
EKM 中，等角的對頂角

$$\angle HDN = \angle KEM，$$

由於圓弧通過極點，所以

$$\angle H = \angle K = 90°，$$

並且

$$邊\ \overset{\frown}{DH} = 邊\ \overset{\frown}{EK}，$$

因此根據前一證明，這兩個球面三角形的邊、角均相等。

因為根據假設，

$$\angle B = \angle F，$$

所以

$$\overset{\frown}{GH} = \overset{\frown}{KL}；$$

因此，根據等量加等量結果仍然相等這一定理，

$$\overset{\frown}{GHN} = \overset{\frown}{MKL}。$$

因此在兩球面三角形 AGN 和 MCL 中，

$$邊\ \overset{\frown}{CN} = 邊\ \overset{\frown}{ML}，$$

$$\angle ANG = \angle CML，$$

並且

$$\angle G = \angle L = 90°。$$

所以這兩個三角形的邊和角都相等。由於等量減等量，其差仍相等，
因此，

$$\overset{\frown}{AD} = \overset{\frown}{CE}，$$

$$\overset{\frown}{AB} = \overset{\frown}{CF}，$$

$$\angle BAD = \angle ECF。$$

八

在兩球面三角形中，兩邊和一角（無論此角是否為兩邊的夾角）相等，則其他對應邊、角均相等。

在上其圖甲，說

$$邊\ \overset{\frown}{AB}=邊\ \overset{\frown}{CF}，$$
$$邊\ \overset{\frown}{AD}=邊\ \overset{\frown}{CE}。$$

先設等邊所夾的

$$\angle A=\angle C，$$

則我們要證明，

$$底\ \overset{\frown}{BD}=底\ \overset{\frown}{EF}，$$
$$\angle B=\angle F，$$

以及

$$\angle BDA=\angle CEF。$$

我們現在有兩個球面三角形：球面三角形 AGN 和 CLM，其中

$$\angle G=\angle L=90°，$$

而由於

$$\angle GAN=180°-\angle BAD，$$
$$\angle MCL=180°-\angle ECF，$$

所以

$$\angle GAN=\angle MCL。$$

因此兩個球面三角形的對應邊、角都相等。

而由於

$$\overset{\frown}{AN}=\overset{\frown}{CM}，$$
$$\overset{\frown}{AD}-\overset{\frown}{CE}，$$

所以相似可得，

$$\overset{\frown}{DN}=\overset{\frown}{ME}。$$

但我們已經證明

$$\angle DNH = \angle EMK，$$

且根據已知，

$$\angle H = \angle K = 90°，$$

因此，球面三角形 DHN 和 EMK 的邊、角也都相等。於是（由等式相減）

$$\widehat{BD} = \widehat{EF}，$$
$$\widehat{GH} = \widehat{KL}，$$

因此

$$\angle B = \angle F，$$
$$\angle ADB = \angle FEC。$$

但如果不假設邊 $\widehat{AD}$ 和邊 $\widehat{EC}$ 相等，而設

$$底\ \widehat{BD} = 底\ \widehat{EF}，$$

如果其餘不變，則證明是類似的。由於

$$外角\ \angle GAN = 外角\ \angle MCL，$$
$$\angle G = \angle L = 90°，$$

且

$$邊\ \widehat{AG} = 邊\ \widehat{CL}，$$

所以用同樣的方式，我們可以證明球面三角形 AGN 與 MCL 的對應邊、角都相等。不僅如此，對於它們所包含的球面三角形 DHN 和 MEK 來說，情況是一樣的。

因為

$$\angle H = \angle K = 90°，$$
$$\angle DNH = \angle KME，$$

而 $\widehat{DH}$ 和 $\widehat{EK}$ 都是象限的剩餘部分，所以

$$邊\ \widehat{DH} = 邊\ \widehat{EK}。$$

因此可得以前的相同結論。

九

等腰球面三角形兩底角相等。

設球面三角形 ABC 中，

邊 $\overset{\frown}{AB}=$ 邊 $\overset{\frown}{AC}$，

則我們要證明，底邊上的

$$\angle ABC = \angle ACB。$$

從頂點 A 畫一個與底邊垂直的，即通過底邊之極的大圓。設此大圓為 $\overset{\frown}{AD}$，於是在 ABD 和 ADC 這兩個球面三角形中，由於

$$邊 \overset{\frown}{BA} = 邊 \overset{\frown}{AC}，$$
$$邊 \overset{\frown}{AD} = 邊 \overset{\frown}{AD}，$$

且

$$\angle BDA = \angle CDA = 90°，$$

因此很顯然，

$$\angle ABC = \angle ACB。$$

推論：由上可知，從等腰三角形頂點所作的與底邊垂直的弧平分底邊以及等邊所夾的角，反之亦然。

十

若同一球上兩球面三角形對應邊相等，則對應角也相等。

每個球面三角形的三段大圓弧都形成角錐體，其頂點位於球心，底面是由凸三角形的弧所對直線構成的平面三角形。根據立體圖形相等和相似的定義（《幾何原本》XI·定義 10），這些角錐體相似且相等。當兩個圖形相似時，它們的對應角也相等，所以這些三角形的對應角是相等的。

特別是那些對相似形作更普遍定義的人主張，相似形的對應角必

須相等，因此我想情況已經很清楚，正如平面三角形的情形，對應邊相等的球面三角形是相似的。

十一

任何球面三角形中，若兩邊和一角已知，則其餘的角和邊可求。

如果已知邊相等，則兩底角相等。根據本章定理九的推論，從直角頂點作垂直於底邊的弧，則命題不難證得。

但如果已知邊不相等，如圖中的球面三角形 ABC，$\angle A$ 和兩邊已知，已知角或爲兩已知邊所夾，或不爲其所夾：

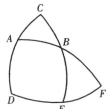

首先，設已知角爲已知邊 $\overset{\frown}{AB}$ 和 $\overset{\frown}{AC}$ 所夾，以點 C 爲極作大圓弧 $\overset{\frown}{DEF}$，完成象限 $\overset{\frown}{CAD}$ 和 $\overset{\frown}{CBE}$，延長 $\overset{\frown}{AB}$ 與 $\overset{\frown}{DE}$ 交於點 F。於是在球面三角形 ADF 中，

$$邊\ \overset{\frown}{AD}=90°-\overset{\frown}{AC}，$$
$$\angle BAD=180°-\angle CAB。$$

這些角的大小及比值與直線和平面相交所得角的大小、比值相同。而

$$\angle D=90°，$$

因此，根據本章定理四，球面三角形 ADF 的各邊角均爲已知。而在球面三角形 BEF 中，$\angle F$ 已得，且 $\angle E$ 的兩邊都通過極點，所以

$$\angle E=90°，$$

而

$$邊\ \overset{\frown}{BF}=\overset{\frown}{ABF}-\overset{\frown}{AB}，$$

所以按照同一定理，球面三角形 BEF 的各邊、角也均可得。由

$$\overset{\frown}{BC}=90°-\overset{\frown}{BE}，$$

可得所求邊 $\overset{\frown}{BC}$。由

$$\overset{\frown}{DE}=\overset{\frown}{DEF}-\overset{\frown}{EF}，$$

即得 $\angle C$。由 $\angle EBF$ 可求得其對頂角 $\angle ABC$，即爲所求角。

但如果假定爲已知的邊不是 $\overset{\frown}{AB}$，而是已知角所對的邊 $\overset{\frown}{CB}$，則結

論是相同的。因爲象限的剩餘部分 $\overset{\frown}{AD}$ 和 $\overset{\frown}{BE}$ 均已知，根據同樣的論證，兩球面三角形 ADF 和 BEF 的各邊、角均可得。

綜上所述，球面三角形 ABC 的邊、角均可得。

十二

在任何球面三角形中，若兩角和一邊已知，則其餘的角和邊可求。

仍用前面的圖形。在球面三角形 ABC 中，設 $\angle ACB$ 和 $\angle BAC$ 以及與它們相鄰的邊 $\overset{\frown}{AC}$ 均已知。如果已知角中有一個爲直角，則根據前面的定理四，其他所有量均可求得。然而我們希望論證的是已知角不是直角的情形。因此，

$$\overset{\frown}{AD}=90°-\overset{\frown}{AC},$$
$$\angle BAD=180°-\angle BAC,$$

且

$$\angle D=90°,$$

因此，根據本章的定理四，球面三角形 AFD 的邊、角均可求得。但因 $\angle C$ 已知，$\overset{\frown}{DE}$ 可知，所以剩餘部分

$$\overset{\frown}{EF}=90°-\overset{\frown}{DE}。$$
$$\angle BEF=90°,$$
$$\angle F=\angle F。$$

同樣，根據定理四可求得 $\overset{\frown}{BE}$ 和 $\overset{\frown}{FB}$，並可由此求得其餘的邊 $\overset{\frown}{AB}$ 和 $\overset{\frown}{BC}$。

如果其中一個已知角與已知邊相對，比如已知角不是 $\angle ACB$ 而是 $\angle ABC$，那麼如果其他情況不變，我們就可以類似地說明整個球面三角形 ADF 的各邊、角均可求得。它的一部分，即球面三角形 BEF 也是如此。由於 $\angle F$ 是兩三角形的公共角，$\angle EBF$ 爲已知角的對頂角，，所爲直角，因此，如前面已經證明的，故採用三角形的各邊均可求得。由此可得我的結論：所有這些性質總是被一種永恆的相互關係維繫著，一如球形所滿足的關係。

十三

最後，若球面三角形各邊已知，則各角可求。

設球面三角形 ABC 各邊均爲已知，則我們
要證明的是，其各角也可求得。

由於球面三角形的邊或相等或不相等，所以
讓我們先假設 $\overset{\frown}{AB}$ 等於 $\overset{\frown}{AC}$，那麼與兩倍 $\overset{\frown}{AB}$ 和
$\overset{\frown}{AC}$ 所對的半弦顯然也相等。設這些半弦爲 BE
和 CE。由《幾何原本》III，定義 4 及其逆定義可
知，它們會交於點 E，這是因爲它們與位於它們
的圓的交線 DE 上的球心是等距的。

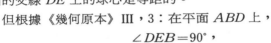

但根據《幾何原本》III，3：在平面 ABD 上，

$$\angle DEB = 90°，$$

同樣，在平面 ACD 上，

$$\angle DEC = 90°，$$

因此，根據《幾何原本》XI，定義 3：
$\angle BEC$ 是這兩個平面的交角，它可按如
下方法求得。由於 $\overset{\frown}{BC}$ 之間有一直線，所
以就有平面三角形 $\triangle BEC$，它的各邊均可
由已知的弧求得。由於 $\triangle BEC$ 的各角也
可知，所以我們可以求得所求的 $\angle BEC$
（即球面角 $\angle BAC$）及其他兩角。

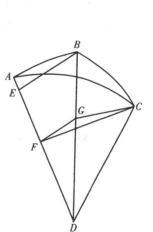

然而，如果三角形不等邊，如右下頁
圖所示，則與兩倍邊相對的半弦不會相
交。如果

$$\overset{\frown}{AC} > \overset{\frown}{AB}，$$

並設

$$CF = ½ \text{ 弦 } 2\overset{\frown}{AC}，$$

則 CF 將從下面通過。但是如果

$$\widehat{AC}<\widehat{AB},$$

則半弦會高一些。根據《幾何原本》III，15，這要視它們距中心的遠近而定。作 FG 平行於 BE，使 FG 與兩圓（圓 AB 與圓 BC）的交線 BD 交於點 G。連接 GC。於是顯然，

$$\angle EFG=\angle AEB=90°，$$

由於 $GF=\frac{1}{2}$ 弦 $2\widehat{AC}$，所以

$$\angle EFC=90°。$$

因此 $\angle CFG$ 為 AB 和 AC 兩圓的交角，這個角也可得出。由於 $\triangle DFG$ 與 $\triangle DEB$ 相似，所以

$$DF:FG=DE:EB。$$

因此 FG 可用與 FC 相同的單位求得。而

$$DG:DB=DE:EB，$$

若取 DC 為 100000，則 DG 也可用同樣單位求出。由於 $\angle GDC$ 可從 $\widehat{BC}$ 求得，所以根據平面三角形的定理二，邊 GC 可用與平面三角形 $\triangle GFC$ 其餘各邊相同的單位求出。根據平面三角形的最後一條定理，$\angle GFC$ 即所求的球面角 $\angle BAC$ 可得，然後根據球面三角形的定理十一可得其餘各角。

十四

　　將一弧任意地劃分為兩段小於半圓的弧，若已知兩弧之二倍弧所對的弦長之半的比值，則可求每一弧長。

　　設 $\widehat{ABC}$ 為已知圓弧，點 D 為圓心。設點 B 把 $\widehat{ABC}$ 分成任意兩段，且它們都小於半圓。設 $\frac{1}{2}$ 弦 $2\widehat{AB}$ 比 $\frac{1}{2}$ 弦 $2\widehat{BC}$ 的值可用某一長度單位表出，則我們所要證明的是，$\widehat{AB}$ 和 $\widehat{BC}$ 都可求。

　　作直線 AC 與由弧所劃分的點 B，從端點 A 和 C 向直徑作垂線 AF 和 CG，則

$$AF=\frac{1}{2} \text{ 弦 } 2\widehat{AB}，$$

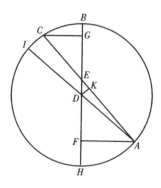

$$CG = \tfrac{1}{2} \, 弦 \, 2\overset{\frown}{BC}。$$

而在直角三角形 $\triangle AEF$ 和 $\triangle CEG$ 中，對頂角

$$\angle AEF = \angle CEG，$$

因此兩三角形的對應角都相等，它們與等角所對的邊也成比例：

$$AF\!:\!CG = AE\!:\!EC。$$

於是 AE 和 EC 可用與 AF 或 GC 相等的單位表出。但是 $\overset{\frown}{ABC}$ 所對的弦 AEC 可用表示半徑 DEB 的單位求得，還可用同樣單位求得弦 AC 的一半，即 AK，以及剩餘部分 EK。連接 DA 和 DK，它們可以用與 BD 相同的單位求出：DK 是半圓減去 $\overset{\frown}{ABC}$ 後餘下的弧所對弦長的一半，這段弧包含在 $\angle DAK$ 內，因此可得 $\overset{\frown}{ABC}$ 的一半所對的 $\angle ADK$。但是在 $\triangle EDK$ 中，兩邊為已知，$\angle EKD$ 為直角，所以 $\angle EDK$ 也可求得。於是 $\overset{\frown}{AB}$ 所夾的整個 $\angle EDA$ 可得，由此還可求得剩餘部分 $\overset{\frown}{CB}$。這即是我們所要證明的。

十五

若球面三角形的三角（不一定是直角三角形）均已知，則各邊可求。

設球面三角形為 ABC，其各角均已知，但都不是直角。我們所要證明的是各邊均可求得。

從任一角 $\angle A$ 通過 $\overset{\frown}{CB}$ 的兩極作 $\overset{\frown}{AD}$ 與 $\overset{\frown}{BC}$ 正交。只要 $\angle B$、$\angle C$ 兩角不是一個為鈍角，一個為銳角，則 $\overset{\frown}{AD}$ 將落在球面三角形之內，否則就應從鈍角作底邊的垂線。完成象限 $\overset{\frown}{BAF}$、$\overset{\frown}{CAG}$ 和 $\overset{\frown}{DAE}$。以點 B 和點 C 為極作 $\overset{\frown}{EF}$ 和 $\overset{\frown}{EG}$。因此

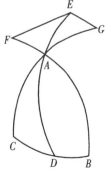

$$\angle F = \angle G = 90°。$$

於是兩直角三角形的邊成比例，在△AEF中，

½ 弦 $2\overarc{AE}$:½ 弦 $2\overarc{EF}$=½ 球的直徑：½ 弦 $2\overarc{EAF}$。

同樣，在△AEG中，

½ 弦 $2\overarc{AE}$:½ 弦 $2\overarc{EG}$=½ 球的直徑：½ 弦 $2\overarc{EAG}$。

因此，

½ 弦 $2\overarc{EF}$:½ 弦 $2\overarc{EG}$=½ 弦 $2\overarc{EAF}$:½ 弦 $2\overarc{EAG}$。

因爲 $\overarc{FE}$ 和 $\overarc{EG}$ 爲已知，且

$$FE = 90° - \angle B，$$

$$EG = 90° - \angle C，$$

所以可得 $\angle EAF$ 與 $\angle EAG$ 兩角之比，此即它們的對頂角 $\angle BAD$ 與 $\angle CAD$ 之比。現在整個角 $\angle BAC$ 已知，因此根據前述定理，$\angle BAD$ 和 $\angle CAD$ 也可求得。於是根據本章定理五，我們可以求得 $\overarc{AB}$、$\overarc{BD}$、$\overarc{AC}$、$\overarc{CD}$ 各邊以及整個 $\overarc{BC}$。

就實現我們的目標而言，這些關於三角形所做的題外討論已經足夠了。如果要做更加細緻的討論，本書可能就厚得難以想像了。

第二卷

　　我已經簡要闡述了可望用來解釋一切行星現象的地球的三重運動，下面我將把話題展開，力圖對具體問題進行研究，從而兌現我的承諾。我將從最為人們所熟知的一種運動即晝夜的更替談起。我已經說過，被希臘人稱為 $\nu\nu\chi\theta\eta\mu\epsilon\rho\sigma s$ 的這種運動完全是由地球的運動所直接引起的，因為月、年以及其他名稱的時間週期都源於這種運動，一如數字都起源於一。因此，對於晝夜的不等、太陽和黃道各宮的出沒，以及這種運動所導致的結果，我只想談很少的一點兒看法，因為許多人已經就這些話題寫了足夠多的論著，而且他們所說的與我的看法和諧一致。對於別人基於地球不動和宇宙旋轉所證明的那些結論，我是否要以一種相反的方式與之競爭，那是無關緊要的，因為相互有關聯的事物往往在對立中顯示出和諧，不過我不會漏掉任何必不可少的事物。如果我仍然談及太陽和恆星的出沒等，大家不應感到驚奇，而應認為我是在以一種所有人都能理解的慣常方式說話。我們總要牢記：「在我們這些被地球所承載的人們看來，日月往來穿梭，星星去了又回。」

第一章　圓及其名稱

　　我已經說過，赤道是繞周日旋轉軸所描出的最大緯圈，而黃道則是通過黃道各宮中心的圓，地心在它下面做周年運轉。

　　但由於黃道與赤道斜交，地軸傾斜於黃道，所以隨著（地球的）周日旋轉，其傾角的最外極限在赤道兩側各描出一個與黃道相切的圓。這兩個圓被稱為「回歸線」，因為太陽在這兩條線上（即在冬天和夏天）會改變方向，因此北邊的一個圓通常被稱為「夏至回歸線」，南邊的則被稱為「冬至回歸線」。這在前面對地球圓周運動的概述中已經講過了。

　　接下來是被權威人稱為「分界圓」的所謂「地平圈」，因為它是宇宙的可見部分與不可見部分的分界線。一切出沒的星體似乎都在地平圈上升起和落下。它的中心位於大地的表面，極點則在我們的天頂。但由於地球的尺寸根本無法與天穹相比──因為根據我們的假說，甚至日月間的距離與天穹相比也只是滄海一粟──所以正如我在前面所說，地平圈就像通過了宇宙的中心，把天穹一分為二。

　　但是當地平圈與赤道斜交時，它也同赤道兩邊的一對緯圈相切，即北邊的總是可見星辰的圓，南邊的總是不可見星辰的圓。普羅克魯斯（Proclus）和希臘人把前者稱為「北極圈」，把後者稱為「南極圈」。它們隨地平圈的傾角或赤極的高度不同而增大或減小。①

　　還剩下穿過地平圈兩極以及赤極的子午圈，因此子午圈同時垂直於這兩個圓。當太陽到達子午圈時，它指示出正午或午夜。

　　但地平圈和子午圈這兩個中心位於地面的圓，都完全取決於地球的運動和我們在特定位置的視線。因為在任何地方，眼睛都好像成了可見物體的天球的中心。

　　此外，正如宇宙志和關於地球形狀的研究著作更為清楚地表明的，所有這些在地球上假定的圓也在天上產生出類似的圓，這些圓都有專門的名稱，儘管其他圓可以有無數種指定方式和命名方式。

①也就是說，總是可見的星辰的圓周尺寸與地平圈的傾角成反比，與赤極的高度成正比。
　　──英譯者

第二章 黃道傾角、回歸線的間距及其測定方式

由於黃道位於兩回歸線之間並且與赤道斜交，我認爲現在應當研究一下回歸線的間距以及黃赤交角的大小。儀器可以幫助工作最好地完成，爲了借助於儀器得到結果，我們要準備一把木製矩尺，最好是用更結實的原料（比如石頭或金屬）製成的矩尺，因爲木頭有可能被空氣改變狀態，使觀測者得出錯誤的結果。矩尺的一個表面應當經過非常認眞的打磨，並且有足夠的地方刻上分度，也就是說一條邊應有五六英尺長。現在以（矩尺的）一個角爲中心，一條邊爲半徑作圓周的一個象限，並把它分成相等的90度，再把每一度分成相等的60分或任何可能的分度。在（象限的）中心安裝一個精密加工過的圓柱形栓子，使栓子垂直於矩尺表面，並且略爲突出一些，比如達到一根手指的寬度。

在儀器製成之後，接下來就要在位於水平圈平面的一塊地板上畫出經度圈。地板應當用水準器盡可能精確地校準，使之不致發生任何傾斜。在這塊地板上畫一個圓，並在圓心豎起一根指針：我們將在中午以前的某一時刻觀察指針的影子落在圓周上的位置，並把該處標記出來，下午再做同樣的事情，然後把已經標記出的兩點之間的圓弧平分。通過這種方法，從圓心向平分點所引直線必將爲我們標出南北方向。

把儀器的平面作爲基線在地板上垂直地豎立起來，（象限的）中心指向南方，以使從中心所引鉛垂線恰好與經度圈正交。這樣一來，儀器表面必然包含經度圈。因此在夏至和冬至，正午的日影將被那根指針或圓柱體投射到（象限的）中心。在象限弧上作出標記，使影子的位置更準確地保留下來。還要盡可能精確地記下影子中心的度數和分數。如此一來，夏至和冬至兩個影子之間的弧長就給出了回歸線的間距和黃道的整個傾角。[②] 取該弧的一半，我們就得到了回歸線與赤

[②] 因爲日地之間的距離與恆星天球半徑相比微乎其微，所以象限中心可取作恆星天球的中心。——英譯者

道之間的距離，而黃赤交角的大小也就顯然可得了。

　　托勒密測定了前面所說的南、北兩限之間的距離，如果取整個圓周爲 360°，那麼這個距離就是 47°42′40″。他發現，在他之前的希帕庫斯和埃拉托色尼（Eratosthenes）也得到過此結果。如果取整個圓周爲 83，則這個距離爲 11°。於是該弧的一半（整個圓周爲 360° 時半弧爲 23°51′20″）就得出了回歸線與赤道之間的距離以及與黃道的交角。托勒密由此認爲這些值是永恆不變的常數。但從那時以來，人們發現這些值一直在減小。我的一些同時代人和我都發現，兩回歸線之間的距離現在不大於 46°58′，交角不大於 23°29′。所以現在已經足夠清楚，黃道的傾角並不是不變的。我在後面還要通過一個非常可靠的結論來說明，這個傾角過去從未大於 23°52′，將來也絕不會小於 23°28′。

第三章　赤道、黃道與子午圈相交的弧和角及其計算以及由此定出的赤經和赤緯

　　正如我已經說過的，宇宙各部分在地平圈上升起和沉沒，我現在要說的是，子午圈把天穹分爲相等的兩部分。在二十四小時內，子午圈被黃道和赤道穿過，並且在春分點和秋分點把它們的圓周分割開來，反過來，子午圈又被兩圓相截的弧分割開。因爲它們都是大圓，所以就形成了一個球面三角形。根據定義，子午圈通過赤極，所以子午圈與赤道正交。在這個球面三角形中，子午圈的圓弧，或者通過(赤)極並以這種方式截出的圓弧稱爲黃道弧段的赤緯，赤道上的相應圓弧稱爲赤經，它與黃道上的對應弧同時出現。

　　所有這些很容易在一個凸三角形
中說明。設 $ABCD$ 爲同時通過赤極和黃極的圓，大多數人稱此圓爲「分至圈」。設 $\overset{\frown}{AEC}$ 爲黃道的一半，

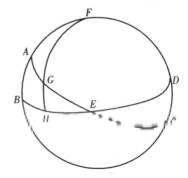

$\overset{\frown}{BED}$ 為赤道的一半，E 為春分點，A 為夏至點，C 為冬至點。設點 F 為周日旋轉的極點，在黃道上，設

$$\overset{\frown}{EG}=30°，$$

它被象限 $\overset{\frown}{FGH}$ 所截。

在球面三角形 EGH 中，

$$邊 \overset{\frown}{EG}=30°，$$
$$\angle GEH \text{ 已知，}$$

當它為極小時，如果取四直角＝360°，則

$$\angle GEH=23°28'。$$

這與赤緯 $\overset{\frown}{AB}$ 的最小值③相符。

$$\angle GHE=90°。$$

因此，根據球面三角形的定理四，球面三角形 EGH 的各邊、角均可求得。可以證明，

弦 $2\overset{\frown}{EG}$：弦 $2\overset{\frown}{GH}=$ 弦 $2\overset{\frown}{AGE}$：弦 $2\overset{\frown}{AB}$ 或球的直徑：弦 $2\overset{\frown}{AB}$，它們的半弦之間也有類似比例。由於

$$\tfrac{1}{2} 弦 2\overset{\frown}{AGE}=半徑=100000，$$
$$\tfrac{1}{2} 弦 2\overset{\frown}{AB}=39822，$$
$$\tfrac{1}{2} 弦 2\overset{\frown}{EG}=50000。$$

而且如果四個數成比例，那麼中間兩數之積等於首尾兩數之積，因此，

$$\tfrac{1}{2} 弦 2\overset{\frown}{GH}=19911，$$

由表可查得，

$$\overset{\frown}{GH}=11°29'，$$

即為弧段 EG 的赤緯。象限的剩餘部分

$$邊 \overset{\frown}{FG}=78°31'，$$
$$邊 \overset{\frown}{AG}=60°，$$
$$\angle FAG=90°。$$

③此處英譯本誤為「最大值」。——中譯者

同理，

$$½ 弦\ 2\widehat{FG}:½ 弦\ 2\widehat{AG}=½ 弦\ 2\widehat{FGH}:½ 弦\ 2\widehat{BH}。$$

現在其中有三個量已知，所以第四個量也可求得，亦即

$$\widehat{BH}=62°6',$$

這是從夏至點算起的赤經，

$$\widehat{HG}=27°34'，$$

即為從夏至點量起的赤經。類似地，由於

$$邊\ \widehat{FG}=78°31',$$
$$邊\ \widehat{AF}=64°30',$$
$$\angle AGE=90°,$$

$\angle AGF$ 與 $\angle HGE$ 為對頂角，所以

$$\angle AGF=\angle HGE=63°29½'。$$

　　下面我們將遵循此例。然而我們不應忽視這一事實，即子午圈在黃道與回歸線相切之處與黃道正交，因為正如我已經說的那樣，那時子午圈通過黃極。但是在分點，子午圈與黃道的交角小於一直角，為 $66°32'$，這是與黃道的最小傾角相一致的。

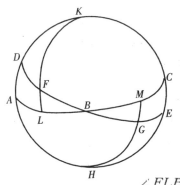

　　我們還應注意到，從至點或分點量起的黃道上的等弧，伴隨著球面三角形的等角或等邊。如果作赤道弧 $\widehat{ABC}$ 和黃道弧 $\widehat{DBE}$，二者交於分點 B。取 $\widehat{FB}$ 和 $\widehat{BG}$ 為等弧。通過周日旋轉極 K、H 作兩象限 $\widehat{KFL}$ 和 $\widehat{HGM}$，於是就有了兩個球面三角形 FLB 和 BMG，其中

$$邊\ \widehat{BF}=邊\ \widehat{BG},$$
$$\angle FLB=\angle GBM,$$
$$\angle FLB=\angle GMB=90°，$$

因此，根據球面三角形的定理六，這兩個球面三角形的對應邊、角都相等。於是，

赤緯 $\overset{\frown}{FL}$＝赤緯 $\overset{\frown}{GM}$，

赤經 $\overset{\frown}{LB}$＝赤經 $\overset{\frown}{BM}$

$\angle LFB = \angle MGB$。

如果假設等弧從一個至點量起，情況也是一

樣的。設等弧 $\overset{\frown}{AB}$ 和 $\overset{\frown}{BC}$ 位於至點 B 的兩側。從

赤極 D 作 $\overset{\frown}{DA}$ 和 $\overset{\frown}{DB}$（以及 $\overset{\frown}{DC}$），於是也可得

兩個球面三角形 ABD 和 DBC。

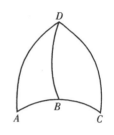

底邊 $\overset{\frown}{AB}$＝底邊 $\overset{\frown}{BC}$，

邊 $\overset{\frown}{BD}$ 是公共邊，

$\angle ABD = \angle CBD = 90°$，

因此，根據球面三角形的定理八，這兩個球面三角形的對應邊、角均
相等。由此可知，對黃道的一個象限製定這些角與弧的表，整個圓周
的其他象限也將適用。

我將補充一個關於表中所列各項的例子。第一列爲黃道度數，第
二列爲與這些度數相對應的赤緯，第三列爲黃道達到最大傾角時出現
的赤緯與個別赤緯相差的分數，其最大差值爲 24′。

赤經表與子午圈角度表也是這樣編製的，因爲當黃道傾角改變
時，與之相關的各項也必然會改變。而赤經只發生過極小的變化，它
不超過一「時度」（time）（古人把與黃道分度一同升起的赤道分度
稱做「時度」）的 $\frac{1}{10}$，而在一小時裏只有一「時度」的 $\frac{1}{150}$。正如我已
經多次說過的，這些圓都有 360 個單位。但爲了區別它們，多數古人
都把黃道的單位稱爲「度」，而把赤道的單位稱爲「時度」。我在下面
也要沿用這種叫法。儘管這個差值小到可以忽略，但我仍要單闢一欄
把它列進去。④

④ 此處英譯本誤爲：「旣然這種差值小到可以忽略，所以我們就不單闢一欄把它列進去
　了。」——中譯者

　　因此，只要我們根據黃道的最小傾角與最大傾角之差進行相應的修正，這些表也適用於黃道的任何其他傾角。舉例來說，如果傾角爲23°34′，我們想知道黃道上 30°從赤道算起的赤緯有多大，則從表上可以查到赤緯一欄爲 11°29′，差值一欄爲 11。當黃道傾角爲最大，即我說過的 23°52′時，把 11′加上 23°52′。但我們已經確定了傾角爲 23°34′，因此最小傾角是 0′，而 0′是最大傾角大於最小傾角的 24′的四分之一。因此

$$3':11' \approx 6':24'。$$

如果把 3′ 加上 11°29′，便得到黃道上 30° 弧從赤道算起的赤緯爲 11°32′。

　　子午圈角度表與赤經表也是一樣的，只是必須總對赤經加上差值，而對子午圈角度減去差值，這樣才能使一切隨時間變化的量更加精確。

赤緯（黃道度數）表

黃道	赤緯		差值	黃道	赤緯		差值	黃道	赤緯		差值
°	°	′	′	°	°	′	′	°	°	′	′
1	0	24	0	14	5	32	5	27	10	25	10
2	0	48	1	15	5	55	5	28	10	46	10
3	1	12	1	16	6	19	6	29	11	8	10
4	1	36	2	17	6	41	6	30	11	29	11
5	2	0	2	18	7	4	7	31	11	50	11
6	2	23	2	19	7	27	7	32	12	11	12
7	2	47	3	20	7	49	8	33	12	32	12
8	3	11	3	21	8	12	8	34	12	52	13
9	3	35	4	22	8	34	8	35	13	12	13
10	3	58	4	23	8	57	9	36	13	32	14
11	4	22	4	24	9	19	9	37	13	54	14
12	4	45	4	25	9	41	9	38	14	12	14
13	5	9	5	26	10	3	10	39	14	31	14

續表

黃道	赤緯		差值	黃道	赤緯		差值	黃道	赤緯		差值
°	°	′	′	°	°	′	′	°	°	′	′
40	14	50	14	57	19	30	20	74	22	30	23
41	15	9	15	58	19	44	20	75	22	37	23
42	15	27	15	59	19	57	20	76	22	44	23
43	15	46	16	60	20	10	20	77	22	50	23
44	16	4	16	61	20	23	20	78	22	55	23
45	16	22	16	62	20	35	21	79	23	1	24
46	16	39	17	63	20	47	21	80	23	5	24
47	16	56	17	64	20	58	21	81	23	10	24
48	17	13	17	65	21	9	21	82	23	13	24
49	17	30	18	66	21	20	22	83	23	17	24
50	17	46	18	67	21	30	22	84	23	20	24
51	18	1	18	68	21	40	22	85	23	22	24
52	18	17	18	69	21	49	22	86	23	24	24
53	18	32	19	70	21	58	22	87	23	26	24
54	18	47	19	71	22	7	22	88	23	27	24
55	19	2	19	72	22	15	23	89	23	28	24
56	19	16	19	73	22	23	23	90	23	28	24

赤經表

黃道	赤道		差值	黃道	赤道		差值	黃道	赤道		差值
°	°	′	′	°	°	′	′	°	°	′	′
1	0	55	0	7	6	25	1	13	11	57	2
2	1	50	0	8	7	20	1	14	12	52	2
3	2	45	0	9	8	15	1	15	13	48	2
4	3	40	0	10	9	11	1	16	14	43	2
5	4	35	0	11	10	6	1	17	15	39	2
6	5	30	0	12	11	0	2	18	16	34	3

黃道	赤道		差值	黃道	赤道		差值	黃道	赤道		差值
°	°	′	′	°	°	′	′	°	°	′	′
19	17	31	3	43	40	34	5	67	65	9	3
20	18	27	3	44	41	33	6	68	66	13	3
21	19	23	3	45	42	32	6	69	67	17	3
22	20	19	3	46	43	31	6	70	68	21	3
23	21	15	3	47	44	32	5	71	69	25	3
24	22	10	4	48	45	32	5	72	70	29	3
25	23	9	4	49	46	32	5	73	71	33	3
26	24	6	4	50	47	33	5	74	72	38	2
27	25	3	4	51	48	34	5	75	73	43	2
28	26	0	4	52	49	35	5	76	74	47	2
29	26	57	4	53	50	36	5	77	75	52	2
30	27	54	4	54	51	37	5	78	76	57	2
31	28	54	4	55	52	38	4	79	78	2	2
32	29	51	4	56	53	41	4	80	79	7	2
33	30	50	4	57	54	43	4	81	80	12	1
34	31	46	4	58	55	45	4	82	81	17	1
35	32	45	4	59	56	46	4	83	82	22	1
36	33	43	5	60	57	48	4	84	83	27	1
37	34	41	5	61	58	51	4	85	84	33	1
38	35	40	5	62	59	54	4	86	85	38	0
39	36	38	5	63	60	57	4	87	86	43	0
40	37	37	5	64	62	0	4	88	87	48	0
41	38	36	5	65	63	3	4	89	88	54	0
42	39	35	5	66	64	6	3	90	90	0	0

子午圈角度表

黃道	角度		差值	黃道	角度		差值	黃道	角度		差值
°	°	′	′	°	°	′	′	°	°	′	′
1	66	32	24	31	69	35	21	61	78	7	12
2	66	33	24	32	69	48	21	62	78	29	12
3	66	34	24	33	70	0	20	63	78	51	11
4	66	35	24	34	70	13	20	64	79	14	11
5	66	37	24	35	70	26	20	65	79	36	11
6	66	39	24	36	70	39	20	66	79	59	10
7	66	42	24	37	70	53	20	67	80	22	10
8	66	44	24	38	71	7	19	68	80	45	10
9	66	47	24	39	71	22	19	69	81	9	9
10	66	51	24	40	71	36	19	70	81	33	9
11	66	55	24	41	71	52	19	71	81	58	8
12	66	59	24	42	72	8	18	72	82	22	8
13	67	4	23	43	72	24	18	73	82	46	7
14	67	10	23	44	72	39	18	74	83	11	7
15	67	15	23	45	72	55	17	75	83	35	6
16	67	21	23	46	73	11	17	76	84	0	6
17	67	27	23	47	73	28	17	77	84	25	6
18	67	34	23	48	73	47	17	78	84	50	5
19	67	41	23	49	74	6	16	79	85	15	5
20	67	49	23	50	74	24	16	80	85	40	4
21	67	56	23	51	74	42	16	81	86	5	4
22	68	4	22	52	75	1	15	82	86	30	3
23	68	13	22	53	75	21	15	83	86	55	3
24	68	22	22	54	75	40	15	84	87	19	3
25	68	32	22	55	76	1	14	85	87	53	2
26	68	41	22	56	76	21	14	86	88	17	2
27	68	51	22	57	76	42	14	87	88	41	1
28	69	2	21	58	77	3	13	88	89	6	1
29	69	13	21	59	77	24	13	89	89	33	0
30	69	24	21	60	77	45	13	90	90	0	0

第四章　如何測定黃道外任一黃經、黃緯已知的星體的赤經、赤緯，以及它過中天時的黃道度數

　　以上談的是黃道、赤道及其交點。但對於周日旋轉來說，我們所感興趣的不僅是關於出現在黃道上的太陽現象的起因，還要用類似的方法對那些位於黃道以外的、黃經、黃緯已知的恆星或行星求出從赤道算起的赤緯和赤經。

　　設 $ABCD$ 爲通過赤極和黃極的圓，$\overset{\frown}{AEC}$ 爲以點 F 爲極的赤道半圓，$\overset{\frown}{BED}$ 爲以點 G 爲極的黃道半圓，它與赤道相交於點 E。從極點 G 作 $\overset{\frown}{GHKL}$ 通過一恆星，設恆星位於給定的點 H，從周日旋轉極點過該點作限 $\overset{\frown}{FHMN}$。

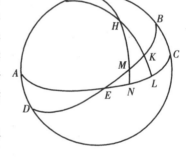

　　於是顯然，位於點 H 的恆星與點 M 和點 N 同時落在子午圈上。$\overset{\frown}{HMN}$ 爲恆星從赤道算起的赤緯，$\overset{\frown}{EN}$ 爲恆星在球面上的赤經，它們即爲我們所要求的量。

　　在球面三角形 KEL 中，由於

$$邊\ \overset{\frown}{KE}\ 已知，$$
$$\angle KEL\ 已知，$$
$$\angle EKL = 90°，$$

因此，根據球面三角形的定理四，

$$邊\ \overset{\frown}{KL}\ 可以求得，$$
$$邊\ \overset{\frown}{EL}\ 可以求得，$$
$$\angle KLE\ 也可求得。$$

於是相加可得，

$$\overset{\frown}{HKL}\ 可求得。$$

因此，在球面三角形 HLN 中，

$$\angle HLN \text{ 已知，}$$
$$\angle LNH = 90°，$$
$$\text{邊 } \overarc{HL} \text{ 也可求得。}$$

同樣根據球面三角形的定理四，其餘的邊——恆星的赤緯 $\overarc{HN}$ 以及 $\overarc{LN}$ ——也可求得。餘下的距離即爲赤經 $\overarc{NE}$，即天球從分點向恆星所轉過的距離。

或者採用另一種方法。如果我們在前面取黃道上的 $\overarc{KE}$ 爲 $\overarc{LE}$ 的赤經，則 $\overarc{LE}$ 可由赤經表查得，與 $\overarc{LE}$ 相應的赤緯 $\overarc{LK}$ 也可由表查得，$\angle KLE$ 可由子午圈角度表查得。於是如我已經證明的，其餘的邊和角就可求得了。

然後，由赤經 $\overarc{EN}$ 可得恆星與點 M 過中天時的黃道度數 $\overarc{EM}$。

第五章　地平圈的交點

正球的地平圈與斜球的地平圈不同。與赤道垂直或通過赤極的地平圈被稱爲正地平圈。

我們稱與赤道傾斜的地平圈爲斜地平圈。

因此，所有星體都在正地平圈上出沒，晝夜總是等長。地平圈把所有周日旋轉所形成的緯圈平分，並且通過它們的極點，在那裏就出現了我在討論子午圈時所解釋過的現象。然而，我們現在所說的白晝是指從日出到日沒，而不是通常所理解的從天亮到天黑，或者說是從晨光熹微到華燈初上。我在後面討論黃道各宮的出沒時還要談到這一問題。

與此相反，在地軸垂直於地平圈的地方沒有天體出沒，只要不受其他某種運動，比如繞太陽周年運轉的影響，每個星體都將描出一個使其永遠可見或永遠不可見的圓。結果，那裏白晝要持續半年之久，其餘時間則是黑夜，而且沒有其他東西可以區分夏天和冬天，因爲在那裏地平圈與赤道是重合的。

　　而對於斜球來說，有些天體會有出沒，而另一些則永遠可見或永遠不可見。同時，晝夜並不等長。斜地平圈與兩緯圈相切，緯圈的角度視地平圈的傾角而定。在這兩條緯圈中，與可見天極較近的一條是永遠可見星體的界限，而與不可見天極較近的另一條則是永遠不可見星體的界限。因此，除赤道這個最大的緯圈以外（大圓彼此平分），完全落在這兩個界限之間的地平圈把所有緯圈都分成了不等的弧段。於是在北半球，斜地平圈把緯圈分成了兩段圓弧，其中靠近可見天極的一段大於靠近不可見天極的一段。南半球則情況相反。太陽在這些弧上的周日視運動導致了晝夜不等長的現象。

第六章　正午日影的差異

　　因為正午的日影各不相同，所以有些人可以被稱為環影人，有些人被稱為雙影人，還有些人被稱為異影人。環影人是那些「把日影灑向四面八方」的人。這些人的天頂或地平圈的極點與地球極點之間的距離，要小於或不大於回歸線與赤道之間的距離。在那些地區，作為永遠可見或永不可見的星體的界限，與地平圈相切的緯圈大於或等於回歸線。因此在夏天，太陽位於永遠可見的星體之上，它把指針的影子投向四面八方。但是在地平圈與回歸線相切的地方，回歸線就成了永遠可見和永遠不可見的星體的界限。因此在（冬）至日，太陽看起來是在午夜掠過地球，那時整個黃道與地平圈重合，黃道的六個宮同時升起，另一邊的相對各宮則同時沉沒，黃極與地平圈的極點相重合。

　　雙影人把正午日影投向兩側，他們生活在兩回歸線之間，古人把這裏稱為中間帶。正如歐幾里得在《現象》（*Phaenomena*）中的定理二中所證明的，因為在這一區域，黃道每天要從頭頂上經過兩次，所以在那裏指針的影子也要投向兩個方向：隨著太陽的往來穿梭，指針有時把日影投向南方，有時把日影投向北方。

　　剩下像我們這樣的居住在雙影人和環影人之間的人是異影人，因為我們只把自己的正午日影投向一個方向，即北方。

　　古代數學家習慣用一些穿過不同地方的緯圈把地球分爲七個地帶，這些地方是梅羅（Meroë）、賽奧那（Siona）、亞歷山大里亞、羅茲（Rhodes）島、達達尼爾海峽（Hellespont）、龐圖斯中央、第聶伯河（Boristhenes）和君士坦丁堡等。這些緯圈是根據以下幾個因素選取的：最長白晝的差異、在分日和至日正午用指針觀測到的日影長度，以及天極的高度或某一區域的範圍。由於這些量隨時間發生某種變化，它們現在已經與以前有所不同了，其原因就是我已經談過的黃道傾角可變，或者說得更確切些，是決定這些量的赤道相對於黃道面的傾角可變，而以前的數學家們對此是一無所知的。但是天極的高度或所在地的緯度以及分日的日影長度，都與古代的觀測記錄相符。這是必然的，因爲赤道取決於地球的極點。因此，那些地帶不能由特殊日期落下的日影足夠精確地決定，而要由它們與赤道之間的永遠保持不變的距離來更加準確地決定。然而，儘管回歸線的變化非常小，但它卻能使南方地區的白晝和日影產生微小的變化，而對於向北走的人來說，這種變化就更爲顯著了。至於指針的影子，顯然無論太陽處於何種高度，都可以得出日影的長度，反之亦然。

　　指針 AB 投下日影 BC。由於指針垂直於地平面，所以根據直線與平面垂直的定義，$\angle ABC$ 必然總爲直角。如果連接 AC，我們便得到直角三角形 ABC。如果已知太陽的一個高度，就可以求得 $\angle ACB$。根據平面三角形的定理一，指針 AB 與其影長 BC 之比可以求得，BC 的長度也可求得。與此相反，如果 AB 和 BC 已知，那麼根據平面三角形的定理三，$\angle ACB$ 和投影時太陽的高度便可求得。通過這種方法，古人在描述地球區域的過程中，有時在分日，有時在至日確定了正午日影的長度。

第七章　如何彼此推得最長白晝、日出間距以及天球傾角；白晝之間的差異

無論天球或地平圈有何種傾角，我仍將使用這種方法同時說明最長和最短的白晝、〔日〕山間距以及白晝之間的差異。日山間距是在冬、夏二至點的日山在地平圈上所載的弧長，或者是至點日山與分點日山的間距之和。

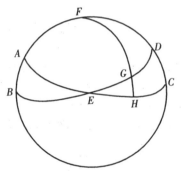

設 ABCD 為子午圈，$\overset{\frown}{BED}$ 為東半球上的地平圈半圓，$\overset{\frown}{AEC}$ 為以點 F 為北極的赤道半圓。取點 G 為夏至時的日出點，作大圓弧 $\overset{\frown}{FGH}$。因為地球繞赤極 F 旋轉，所以點 G 和點 H 必然同時到達子午圈 ABCD。緯圈都是圍繞相同的極點作出的，所以過極點的大圓會在緯圈上截出相似的圓弧。因此，從點 G 的日出到正午的時間量出 $\overset{\frown}{AEH}$，而從午夜到日出的時間也量出地平圈下面半圓的剩餘部分 $\overset{\frown}{CH}$。$\overset{\frown}{AEC}$ 是一個半圓，而 $\overset{\frown}{AE}$ 和 $\overset{\frown}{EC}$ 是過 ABCD 的極點畫出的圓的象限，所以 $\overset{\frown}{EH}$ 將等於最長白晝與分日白晝之差的一半，$\overset{\frown}{EG}$ 將是分日與至日的日出間距。於是在球面三角形 EGH 中，球的傾角 ∠GEH 可由 $\overset{\frown}{AB}$ 求得。∠GHE 為直角，北回歸線與赤道之間的距離 $\overset{\frown}{GH}$ 也可知。其餘各邊可根據球面三角形的定理四求得：邊 $\overset{\frown}{EH}$ 為最長白晝與分日白晝之差的一半，邊 $\overset{\frown}{GE}$ 為日出間距。如果除了邊 $\overset{\frown}{GH}$ 以外，邊 $\overset{\frown}{EH}$ （最長白晝與分日白晝之差的一半）或 $\overset{\frown}{EG}$ 已知，則球的傾角 ∠A 亦可知，因此極點偏離地平圈之上的高度 ∠F 也可求得。

但即使所取點 G 不是至點，而是黃道上的其他點，$\overset{\frown}{EG}$ 和 $\overset{\frown}{EH}$ 也可求得：從前面所列的赤緯表中，可以查到與已知黃道度數相對應的赤緯 $\overset{\frown}{GH}$，其餘各項可用同一方法獲得。

因此還可知，在黃道上與回歸線等距的分度點在地平圈上截出與分點日出等距且度數相同的圓弧，並使晝夜等長。之所以如此，是因為過黃道上的這些具有相同赤緯的分度點的緯圈是同一個。

但如果在二分點交點與（黃道上的）兩分度點之間取相等的弧，那麼日出間距仍然相等，但方向相反。晝、夜也是等長的，因為它們在分點兩邊描出緯圈上的相等的弧，正如與分點等距的黃道各宮的赤緯是相等的。

在同一圖形中，設兩緯圈 $\widehat{GM}$ 和 $\widehat{KN}$ 與地平圈 $\widehat{BED}$ 交於點 G 和點 K，$\widehat{LKO}$ 為從南極點 L 作的一條大圓象限。因為

$$赤緯 \widehat{HG} = 赤緯 \widehat{KO}，$$

所以 DFG 和 BLK 兩個球面三角形各有兩對應邊相等：

$$\widehat{FG} = \widehat{LK}，$$

極點的高度相等，

$$FD = LB，$$
$$\angle D = \angle B = 90°，$$

因此，

$$底邊 \widehat{DG} = 底邊 \widehat{BK}。$$

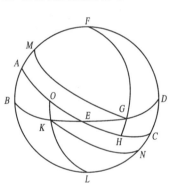

象限的剩餘部分，即日出間距

$$\widehat{GE} = \widehat{EK}。$$

因為這裏也有

$$邊 \widehat{EG} = 邊 \widehat{EK}，$$
$$邊 \widehat{GH} = 邊 \widehat{KO}，$$

且對頂角

$$\angle KEO = \angle GEH，$$
$$邊 \widehat{EH} = 邊 \widehat{EO}，$$
$$\widehat{EH} + 90° = \widehat{OE} + 90°，$$

所以

$$\widehat{AEH} = \widehat{OEC}。$$

但由於通過緯圈極點的大圓截出相似圓弧，所以 $\widehat{GM}$ 和 $\widehat{KN}$ 相似且

相等。

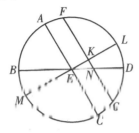

然而，這些都可作另一種說明。同樣以點 E 爲中心作子午圈 $ABCD$。設赤道直徑以及赤道與子午圈的交線爲 AEC，BED 爲地平圈與子午圈的直徑，LEM 爲地球的軸線，點 L 爲可見天極，點 M 爲不可見天極。設 $\overset{\frown}{AF}$ 爲晨昏點或其他任何赤緯的距離。向 $\overset{\frown}{AF}$ 引一個緯圈的直徑 FG，它也是該緯圈與子午面的交線。FG 與軸線交於點 K，與子午圈交於點 N。

由於根據波西多尼烏斯（Posidonius）的定義，平行線既不會聚也不遠離，它們之間的垂線處處相等，因此

$$KE = \tfrac{1}{2} \text{ 弦 } 2\overset{\frown}{AF} \text{。}$$

類似地，KN 將是半徑爲 FK 的緯圈上的弧的二倍所對半弦，該弧的二倍表示分點日與其他日之差，因爲所有以這些線爲交線和直徑的半圓——斜地平圈 $\overset{\frown}{BED}$、正地平圈 $\overset{\frown}{LEM}$、赤道 $\overset{\frown}{AEC}$ 和緯圈 $\overset{\frown}{FKG}$——都垂直於圓周 $ABCD$ 的平面。根據歐幾里得《幾何原本》XI，19，它們相互之間的交線分別在 E、K、N 各點垂直於同一平面。根據《幾何原本》XI，6，這些交線彼此平行。

點 K 爲緯圈的中心，而點 E 爲球心，因此 EN 爲代表緯圈上的日出點與分日日出點之差的地平圈弧的兩倍所對半弦。由於赤緯 $\overset{\frown}{AF}$ 與象限的剩餘部分 $\overset{\frown}{FL}$ 均已知，所以 $\overset{\frown}{AF}$ 的二倍所對半弦 KE，以及 $\overset{\frown}{FL}$ 的二倍所對半弦 FK，就能以 AE 等於 100000 的單位定出。但是在直角三角形 $\triangle EKN$ 中，$\angle KEN$ 可由極點高度 $\overset{\frown}{DL}$ 得出，剩下的 $\angle KNE$ 等於 $\angle AEB$，因爲在斜球上，緯圈與地平圈的傾角相等，各邊均可以半徑等於 100000 的單位得出，所以 KN 也能以緯圈半徑 FK 也能以 100000 的單位得出。而 KN 作爲代表日間增量的弧所對半弦，它同樣能以緯圈等於 360°的單位得出。由此顯然可得，

$$FK:KN =$$

½ 弦 $2\overset{\frown}{FL}$:½ 弦 $2\overset{\frown}{AF}$ comp. ½ 弦 $2\overset{\frown}{AB}$:½ 弦 $2\overset{\frown}{DL}$，⑤
½ 弦 $2\overset{\frown}{FL}$:½ 弦 $2\overset{\frown}{AF}$ comp. ½ 弦 $2\overset{\frown}{AB}$:½ 弦 $2\overset{\frown}{DL}$
$$= FK{:}KE \text{ comp. } EK{:}KN，$$
也就是說，取 EK 爲 FK 和 KN 的比例中項。類似地，也有
$$BE{:}EN = BE{:}EK \text{ comp. } KE{:}EN。$$
托勒密用球面弧段對此作了詳細說明。因此我相信，不僅畫夜不等可以求得，而且對於月球和恆星，如果已知周日旋轉所描出的赤緯，則位於地平圈之上的 (緯圈) 弧段就可以同地平圈之下的弧段區分開來，於是 (月球和恆星的) 出沒就容易理解了。

⑤ comp. 是「複合」一詞的英文縮寫，等價於相乘。爲尊重原譯本，這裏保持原樣。後同。——中譯者

斜球經度差值表

赤緯	天極高度										
	31°		32°		33°		34°		35°		36°
°	°	′	°	′	°	′	°	′	°	′	°	′
1	0	36	0	37	0	39	0	40	0	42	0	44
2	1	12	1	15	1	18	1	21	1	24	1	27
3	1	48	1	53	1	57	2	2	2	6	2	11
4	2	24	2	30	2	36	2	42	2	48	2	55
5	3	1	3	8	3	15	3	22	3	31	3	39
6	3	37	3	46	3	55	4	4	4	13	4	23
7	4	14	4	24	4	34	4	45	4	56	5	7
8	4	51	5	2	5	14	5	26	5	39	5	52
9	5	28	5	41	5	54	6	8	6	22	6	36
10	6	5	6	20	6	35	6	50	7	6	7	22
11	6	42	6	59	7	15	7	32	7	49	8	7
12	7	20	7	38	7	56	8	15	8	34	8	53
13	7	58	8	18	8	37	8	58	9	18	9	39
14	8	37	8	58	9	19	9	41	10	3	10	26
15	9	16	9	38	10	1	10	25	10	49	11	14
16	9	55	10	19	10	44	11	9	11	35	12	2
17	10	35	11	1	11	27	11	54	12	22	12	50
18	11	16	11	43	12	11	12	40	13	9	13	39
19	11	56	12	25	12	55	13	26	13	57	14	29
20	12	38	13	9	13	40	14	13	14	46	15	20
21	13	20	13	53	14	26	15	0	15	36	16	12
22	14	3	14	37	15	13	15	49	16	27	17	5
23	14	47	15	23	16	0	16	38	17	17	17	58
24	15	31	16	9	16	48	17	29	18	10	18	52
25	16	16	16	56	17	38	18	20	19	3	19	48
26	17	2	17	45	18	28	19	12	19	58	20	45
27	17	50	18	34	19	19	20	6	20	54	21	44
28	18	38	19	24	20	12	21	1	21	51	22	43
29	19	27	20	16	21	6	21	57	22	50	23	45
30	20	18	21	9	22	1	22	55	23	51	24	48
31	21	10	22	3	22	58	23	55	24	53	25	53
32	22	3	22	59	23	56	24	56	25	57	27	0
33	22	57	23	57	24	57	25	59	27	3	28	9
34	23	54	24	55	25	59	27	4	28	11	29	21
35	24	53	25	57	27	3	28	10	29	21	30	35
36	25	53	27	0	28	9	29	21	30	35	31	52

續表

赤緯	天極高度										
	37°		38°		39°		40°		41°		42°
°	°	′	°	′	°	′	°	′	°	′	°	′
1	0	45	0	47	0	49	0	50	0	52	0	54
2	1	31	1	34	1	37	1	41	1	44	1	48
3	2	16	2	21	2	26	2	31	2	37	2	42
4	3	1	3	8	3	15	3	22	3	29	3	37
5	3	47	3	55	4	4	4	13	4	22	4	31
6	4	33	4	43	4	53	5	4	5	15	5	26
7	5	19	5	30	5	42	5	55	6	8	6	21
8	6	5	6	18	6	32	6	46	7	1	7	16
9	6	51	7	6	7	22	7	38	7	55	8	12
10	7	38	7	55	8	13	8	30	8	49	9	8
11	8	25	8	44	9	3	9	23	9	44	10	5
12	9	13	9	34	9	55	10	16	10	39	11	2
13	10	1	10	24	10	46	11	10	11	35	12	0
14	10	50	11	14	11	39	12	5	12	31	12	58
15	11	39	12	5	12	32	13	0	13	28	13	58
16	12	29	12	57	13	26	13	55	14	26	14	58
17	13	19	13	49	14	20	14	52	15	25	15	59
18	14	10	14	42	15	15	15	49	16	24	17	1
19	15	2	15	36	16	11	16	48	17	25	18	4
20	15	55	16	31	17	8	17	47	18	27	19	8
21	16	49	17	27	18	7	18	47	19	30	20	13
22	17	44	18	24	19	6	19	49	20	34	21	20
23	18	39	19	22	20	6	20	52	21	39	22	28
24	19	36	20	21	21	8	21	56	22	46	23	38
25	20	34	21	21	22	11	23	2	23	55	24	50
26	21	34	22	24	23	16	24	10	25	5	26	3
27	22	35	23	28	24	22	25	19	26	17	27	18
28	23	37	24	33	25	30	26	30	27	31	28	36
29	24	41	25	40	26	40	27	43	28	48	29	57
30	25	47	26	49	27	52	28	59	30	7	31	19
31	26	55	28	0	29	7	30	17	31	29	32	45
32	28	5	29	13	30	54	31	31	32	54	34	14
33	29	18	30	29	31	44	33	1	34	22	35	47
34	30	32	31	48	33	6	34	27	35	54	37	24
35	31	51	33	10	34	33	35	59	37	30	39	5
36	33	12	34	35	36	2	37	34	39	10	40	51

續表

赤緯	天極高度										
	43°		44°		45°		46°		47°		48°
°	°	′	°	′	°	′	°	′	°	′	°	′
1	0	56	0	58	1	0	1	2	1	4	1	7
2	1	52	1	56	2	0	2	4	2	9	2	13
3	2	48	2	54	3	0	3	7	3	13	3	20
4	3	44	3	52	4	1	4	9	4	18	4	27
5	4	41	4	51	5	1	5	12	5	23	5	35
6	5	37	5	50	6	2	6	15	6	28	6	42
7	6	34	6	49	7	3	7	18	7	34	7	50
8	7	32	7	48	8	5	8	22	8	40	8	59
9	8	30	8	48	9	7	9	26	9	47	10	8
10	9	28	9	48	10	9	10	31	10	54	11	18
11	10	27	10	49	11	13	11	37	12	2	12	28
12	11	26	11	51	12	16	12	43	13	11	13	39
13	12	26	12	53	13	21	13	50	14	20	14	51
14	13	27	13	56	14	26	14	58	15	30	16	5
15	14	28	15	0	15	32	16	7	16	42	17	19
16	15	31	16	5	16	40	17	16	17	54	18	34
17	16	34	17	10	17	48	18	27	19	8	19	51
18	17	38	18	17	18	58	19	40	20	23	21	9
19	18	44	19	25	20	9	20	53	21	40	22	29
20	19	50	20	35	21	21	22	8	22	58	23	51
21	20	59	21	46	22	34	23	25	24	18	25	14
22	22	8	22	58	23	50	24	44	25	40	26	40
23	23	19	24	12	25	7	26	5	27	5	28	8
24	24	32	25	28	26	26	27	27	28	31	29	38
25	25	47	26	46	27	48	28	52	30	0	31	12
26	27	3	28	6	29	11	30	20	31	32	32	48
27	28	22	29	29	30	38	31	51	33	7	34	28
28	29	44	30	54	32	7	33	25	34	46	36	12
29	31	8	32	22	33	40	35	2	36	28	38	0
30	32	35	33	53	35	16	36	43	38	15	39	53
31	34	5	35	28	36	56	38	29	40	7	41	52
32	35	38	37	7	38	40	40	19	42	4	43	57
33	37	10	38	00	40	00	42	10	44	0	46	9
34	39	9	40	9	42	10	44	17	46	10	48	31
35	40	46	42	33	44	27	46	23	48	36	51	3
36	42	39	44	33	46	36	48	47	51	11	53	47

續表

赤緯	天極高度										
	49°		50°		51°		52°		53°		54°
°	°	′	°	′	°	′	°	′	°	′	°	′
1	1	9	1	12	1	14	1	17	1	20	1	23
2	2	18	2	23	2	28	2	34	2	39	2	45
3	3	27	3	35	3	43	3	51	3	59	4	8
4	4	37	4	47	4	57	5	8	5	19	5	31
5	5	47	5	50	6	12	6	26	6	40	6	55
6	6	57	7	12	7	27	7	44	8	1	8	19
7	8	7	8	25	8	43	9	2	9	23	9	44
8	9	18	9	38	10	0	10	22	10	45	11	9
9	10	30	10	53	11	17	11	42	12	8	12	35
10	11	42	12	8	12	35	13	3	13	32	14	3
11	12	55	13	24	13	53	14	24	14	57	15	31
12	14	9	14	40	15	13	15	47	16	23	17	0
13	15	24	15	58	16	34	17	11	17	50	18	32
14	16	40	17	17	17	56	18	37	19	19	20	4
15	17	57	18	39	19	19	20	4	20	50	21	38
16	19	16	19	59	20	44	21	32	22	22	23	15
17	20	36	21	22	22	11	23	2	23	56	24	53
18	21	57	22	47	23	39	24	34	25	33	26	34
19	23	20	24	14	25	10	26	9	27	11	28	17
20	24	45	25	42	26	43	27	46	28	53	30	4
21	26	12	27	14	28	18	29	26	30	37	31	54
22	27	42	28	47	29	56	31	8	32	25	33	47
23	29	14	30	23	31	37	32	54	34	17	35	45
24	31	4	32	3	33	21	34	44	36	13	37	48
25	32	26	33	46	35	10	36	39	38	14	39	59
26	34	8	35	32	37	2	38	38	40	20	42	10
27	35	53	37	23	39	0	40	42	42	33	44	32
28	37	43	39	19	41	2	42	53	44	53	47	2
29	39	37	41	21	43	12	45	12	47	21	49	44
30	41	37	43	29	45	29	47	39	50	1	52	37
31	43	44	45	44	47	54	50	16	52	53	55	48
32	45	57	48	8	50	30	53	7	56	1	59	19
33	48	19	50	44	53	20	56	13	59	28	63	21
34	50	54	53	30	56	20	59	42	63	31	68	11
35	53	40	56	34	59	58	63	40	68	18	74	32
36	56	42	59	59	63	47	68	26	74	36	90	0

續表

赤緯	天極高度											
	55°		56°		57°		58°		59°		60°	
°	°	′	°	′	°	′	°	′	°	′	°	′
1	1	26	1	29	1	32	1	36	1	40	1	44
0	3	52	3	58	3	5	3	12	3	20	3	28
					4						7	12
4	5	44	5	57	6	11	6	25	6	41	6	57
5	7	11	7	27	7	44	8	3	8	22	8	43
6	8	38	8	58	9	19	9	41	10	4	10	29
7	10	6	10	29	10	54	11	20	11	47	12	17
8	11	35	12	1	12	30	13	0	13	32	14	5
9	13	4	13	35	14	7	14	41	15	17	15	55
10	14	35	15	9	15	45	16	23	17	4	17	47
11	16	7	16	45	17	25	18	8	18	53	19	41
12	17	40	18	22	19	6	19	53	20	43	21	36
13	19	15	20	1	20	50	21	41	22	36	23	34
14	20	52	21	42	22	35	23	31	24	31	25	35
15	22	30	23	24	24	22	25	23	26	29	27	39
16	24	10	25	9	26	12	27	19	28	30	29	47
17	25	53	26	57	28	5	29	18	30	35	31	59
18	27	39	28	48	30	1	31	20	32	44	34	19
19	29	27	30	41	32	1	33	26	34	58	36	37
20	31	19	32	39	34	5	35	37	37	17	39	5
21	33	15	34	41	36	14	37	54	39	42	41	40
22	35	14	36	48	38	28	40	17	42	15	44	25
23	37	19	39	0	40	49	42	47	44	57	47	20
24	39	29	41	18	43	17	45	26	47	49	50	27
25	41	45	43	44	45	54	48	16	50	54	53	52
26	44	9	46	18	48	41	51	19	54	16	57	39
27	46	41	49	4	51	41	54	38	58	0	61	57
28	49	24	52	1	54	58	58	19	62	14	67	4
29	52	20	55	16	58	36	62	31	67	18	73	46
30	55	32	58	52	62	45	67	31	73	55	90	0
31	59	6	62	58	67	42	74	4	90	0		
32	63	10	67	53	74	12	90	0				
33	68	1	74	19	90	0						
34	74	8	90	0								
35	90	0										
36												

空白區屬於既不升起也不沉沒的恆星

第八章　晝夜的時辰及其劃分

由此可以清楚地看出，在天極高度已知的情況下，可以由表查出對應於太陽赤緯的白晝的差值。如果是北半球的赤緯，就把它與一個象限相加；如果是南半球的赤緯，就把它從一個象限中減去，然後再把得到的結果增加一倍，我們便得到了白晝的長度，圓周的其餘部分就是黑夜的長度。

把這兩個量的任何一個除以 15「時度」，就得到（那天）包含了多少個均勻時辰。但如果取該弧段的 $\frac{1}{12}$，我們就得到了一個季節時辰的長度。這些時辰根據其所在的日期命名，每個時辰總是一天的 $\frac{1}{12}$。因此我們發現，古人曾用過「夏至時辰」、「分日時辰」和「冬至時辰」這些名稱。

然而起初，除了從日出到日沒的 12 個小時以外，人們並沒有用到別的時辰，一夜被分成了四更。這種時辰規定得到了人們的默許，從而沿用了很長時間。為了執行這一規定，人們發明了水鐘。通過滴水的增減變化，人們可以對白晝的不同長度調整時辰，即使在陰天也能知道時刻。但到了後來，當對白天和夜間都適用的更容易報時的均勻時辰得到廣泛應用之後，季節時辰就廢止不用了。於是，如果你問一個普通人，現在是一天當中的第一、第三、第六、第九還是第十一小時，他將給不出任何回答或答非所問。此外，關於均勻時辰的編號，有人從正午算起，有人從日沒算起，有人從午夜算起，還有人從日出算起，這由各個社會自行決定。

第九章　黃道弧段的斜升以及如何確定弧段升起時在　　　　　中天的度數

前面已經說明了晝夜的長度及其差異，接下來要說的是斜升，即黃道十二宮或黃道的其他弧段穿過地平圈的（赤道）「時度」數。赤經

與斜升之間的差別，就是我已經說過的分日與其他日期之間的差別。古人藉動物的名稱來給 12 個恆星星座命名，從春分點開始，它們依次爲白羊、金牛、雙子、巨蟹等。

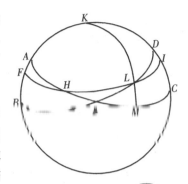

爲了確切地說得清情形，我們重新繪出半球 ABCD。設赤道半圓 $\overarc{AEC}$ 與地平圈 $\overarc{BED}$ 交於點 E。取點 H 爲分點。設黃道 $\overarc{FHI}$ 通過點 H，並與地平圈交於點 L。從赤極 K 過交點 L 作大圓象限 $\overarc{KLM}$。於是顯然，黃道 $\overarc{HL}$ 與赤道 $\overarc{HE}$ 一同穿過地平圈，但在正球中，$(\overarc{HL})$ 與 $\overarc{HEM}$ 一同升起，它們的差是 $\overarc{EM}$。前已說明，它是分日與其他日期的白晝之差的一半。但對於北半球赤緯來說，這裏應當（從赤經）減去加（到大圓象限）的量；而對於南半球赤緯來說，它應該與赤經相加以得到斜升。因此，整個宮或黃道上的其他弧段升起的大小可由起點到終點的赤經算出。

由此可知，如果已知黃道上從分點量起的某一正在升起的點，那麼它位於中天的度數也可求得。因爲正在 L 升起的點的赤緯可由它與分點的距離 $\overarc{HL}$ 得出，$\overarc{HEM}$ 是赤經，$\overarc{AHEM}$ 是半個白晝的弧，於是剩下的 $\overarc{AH}$ 可得。$\overarc{AH}$ 是 $\overarc{FH}$ 的赤經，它可由表查得。或者因爲交角 $\angle AHF$ 與邊 $\overarc{AH}$ 都已知，而 $\angle FAH$ 爲直角，所以在上升分度與中天分度之間的整個 $\overarc{FHL}$ 可以求得。

與此相反，如果我們首先已知的是中天分度，即 $\overarc{FH}$，則正在升起的分度也可得知。赤緯 $\overarc{AF}$ 可以求得，$\overarc{AFB}$ 和剩下的 $\overarc{FB}$ 也可通過球的傾角求出。於是在球面三角形 BFL 中，$\angle BFL$ 和邊 $\overarc{FB}$ 已經得到了，而 $\angle FBL$ 爲直角，所以要求的邊 $\overarc{FHL}$ 可得。下面還要介紹別的情況。

第十章　黃道與地平圈的交角

因為黃道傾斜於天球的軸線，所以它與地平圈之間形成了各種交角。在講述日影差異時我已經說過，對於居住在兩回歸線之間的人們來說，黃道的兩個相對弧段通過地平圈的軸線。但我認為，只要證明了我們居住在異影區的人所發現的那些角度也就足夠了，從這些角度出發很容易理解各種角度的普遍比例關係。因此，我

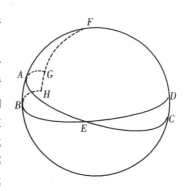

相信以下內容是清楚的：當春分點或白羊宮的起點在斜球上升起時，最大南赤緯——這一赤緯是從當時位於中天的摩羯宮起點量起的——增加越多，黃道也就偏向地平圈越多；相反地，如果黃道（位於地平圈之上）較高，則它的東向角也較大，此時天秤宮的起點升起而巨蟹宮的起點位於中天。因為赤道、黃道和地平圈這三個圓都在同一交點即子午圈的極點會合，所以它們在子午圈上所截得的弧段表示升起角的大小。

為了說明對黃道其他弧段進行測量的方法，再次設 $ABCD$ 為子午圈，$\overset{\frown}{BED}$ 為地平圈的半圓，$\overset{\frown}{AEC}$ 為黃道半圓。設黃道的任一分度在點 E 升起。

我們要求出在四直角＝360°的單位中 $\angle AEB$ 的大小。由於在點 E 的升起分度已知，所以由上所述，中天的分度以及 $\overset{\frown}{AE}$ 可得。

因為

$$\angle ABE = 90°，$$
$$弦\ 2\overset{\frown}{AE}：弦\ 2\overset{\frown}{AB}＝球的直徑：弦\ 2\overset{\frown}{AEB}。$$

所以，

$$\angle AEB\ 可得。$$

　　但如果已知分度不是升起分度，而是中天分度（設其為 A），則 $\angle$ AEB 將等於東向角或升起角。以點 E 為極點，作大圓象限 $\overarc{FGH}$，並完成象限 $\overarc{EAG}$ 和 $\overarc{EBH}$。

　　因為

$$子午圈高度 \overarc{AB} 已知，$$
$$\overarc{AF}=90°-\overarc{AB}，$$

所以

$$\angle FAG 可得，$$

而

$$\angle FGA=90°，$$

因此

$$\overarc{FG} 可得。$$
$$90°-\overarc{FG}=\overarc{GH}$$

即為所要求的升起角。同樣，我們也說明了當中天分度已知時，如何求得升起分度，因為在論述球面三角形時我已說明，

$$弦\ 2\overarc{GH}：弦\ 2\overarc{AB}=球的直徑：弦\ 2\overarc{AE}。$$

　　我附了三張表。第一張是正球赤經表，從白羊宮開始，每隔黃道的 $\frac{1}{60}$（即 6°）取一值；第二張是斜球赤經表，也是每隔 6° 取一值，從極點高度為 39°的緯圈開始到極點高度為 57°的緯圈，每隔 3°一列；第三張是黃道與地平圈交角表，也是每 6°取一值，共七列。這些表都是根據最小的黃道傾角即 23°28′製定的，這個數值對我們這個時代來說大致是正確的。

在正球自轉中黃道十二宮的赤經表

黃道		赤經		僅對一度		黃道		赤經		僅對一度	
符號	°	°	′	°	′	符號	°	°	′	°	′
白羊宮	6	5	30	0	55	天秤宮	6	185	30	0	55
♈	12	11	0	0	55	♎	12	191	0	0	55
	18	16	34	0	56		18	196	34	0	56
	24	22	10	0	56		24	202	10	0	56
	30	27	54	0	57		30	207	54	0	57
金牛宮	6	33	43	0	58	天蠍宮	6	213	43	0	58
♉	12	39	35	0	59	♏	12	219	35	0	59
	18	45	32	1	0		18	225	32	1	0
	24	51	37	1	1		24	231	37	1	1
	30	57	48	1	2		30	237	48	1	2
雙子宮	6	64	6	1	3	人馬宮	6	244	6	1	3
♊	12	70	29	1	4	♐	12	250	29	1	4
	18	76	57	1	5		18	256	57	1	5
	24	83	27	1	5		24	263	27	1	5
	30	90	0	1	5		30	270	0	1	5
巨蟹宮	6	96	33	1	5	摩羯宮	6	276	33	1	5
♋	12	103	3	1	5	♑	12	283	3	1	5
	18	109	31	1	5		18	289	31	1	5
	24	115	54	1	4		24	295	54	1	4
	30	122	12	1	3		30	302	12	1	3
獅子宮	6	128	23	1	2	寶瓶宮	6	308	23	1	2
♌	12	134	28	1	1	♒	12	314	28	1	1
	18	140	25	1	0		18	320	25	1	0
	24	146	17	0	59		24	326	17	0	59
	30	152	6	0	58		30	332	6	0	58
室女宮	6	157	50	0	57	雙魚宮	6	337	50	0	57
♍	12	163	26	0	56	♓	12	343	26	0	56
	18	169	0	0	56		18	349	0	0	56
	24	174	30	0	55		24	354	30	0	55
	30	180	0	0	55		30	360	0	0	55

斜球赤經表

黃道	天極高度													
	39°		42°		45°		48°		51°		54°		57°	
	赤經		赤經		赤經		赤經		赤經		赤經		赤經	
符號	°	′	°	′	°	′	°	′	°	′	°	′	°	′
♈ 6	3	35	3	22	3	8	2	52	2	34	2	13	1	50
12	7	10	6	44	6	15	5	44	5	8	4	27	3	40
18	10	50	10	10	9	27	8	39	7	47	6	44	5	34
24	14	32	13	39	12	43	11	40	10	28	9	7	7	32
30	18	26	17	21	16	11	14	51	13	26	11	40	9	40
♉ 6	22	30	21	12	19	46	18	14	16	25	14	22	11	57
12	26	39	25	10	23	32	21	42	19	38	17	13	14	23
18	31	0	29	20	27	29	25	24	23	2	20	17	17	2
24	35	38	33	47	31	43	29	25	26	47	23	42	20	2
30	40	30	38	30	36	15	33	41	30	49	27	26	23	22
♊ 6	45	39	43	31	41	7	38	23	35	15	31	34	27	7
12	51	8	48	52	46	20	43	27	40	8	36	13	31	26
18	56	56	54	35	51	56	48	56	45	28	41	22	36	20
24	63	0	60	36	57	54	54	49	51	15	47	1	41	49
30	69	25	66	59	64	16	61	10	57	34	53	28	48	2
♋ 6	76	6	73	42	71	0	67	55	64	21	60	7	54	55
12	83	2	80	41	78	2	75	2	71	34	67	28	62	26
18	90	10	87	54	85	22	82	29	79	10	75	15	70	28
24	97	27	95	19	92	55	90	11	87	3	83	22	78	55
30	104	54	102	54	100	39	98	5	95	13	91	50	87	46
♌ 6	112	24	110	33	108	30	106	11	103	33	100	28	96	48
12	119	56	118	16	116	25	114	20	111	58	109	13	105	58
18	127	29	126	0	124	23	122	32	120	28	118	3	115	13
24	135	4	133	46	132	21	130	48	128	59	126	56	124	31
30	142	38	141	33	140	23	139	3	137	38	135	52	133	52
♍ 6	150	11	149	19	148	23	147	20	146	8	144	47	143	12
12	157	41	157	1	156	19	155	29	154	30	153	36	153	34
18	165	8	164	19	164	19	162	41	162	5	162	24	162	47
24	172	34	172	21	172	6	171	51	171	33	171	12	170	49
30	180	0	180	0	180	0	180	0	180	0	180	0	180	0

續表

黃道	天極高度													
	39°		42°		45°		48°		51°		54°		57°	
	赤經		赤經		赤經		赤經		赤經		赤經		赤經	
符號	°	′	°	′	°	′	°	′	°	′	°	′	°	′
♎ 6	187	26	187	39	187	54	188	9	188	27	188	48	189	11
12	194	53	195	19	195	48	196	19	196	55	197	36	198	23
18	202	21	203	0	203	41	204	30	205	24	206	25	207	36
24	209	49	210	41	211	37	212	40	213	52	215	13	216	48
30	217	22	218	27	219	37	220	57	222	22	224	8	226	8
♏ 6	224	56	226	14	227	38	229	12	231	1	233	4	235	29
12	232	56	234	0	235	37	237	28	239	32	241	57	244	47
18	240	31	241	44	243	35	245	40	248	2	250	47	254	2
24	247	36	249	27	251	30	253	49	256	27	259	32	263	12
30	255	36	257	6	259	21	261	52	264	47	268	10	272	14
♐ 6	262	8	264	41	267	5	269	49	272	57	276	38	281	5
12	269	50	272	6	274	38	277	31	280	50	284	45	289	32
18	276	58	279	19	281	58	284	58	288	26	292	32	297	34
24	283	54	286	18	289	0	292	5	295	39	299	53	305	5
30	290	35	293	1	295	45	298	50	302	26	306	42	311	58
♑ 6	297	0	299	24	302	6	305	11	308	45	312	59	318	11
12	303	4	305	25	308	4	311	4	314	32	318	38	323	40
18	308	52	311	8	313	40	316	33	319	52	323	47	328	34
24	314	21	316	29	318	53	321	37	324	45	328	26	332	53
30	319	30	321	30	323	45	326	19	329	11	332	34	336	38
♒ 6	324	21	326	13	328	16	330	35	333	13	336	18	339	58
12	330	0	330	40	332	31	334	36	336	58	339	43	342	58
18	333	21	334	50	336	27	338	18	340	22	342	47	345	37
24	337	30	338	48	340	3	341	46	343	35	345	38	348	3
30	341	34	342	39	343	49	345	9	346	34	348	20	350	20
♓ 6	345	29	346	21	347	17	348	20	349	32	350	53	352	28
12	349	11	349	51	350	33	351	21	352	14	353	16	354	26
18	352	50	353	16	353	45	354	16	354	52	355	33	356	20
24	356	26	356	40	356	23	357	10	357	53	357	48	358	11
30	360	0	360	0	360	0	360	0	360	0	360	0	360	0

黃道與地平圈交角表

黃道符號	°	39° °	39° ′	42° °	42° ′	45° °	45° ′	48° °	48° ′	51° °	51° ′	54° °	54° ′	57° °	57° ′	°	黃道符號
♈	0	27	32	24	32	21	32	18	32	15	33	12	32	9	32	30	
	6	27	37	24	36	21	36	18	36	15	35	12	35	9	35	24	
	12	27	49	24	39	21	48	18	47	15	45	12	43	9	41	18	
	18	28	13	25	9	22	6	19	3	15	59	12	56	9	53	12	♓
	24	28	45	25	40	22	34	19	29	16	23	13	18	10	13	6	
	30	29	27	26	15	23	11	20	5	16	56	13	45	10	31	30	
♉	6	30	19	27	9	23	59	20	48	17	35	14	20	11	2	24	
	12	31	21	28	9	24	56	20	41	18	23	15	3	11	40	18	
	18	32	35	29	20	26	3	22	43	19	21	15	56	12	26	12	♒
	24	34	5	30	43	27	23	24	2	20	41	16	59	13	20	6	
	30	35	40	32	17	28	52	25	26	21	52	18	14	14	26	30	
♊	6	37	29	34	1	30	37	27	5	23	11	19	42	15	48	24	
	12	39	32	36	4	32	32	28	56	25	15	21	25	17	23	18	
	18	41	44	38	14	34	41	31	3	27	18	23	25	19	16	12	♑
	24	44	8	40	32	37	2	33	22	29	35	25	37	21	26	6	
	30	46	41	43	11	39	33	35	53	32	5	28	6	23	52	30	
♋	6	49	18	45	51	42	15	38	35	34	44	30	50	26	36	24	
	12	52	3	48	34	45	0	41	8	37	55	33	43	29	34	18	
	18	54	44	51	20	47	48	44	13	40	31	36	40	32	39	12	♐
	24	57	30	54	5	50	38	47	6	43	33	39	43	35	50	6	
	30	60	4	56	42	53	22	49	54	46	21	42	43	38	56	30	
♌	6	62	40	59	27	56	0	52	34	49	9	45	37	41	57	24	
	12	64	59	61	44	58	26	55	7	51	46	48	19	44	48	18	
	18	67	7	63	56	60	20	57	26	54	6	50	47	47	24	12	♍
	24	68	59	65	52	62	42	59	30	56	17	53	7	49	47	6	
	30	70	38	67	27	64	18	61	17	58	9	54	58	52	38	30	
♍	6	72	0	68	53	65	51	62	46	59	37	56	27	53	16	24	
	12	73	4	70	2	66	59	63	56	60	53	57	50	54	46	18	
	18	73	51	70	51	67	50	64	19	61	19	58	18	55	17	12	
	24	74	19	71	20	68	20	65	19	62	18	59	17	56	16	6	
	30	74	28	71	28	68	28	65	28	62	28	59	28	56	28	0	♎

第十一章　這些表的用法

由上所述，這些表的用法是清楚的。我們先根據太陽的度數求得赤經，再對從中午量起的每一小時加上 15°（如果總和太大，就去掉整圓的 360°），得到的結果即爲黃道於特定時間在中天的度數。

類似地，如果對你所在區域的斜升作同樣處理，便可得到從日出算起的時辰的黃道升起分度。

此外，對於某些赤經已知的黃道外的恆星來說，黃道在中天的分度可以根據表由從白羊宮起點算起的赤經得出。由於黃道的斜升和分度都列於表中，所以由恆星的斜升可以求得與它們一同升起的黃道分度。沉沒也可作同樣處理，但要用相反的位置計算。

進而言之，如果在中天的赤經加上一個象限，則得到的和爲升起分度的斜升。因此，升起分度可由在中天的分度求得，反之亦然。

最後一個表列出了黃道與地平圈的交角，它們是由黃道的升起分度決定的。由這些角度可以知道，黃道的第 90° 距離地平圈的高度有多大。在計算日食時，它是必須要知道的。

第十二章　通過地平圈的兩極並與黃道相交的圓的角與弧

下面，我將討論黃道與通過地平圈天頂的圓的交角和弧的大小（交點都位於地平圈之上）。但我們曾在前面講過太陽的正午高度或黃道在中天的任一分度的正午高度，以及黃道與子午圈的交角，因爲子午圈也是通過地平圈天頂的一個圓。此外，我也講過上升時的角度，它的補角就是過地平

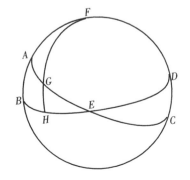

圈天頂的圓與升起的黃道所夾的角。

重新繪出前圖，在黃道上取點 G 為正午和升起點或沉沒點之間的任意點。從地平圈的極點 F 過點 G 作大圓象限 $\widehat{FGH}$。如果指定時辰，就可以求得子午圈與地平圈之間的整個黃道 $\widehat{AGE}$。根據假設，

$$\widehat{AC} \text{ 已知，}$$

類似地，由於

$$\text{正午高度 } \widehat{AB} \text{ 已知，}$$

所以

$$\widehat{AF} \text{ 可得。}$$

根據球面三角形的定理，

$$\widehat{FG} \text{ 可得。}$$

因此，由於

$$90° - \widehat{FG} = \widehat{GH} \text{，}$$

所以

$$G \text{ 的高度可得，}$$

$$\text{子午圈 } \angle FGA \text{ 可得。}$$

此即我們所要求的量。

這些關於黃道的交點和角度的事實是我在查閱球面三角幾何（的有關書籍）時從托勒密那裏得到的。如果有人希望就此進行深入研究，他可以自行找到比我所舉的例子更多的應用。

第十三章　星體的出沒

星體的出沒似乎也是由周日旋轉所引起的。不僅我剛才討論過的那些簡單的出沒是如此，而且那些在清晨或黃昏出現的星體也是如此。體節後者的出現與周日運轉有關，但在這裏讀讀會更好。

古代的數學家們區分真出沒與視出沒。當星體與太陽同時升起時，該晨升為真晨升；而當星體隨日出而沉沒時，該晨沒為真晨沒，因為清晨被認為是介於這段時間之間。但是當星體隨日沒而升起時，

該昏升爲眞昏升；而當星體與太陽同時沉沒時，該昏沒爲眞昏沒。因爲黃昏被認爲是介於這段時間，即從開始到夜幕降臨之間。

但是當星體首次在日出之前的黎明時分顯露並開始出現時，該晨升爲視晨升；而當星體看起來在日出之前很久就沉沒時，該晨沒爲視晨沒。當星體看起來第一次在黃昏升起時，該昏升爲視昏升；而當星體在日沒後不再出現時，該昏沒爲視昏沒，星體隨著太陽的臨近而被掩，直到它們在晨升時排成以上順序爲止。

這些不僅適用於恆星，而且也適用於土星、木星和火星。但金星與水星的出沒與此不同，它們不會像外行星那樣隨著太陽的臨近而被掩，也不會因太陽的遠離而顯現，而是在靠近太陽時沉浸在太陽的光芒之中。當外行星發生昏升與晨沒時，它們在任何時候都不會被掩，而是能夠徹夜照耀長空。但是從日出到日沒，內行星在任何地方都看不見。還有另外一個區別，那就是對於外行星來說，清晨的眞出沒要早於視出沒，而黃昏的眞出沒卻要晚於視出沒，正如清晨它們要早於日出，黃昏它們要晚於日沒。而對於內行星來說，視晨升與視昏升均晚於眞晨升與眞昏升，而視晨沒與視昏沒卻要晚於眞晨沒與眞昏沒。

我曾在前面講過任一位置已知的星體的斜升以及出沒時的黃道分度，由此便可得知確定其眞出沒的方法。如果此時太陽出現在該分度或相對的分度上，那麼恆星就有眞（晨昏）出沒。視出沒與眞出沒的差異因每一星體的亮度和大小而異。相對於亮度較弱的星體，亮度較強的星體較少被太陽光遮掩。掩和出現的邊界是由地平圈與太陽之間的通過地平圈極點的近地平圈弧決定的。對於一等星來說，此邊界爲12°，土星爲11°，木星爲10°，火星爲11½°，金星爲5°，水星爲10°。但是白晝的微光歸於夜幕的這一整段時間（包含黎明或黃昏）占前面那個圓周的18°。當太陽下沉了這18°時，較暗的星星也開始出現了。由這段距離，數學家們定出了位於地平圈之下的一個平行圈的位置，他們說，當太陽到達這個平行圈時，白天就結束了，而夜晚也將開始。因此，如果我們知道了星體出沒的黃道分度以及黃道與地平圈在那一點的交角，並且找到了升起分度與太陽之間的許多黃道分度，它們多

得足以根據對該星體所確定的邊界得出太陽位於地平圈之下的深度，
那麼我們就可以宣稱星體的初現或星掩已經發生。

然而，我在前面關於太陽位於地面之上的高度的一切解釋，都適
用於太陽往地面之下的沉沒，因為相對位置是沒有差別的。因此，在
可見半球中沉沒的星體在不可見半球中升起，相反的事情也是容易理
解的。關於星體的出沒和地球的周日旋轉，我們就說這麼多吧！

第十四章　恆星位置的研究及其目錄

在解釋了地球的周日旋轉及其結果之後，現在我們應當談談有關
周年軌道的論證了。然而某些古代數學家認為，這門學科應當以恆星
現象優先，於是我就決定遵循這種看法，正如在我的原理和假說中，
已經假定了所有行星的漫遊所共同參照的恆星天球是靜止不動的。儘
管托勒密在其《天文學大成》（Almagest）⑥一書中指出，除非首先獲
得關於太陽和月球的知識，否則就無法對恆星作出解釋，並且為此認
為必須把對恆星的討論推到那時進行，但我採取這種順序是不應讓人
感到驚訝的，我認為這種意見必須反對。但如果你認為它是為了計算
太陽和月球的視運動而提出的，那麼這種意見將是站得住腳的。幾何
學家梅內勞斯（Menelaus）曾經通過與恆星合月有關的數值確定了許
多恆星的位置，但正如我很快就要表明的，如果借助於儀器，通過對
太陽和月球的位置仔細進行檢驗來確定某顆恆星的位置，結果就會好
很多。有些人甚至徒勞地警告我，僅用分日和至日而無須借助恆星就
可以確定太陽年的長度。我絕不同意他們的這種看法，我們之間的分
歧沒法更大了。托勒密使我注意到了這一點：當他計算太陽年時，他
並非沒有懷疑時間的推移會使誤差出現，他告誡後人在研究這個問題
時要取得更高的精度。因此，我認為值得實出專門說說，怎樣通過人

---

⑥ 或譯《至大論》。——中譯者

工儀器確定太陽和月球的位置，也就是它們與春分點或宇宙中其他基點之間的距離。關於這些位置的知識會為我們研究其他星體提供便利，正是這些星體才使恆星天球及其繁星點點的圖像呈現在我們眼前。

我在前面已經講過，測定回歸線的間距、黃道傾角、天球傾角或者赤極高度應當使用何種儀器。我們還可以用同樣方法測定太陽在正午的任何高度。此高度可以通過它與球的傾角之間的差別來向我們指明從赤道量起的太陽赤緯有多大。有了這個赤緯值，從至點或分點量起的太陽在正午的位置也就很清楚了。在我們看來，太陽在 24 小時中移動了大約 1°，因此太陽每小時移動 2½₂′。這樣，太陽在其他任何確定的時辰的位置都很容易得出。

但是，為了觀測月球和恆星的位置，另一種被托勒密稱為「星盤」的儀器被製造出來了。儀器上的兩個環，或者說是四邊輪圈的凸凹表面與平邊垂直。這些輪圈在各方面都類似，它們大小適中，不會因為太大而難於操作，儘管要大到足以在上面分刻度。輪圈的寬度和厚度至少是直徑的 ¹⁄₃₀。把它們裝配起來，使之彼此垂直，凹凸表面合在一起就好像同一個球的表面一樣。一個環應處於黃道的相對位置，而另一個環則要通過兩圓（即赤道和黃道）的極點。把黃道沿它的邊劃分為通常的 360 等份，而每一等分還要根據儀器的情況繼續劃分。在另一個環上從黃道量出象限，並在上面標出黃極。從這兩點根據傾角的比例各取一段距離，把赤極也標出來。在完成了這些工作之後，還要圍繞黃極安裝另外兩個環，它們可以繞兩極運動，一個在裏面，一個在外面，其平面間的厚度相等，平面寬度也等於其他環的平面寬度。在把這些環裝配起來以後，應使大環的凹面處處與黃道的凸面相接觸，小環的凸面也處處與黃道的凹面相接觸。再有，不要使它們的轉動受阻，而要讓它們與黃道及其子午圈能夠自由而輕便地相互運動。在圓環上沿與黃極相對的直徑穿孔，並用穿過這些孔的軸進行安裝和固定。此外，內環要這樣分成 360°，使得每個象限在極點成 90°。不僅如此，在內環的凹面處還應裝有第五個環，它能夠在同一平面內轉動，

其表面固定有托架，托架上有沿直徑相對的孔徑以及反射鏡或目鏡，通過它的日光會像在屈光鏡中一樣散開，並沿環的直徑射出。爲了測定緯度，還要在這第五個環的相對各點安裝一些設備或指針以指示數目。最後，安裝第六個環以盛放和支撐整個星盤，星盤應用些固定於赤極的扣拴卡面，把這最後一個環安到一個臺子上，使之垂直於地平面，而且，應把（赤）極調節到地的傾角方向，以使最外環的位置與自然子午圈的位置相合，絕不能有任何偏離。

我們希望用這種儀器測定某顆恆星的位置。當黃昏或日沒臨近，此時月亮也能望見，把外環調整到我們已經定出的太陽當時應在的黃道分度上，並把（黃道與外環）兩個環的交點轉向太陽，直到兩環（即黃道和通過黃極的外環）均匀地投下自己的影子。⑦然後把內環轉向月亮，把眼睛置於內環平面上，並把在我們看來月亮就在對面，或者就好像被同一平面等分的點標在儀器的黃道弧段上，該點就是觀測到的月亮黃經位置。事實上，沒有月亮就無法得知恆星的位置，因爲在一切星體中，只有月亮在白天和夜晚都能出現。在夜幕降臨之後，當我們待測的恆星可見時，把外環調整到月亮的位置。於是，就像我們曾經對太陽所做的那樣，星盤的位置就與月亮聯繫起來了。然後再把內環轉向恆星，直至恆星似乎觸及環平面，並且用裝在（內環）小圓上的目鏡可以看見，這樣，我們可以測出恆星的黃經和黃緯。在這些工作完成之後，我們眼前就出現了在中天的黃道分度，進行觀測的時刻也就很清楚了。⑧

⑦即直到影子成兩條相互正交的直線。——英譯者
⑧圖例：

1 通過赤極的環	6 子午圈
2 黃道	A 南北兩極
3 外環	$BCC'B'$ 黃道軸
4 內環	D 天頂或地平圈極點
5 小環	

　　舉例說來，安敦尼・庇護（Antoninus Pius）2 年的埃及曆 8 月 9
日的日沒時分，托勒密想在亞歷山大城測定獅子座胸部的一顆被稱爲
軒轅十四的恆星的位置。他於午後 $5\frac{1}{2}$ 個赤道小時把星盤對準落日，
發現太陽位於雙魚宮內 $3\frac{1}{24}°$處。移動內環，他觀測到月球位於太陽以
東 $92\frac{1}{8}°$。因此，當時月球的視位置位於雙子宮內 $5\frac{1}{3}°$處。半小時之後
（此時是午後 6 小時），當恆星開始出現於中天的雙子宮內 4°時，他把
儀器外環轉到已經測得的月球的位置。移動內環，他測出恆星位於月

此星盤被製成了托勒密天
空的圖像或一個「小宇
宙」。因此星盤在運行過
程中就是對天空旋轉的縮
微尺度的模擬。

該星盤是這樣組裝的：子
午圈(6)被固定在經度圈
上，赤道的南極（A 和 A′）
指向上面的天極和下面的
地平圈，因爲子午圈在周
日旋轉的過程中不發生改
變。黃道分度標在黃道(2)
上，至點或分點位於黃道
(2)與通過黃極的環(1)上。
把外環(3)轉向黃道上的計
算出來的太陽位置所在
點，再把外環與黃道的此

哥白尼星盤

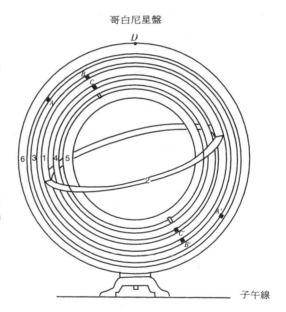

子午線

交點轉向太陽，直到每個環的影子都成一直線，且與另一個影子正交爲止。因爲外環
繞赤道軸的旋轉使得黃道軸、通過黃極的環、內環以及小環都圍繞赤道軸擺動，且黃
極在周日旋轉中繞赤道軸旋轉，所以這兩個環的交點轉向太陽就使太陽的年行度和日
行度成比例。十字形的影子顯示木製黃道在星盤上的位置此時對應於天上的黃道在周
日旋轉中的位置。現在可以把內環(4)轉向月亮，從而在黃道上標出月球黃經，讓小環
(5)在內環平面上旋轉，從而在標了刻度的內環上標出月球黃緯。──英譯者

球以東 57$\frac{1}{10}$°。前面已經說過，月球距落日 92$\frac{1}{8}$°，即月球位於雙子宮
內 5$\frac{1}{6}$°。但是月球每小時大約移動 $\frac{1}{2}$°，所以月球在半小時之內應當移
動了 $\frac{1}{4}$°。然而考慮到月球的相減視差，它移動的範圍應略小於 $\frac{1}{4}$°，
約爲 $\frac{1}{6}$°。因此，月球位於雙子宮內 5$\frac{1}{3}$°。但是當我討論了月球視差之
後，大家就會清楚，差值並不會有這麼大。因此，月球的視位置顯然
要大於 5$\frac{1}{3}$°而略小於 5$\frac{3}{4}$°。給這個位置加上 57$\frac{1}{10}$°，礼得到獅子宮中恆星
了宮內 2°30′，已與太陽夏至點的距離約爲 32$\frac{1}{2}$°，緯度爲北緯 $\frac{1}{6}$°。這
就是軒轅十四當時所在的位置，其他恆星的位置也可同樣測定出來。
根據羅馬曆，托勒密的這次觀測是在西元 139 年，即第 229 屆奧林匹
克運動會第一年的 2 月 24 日進行的。

　　這位卓越的數學家記下了每顆恆星與當時春分點的距離，並爲以
動物命名的天上的星座編了目錄。這對我的研究頗有裨益，它使我免
去了一些艱苦的工作。我認爲恆星的位置不應參照隨時間改變的分點
確定，倒是分點應當參照恆星天球來確定，所以我可以簡便地從另一
個不變的起點編制星表。我決定從白羊宮前額上的第一星作爲起點。
這樣，一幅絕對的、恆定不變的構形就通過那些一同發出光亮的恆星
得到了，這些星體好像一旦獲得寶座就永遠固定不變了。古人憑藉令
人嘆服的熱忱和技巧，把恆星編排成了 48 個星座。只有那些通過羅茲
島附近第四地帶的永不可見的星體的圓周所包含的恆星除外，因此那
些未形成星座的恆星仍不爲古人所知。根據小西翁（Theo the Youn-
ger）在《阿拉圖斯著作集》（*Aratean Treatise*）中所表達的觀點，恆
星之所以會形成某種圖形，正是因爲它們數量龐大，所以必須被分成
若干部分，人們再根據某種古老的習俗對其逐一命名。這種做法古已
有之，因爲我們甚至在赫西俄德（Hesiod）和荷馬（Homer）的著作
中都能讀到昴星團、畢星團、大角星和獵戶星座的名字。因此，在根
據黃經對恆星列表時，我將不用由分點或至點量起的「黃道十二宮」，
而用慣常使用的簡單度數。除去我發現的個別錯誤或不同情況之外，
我將在其他一切方面都遵循托勒密的做法。在下一卷中，我將討論如
何測定恆星與那些基點（即二分點）之間的距離。

星座與恆星目錄

一　北天區

星　　　　座	黃經			黃緯		星等
	°	′		°	′	
小熊或狗尾						
在尾梢	53	30	北	66	0	3
在尾之東	55	50	北	70	0	4
在尾之起點	69	20	北	74	0	4
在四邊形西邊偏南	83	0	北	75	20	4
在同一邊偏北	87	0	北	77	40	4
在四邊形東邊偏南	100	30	北	72	40	2
在同一邊偏北	109	30	北	74	50	2
共 7 顆星：2 顆為 2 等，1 顆為 3 等，4 顆為 4 等						
在星座外面離狗尾不遠，在與四邊形東邊同一條直線上，在南方很遠處	103	20	北	71	10	4
大熊，又稱北斗						
在熊口	78	40	北	39	50	4
在兩眼的兩星中西面一顆	79	10	北	43	0	5
上述東面的一顆	79	40	北	43	0	5
在前額兩星中西面一顆	79	30	北	47	10	5
在前額東面	81	0	北	47	0	5
在西耳邊緣	81	30	北	50	30	5
在頸部兩星中西面一顆	85	50	北	43	50	4
東面一顆	92	50	北	44	20	4
在胸部兩星中北面一顆	94	20	北	44	0	4
南面更遠的一顆	93	20	北	42	0	4
在左前腿膝部	89	0	北	35	0	3
在左前爪兩星中北面一顆	89	50	北	29	0	3
南面更遠的一顆	88	40	北	28	30	3
在右前腿膝部	89	0	北	36	0	4
在膝部之下	101	10	北	33	30	4
在肩部	104	0	北	49	0	2
在蹊部	105	30	北	44	30	2

星　　　　座	黃經		黃緯		星等
	°	′	°	′	
在尾部起點	116	30	北 51	0	3
在左後腿	117	20	北 46	30	2
在左後爪兩星中西面一顆	106	0	北 29	38	3
上述東面的一顆	107	20	北 28	15	2
在左後腿關節處	115	0	北 35	15	4
在右後爪兩星中北面一顆	123	10	北 25	50	3
南面更遠的一顆	123	40	北 25	0	3
尾部三星中在尾部起點東面的第一顆星	125	30	北 53	30	2
這三星的中間一顆	131	20	北 55	40	2
在尾梢的最後一顆	143	10	北 54	0	2
共 27 顆星：6 顆爲 2 等，8 顆爲 3 等，8 顆爲 4 等，5 顆爲 5 等					
靠近北斗，在星座外面					
在尾部南面	141	10	北 39	45	3
在前面一星西面較暗的一顆	133	30	北 41	20	5
在熊的前爪與獅頭之間	98	20	北 17	15	4
比前一星更偏北的一顆	96	40	北 19	10	4
三顆暗星中最後的一顆	99	30	北 20	0	暗
在前一星的西面	95	30	北 22	45	暗
更偏西	94	30	北 23	10	暗
在前爪與雙子之間	100	20	北 22	10	暗
在星座外面共 8 顆星：1 顆爲 3 等，2 顆爲 4 等，1 顆爲 5 等，4 顆爲暗星					
天龍					
在舌部	200	0	北 76	30	4
在嘴部	215	10	北 78	30	亮於4
在眼睛上面	216	30	北 75	40	3
在臉頰	229	40	北 75	20	4
在頭部上面	233	30	北 75	30	3
在頸部第一個扭曲處北面的一顆	258	40	北 82	20	4
這些星中南面的一顆	295	50	北 78	15	4
這些同樣星的中間一顆	262	10	北 80	20	4

續表

星　　座	黃經°	′	黃緯北°	′	星等
在頸部第二個扭曲處上述星的東面	282	50	北 81	10	4
在四邊形西邊朝南的星	331	20	北 81	40	4
在同一邊朝北的星	343	50	北 83	0	4
在東邊朝北的星	1	0	北 78	50	4
在同一邊朝南的星	346	10	北 77	50	4
在頸部第三個扭曲處三角形朝南的星	4	0	北 80	30	4
在三角形其餘兩星中朝西的一顆	15	0	北 81	40	5
朝東的一顆	19	30	北 80	15	5
在西面三角形的三星中朝東一顆	66	20	北 83	30	4
在同一三角形其餘兩星中朝南一顆	43	40	北 83	30	4
在上述兩星中朝北一顆	35	10	北 84	50	4
在三角形之西兩小星中朝東的一顆	200	0	北 87	30	6
在這兩星中朝西一顆	195	0	北 86	50	6
在形成一條直線的三星中朝南一顆	152	30	北 81	15	5
三星的中間一顆	152	50	北 83	0	5
偏北的一顆	151	0	北 84	50	3
在上述恆星西面兩星中偏北一顆	153	20	北 78	0	3
偏南的一顆	156	30	北 74	40	亮於4
在上述恆星西面，在尾部卷圈處	156	0	北 70	0	3
在相距非常遠的兩星中西面一星	120	40	北 64	40	4
在上述兩星中東面一顆	124	30	北 65	30	3
在尾部東面	192	30	北 61	15	3
在尾梢	186	30	北 56	15	3

因此，共 31 顆星：8 顆為 3 等，17 顆為 4 等，4 顆為 5 等，2 顆為 6 等

仙王

在右腳	28	40	北 75	40	4
在左腳	26	20	北 64	15	4
在腰帶之下的右面	0	40	北 71	10	4
在右肩之上並與之相接	340	0	北 69	0	3
與右臀關節相接	332	40	北 72	0	4
在同一臀部之東並與之相接	333	20	北 74	0	4

星　　　座	黃經		黃緯			星等
	°	′		°	′	
在胸部	352	0	北	65	30	5
在左臂	1	0	北	62	30	亮於4
在工臂的三星中南面一顆	339	40	北	60	15	5
這三星的中間一顆	340	40	北	61	15	4
在這三星中北面一顆	342	20	北	61	30	5
共 11 顆星：1 顆爲 3 等，7 顆爲 4 等，3 顆爲 5 等						
在星座外面的兩星中位於王冕西面的一顆	337	0	北	64	0	5
它東面的一顆	344	40	北	59	30	4
牧夫或馴熊者						
在左手的三星中西面一顆	145	40	北	58	40	5
在三星中間偏南一顆	147	30	北	58	20	5
在三星中東面一顆	149	0	北	60	10	5
在左臀部關節	143	0	北	54	40	5
在左肩	163	0	北	49	0	3
在頭部	170	0	北	53	50	亮於4
在右肩	179	0	北	48	40	4
在棍子處的兩星中偏南一顆	179	0	北	53	15	4
在棍梢偏北的一顆	178	20	北	57	30	4
在肩部之下長矛處的兩星中北面一顆	181	0	北	46	10	亮於4
在這兩星中偏南一顆	181	50	北	45	30	5
在右手頂部	181	35	北	41	20	5
在手掌的兩星中西面一顆	180	0	北	41	40	5
在上述兩星中東面一顆	180	20	北	42	30	5
在棍柄頂端	181	0	北	40	20	5
在右腿	173	20	北	40	15	3
在腰帶的兩星中東面一顆	169	0	北	41	40	4
西面的一顆	168	20	北	42	10	亮於4
在右腳後跟	178	40	北	28	0	3
在左腿的三星中北西一顆	164	40	北	28	0	3
這三星的中間一顆	163	50	北	26	30	4
偏南的一顆	164	50	北	25	0	4

續表

星　　　　座	黃經		黃緯			星等
	°	′		°	′	
共 22 顆星：4 顆爲 3 等，9 顆爲 4 等，9 顆爲 5 等						
在星座外面位於兩腿之間，稱爲「大角」	170	20	北	31	30	1
北冕						
在冕內的亮星	188	0	北	44	30	亮於2
眾星中最西面的一顆	185	0	北	46	10	亮於4
在上述恆星之東，北面	185	10	北	48	0	5
在上述恆星之東，更偏北	193	0	北	50	30	6
在亮星之東，南面	191	30	北	44	45	4
緊靠上述恆星的東面	190	30	北	44	50	4
比上述恆星略偏東	194	40	北	46	10	4
在冕內眾星中最東面的一顆	195	0	北	49	20	4
共 8 顆星：1 顆爲 2 等，5 顆爲 4 等，1 顆爲 5 等，1 顆爲 6 等						
跪拜者						
在頭部	221	0	北	37	30	3
在右腋窩	207	0	北	43	0	3
在右臂	205	0	北	40	10	3
在腹部右面	201	20	北	37	10	4
在左肩	220	20	北	49	30	3
在左臂	225	20	北	49	30	亮於4
在腹部左面	231	0	北	42	0	4
在左手掌的三星中東面一顆	238	50	北	52	50	亮於4
在其餘兩星中北面一顆	235	0	北	54	0	亮於4
偏南的一顆	234	50	北	53	0	4
在右邊	207	10	北	56	10	3
在左邊	213	30	北	53	30	4
在左臀	213	20	北	56	10	5
在同一條腿的頂部	214	30	北	58	30	5
在左腿的三星中西面一顆	217	20	北	59	50	3
在上述恆星之東	218	40	北	60	20	4
在上述恆星東面的第三顆星	219	40	北	61	15	4

續表

星　　　座	黃經		黃緯		星等
	°	′	°	′	
在左膝	237	10	北 61	0	4
在左大腿	225	30	北 69	20	4
在左腳的三星中西面一顆	188	40	北 70	15	6
這三星的中間一顆	220	10	北 71	15	6
這三星的東面一顆	223	0	北 72	0	6
在右腿頂部	207	0	北 60	15	亮於4
在同一條腿偏北	198	50	北 63	0	4
在右膝	189	0	北 65	30	亮於4
在同一膝蓋下面的兩星中偏南一顆	186	40	北 63	40	4
偏北的一顆	183	30	北 64	15	4
在右脛	184	30	北 60	0	4
在右腳尖，與牧夫棍梢的星相同	178	20	北 57	30	4
不包括上面這顆恆星，共 28 顆：6 顆爲 3 等，17 顆爲 4 等，2 顆爲 5 等，3 顆爲 6 等					
在星座外面，右臂之南	206	0	北 38	10	5
天琴					
稱爲「天琴」或「小琵琶」的亮星	250	40	北 62	0	1
在相鄰兩星中北面一顆	253	40	北 62	40	亮於4
偏南的一顆	253	40	北 61	0	亮於4
在兩臂曲部之間	262	0	北 60	0	4
在東邊兩顆緊接恆星中北面一顆	265	20	北 61	20	4
偏南的一顆	265	0	北 60	20	4
在橫檔之西的兩星中北面一顆	254	20	北 56	10	3
偏南的一顆	254	10	北 55	0	暗於4
在同一橫檔之東的兩星中北面一顆	257	30	北 55	20	3
偏南的一顆	258	20	北 54	45	暗於4
共 10 顆星：1 顆爲 1 等，2 顆爲 3 等，7 顆爲 4 等					
天鵝或飛鳥					
在嘴部	267	50	北 49	20	3
在頭部	272	20	北 50	30	5

續表

星　　　座	黃經			黃緯		星等
	°	′		°	′	
在頸部中央	279	20	北	54	30	亮於4
在胸口	291	50	北	56	20	3
在尾部的亮星	302	30	北	60	0	2
在右翼彎曲處	282	40	北	64	40	3
在右翼伸展處的三星中偏南一顆	285	50	北	69	40	4
在中間的一顆	284	30	北	71	30	亮於4
三顆星的最後一顆，在翼尖	280	0	北	74	0	亮於4
在左翼彎曲處	294	10	北	49	30	3
在該翼中部	298	10	北	52	10	亮於4
在同翼尖端	300	0	北	74	0	3
在左腳	303	20	北	55	10	亮於4
在左膝	307	50	北	57	0	4
在右腳的兩星中西面一顆	294	30	北	64	0	4
東面的一顆	296	0	北	64	30	4
在右膝的雲霧狀恆星	305	30	北	63	45	5
共 17 顆星：1 顆為 2 等，5 顆為 3 等，9 顆為 4 等，2 顆為 5 等						
在星座外面，天鵝附近，另外的兩顆星						
在左翼下面兩星中偏南一顆	306	0	北	49	40	4
偏北的一顆	307	10	北	51	40	4
仙后						
在頭部	1	10	北	45	20	4
在胸口	4	10	北	46	45	亮於3
在腰帶上	6	20	北	47	50	4
在座位之上，在臀部	10	0	北	49	0	亮於3
在膝部	13	40	北	45	30	3
在腿部	20	20	北	47	45	4
在腳尖	355	0	北	48	20	4
在左臂	8	0	北	44	20	4
在左肘	7	40	北	45	0	5
在右肘	357	40	北	50	0	6

星　　座	黃經		黃緯		星等
	°	′	°	′	
在椅腳處	8	20	北 52	40	4
在椅背中部	1	10	北 51	40	暗於3
什椅背遺緣	357	10	北 51	40	6

共 13 顆星；4 顆為 3 等，6 顆為 4 等，1 顆為 5 等，3 顆為 6 等

英仙

星　　座	黃經		黃緯		星等
在右手尖端，在雲霧狀包裹中	21	0	北 40	30	雲霧狀
在右肘	24	30	北 37	30	4
在右肩	26	0	北 34	30	暗於4
在左肩	20	50	北 32	20	4
在頭部或雲霧中	24	0	北 34	30	4
在肩胛部	24	50	北 31	10	4
在右邊的亮星	28	10	北 30	0	2
在同一邊的三星中西面一顆	28	40	北 27	30	4
中間的一顆	30	20	北 27	40	4
三星中其餘的一顆	31	0	北 27	30	3
在左肘	24	0	北 27	0	4
在左手和在美杜莎（Medusa）頭部的亮星	23	0	北 23	0	2
在同一頭部中東面的一顆	22	30	北 21	0	4
在同一頭部中西面的一顆	21	0	北 21	0	4
比上述星更偏西的一顆	20	10	北 22	15	4
在右膝	38	10	北 28	15	4
在膝部，在上一顆星西面	37	10	北 28	10	4
在腹部的兩星中西面一顆	35	40	北 25	10	4
東面的一顆	37	20	北 26	15	4
在右臀	37	30	北 24	30	5
在右腓	39	40	北 28	45	5
在左臀	30	10	北 21	40	亮於4
在左膝	32	0	北 19	50	3
在左腿	31	40	北 14	45	亮於3
在左腳後跟	24	30	北 12	0	暗於3
在腳頂部左邊	29	40	北 11	0	亮於3

續表

星　　　　座	黃經		黃緯		星等
	°	′	北	°	′	
共 26 顆星：2 顆爲 2 等，5 顆爲 3 等，16 顆爲 4 等，2 顆爲 5 等，1 顆爲雲霧狀						
靠近英仙，在星座外面						
在左膝的東面	34	10	北	31	0	5
在右膝的北面	38	20	北	31	0	5
在美杜莎頭部的西面	18	0	北	20	40	暗弱
共 3 顆星：2 顆爲 5 等，1 顆暗弱						
馭夫或御夫						
在頭部的兩星中偏南一顆	55	50	北	30	0	4
偏北的一顆	55	40	北	30	50	4
左肩的亮星稱爲「五車二」	48	20	北	22	30	1
在右肩上	56	10	北	20	0	2
在右肘	54	30	北	15	15	4
在右手掌	56	10	北	13	30	亮於4
在左肘	45	20	北	20	40	亮於4
在西邊的一隻山羊中	45	30	北	18	0	暗於4
在左手掌的山羊中，靠東邊的一隻	46	0	北	18	0	亮於4
在左腓	53	10	北	10	10	暗於3
在右腓並在金牛的北角尖端	49	0	北	5	0	亮於3
在腳踝	49	20	北	8	30	5
在牛臀部	49	40	北	12	20	5
在左腳的一顆小星	24	0	北	10	20	6
共 14 顆星：1 顆爲 1 等，1 顆爲 2 等，2 顆爲 3 等，7 顆爲 4 等，2 顆爲 5 等，1 顆爲 6 等						
蛇夫						
在頭部	228	10	北	36	0	3
在右肩的兩星中西面一顆	231	20	北	27	15	亮於4
東面的一顆	232	20	北	26	45	4
在左肩的兩星中西面一顆	216	40	北	33	0	4
東面的一顆	218	0	北	31	50	4

星　　　　座	黃經		黃緯			星等
	°	′		°	′	
在左肘	211	40	北	34	30	4
在左手的兩星中西面一顆	208	20	北	17	0	4
東面的　顆	209	20	北	12	20	0
在右肘	220	0	北	15	0	4
在右手西面的一顆	205	40	北	18	40	暗於4
東面的一顆	207	40	北	14	20	4
在右膝	224	30	北	4	30	3
在右脛	227	0	北	2	15	亮於3
在右腳的四星中西面一顆	226	20	南	2	15	亮於4
東面的一顆	227	40	南	1	30	亮於4
東面的第三顆	228	20	南	0	20	亮於4
東面餘下的一顆	229	10	南	1	45	亮於5
與腳後跟接觸	229	30	南	1	0	5
在左膝	215	30	北	11	50	3
在左腿呈一條直線的三星中北面一顆	215	0	北	5	20	亮於5
這三星的中間一顆	214	0	北	3	10	5
三星中偏南一顆	213	10	北	1	40	亮於5
在左腳後跟	215	40	北	0	40	5
與左腳背接觸	214	0	南	0	45	4
共 24 顆星：5 顆為 3 等，13 顆為 4 等，6 顆為 5 等						
靠近蛇夫，在星座外面						
在右肩東面的三星中最偏北一顆	235	20	北	28	10	4
三星的中間一顆	236	0	北	26	20	4
三星的南面一顆	233	40	北	25	0	4
三星中偏東一顆	237	0	北	27	0	4
距這四顆星較遠，在北面	238	0	北	33	0	4
因此，在星座外面共 5 顆星，都是 4 等						
蛇夫之蛇						
在面頰的四邊形裏	192	10	北	38	0	4
與鼻孔相接	201	0	北	40	0	4
在太陽穴	197	40	北	35	0	3

星　　　　座	黃經		黃緯			星等
	°	′		°	′	
在頸部開端	195	20	北	34	15	3
在四邊形中央和在嘴部	194	40	北	37	15	4
在頭的北面	201	30	北	42	30	4
在頸部第一條彎	195	0	北	29	15	3
在東邊三星中北面的一顆	198	10	北	26	30	4
這些星的中間一顆	197	40	北	25	20	3
在三星中最南一顆	199	40	北	24	0	3
在蛇夫左手的兩星中西面一顆	202	0	北	16	30	4
在上述一隻手中東面的一顆	211	30	北	16	15	5
在右臀的東面	227	0	北	10	30	4
在上述恆星東面的兩星中南面一顆	230	20	北	8	30	亮於4
北面的一顆	231	10	北	10	30	4
在右手東面，在尾圈中	237	0	北	20	0	4
在尾部上述恆星之東	242	0	北	21	10	亮於4
在尾梢	251	40	北	27	0	4
共 18 顆星：5 顆為 3 等，12 顆為 4 等，1 顆為 5 等						
天箭						
在箭梢	273	30	北	39	20	4
在箭杆三星中東面一顆	270	0	北	39	10	6
這三星的中間一顆	269	10	北	39	50	5
三星的西面一顆	268	0	北	39	0	5
在箭槽缺口	266	40	北	38	45	5
共 5 顆星：1 顆為 4 等，3 顆為 5 等，1 顆為 6 等						
天鷹						
在頭部中央	270	30	北	26	50	4
在頸部	268	10	北	27	10	3
在肩胛處稱為「天鷹」的亮星	267	10	北	29	10	亮於2
很靠近上面這顆星，偏北	268	0	北	30	0	暗於3
在左肩，朝西的一顆	266	30	北	31	30	3
朝東的一顆	269	20	北	31	30	5

星　　　座	黃經		黃緯			星等
	°	′		°	′	
在右肩，朝西的一顆	263	0	北	28	40	5
朝東的一顆	264	30	北	36	10	亮於5
在尾部，與銀河相接	265	00	北	20	30	3
共 6 顆星：1 顆為 0 等，4 顆為 0 等，1 顆為 4 等，3 顆為 3 等						
在天鷹座附近						
在頭部南面，朝西的一顆星	272	0	北	21	40	3
朝東的一顆星	272	10	北	29	10	3
在右肩西南面	259	20	北	25	0	亮於4
在上面這顆星的南面	261	30	北	20	0	3
再往南	263	0	北	15	30	5
在星座外六星中最西面的一顆	254	30	北	18	10	3
星座外面的 6 顆星：4 顆為 3 等，1 顆為 4 等，1 顆為 5 等						
海豚						
在尾部三星中西面一顆	281	0	北	29	10	暗於3
另外兩星中偏北的一顆	282	0	北	29	0	暗於4
偏南的一顆	282	0	北	26	40	4
在長菱形西邊偏東的一顆	281	50	北	32	0	暗於3
在同一邊，北面的一顆	283	30	北	33	50	暗於3
在東邊，南面的一顆	284	40	北	32	0	暗於3
在同一邊，北面的一顆	286	50	北	33	10	暗於3
在位於尾部與長菱形之間三星偏南一顆	280	50	北	34	15	6
在偏南的兩星中西面一顆	280	50	北	31	50	6
東面的一顆	282	20	北	31	30	6
共 10 顆星：5 顆為 3 等，2 顆為 4 等，3 顆為 6 等						
馬的局部						
在頭部兩星的西面一顆	289	40	北	20	30	暗弱
東面一顆	292	20	北	20	40	暗弱
在嘴部兩星西面一顆	289	40	北	25	30	暗弱
東面一顆	291	0	北	25	0	暗弱

續表

星　　　　座	黃經		黃緯		星等
	°	′	°	′	
共 4 顆星均暗弱					
飛馬					
在張嘴處	298	40	北 21	30	亮於3
在頭部密近兩星中北面一顆	302	40	北 16	50	3
偏南的一顆	301	20	北 16	0	4
在鬃毛處兩星中偏南一顆	314	40	北 15	0	5
偏北的一顆	313	50	北 16	0	5
在頸部兩星中西面一顆	312	10	北 18	0	3
東面的一顆	313	50	北 19	0	4
在左後踝關節	305	40	北 36	30	亮於4
在左膝	311	0	北 34	15	亮於4
在右後踝關節	317	0	北 41	10	亮於4
在胸部兩顆密接恆星中西面一顆	319	30	北 29	0	4
東面的一顆	320	20	北 29	30	4
在右膝兩星中北面一顆	322	20	北 35	0	3
偏南的一顆	321	50	北 24	30	5
在翼下身體中兩星北面一顆	327	50	北 25	40	4
偏南的一顆	328	20	北 25	0	4
在肩胛和翼側	350	0	北 19	40	暗於2
在右肩和腿的上端	325	30	北 31	0	暗於2
在翼梢	335	30	北 12	30	暗於2
在下腹部，也是在仙女的頭部	341	10	北 26	0	暗於2
共 20 顆星：4 顆為 2 等，4 顆為 3 等，9 顆為 4 等，3 顆為 5 等					
仙女					
在肩胛	348	40	北 24	30	3
在右肩	349	40	北 27	0	4
在左肩	347	40	北 23	0	4
在右臂三星中偏南一顆	347	0	北 32	0	4
偏北的一顆	348	0	北 33	30	4

星　　　座	黃經		黃緯		星等
	°	′	°	′	
三星中間一顆	348	20	北 32	20	5
在右手尖三星中偏南一顆	343	0	北 41	0	4
這三星的中間一顆	344	0	北 42	0	4
三星中北面一顆	345	30	北 44	0	4
壯左臂	347	30	北 17	30	4
在左肘	349	0	北 15	50	3
在腰帶的三星中南面一顆	357	10	北 25	20	3
中間的一顆	355	10	北 30	0	3
三星北面一顆	355	20	北 32	30	3
在左腳	10	10	北 23	0	
在右腳	10	30	北 37	20	亮於4
在這些星的南面	8	30	北 35	20	亮於4
在膝蓋下兩星中北面一顆	5	40	北 29	0	4
南面的一顆	5	20	北 28	0	4
在右膝	5	30	北 35	30	5
在長袍或其後曳部分兩星中北面一顆	6	0	北 34	30	5
南面的一顆	7	30	北 32	30	5
在離面的一顆	5	0	北 44	0	3
共 23 顆星：7 顆為 3 等，12 顆為 4 等，4 顆為 5 等					
三角					
在三角形頂點	4	20	北 16	30	3
在底邊的三星中西面一顆	9	20	北 20	40	3
中間的一顆	9	30	北 20	20	4
三星中東面的一顆	10	10	北 19	0	3
共 4 顆星：3 顆為 3 等，1 顆為 4 等					
因此，在北天區共計有 360 顆星：3 顆為 1 等，18 顆為 2 等，81 顆為 3 等，177 顆為 4 等，58 顆為 5 等，13 顆為 6 等，1 顆為雲霧狀，9 顆為暗弱星					

二　中部和近黃道區

星　　　　　座	黃經		黃緯			星等
	°	′		°	′	
白羊						
在羊角的兩星中西面的一顆，也是一切恆星的第一顆	0	0	北	7	20	暗於3
在羊角中東面的一顆	1	0	北	8	20	3
在張嘴中兩星的北面一顆	4	20	北	7	40	5
偏南的一顆	4	50	北	6	0	5
在頸部	9	50	北	5	30	5
在腰部	10	50	北	6	0	6
在尾部開端處	14	40	北	4	50	5
在尾部三星中西面一顆	17	10	北	1	40	4
中間的一顆	18	40	北	2	30	4
三星中東面一顆	20	20	北	1	50	4
在臀部	13	0	北	1	10	5
在膝部後面	11	20	南	1	30	5
在後腳尖	8	10	南	5	15	亮於4
共 13 顆星：2 顆為 3 等，4 顆為 4 等，6 顆為 5 等，1 顆為 6 等						
在白羊座附近						
頭上的亮星	3	50	北	10	0	亮於3
在背部之上最偏北的一顆	15	0	北	10	10	4
在其餘三顆暗星中北面一顆	14	40	北	12	40	5
中間的一顆	13	0	北	10	40	5
在這三星中南面一顆	12	30	北	10	40	5
共 5 顆星：1 顆為 3 等，1 顆為 4 等，3 顆為 5 等						
金牛						
在切口的四星中最偏北一顆	19	40	南	6	0	4
在前面一星之後的第二顆	19	20	南	7	15	4
第三顆	18	0	南	8	30	4
第四顆，即最偏南的一顆	17	50	南	9	15	4
在右肩	23	0	南	9	30	5
在胸部	27	0	南	8	0	3

續表

星　　　座	黃經 °	黃經 ′	黃緯	黃緯 °	黃緯 ′	星等
在右膝	30	0	南	12	40	4
在右後踝關節	26	20	南	14	50	4
在左膝	35	00	南	10	0	4
在左後踝關節	36	20	南	13	30	4
在畢星團中，在面部稱爲「小豬」的五星中位於鼻孔的一顆	32	0	南	5	45	暗於3
在上面恆星與北面眼睛之間	33	40	南	4	15	暗於3
在同一顆星與南面眼睛之間	34	10	南	0	50	暗於3
在同一眼中羅馬人稱爲「巴里里西阿姆」(Palilicium)的一顆亮星	36	0	南	5	10	1
在北面眼睛中	35	10	南	3	0	暗於3
在南面牛角端點與耳朵之間	40	30	南	4	0	4
在同一牛角兩星中偏南的一顆	43	40	南	5	0	4
偏北的一顆	43	20	南	3	30	5
在同一牛角尖點	50	30	南	2	30	3
在北面牛角端點	49	0	南	4	0	4
在同一牛角夾點也是在牧夫的右腳	49	0	北	5	0	3
在北面耳朵兩星中偏北一顆	35	20	北	4	30	5
這兩星的偏南一顆	35	0	北	4	0	5
在頸部兩小星中西面一顆	30	20	北	0	40	5
東面的一顆	32	20	北	1	0	6
在頸部四邊形西邊兩星中偏南一顆	31	20	北	5	0	5
在同一邊偏北的一顆	32	10	北	7	10	5
在東邊偏南的一顆	35	20	北	3	0	5
在該邊偏北的一顆	35	0	北	5	0	5
在昴星團西邊北端一顆稱爲「威吉萊」(Vergiliae)的星	25	30	北	4	30	5
在同一邊南端	25	50	北	4	40	5
昴星團東邊很狹窄的頂端	27	0	北	5	20	5
昴星團離最外邊甚遠的一顆小星	26	0	北	3	0	5

金星的遠地點在 48°21′

不包括在北牛角尖的一顆，共32顆星：1顆爲1等，6顆爲3等，11顆爲4等，13顆爲5等，1顆爲6等

續表

星　　　　座	黃經		黃緯		星等
	°	′	°	′	
在金牛座附近					
在腳與肩之間	18	20	南 17	30	4
在靠近南牛角三星中偏西一顆	43	20	南 2	0	5
三星的中間一顆	47	20	南 1	45	5
三星的東面一顆	49	20	南 2	0	5
在同一牛角尖下面兩星中北面一顆	52	20	南 6	20	5
南面的一顆	52	20	南 7	40	5
在北牛角下面五星中西面一顆	50	20	北 2	40	5
東面第二顆	52	20	北 1	0	5
東面第三顆	54	20	北 1	20	5
在其餘兩星中偏北一顆	55	40	北 3	20	5
偏南的一顆	56	40	北 1	15	5
星座外面的11顆星：1顆爲4等，10顆爲5等					
雙子					
在西面孩子的頭部，北河二	76	40	北 9	30	2
在東面孩子頭部的黃星，北河三	79	50	北 6	15	2
在西面孩子的左肘	70	0	北 10	0	4
在左臂	72	0	北 7	20	4
在同一孩子的肩胛	75	20	北 5	30	4
在同一孩子的右肩	77	20	北 4	50	4
在東面孩子的左肩	80	0	北 2	40	4
在西面孩子的右邊	75	0	北 2	40	5
在東面孩子的左邊	76	30	北 3	0	5
在西面孩子的左膝	66	30	北 1	30	3
在東面孩子的左膝	71	35	南 2	30	3
在同一孩子的左腹股溝	75	0	南 0	30	3
在同一孩子的右關節	74	40	南 0	40	3
在西面孩子腳上西面的星	60	0	南 1	30	亮於4
在同一腳上東面的星	61	30	南 1	15	4
在西面孩子的腳底	63	30	南 3	30	4

續表

星　　　　座	黃經		黃緯			星等
	°	′		°	′	
在東面孩子的腳背	65	20	南	7	30	3
在同一隻腳的底部	68	0	南	10	30	4
共 18 顆星；2 顆為 2 等，6 顆為 3 等，9 顆為 4 等，2 顆為 6 等						
心雙子座附近						
在西面孩子腳背西邊的星	57	30	南	0	40	4
在同一孩子膝部西面的亮星	59	50	北	5	50	亮於4
東面孩子左膝的西面	68	30	南	2	15	5
在東面孩子右手東面三星中偏北一顆	81	40	南	1	20	5
中間一顆	79	40	南	3	20	5
在右臂附近三星中偏南一顆	79	20	南	4	30	5
三星東面的亮星	84	0	南	2	40	4
星座外面的 7 顆星：3 顆為 4 等，4 顆為 5 等						
巨蟹						
在胸部雲霧中間的星稱為「鬼星團」	93	40	北	0	40	雲霧狀
在四邊形西面兩星中偏北一顆	91	0	北	1	15	暗於4
偏南的一顆	91	20	南	1	10	暗於4
在東面稱為「阿斯」（Ass）的兩星中偏北一顆	93	40	北	2	40	亮於4
南阿斯	94	40	南	0	10	亮於4
在南面的鉗或臂中	99	50	南	5	30	4
在北臂	91	40	北	11	50	4
在北面腳尖	86	0	北	1	0	5
在南面腳尖	90	30	南	7	30	亮於4
共 9 顆星：7 顆為 4 等，1 顆為 5 等，1 顆為雲霧狀						
在巨蟹附近						
在南鉗肘部上面	103	0	南	2	40	暗於4
同一鉗尖端的東面	105	0	南	5	40	暗於4
在小雲霧上面兩星中朝西一顆	97	20	北	4	50	5
在巨蟹東面	100	20	北	7	15	5
星座外面的 4 顆星：2 顆為 4 等，2 顆為 5 等						

續表

星　　　　座	黃經		黃緯		星等
	°	′	°	′	
獅子					
在鼻孔	101	40	北 10	0	4
在張開的嘴中	104	30	北 7	30	4
在頭部兩星中偏北一顆	107	40	北 12	0	3
偏南的一顆	107	30	北 9	30	暗於3
在頸部三星中偏北一顆	113	30	北 11	0	3
中間的一顆	115	30	北 8	30	2
三星中偏南一顆	114	0	北 4	30	3
在心臟，稱爲「小王」或軒轅十四	115	50	北 0	10	1
在胸部兩星中偏南一顆	116	50	南 1	50	4
離心臟的星稍偏西	113	20	南 0	15	5
在右前腿膝部	110	40	0	0	5
在右腳爪	117	30	南 3	40	6
在左前腿膝部	122	30	南 4	10	4
在左腳爪	115	50	南 4	15	4
在左腋窩	122	30	南 0	10	4
在腹部三星中偏西一顆	120	20	北 4	0	6
偏東兩星中北面一顆	126	20	北 5	20	6
南面一顆	125	40	北 2	20	6
在腰部兩星中西面一顆	124	40	北 12	15	5
東面一顆	127	30	北 13	40	2
在臀部兩星中北面一顆	127	40	北 11	30	5
南面一顆	129	40	北 9	40	3
在後臀	133	40	北 5	50	3
在腿彎處	135	0	北 1	15	4
在後腿關節	135	0	南 0	50	4
在後腳	134	0	南 3	0	5
在尾梢	137	50	北 11	50	暗於1
共 27 顆星：2 顆爲 1 等，2 顆爲 2 等，6 顆爲 3 等，8 顆爲 4 等，5 顆爲 5 等，4 顆爲 6 等					
在獅子座附近					

火星的遠
地點在
109°50′

星　　　座	黃經		黃緯			星等
	°	′		°	′	
在背部之上兩星中西面一顆	119	20	北	13	20	5
東面一顆	121	30	北	15	30	5
在腹部之下三星中北面一顆	129	50	北	1	10	暗於4
中間一顆	130	30	南	0	30	5
三星的南面一顆	132	20	南	2	40	5
在獅子座和大熊座最外面恆星之間的雲狀物中最偏北的星稱爲「貝列尼塞(Berenice)之髮」	138	10	北	30	0	明亮
在南面兩星中偏西一顆	133	50	北	25	0	暗弱
偏東一顆，形爲常春藤葉	141	50	北	25	30	暗弱

星座外面的 8 顆星：1 顆爲 4 等，4 顆爲 5 等，1 顆明亮，2 顆暗弱

室女

星　　　座	黃經		黃緯			星等
在頭部二星中偏西南的一顆	139	40	北	4	15	5
偏東北的一顆	140	20	北	5	40	5
在臉部二星中北面的一顆	144	0	北	8	0	5
南面的一顆	143	30	北	5	30	5
在左、南翼尖端	142	20	北	6	0	3
在左翼四星中西面的一顆	151	35	北	1	10	3
東面第二顆	156	30	北	2	50	3
第三顆	160	30	北	2	50	5
四顆星的最後一顆，在東面	164	20	北	1	40	4
在腰帶之下右邊	157	40	北	8	30	3
在右、北翼三星中西面一顆	151	30	北	13	50	5
其餘兩星中南面一顆	153	30	北	11	40	6
這兩星中北面的一顆稱爲「溫德米阿特」(Vindemiator)						
在左手稱爲「釘子」的星	155	30	北	15	10	亮於3
在腰帶下面和在右臀	170	0	南	2	0	1
在右臀四邊形西面二星	169	10	北	8	40	3
中偏北一顆	169	40	北	2	20	5

木星的遠地點在154°20′

星　　　座	黃經		黃緯			星等
	°	′		°	′	
偏南一顆	170	20	北	0	10	6
在東面二星中偏北一顆	173	20	北	1	30	4
偏南一顆	171	20	北	0	20	5
在左膝	175	0	北	1	30	5
在右臀東邊	171	20	北	8	30	5
在長袍上的中間一顆星	180	0	北	7	30	4
南面一顆	180	40	北	2	40	4
北面一顆	181	40	北	11	40	4
在左、南腳	183	20	北	0	30	4
在右、北腳	186	0	北	9	50	3
共 26 顆星：1 顆爲 1 等，7 顆爲 3 等，6 顆爲 4 等，10 顆爲 5 等，2 顆爲 6 等						
在室女座附近						
在左臂下面成一直線的三星中西面一顆	158	0	南	3	30	5
中間一顆	162	20	南	3	30	5
東面一顆	165	35	南	3	20	5
在釘子下面成一直線的三星中西面一顆	170	30	南	7	20	6
中間一顆，爲雙星	171	30	南	8	20	5
三星中東面一顆	173	20	南	7	50	6
星座外面的 6 顆星：4 顆爲 5 等，2 顆爲 6 等						
腳爪（今天秤）						
在南爪尖端兩星中的亮星	191	20	北	0	40	亮於2
北面較暗的星	190	20	北	2	30	5
在北爪尖端兩星中的亮星	195	30	北	8	30	2
上面一星西面較暗的星	191	0	北	8	30	5
在南爪中間	197	20	北	1	40	4
在同一爪中西面的一顆	194	40	北	1	15	4
在北爪中間	200	50	北	3	45	4

水星的遠地點在 183°20′

星　　　座	黃經		黃緯		星等
	°	′	°	′	
在同一爪中東面的一顆	206	20	北 4	30	4
共8顆星：2顆爲0等，4顆爲4等，2顆爲5等					
在腳爪座附近					
在北爪北面三星中偏西的一顆	199	30	北 9	0	5
在東面兩星中偏南的一顆	207	0	北 6	40	4
這兩星中偏北的一顆	207	40	北 9	15	4
在兩爪之間三星中東面的一顆	205	50	北 5	30	6
在西面其他兩星中偏北的一顆	203	40	北 2	0	4
偏南的一顆	204	30	北 1	30	5
在南爪之下三星中偏西的一顆	196	20	南 7	30	3
在東面其他兩星中偏北的一顆	204	30	南 8	10	4
偏南的一顆	205	20	南 9	40	4
星座外面的9顆星：1顆爲3等，5顆爲4等，2顆爲5等，1顆爲6等					
天蠍					
在前額三顆亮星中北面的一顆	209	40	北 1	20	亮於3
中間的一顆	209	0	南 1	40	3
三星中南面的一顆	209	0	南 5	0	3
更偏南在腳上	209	20	南 7	50	3
在兩顆密接星中北面的亮星	210	20	北 1	40	4
南面的一顆	210	40	北 0	30	4
在蠍身上三顆亮星中西面的一顆	214	0	南 3	45	3
居中的紅星，稱爲心宿二	216	0	南 4	0	亮於2
三星中東面的一顆	217	50	南 5	30	3
在最後腳爪的兩星中西面的一顆	212	40	南 6	10	5
東面的一顆	213	50	南 6	40	5
在蠍身第一段中	221	50	南 11	0	3
在第二段中	222	10	南 15	0	4
在第三段的雙星中北面的一顆	223	20	南 18	40	4
雙星中南面的一顆	223	30	南 18	0	3

續表

星　　　座	黃經		黃緯			星等
	°	′		°	′	
在第四段中	226	30	南	19	30	3
在第五段中	231	30	南	18	50	3
在第六段中	233	50	南	16	40	3
在第七段中靠近蠍螯的星	232	20	南	15	10	3
在螯內兩星中東面的一顆	230	50	南	13	20	3
西面的一顆	230	20	南	13	30	4
共 21 顆星：1 顆為 2 等，13 顆為 3 等，5 顆為 4 等，2 顆為 5 等						
在天蠍座附近						
在蠍螯東面的雲霧狀恆星	234	30	南	13	15	雲霧狀
在螯子北面兩星中偏西一顆	228	50	南	0	10	5
偏東一顆	232	50	南	4	10	5
星座外面的三顆星：2 顆為 5 等，1 顆為雲霧狀						
人馬						
在箭梢	237	50	南	6	30	3
在左手緊握處	241	0	南	6	30	3
在弓的南面	241	20	南	10	50	3
在弓的北面兩星中偏南一顆	242	20	南	1	30	3
往北在弓梢處	240	0	北	2	50	4
在左肩	248	40	南	3	10	3
在上面一顆星之西，在箭上	246	20	南	3	50	4
在眼中雙重雲霧狀星	248	30	北	0	45	雲霧狀
在頭部三星中偏西一顆	249	0	北	2	10	4
中間一顆	251	0	北	1	30	亮於4
偏東一顆	252	30	北	2	0	4
在外衣北部三星中偏南一顆	254	40	北	2	50	4
中間一顆	255	40	北	4	30	4
三星中偏北一顆	256	10	北	6	30	4
上述三星之東的暗星	259	0	北	5	30	6
在外衣南部兩星中偏北一顆	262	50	北	5	50	5
偏南一顆	261	0	北	2	0	6

土星的遠
地點在
226°30′

星　　　　座	黃經		黃緯			星等
	°	′		°	′	
在右肩	255	40	南	1	50	5
在右肘	258	10	南	2	50	5
在肩胛	253	20	南	2	30	5
在背部	251	0	南	4	30	亮於4
在腋窩下面	249	40	南	6	45	3
在左前腿跗關節	251	0	南	23	0	2
在同一條腿的膝部	250	20	南	18	0	2
在右前腿跗關節	240	0	南	13	0	3
在左肩胛	260	40	南	13	30	3
在右前腿的膝部	260	0	南	20	10	3
在尾部起點北邊四顆星中偏西一顆	261	0	南	4	50	5
在同一邊偏東一顆	261	10	南	4	50	5
在南邊偏西一顆	261	50	南	5	50	5
在同一邊偏東一顆	263	0	南	6	30	5

共 31 顆星：2 顆爲 2 等，9 顆爲 3 等，9 顆爲 4 等，8 顆爲 5 等，2 顆爲 6 等，1 顆爲雲霧狀

摩羯

星　　　　座	黃經		黃緯			星等
在西角三星中北面一顆	270	40	北	7	30	3
中間一顆	271	0	北	6	40	6
三星中南面一顆	270	40	北	5	0	3
在東角尖	272	20	北	8	0	6
在張嘴三星中南面一顆	272	20	北	0	45	6
其他兩星中西面一顆	272	0	北	1	45	6
東面一顆	272	10	北	1	30	6
在右眼下面	270	30	北	0	40	5
在頸部兩星中北面一顆	275	0	北	4	50	6
南面一顆	275	10	南	0	50	5
在右膝	274	10	南	6	30	4
在彎曲的左膝	275	0	南	8	40	4
在左肩	280	0	南	7	40	4
在腹部下面兩顆密接星中偏西一顆	283	30	南	6	50	4

續表

星　　　座	黃經		黃緯			星等
	°	′		°	′	
偏東一顆	283	40	南	6	0	5
在獸身中部三星中偏東一顆	282	0	南	4	15	5
在偏西的其他兩星中南面一顆	280	0	南	4	0	5
這兩星中北面一顆	280	0	南	2	50	5
在背部兩星中西面一顆	280	0	南	0	0	4
東面一顆	284	20	南	0	50	4
在條籠南部兩星中偏西一顆	286	40	南	4	45	4
偏東一顆	288	20	南	4	30	4
在尾部起點兩星中偏西一顆	288	40	南	2	10	3
偏東一顆	289	40	南	2	0	3
在尾巴北部四星中偏西一顆	290	10	南	2	20	4
其他三星中偏南一顆	292	0	南	5	0	5
中間一顆	291	0	南	2	50	5
偏北一顆，在尾梢	292	0	北	4	20	5
共 28 顆星：4 顆爲 3 等，9 顆爲 4 等，9 顆爲 5 等，6 顆爲 6 等						
寶瓶						
在頭部	293	40	北	15	45	5
在右肩，較亮一顆	299	44	北	11	0	3
較暗一顆	298	30	北	9	40	5
在左肩	290	0	北	8	50	3
在腋窩下面	290	40	北	6	15	5
在左手下面外衣上三星中偏東一顆	280	0	北	5	30	3
中間一顆	279	30	北	8	0	4
三星中偏西一顆	278	0	北	8	30	3
在右肘	302	50	北	8	45	3
在右手，偏北一顆	303	0	北	10	45	3
在偏南其他兩星中西面一顆	305	20	北	9	0	3
東面一顆	306	40	北	8	30	3
在右臀兩顆密接星中偏西一顆	299	30	北	3	0	4
偏東一顆	300	20	北	2	10	5
在右臀	302	0	南	0	50	4

續表

星　　　座	黃經		黃緯			星等
	°	′		°	′	
在左臀兩顆星中偏南一顆	295	0	南	1	40	4
偏北一顆	295	30	北	4	0	6
在右脛，偏南一顆	303	0	南	0	30	3
偏北一顆	304	40	南	5	0	4
在左臀	301	0	南	5	40	5
在左脛兩星中偏南一顆	300	40	南	10	0	5
膝下北面一顆	302	10	南	9	0	5
在用手傾出水中的第一顆星	303	20	北	2	0	4
向東，偏南	308	10	北	0	10	4
向東，在水流第一彎	311	0	南	1	10	4
在上一顆星東面	313	20	南	0	30	4
在第二彎	313	50	南	1	40	4
在東面兩星中偏北一顆	312	30	南	3	30	4
偏南一顆	312	50	南	4	10	4
往南甚遠處	314	10	南	8	15	5
在上述星之東兩顆緊接恆星中偏西一顆	316	0	南	11	0	5
偏東一顆	316	30	南	10	50	5
在水流第三彎三顆星中偏北一顆	315	0	南	14	0	5
中間一顆	316	0	南	14	45	5
三星中偏東一顆	316	30	南	15	40	5
在東面形狀相似三星中偏北一顆	310	20	南	14	10	4
中間一顆	310	50	南	15	0	4
三星中偏南一顆	311	40	南	15	45	4
在最後一彎三星中偏西一顆	305	10	南	14	50	4
在偏東兩星中南面一顆	306	0	南	15	20	4
北面一顆	306	30	南	14	0	4
在水中最後一星，也是在南魚口中之星	300	20	南	23	0	1
共 42 顆星：1 顆為 1 等，9 顆為 3 等，18 顆為 4 等，13 顆為 5 等，1 顆為 6 等						
在寶瓶座附近						
在水彎東面三星中偏西的一顆	320	0	南	15	30	4
其他兩星中偏北一顆	323	0	南	14	20	4

星　　　座	黃經		黃緯			星等
	°	′		°	′	
這兩星中偏南一顆	322	20	南	18	15	4
共 3 顆星：都亮於 4 等						
雙魚						
西魚：						
在嘴部	315	0	北	9	15	4
在後腦兩星中偏南一顆	317	30	北	7	30	亮於4
偏北一顆	321	30	北	9	30	4
在背部兩星中偏西一顆	319	20	北	9	20	4
偏東一顆	324	0	北	7	30	4
在腹部西面一顆	319	20	北	4	30	4
東面一顆	323	0	北	2	30	4
在這條魚的尾部	329	20	北	6	20	4
沿魚身從尾部開始第一星	334	20	北	5	45	6
東面一顆	336	20	北	2	45	6
在上述兩星之東三顆亮星中偏西一顆	340	30	北	2	15	4
中間一顆	343	50	北	1	10	4
偏東一顆	346	20	南	1	20	4
在彎曲處兩小星北面一顆	345	40	南	2	0	6
南面一顆	346	20	南	5	0	6
在彎曲處東面三星中偏西一顆	350	20	南	2	20	4
中間一顆	352	0	南	4	40	4
偏東一顆	354	0	南	7	45	4
在兩線交點	356	0	南	8	30	3
在北線上，在交點西面	354	0	南	4	20	4
在上面一星東面三星中偏南一顆	353	30	北	1	30	5
中間一顆	353	40	北	5	20	3
三星中偏北，即爲線上最後一顆	353	50	北	9	0	4
東魚：						
嘴部兩星中北面一顆	355	20	北	21	45	5
南面一顆	355	0	北	21	30	5
在頭部三小星中東面一顆	352	0	北	20	0	6

星　　座	黃經		黃緯			星等
	°	′		°	′	
中間一顆	351	0	北	19	50	6
三星中西面一顆	350	20	北	23	0	6
在南鰭三星中西面一顆，靠近仙女左肘	349	0	北	14	20	4
中間一顆	349	40	北	13	0	4
三星中東面一顆	351	0	北	12	0	4
在腹部兩星中北面一顆	355	30	北	17	0	4
更南一顆	352	40	北	15	20	4
在東鰭，靠近尾部	353	20	北	11	45	4
共 34 顆星：2 顆爲 3 等，22 顆爲 4 等，3 顆爲 5 等，7 顆爲 6 等						
在雙魚座附近						
在西魚下面四邊形北邊兩星中偏西一顆	324	30	南	2	40	4
偏東一顆	325	35	南	2	30	4
在南邊兩星中偏西一顆	324	0	南	5	50	4
偏東一顆	325	40	南	5	30	4
星座外面的 4 顆星：都爲 4 等						

因此，在黃道區共計有 348 顆星：5 顆爲 1 等，9 顆爲 2 等，65 顆爲 3 等，132 顆爲 4 等，105 顆爲 5 等，27 顆爲 6 等，3 顆爲雲霧狀，2 顆爲暗星，除此而外還有髮星。我在前面談到過，天文學家科隆（Gonon）稱之爲「貝列尼塞之髮」。

三　南天區

星　　　　座	黃經		黃緯			星等
	°	′		°	′	
鯨魚						
在鼻孔尖端	11	0	南	7	45	4
在顎部三星中東面一顆	11	0	南	11	20	3
中間一顆，在嘴正中	6	0	南	11	30	3
三星西面一顆，在面頰上	3	50	南	14	0	3
在眼中	4	0	南	8	10	4
在頭髮中，偏北	5	30	南	6	20	4
在鬃毛中，偏西	1	0	南	4	10	4
在胸部四星中偏西兩星的北面一顆	355	20	南	24	30	4
南面一顆	356	40	南	28	0	4
偏東兩星的北面一顆	0	0	南	25	10	4
南面一顆	0	20	南	27	30	3
在魚身三星的中間一顆	345	20	南	25	20	3
南面一顆	346	20	南	30	30	4
三星中北面一顆	348	20	南	20	0	3
靠近尾部兩星中東面一顆	343	0	南	15	20	3
西面一顆	338	20	南	15	40	3
在尾部四邊形中東面兩星偏北一顆	335	0	南	11	40	5
偏南一顆	334	0	南	13	40	5
西面其餘兩星中偏北一顆	332	40	南	13	0	5
偏南一顆	332	20	南	14	0	5
在尾巴北梢	327	40	南	9	30	3
在尾巴南梢	329	0	南	20	20	3
共 22 顆星：10 顆為 3 等，8 顆為 4 等，4 顆為 5 等						
獵戶						
在頭部的雲霧狀星	50	20	南	16	30	雲霧狀
在右肩的亮紅星	55	20	南	17	0	1
在左肩	43	40	南	17	30	亮於2
在前面一星之東	48	20	南	18	0	暗於4
在右肘	57	40	南	14	30	4
在右前臂	59	40	南	11	50	6

星　　　　座	黃經		黃緯			星等
	°	′		°	′	
在右手四星的南邊兩星中偏東一顆	59	50	南	10	40	4
偏西一顆	59	20	南	9	45	4
北邊兩星中偏東一顆	60	40	南	8	15	4
同一邊偏西一顆	59	0	南	8	15	6
在棍子上兩星中偏西一顆	55	0	南	3	45	5
偏東一顆	57	40	南	3	15	5
在背部成一條直線的四星中東西一顆	50	50	南	19	40	4
向西，第二顆	49	40	南	20	0	6
向西，第三顆	48	40	南	20	20	6
向西，第四顆	47	30	南	20	30	5
在盾牌上九星中最偏北一顆	43	50	南	8	0	4
第二顆	42	40	南	8	10	4
第三顆	41	20	南	10	15	4
第四顆	39	40	南	12	50	4
第五顆	38	30	南	14	15	4
第六顆	37	50	南	15	50	3
第七顆	38	10	南	17	10	3
第八顆	38	40	南	20	20	3
這些星中餘下的最偏南一顆	39	40	南	21	30	3
在腰帶上三顆亮星中偏西一顆	48	40	南	24	10	2
中間一顆	50	40	南	24	50	2
在成一直線的三星中偏東一顆	52	40	南	25	30	2
在劍柄	47	10	南	25	50	3
在劍上三星中北面一顆	50	10	南	28	40	4
中間一顆	50	0	南	29	30	3
最南面一顆	50	20	南	29	50	暗於3
在劍梢兩星中東面一顆	51	0	南	30	30	4
西面一顆	49	30	南	30	50	4
在左腳的亮星，也在波江座	42	30	南	31	30	1
在左脛	44	00	南	30	15	亮於4
在左腳跟	46	40	南	31	10	4
在右膝	53	30	南	33	30	3

續表

星　　座	黃經		黃緯		星等
	°	′	°	′	
共 38 顆星：2 顆為 1 等，4 顆為 2 等，8 顆為 3 等，15 顆為 4 等，3 顆為 5 等，5 顆為 6 等，還有一顆為雲霧狀					
波江					
在獵戶左腳外面，在波江的起點	41	40	南	31	50	4
在獵戶腿彎處，最偏北的一顆星	42	10	南	28	15	4
在上面一顆星東面兩星中偏東一顆	41	20	南	29	50	4
偏西一顆	38	0	南	28	15	4
在其火兩星中偏東一顆	36	30	南	25	15	4
偏西一顆	33	30	南	25	20	4
在上面一顆星之後三星中偏東一顆	29	40	南	26	0	4
中間一顆	29	0	南	27	0	4
三星中偏西一顆	26	10	南	27	50	4
在甚遠處四星中東面一顆	20	20	南	32	50	3
在上面一星之西	18	0	南	31	0	4
向西，第三顆星	17	30	南	28	50	3
四星中最偏西一顆	15	30	南	28	0	3
在其他四星中，同樣在東面的一顆	10	30	南	25	30	3
在上面一星之西	8	10	南	23	50	4
比上面一星更偏西	5	30	南	23	10	3
四星中最偏西一顆	3	50	南	23	15	4
在波江彎曲處，與鯨魚胸部相接	358	30	南	32	10	4
在上面一星之東	359	10	南	34	50	4
在東面三星中偏西一顆	2	10	南	38	30	4
中間一顆	7	10	南	38	10	4
三星中偏東一顆	10	50	南	39	0	5
在四邊形西面兩星中偏北一顆	14	40	南	41	30	4
偏南一顆	14	50	南	42	30	4
在東邊的偏西一顆	15	30	南	43	20	4
這四星中東面一顆	18	0	南	43	20	4
朝東兩密接恆星中北面一顆	27	30	南	50	20	4
偏南一顆	28	20	南	51	45	4

續表

星　　　　座	黃經		黃緯			星等
	°	′		°	′	
在彎曲處兩星東面一顆	21	30	南	53	50	4
西面一顆	19	10	南	53	10	4
在剩餘範圍內二星中東面一顆	11	10	南	53	0	4
中間一顆	8	10	南	53	30	4
二星中西面一顆	5	10	南	52	0	4
在波江終了處的亮星	353	30	南	53	30	1
共 34 顆星：1 顆為 1 等，5 顆為 3 等，27 顆為 4 等，1 顆為 5 等						
天兔						
在兩耳四邊形西邊兩星中偏北一顆	43	0	南	35	0	5
偏南一顆	43	10	南	36	0	5
東邊兩星中偏北一顆	44	40	南	35	30	5
偏南一顆	44	40	南	36	40	5
在下巴	42	30	南	39	40	亮於4
在左前腳末端	39	30	南	45	15	亮於4
在兔身中央	48	50	南	41	30	3
在腹部下面	48	10	南	44	20	3
在後腳兩星中北面一顆	54	20	南	44	0	4
偏南一顆	52	20	南	45	50	4
在腰部	53	20	南	38	20	4
在尾梢	56	0	南	38	10	4
共 12 顆星：2 顆為 3 等，6 顆為 4 等，4 顆為 5 等						
大犬						
在嘴部最亮的恆星稱為「犬星」	71	0	南	39	10	最亮的1等星
在耳朵處	73	0	南	35	0	4
在頭部	74	40	南	36	30	5
在頸部兩星中北面一顆	76	40	南	37	45	4
南面一顆	78	10	南	40	0	4
在胸部	73	50	南	42	30	5
在右膝兩星中北面一顆	69	30	南	41	15	5

續表

星　　　　座	黃經		黃緯			星等
	°	′		°	′	
南面一顆	69	20	南	42	30	5
前腳尖	64	20	南	41	20	3
在左膝兩星中西面一顆	68	0	南	46	30	5
東面一顆	69	30	南	45	50	5
在左肩兩星中偏東一顆	78	0	南	46	0	4
偏西一顆	75	0	南	47	0	5
在左臀	80	0	南	48	45	暗於3
在腹部下面大腿之間	77	0	南	51	30	3
在右腳背	76	20	南	55	10	4
在右腳尖	77	0	南	55	40	3
在尾梢	85	30	南	50	30	暗於3
共 18 顆星：1 顆為 1 等，5 顆為 3 等，5 顆為 4 等，7 顆為 5 等						
在大犬座附近						
大犬頭部北面	72	50	南	25	15	4
在後腳下面一條直線上南面的星	63	20	南	60	30	4
偏北一星	64	40	南	58	45	4
比上面一星更偏北	66	20	南	57	0	4
這四星中最後的、最偏北的一顆	67	30	南	56	0	4
在西面幾乎成一條直線三星中偏西一顆	50	20	南	55	30	4
中間一顆	53	40	南	57	40	4
三星中偏東一顆	55	40	南	59	30	4
在上面一星之下兩亮星中東面一顆	52	20	南	59	40	2
西面一顆	49	20	南	57	40	2
最後一顆，比上述各星都偏南	45	30	南	59	30	4
共 11 顆星：2 顆為 2 等，9 顆為 4 等						
小犬						
在頸部	78	20	南	14	0	4
在大腿處的亮星，南河三	82	30	南	16	10	1
共 2 顆星：1 顆為 1 等，1 顆為 4 等						
南船						

星　　　座	黃經			黃緯		星等
	°	′		°	′	
在船尾兩星中西面一顆	93	40	南	42	40	5
東面一顆	93	40	南	43	20	3
在船尾兩星中北面一顆	93	10	南	40	10	4
南面一顆	92	10	南	46	0	4
在上面兩星之西	88	40	南	45	30	4
盾牌中央的亮星	89	40	南	47	15	4
在盾牌下面三星中偏西一顆	88	40	南	49	45	4
偏東一顆	92	40	南	49	50	4
三星的中間一顆	91	50	南	49	15	4
在舵尾	97	20	南	49	50	4
在船尾龍骨兩星中北面一顆	87	20	南	53	0	4
南面一顆	87	20	南	58	30	3
在船尾甲板上偏北一顆	93	30	南	53	30	5
在同一甲板上三星中西面一顆	95	30	南	58	30	5
中間一顆	96	40	南	57	15	4
東面一顆	99	50	南	57	45	4
橫亙東面的亮星	104	30	南	58	20	2
在上面一星之下兩顆暗星中偏西一顆	101	30	南	60	0	5
偏東一顆	104	20	南	59	20	5
在前述亮星之上兩星中西面一顆	106	30	南	56	40	5
東面一顆	107	40	南	57	0	5
在小盾牌和牆腳三星中北面一顆	119	0	南	51	30	亮於4
中間一顆	119	30	南	55	30	亮於4
三星中南面一顆	117	20	南	57	10	4
在上面一星之下密近兩星中偏北一顆	122	30	南	60	0	4
偏南一顆	122	20	南	61	15	4
在桅竿中部兩星中偏南一顆	113	30	南	51	30	4
偏北一顆	112	40	南	49	0	4
在帆頂兩星中西面一顆	111	20	南	43	20	4
東面一顆	112	20	南	43	30	4
在前三星下面，盾牌東面	98	30	南	54	30	暗於2
在甲板接合處	100	50	南	51	15	2

星　　　　座	黃經		黃緯			星等
	°	′		°	′	
在位於龍甲上的槳之間	95	0	南	63	0	4
在上面一星之東的暗星	102	20	南	64	30	6
在上面一星之東，在甲板上的亮星	113	20	南	63	50	2
偏南，在龍骨下面的亮星	121	50	南	69	40	2
在上面一星之東三星中偏西一顆	128	30	南	65	40	3
中間一顆	134	40	南	65	50	3
偏東一顆	139	20	南	65	50	2
在東面接合處兩星中偏西一顆	144	20	南	62	50	3
偏東一顆	151	20	南	62	15	3
在西北槳上偏西一星	57	20	南	65	50	亮於4
偏東一星	73	30	南	65	40	亮於3
在其餘一槳上西面一星，稱爲老人星	70	30	南	75	0	1
其餘一星，在上面一星東面	82	20	南	71	50	亮於3
共 45 顆星：1 顆爲 1 等，6 顆爲 2 等，8 顆爲 3 等，22 顆爲 4 等，7 顆爲 5 等，1 顆爲 6 等						
長蛇						
在頭部五星的西面兩星中，在鼻孔中的偏南一星	97	20	南	15	0	4
兩星中在眼部偏北一星	98	40	南	13	40	4
兩星中在張嘴中偏南一星	99	0	南	11	30	4
在枕部東邊兩星中偏北一顆	98	50	南	14	45	4
在上述各星之東，在面頰上	100	50	南	12	15	4
在頸部開端處兩星的偏西一顆	103	40	南	11	50	5
偏東一顆	106	40	南	13	30	4
在頸部彎曲處三星的中間一顆	111	40	南	15	20	4
在上面一星之東	114	0	南	14	50	4
最偏南一星	111	40	南	17	10	4
在南面兩顆密近恆星中偏北的暗星	112	30	南	19	45	6
這兩星中在東南面的亮星	113	20	南	20	30	2
在頸部彎曲處之東三星中偏西一顆	119	20	南	26	30	4
偏東一顆	124	30	南	23	15	4

續表

星　　　座	黃經		黃緯			星等
	°	′		°	′	
這三星的中間一顆	122	0	南	26	0	4
在一條直線上二星中西面一顆	131	20	南	24	30	1
中間一顆	133	20	南	23	0	4
東面一顆	136	20	南	22	10	3
在巨爵底部下面兩星中偏北一顆	144	50	南	25	45	4
偏南一顆	145	40	南	30	10	4
在上面一星東面三角形中偏西一顆	155	30	南	31	20	4
這些星中偏南一顆	157	50	南	34	10	4
在同樣三星中偏東一顆	159	30	南	31	40	3
在烏鴉東面，靠近尾部	173	20	南	13	30	4
在尾梢	186	50	南	17	30	4
共 25 顆星：1 顆爲 2 等，3 顆爲 3 等，19 顆爲 4 等，1 顆爲 5 等，1 顆爲 6 等						
在長蛇座附近						
在頭部南面	96	0	南	23	15	3
在頸部各星之東	124	20	南	26	0	3
星座外面的 2 顆星，均爲 3 等						
巨爵						
在杯底，也在長蛇	139	40	南	23	0	4
在杯中兩星的南面一顆	146	0	南	19	30	4
這兩星中北面一顆	143	30	南	18	0	4
在杯嘴南邊緣	150	20	南	18	30	亮於4
在北邊緣	142	40	南	13	40	4
在南柄	152	30	南	16	30	暗於4
在北柄	145	0	南	11	50	4
共 7 顆星，均爲 4 等						
烏鴉						
在嘴部，也在長蛇	158	40	南	21	30	3
在頸部	157	40	南	19	40	3
在胸部	160	0	南	18	10	5

續表

星　　　座	黃經		黃緯			星等
	°	′		°	′	
在右、西翼	160	50	南	14	50	3
在東翼兩星中西面一顆	160	0	南	12	30	3
東面一顆	161	20	南	11	45	4
在腳尖，也在長蛇	163	50	南	18	10	3
共 7 顆星：5 顆為 3 等，1 顆為 4 等，1 顆為 5 等						
半人馬						
在頭部四星中最偏南一顆	183	50	南	21	20	5
偏北一星	183	20	南	13	50	5
在中間兩星中偏西一顆	182	30	南	20	30	5
偏東一顆，即四星中最後一顆	183	20	南	20	0	5
在左、西肩	179	30	南	25	30	3
在右肩	189	0	南	22	30	3
在背部左邊	182	30	南	17	30	4
在盾牌四星的西面兩星中偏北一顆	191	30	南	22	30	4
偏南一顆	192	30	南	23	45	4
在其餘兩星中在盾牌頂部一顆	195	20	南	18	15	4
偏南一顆	196	50	南	20	50	4
在右邊三星中偏西一顆	186	40	南	28	20	4
中間一顆	187	20	南	29	20	4
偏東一顆	188	30	南	28	0	4
在右臂	189	40	南	26	30	4
在右肘	196	10	南	25	15	3
在右手尖端	200	50	南	24	0	4
在人體開始處的亮星	191	20	南	33	30	3
兩顆暗星中東面一顆	191	0	南	31	0	5
西面一顆	189	50	南	30	20	5
在背部關節處	185	30	南	33	50	5
在上面一星之西，在馬背上	182	20	南	37	30	5
在腹股溝三星中東面一顆	179	10	南	40	0	3
中間一顆	178	20	南	40	20	4
三星中西面一顆	176	0	南	41	0	5

星　　　　座	黃經		黃緯			星等
	°	′	南	°	′	
在右臀兩顆密近恆星中西面一顆	176	0	南	46	10	2
東面一顆	176	40	南	46	15	1
在此臀下面胸部	111	10	南	10	15	4
在腹部兩星中偏西一顆	179	50	南	48	0	2
偏東一顆	181	0	南	43	45	3
在右腳背	183	20	南	51	10	2
在同腳小腿	188	40	南	51	40	2
在左腳背	188	40	南	55	10	4
在同腳肌肉下面	184	30	南	55	40	4
在右前腳頂部	181	40	南	41	10	1
在左膝	197	30	南	45	20	2
在右大腿之下星座外面	188	0	南	49	10	3
共 37 顆星：1 顆爲 1 等，5 顆爲 2 等，7 顆爲 3 等，15 顆爲 4 等，9 顆爲 5 等						
半人馬所捕之獸						
在後腳頂部，靠近半人馬之手	201	20	南	24	50	3
在同腳之背	199	10	南	20	10	3
肩部兩星中西面一顆	204	20	南	21	15	4
東面一顆	207	30	南	21	0	4
在獸身中部	206	20	南	25	10	4
在腹部	203	30	南	27	0	5
在臀部	204	10	南	29	0	5
在臀部關節兩星中北面一顆	208	0	南	28	30	5
南面一顆	207	0	南	30	0	5
在腰部上端	208	40	南	33	10	5
在尾梢三星中偏南一顆	195	20	南	31	0	5
中間一顆	195	10	南	30	0	4
三星中偏北一顆	196	20	南	29	20	4
在咽喉處兩星中偏南一顆	212	40	南	15	20	4
偏北一顆	212	40	南	15	20	4
在背脊兩星中西面一顆	209	0	南	13	30	4
東面一顆	210	0	南	12	50	4

續表

星　　　　座	黃經		黃緯			星等
	°	′		°	′	
在前腳兩星中南面一顆	240	40	南	11	30	4
偏北一顆	239	50	南	10	0	4
共 19 顆星：2 顆為 3 等，11 顆為 4 等，6 顆為 5 等						
天爐						
在底部兩星中偏北一顆	231	0	南	22	40	5
偏南一顆	233	40	南	25	45	4
在小祭壇中央	229	30	南	26	30	4
在火盆中三星的偏北一顆	224	0	南	30	20	5
在密近兩星中南面一顆	228	30	南	34	10	4
北面一顆	228	20	南	33	20	4
在爐火中央	224	10	南	34	10	4
共 7 顆星：5 顆為 4 等，2 顆為 5 等						
南冕						
在南邊緣外面，向西	242	30	南	21	30	4
在上一顆星之東，在冕內	245	0	南	21	0	5
在上一顆星之東	246	30	南	20	20	5
更偏東	248	10	南	20	0	4
在上一顆星之東，在人馬膝部之西	249	30	南	18	30	5
向北，在膝部的亮星	250	40	南	17	10	4
偏北	250	10	南	16	0	4
更偏北	249	50	南	15	20	4
在北邊緣兩星中東面一顆	248	30	南	15	50	6
西面一顆	248	0	南	14	50	6
在上面兩星之西甚遠處	245	10	南	14	40	5
更偏西	243	0	南	15	50	5
偏南，剩餘一星	242	0	南	18	30	5
共 13 顆星：5 顆為 4 等，6 顆為 5 等，2 顆為 6 等						
南魚						
在嘴部，即在波江邊緣	300	20	南	23	0	1
在頭部三星中西面一顆	294	0	南	21	20	4

星　　　座	黃經		黃緯		星等
	°	′	°	′	
中間一顆	297	30	南 22	15	4
東面一顆	309	0	南 22	30	4
尾鰭部	297	40	南 16	15	4
在南鰭和背部	288	30	南 19	30	5
腹部兩星偏東一顆	294	30	南 15	10	5
偏西一顆	292	10	南 14	30	4
在北鰭三星中東面一顆	288	30	南 15	15	4
中間一顆	285	10	南 16	30	4
三星中西面一顆	284	20	南 18	10	4
在尾梢	289	20	南 22	15	4
不包括第一顆，共 11 顆星：9 顆爲 4 等，2 顆爲 5 等					
在南魚座附近					
在魚身西面的亮星中偏西一顆	271	20	南 22	20	3
中間一顆	274	30	南 22	10	3
三星中偏東一顆	277	20	南 21	0	3
在上面一星西面的暗星	275	20	南 20	50	5
在北面其餘星中偏南一顆	277	10	南 16	0	4
偏北一顆	277	10	南 14	50	4
共 6 顆星：3 顆爲 3 等，2 顆爲 4 等，1 顆爲 5 等					
在南天區共有 316 顆星：7 顆爲 1 等，18 顆爲 2 等，60 顆爲 3 等，167 顆爲 4 等，54 顆爲 5 等，9 顆爲 6 等，1 顆爲雲霧狀。因此，總共爲 1024 顆星：15 顆爲 1 等，45 顆爲 2 等，206 顆爲 3 等，476 顆爲 4 等，217 顆爲 5 等，49 顆爲 6 等，11 顆暗弱，5 顆爲雲霧狀。					

第三卷

第一章　二分點與二至點的歲差

在描述了恆星的現象以後，接下來該討論與周年運轉有關的問題了。我首先要談的是二分點的變化，它甚至使人們認爲恆星也在運動。我發現古代數學家沒有在從分點或至點量出的回歸年或自然年與恆星年之間進行區分。這就是他們爲什麼會認爲從天狼星升起的地方量起的奧林匹克年與從夏至點量起的年相等的原因，因爲他們當時還不知道兩者之間的差別。

但羅茲島的希帕庫斯這個思維敏銳的人第一次注意到，這兩種年的長度是不等的。在對周年的長度進行更爲認眞的觀測時，他發現從恆星量出的年要長於從分點或至點量出的年。因此，他認爲恆星也向東運動，但慢得無法立即察覺。然而隨著時間的推移，這種運動到了現在已經變得非常明顯了。由於這個緣故，目前黃道各宮與恆星的出沒已經與古人的描述大相徑庭了，我們發現，儘管黃道十二宮在開始的時候與原來的名稱和位置相符，但現在它們已經移開很遠了。

不僅如此，這種運動還被發現是不均勻的。爲了找到這種非均勻運動的原因，天文學家們已經提出了各種不同的理論。有些人認爲，處於懸浮狀態的宇宙在做著某種振動，就像我們在行星那裏所發現的黃緯運動一樣。這種振動在兩邊都有固定邊界，宇宙先往一個方向前

進到頭，然後在某一時刻又會返回來，① 其偏離中心的程度不超過 8°。但這一已經過時的理論不再可能成立，其主要原因是白羊座前額的第一星與春分點的距離現在已經明顯超過了 8°的 3 倍（其他恆星也是如此），而且許多個時代過去了，現在還絲毫沒有返回的跡象。還有人認為恆星天球的確向前運動，但速度不均勻，然而卻又提不出明確的運動模式。

此外，人自然還有一件讓人驚奇的事情，那就是現在的黃赤交角並不像托勒密時代那樣大。這一點前面已經講過了。

為了解釋這些事實，有些人設想出了第九層天球，還有人設想了第十層：他們認為這些事實可以通過這些天球來說明，但他們的努力卻以失敗而告終。而現在，第十一層天球又要炮製出來了。借助於地球的運動，我可以很容易地證明這些球都是多餘的。

正如我在第一卷中已經指出的，周年赤緯運轉與地心的周年運轉這兩者並非恰好相等，因為赤緯的復原要稍早於地心的週期。因此，二分點（與二至點）似乎向前運動了——這並不是因為恆星天球向東移動了，而是因為赤道向西移動了；赤道對黃道面的傾斜與地軸的偏斜成正比。說赤道傾斜於黃道，似乎要比說較大的黃道傾斜於較小的赤道更為準確，因為黃道是日地距離在周年運轉過程中描出的圓，而赤道是地球繞軸的周日運動描出的，黃道要比赤道大得多。於是，赤道與傾斜的黃道的交點就會隨著時間的流逝而顯得超前，而恆星則顯得滯後。但前人對這種運動的大小及其非均勻性一無所知，原因是它慢得出奇。從人們首次發現它到現在，在這漫長的歲月裏它還沒有前進一個圓周的 $1/15$ 或 24°。儘管如此，我將借助於我所瞭解的整個觀測史來盡可能精確地闡明這件事情。

---

① 即宇宙天球先向西旋轉，在某個時刻又會向東轉動相同的距離。——英譯者

第二章　證實二分點與二至點不均勻歲差的觀測史

在爲期 76 年的第一個卡利普斯（Callippus）週期中的第 36 年，即亞歷山大大帝去世後的第 30 年，第一個研究恆星位置的人——亞歷山大里亞的提摩恰里斯（Timochares）記錄下室女座的角宿一與夏至點的距角爲 82⅓°，黃緯爲南緯 2°；天蠍前額三顆星中最北的一顆，亦即天蠍宮的第一星的黃緯爲北緯 1⅓°，它與秋分點的經度距離爲 32°。

在同一週期的第 48 年，他又發現室女座的角宿一與夏至點的距角爲 82½°，黃緯不變。

在第三個卡利普斯週期的第 50 年，即亞歷山大大帝去世後的第 196 年，希帕庫斯測出獅子胸部的一顆名爲軒轅十四的恆星位於夏至點以東 29⅚°。

接著，在圖拉眞（Trajan）皇帝在位的第一年，即基督誕生後的第 99 年和亞歷山大大帝去世後的第 422 年，羅馬幾何學家梅內勞斯記錄下室女座的角宿一與（夏）至點之間的經度距離爲 86¼°，而天蠍前額的星與秋分點之間的經度距離爲 35¹¹⁄₁₂°。

繼他們之後，在安敦尼·庇護在位的第二年，即亞歷山大大帝去世後第 462 年，托勒密測得獅子座的軒轅十四與（夏）至點之間的經度距離爲 32½°，角宿一與秋分點之間的經度距離爲 86½°，天蠍前額的星與秋分點之間的經度距離爲 36⅓°，黃緯毫無變化，從前面的表可以看出。我是完全按照前人的記錄來審視這些測量的。

然而，過了很長時間之後，直到亞歷山大大帝去世後的第 1202 年，拉卡（Raqqa）② 的阿耳-巴塔尼（al-Battani）才進行了下一次觀測，我們對測量結果可以完全信任。在那一年，獅子座的軒轅十四看起來與（夏）至點之間的經度距離爲 44°5′，而天蠍額上的星與秋分點

---

② 此處英譯本有誤。——中譯者

之間的經度距離爲 47°50′。這些恆星
的黃緯依舊保持不變，所以對此（天
文學家）不再有任何懷疑了。

　　到了西元 1525 年，即根據羅馬曆
置閏後的一年，亦即亞歷山大大帝去
世後的第 1849 個埃及年，我在普魯士
的弗勞恩堡（Frauenburg）對前面屢
次提及的角宿一進行了觀測。該星在
子午圈上的最大高度約爲 27°，而我

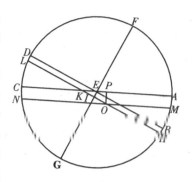

測得弗勞恩堡的緯度爲 54°19½′，所以角宿一從赤道算起的赤緯爲 8°
40′。於是它的位置可確定如下：

　　通過黃極和赤極作子午圈 ABCD。設它與赤道交於直徑 AEC，
與黃道交於直徑 BED。設點 F 爲黃道的北極 F，FEG 爲它的軸線。
設點 B 爲摩羯宮的起點，點 D 爲巨蟹宮的起點。設該恆星的南緯

$$\overset{\frown}{BH}=2°。$$

從點 H 作 HL 平行於 BD。設 HL 截黃道軸於點 I，截赤道於點 K。
再根據恆星的南赤緯取

$$\overset{\frown}{MA}=8°40′，$$

從點 M 作 MN 平行於 AC，MN 將與平行於黃道的 HIL 交於點 O。
如果作直線 OP 垂直於 MN 和 AC，則

$$OP=½ \ 弦 \ 2\overset{\frown}{AM} 。$$

但是，以 FG、HL 和 MN 爲直徑的圓都垂直於平面 ABCD ；根據歐
幾里得《幾何原本》XI，19，它們的交線在點 O 和點 I 垂直於同一平
面。因此，根據該書 XI，6，它們（這些交線）彼此平行。由於點 I 爲
以 HL 爲直徑的圓的圓心，所以 OI 等於直徑爲 HL 的圓上這樣一個
弧的兩倍所對弦的一半，該弧相似於恆星與天秤座起點的經度距離，
此弧即爲我們所要求的量。方法如下：

　　由於外角等於內角及其對角之和，

$$\angle AEB=\angle OKP，$$

$$\angle OPK = 90°,$$

因此，

$$OP{:}OK = \tfrac{1}{2}\, 弦\, 2\widehat{AB}{:}BE = \tfrac{1}{2}\, 弦\, 2\widehat{AH}{:}HIK,$$

這是因為這些線段所圍成的三角形與 $\triangle OPK$ 相似。

但是

$$\widehat{AB} = 23°28\tfrac{1}{2}',$$

如果取 $BE = 100000$，則

$$\tfrac{1}{2}\, 弦\, 2\widehat{AB} = 39832。$$
$$\widehat{ABH} = 25°28\tfrac{1}{2}',$$
$$\tfrac{1}{2}\, 弦\, 2\widehat{ABH} = 43010,$$

赤緯

$$\widehat{MA} = 8°40',$$
$$\tfrac{1}{2}\, 弦\, 2\widehat{MA} = 15069,$$

因此，

$$HIK = 107978,$$
$$OK = 37831,$$

相減可得，

$$HO = 70147。$$

但是，

$$HOI = \tfrac{1}{2}\, 弦\, \widehat{HGL},$$
$$\widehat{HGL} = 176°,$$

所以，如果取 BE 為 100000，則

$$HOI = 99939。$$

因此，相減可得，

$$OI = HOI - HO = 29792。$$

但是如果取 $HOI = $ 半徑 $= 100000$，則

$$OI = 29810 \approx \tfrac{1}{2}\, 弦\, 2\, 弧\, 17°21'。$$

此即室女座的角宿一與天秤座起點之間的距離，恆星的位置可得。在此之前 10 年的 1515 年，我測得其赤緯為 8°36′，位於距天秤座

起點 17°14′處。

而托勒密記錄的赤緯卻僅為 ½°，因此它位於室女宮內 26°40′處，這比早期的觀測要精確一些。

於是，情況看起來足夠清楚了，從提摩恰里斯到托勒密的整整 432 年間，二分點和二至點每 100 年進動 1°；也就是說，如果進動量與時間之比固定不變，那麼在此期間（二分點和二至點）就進動了 4⅓°。而且從帕庫斯到托勒密的 266 年間，獅子座的軒轅十四與夏至點之間的經度距離移動了 2⅔°，除以時間可得，（二分點和二至點）每一百年進動 1°。

此外，從阿耳-巴塔尼到梅內勞斯的 782 年間，天蠍前額上的第一星的經度變化了 11°55′。由此可見，移動 1°的時間似乎不是 100 年，而是 66 年。而在托勒密以後的 741 年間，移動 1°的時間只需 65 年。

最後，如果把餘下的 645 年與我所測得的 9°11′的差值相比，則移動 1°的時間為 71 年。

由此可見，在托勒密之前的 400 年裏二分點的歲差要小於從托勒密到阿耳-巴塔尼期間的歲差，而中間時期的這個歲差也要大於從阿耳-巴塔尼到現在的歲差。

此外，黃赤交角的飄移也會發生變化。薩摩斯（Samos）的阿里斯塔克（Aristarchus）求得黃赤交角為 23°51′20″，托勒密的結果與此相同，阿耳-巴塔尼的結果為 23°35′，190 年後西班牙人阿耳-查爾卡利（al-Zarqali）的結果為 23°34′，230 年後猶太人普羅法修（Prophatius）求得的結果大約小了 2′。在我們這個時代，還沒有發現它大於 23°28½′。因此，從阿里斯塔克到托勒密的時期飄移最小，從托勒密到阿耳-巴塔尼的時期飄移最大。

第三章　用於說明二分點與黃赤交角改變的假設

由上所述，情況似乎已經清楚，二分點與二至點不均勻地改變著。也許沒有什麼解釋能比地軸和赤極有某種飄移運動更好了。根據地球

運動的假說得出這個結論似乎是順理成章的，因為黃道顯然永遠保持不變（恆星的恆定黃緯可以證明這一點），而赤道卻在飄移。正如我已經說過的，如果地軸的運動與地心運動簡單而精確地相符，那麼二分點與二至點的歲差就絕不會出現。但這兩種運動之間的差異是可變的，所以二至點和二分點就必然會以一種不均勻的運動超前於恆星的位置。

傾角運動也是如此，它會不均勻地改變黃道傾角，儘管這一傾角本應說成是赤道傾角。

由於這個緣故，我們應當假定有兩種完全由極點完成的振盪運動，就像擺動的天平一樣，因為球面上的兩極和圓是相互關聯和一致的。一種是根據交角的大小通過極點的上下起伏來改變圓的傾角，另一種則是通過交叉運動使二分點與二至點的歲差交替增減。我把這些運動稱為「天平動」或「搖擺運動」，因為它們就像在兩個端點之間沿同一路徑來回搖擺的物體，在中間較快，而在兩端較慢。我們以後將會看到，行星的黃緯經常會出現這種運動。

此外，它們的週期不同，因為二分點非均勻運動的兩個週期等於黃赤交角的一個週期。然而每一種看起來不均勻的運動都需要假定一個平均量，從而對這種非均勻運動進行把握，所以這裏也很有必要假定平均極點、平均赤道以及平均二分點和平均二至點。當地球的兩極和赤道在固定的端點內沿相反方向遠離這些平均極點時，那些勻速運動看起來就不均勻了。這兩種同時進行的天平動使地球的兩極隨時間描出的曲線就像是一頂扭曲的花冠。

但這些單憑語言是很難講清楚的，僅靠耳朵聽也不會理解，還要有直觀的圖形。於是，我們在一個球上作出黃道 $ABCD$，設（黃道的）北極為點 E，摩羯宮的起點為點 A，巨蟹宮的起點為點 C，白羊宮的起點為點 B，天秤宮的起點為點 D。過 A、C 兩點和極點 E 作圓 AEC。設黃道北極與赤道北極之間的最大距離為 $\overarc{EF}$，最小距離為 $\overarc{EG}$，極點的平均位置為點 I，繞點 I 作赤道 BHD，它可稱為平均赤道，B 和 D 可稱為平均二分點。

設赤極、二分點和赤道都
被帶著繞點 E 不斷向西──
與恆星天球上黃道各宮的次序
相反──均勻而緩慢地運動。
假定地球兩極就像懸掛的物體
⋯⋯⋯⋯⋯⋯⋯⋯⋯
種介於 F 與 G 之間，被稱爲
「近點運動」(movement of
anomaly)③，即黃赤交角的
非均勻運動；第二種運動東西
交替進行，速度是第一種的兩
倍，我把它稱爲「二分點的非

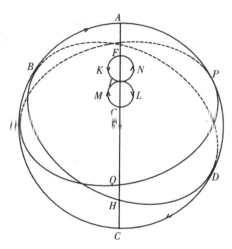

均勻運動」。這兩種運動都在地球的兩極匯聚，它們以一種奇特的方式
使極點發生偏轉。

首先設地球北極爲點 F，繞它所作的赤道將通過圓 $AFEC$ 的兩
極點 B 和點 D。但它根據 $\overset{\frown}{FI}$ 的大小成較大的黃赤交角。當地球極點
正要從這個想像的起點 F 向位於 I 處的平均傾角移動時，介入的第二
種運動不允許地球極點沿直線 FI 移動，而是使極點朝著東邊最遠的
點 K 做圓周運動。圍繞該點的視赤道 OQP 與黃道的交點不是點 B，
而是點 B 東面的點 O，二分點歲差的減小將與 $\overset{\frown}{BO}$ 成正比。這兩種同
時進行的運動使極點轉而朝西運動到平均位置 I 處。視赤道與均勻赤
道或平均赤道完全重合。當地極到達那裏以後，又會向西運行，把視
赤道與平均赤道分開，並使二分點的歲差增加到另一端點 L。地極到
那裏以後又會改變方向，它減去剛才二分點歲差所增加的量，直至到
達點 G 爲止。在這裏在交點 B 所成的黃赤交角達到最小，二分點和二

③ 這裏，「近點運動」指一種均勻運動與所要考慮的主要均勻運動複合，使其看起來不均
勻了。──英譯者

至點的運動再次變得很慢，就好像在點 F 一樣。到了這時，二分點的不均勻運動完成了一個週期，因爲它從平均位置到達兩個端點之後又回到了平均位置。而此時黃赤交角的變化只過了半個週期，它正在從最大變爲最小。隨後地球極點將會向東運動到最遠點 M，從那裏反向以後，它又會回到平均極點 I，然後又會向西運動到端點 N，最終完成扭線 $FKILGMINF$。因此很明顯，當黃赤交角變化一個週期時，地球極點到達西邊端點和東邊端點各兩次。

第四章　這種振盪運動或天平動如何由圓周運動複合出來

我將在後面闡述這一運動是如何與現象相符合的。這時有人會問，既然我們當初說天體的運動是均勻的，或者說是由均勻的圓周運動複合而成的，那麼怎樣來理解這種天平動的均勻性呢？這裏的兩種運動看上去都是兩端點之間的運動，而這兩個端點必然會引起運動中止。我承認這種運動是雙重的，（但這種振動）可以用下面的方法來證明是由均勻運動複合出來的。

設直線 AB 被 C、D、E 三點四等分。在同一平面內繞點 D 作同心圓 ADB 和 CDE，取點 F 爲內圓上的任一點。以點 F 爲中心、FD 爲半徑作圓 GHD 交直線 AB 於點 H。作直徑 DFG。我們要證明的是，當 GHD 和 CFE 兩圓的雙重運動共同進行時，可動點 H 將沿同一直線 AB 前後做振盪運動。

如果點 H 在離開點 F 的相反方向上運動並且移到兩倍遠處，這種情況就會發生，這是因爲 $\angle CDF$ 旣是圓 CFE 的圓心角，又在圓 GHD 的圓周上，該角在兩個相等的圓上截出兩段弧：$\overset{\frown}{FC}$ 和二倍於

$\overset{\frown}{FC}$ 的 $\overset{\frown}{GH}$。

假設在某一時刻直線 ACD 與 DFG 重合，此時位於點 G 的動點 H 也位於點 A，點 F 位於點 C。然而此時圓心 F 沿 $\overset{\frown}{CF}$ 向右運動，點 H 沿圓周向左移動了兩倍於 $\overset{\frown}{CF}$ 的距離，或者方向都相反，於是很容易理解，點 H 將沿直線 AB 發生偏轉，否則就會出現局部大於整體的情況。但長度等於 AD 的折線 DFH 使點 H 離開了最初的位置點 A 而移動了長度 AH。此距離等於直徑 DFG 超過弦 DH 的長度。就這樣，點 H 到達了圓心 D，此時圓 DHG 與直線 AB 相切，GD 與 AB 垂直，隨後 H 將到達另一端點 B，並同樣再度從該點返回。

由此可見，直線運動是由像這樣的兩種共同進行的圓周運動複合出來的，振盪的不均勻運動是由均勻運動複合出來的。這就是我們所要證明的結論。由此還可得到，直線 GH 總是垂直於 AB，這是因為直線 DH 和 HG 在一個半圓內總是張出直角。因此，

$$GH = \tfrac{1}{2} \, 弦 \, 2\overset{\frown}{AG},$$
$$DH = \tfrac{1}{2} \, 弦 \, 2(90° - \overset{\frown}{AG}),$$

因為圓 AGB 的直徑是圓 HGD 的兩倍。

第五章　二分點歲差與黃赤交角的不均勻性的證明

由於這個緣故，有些人把圓的這種運動稱為「寬度運動」，即沿直徑的運動。但他們用圓來處理它的週期和均勻性，用所對的弦來表示它的大小。因此很容易證明，這種運動看起來是不均勻的，在圓心附近較快，而在圓周附近較慢。

設 ABC 為一個半圓，圓心為點 D，直徑為 ADC。把半圓等分於點 B，截取相等的弧 $\overset{\frown}{AE}$ 和 $\overset{\frown}{BF}$，從 F、E 兩點作 EG 和 FK 垂直於 ADC。由於

$$2DK = 2 \, 弦 \, BF,$$
$$2EG = 2 \, 弦 \, AE,$$

所以

$$DK = EG \circ$$
但根據歐幾里得《幾何原本》III，7，
$$AG < GE,$$
因此
$$AG < DK \circ$$
但因
$$\overset{\frown}{AE} = \overset{\frown}{BF},$$
所以掃過 GA 和 KD 的時間是一樣的，因此
在靠近圓周的點 A 的運動（看起來）要慢於
在圓心 D 附近的運動。

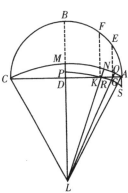

在證明了這些以後，取點 L 爲地球的中心，於是直線 DL 垂直於
半圓面 ABC。以點 L 爲中心，過 A、C 兩點作 $\overset{\frown}{AMC}$，延長直線
LDM。因此半圓 ABC 的極點在 M，ADC 將是圓的交線。連結 LA
與 LC 及 LK 與 LG。把 LK 與 LG 沿直線延長，與 $\overset{\frown}{AMC}$ 交於點 N
和點 O。因爲 $\angle LDK$ 爲直角，所以 $\angle LKD$ 爲銳角，因此 LK 大於
LD，而且在兩個鈍角三角形中，邊 LG 大於邊 LK，邊 LA 大於邊
LG。因此，以點 L 爲圓心、以 LK 爲半徑所作的圓會超過 LD，但會
與 LG 和 LA 相交。設該圓爲 $PKRS$。因爲
$$\triangle LDK < 扇形 \ LPK,$$
而
$$\triangle LGA > 扇形 \ LRS,$$
所以
$$\triangle LDK : 扇形 \ LPK < \triangle LGA : 扇形 \ LRS \circ$$
於是，
$$\triangle LDK : \triangle LGA < 扇形 \ LPK : 扇形 \ LRS \circ$$
根據歐幾里得《幾何原本》VI，1，
$$\triangle LDK : \triangle LGA = 底邊 \ DK : 底邊 \ AG \circ$$
然而，
$$扇形 \ LPK : 扇形 \ LRS = \angle DLK : \angle RLS = \overset{\frown}{MN} : \overset{\frown}{OA},$$

因此，

$$底邊\ DK{:}底邊\ GA < \overset{\frown}{MN}{:}\overset{\frown}{OA}。$$

但是我已經證明了

$$DK > GA，$$

於是，

$$\overset{\frown}{MN} > \overset{\frown}{OA}。$$

因此，地球極點在沿近點角的等弧 $\overset{\frown}{AE}$ 和 $\overset{\frown}{BF}$ 移動期間掃過了 $\overset{\frown}{MN}$ 和 $\overset{\frown}{OA}$。這就是我們所要證明的結論。可是黃赤交角的最大值與最小值之差是如此之小，還不到 $\frac{2}{5}°$，因此曲線 AMC 和直線 ADC 之間的區別微乎其微。所以如果我們只用直線 ADC 和半圓 ABC 進行運算，就不會有誤差產生。

對二分點有影響的地球極點的另一種運動也是如此，因為它還不到 $\frac{1}{2}°$，這一點我們將在下面闡明。再次設 $ABCD$ 為通過黃極與平均赤道極點的圓，我們可以稱其為「巨蟹宮的平均分至圈」。設黃道半圓為 $\overset{\frown}{DEB}$，平均赤道為 $\overset{\frown}{AEC}$，它們交於點 E，此處即為平均二分點。設赤極為點 F，過該點作大圓 $\overset{\frown}{FEI}$，此即平均二分圈或均勻二分圈。

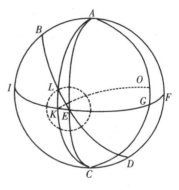

為了證明的方便，我們把二分點的天平動與黃赤交角分開。在二分圈 $\overset{\frown}{EF}$ 上截取 $\overset{\frown}{FG}$，假設赤道的視極點 G 從平均極點 F 移動了這段距離。以點 G 為極，作視赤道的半圓 $\overset{\frown}{ALKC}$ 交黃道於視二分點 L，它與平均分點之間的距離由 $\overset{\frown}{LE}$ 量出，因為 $\overset{\frown}{EK}$ 與 $\overset{\frown}{FG}$ 相等。

我們可以以點 K 為極作圓 AGC，假定在天平動 FG 發生時，赤極並非保持在位於點 G 的「真」極點不動，而是在第二種天平動或傾側運動的作用下，沿著傾斜的黃道通過 $\overset{\frown}{GO}$。因此，儘管黃道 BED 保持不變，但「真」赤道會隨著極點向點 O 的移動而變化。類似地，視二分

點的交點 L 的運動在平均分點 E 附近將較快，在兩端點附近將非常慢，這與前已說明的極點的搖擺運動大致相符。這一發現很有價值。

第六章　二分點歲差與黃赤交角的均勻行度

　　每一種看起來非均勻的圓周運動都通過四個端點：在一個端點看來運動很慢，在另一個端點看來運動很快，而在它們中間看來運動為中速。在速度由減小變為增加的點那裏，運動達到平均速度，並從平均速率增加到最快，然後又下降到平均速率，並在餘下部分變回到原來的低速率。

　　由此可以知道，非均勻運動或近點在某一時刻出現在圓周的哪個位置。從這些性質還可以瞭解近點周是如何循環的。④ 在一個四等分的圓中，設 A 為運動最慢的位置，B 為加速時的平均速率，C 為加速終了而減速開始，D 為減速時的平均速率。前已說過，同其他時期相比，從提摩恰里斯到托勒密的這段時間裏的二

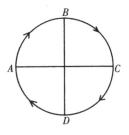

分點進動的視運動是相當慢的，因為在那段時間的中期，阿里斯蒂魯斯（Aristyllus）、希帕庫斯、阿格里帕（Agrippa）和梅內勞斯都曾測得，二分點進動的視運動是規則而勻速的。這證明當時二分點的視運動是最慢的，在那段時間的中期，二分點的視運動開始加速，那時減速的停止與加速的開始相互抵銷，使得運動看起來是勻速的。因此，提摩恰里斯的觀測必應落在沿著 $\overset{\frown}{DA}$ 的第四象限，而托勒密的觀測則應落在沿著 $\overset{\frown}{AB}$ 的第一象限。此外，由於在從托勒密到拉卡的阿耳-巴塔尼這第二個時段中，運動要比第三時段快，所以最高速度點是在第

④ 該圓周當然不是天平動的圓周，而是表示天平動和二分點的均勻進動的複合速率的圓周。——英譯者

二個時段出現的，近點運動已經進入了沿著 $\overset{\frown}{CD}$ 的第三象限中。在從那時起一直到現在的第三時段中，近點周幾乎完成循環，運動已經很接近它在提摩恰里斯時代的起點了。如果我們把從提摩恰里斯到現在的 1819 年按照習慣分成 360 份，則根據比例，432 年的弧為 85½°，742 年為 146°51′，而其餘的 645 年為 127°39′。

我已經通過一種簡明的推理得出了這些結果，但如果用更精確的計算重新核驗它們與觀測結果之間的符合程度，就會發現在 1819 個埃及年中，近點運動已經超過了一周 21°24′，一個週期只包含 1717 個埃及年。根據這樣的值，我們可以發現第一段圓弧為 90°35′，第二段為 155°34′，而餘下的 113°51′將包含第三個時段的 543 年。在這樣得到了結果之後，二分點進動的平均行度也就清楚了。它在 1717 年裏為 23°57′，而當這段時間結束時，整個非均勻運動就恢復到了初始狀態。而在 1819 年裏，視行度大約為 25°1′。

在提摩恰里斯之後的 102 年——1717 年與 1819 年之差——，視行度必定約為 1°4′，因為當它尚在減速時，它也許只比每 100 年 1°稍大一點兒。因此，如果從 25°1′中減去 1°4′，則餘下的 23°57′就是我所說的 1717 埃及年中的平均均勻行度，該值等於非均勻的視行度。因此，二分點進動的整個均勻運轉共需 25816 年，在此期間，近點周共完成了大約 15 1⁄28 圈。

不僅如此，該計算結果與比二分點的非均勻進動慢一倍的黃赤交角行度相符。據托勒密的記載，從薩摩斯的阿里斯塔克到他之間的 400 年間，23°51′20″的黃赤交角幾乎沒有什麼變化，這就表明當時的黃赤交角接近於最大極限，亦即二分點進動最慢的時候。然而當運動又要變慢時，軸線的傾角不是達到最大，而是接近於最小。我已經說過，阿耳-巴塔尼求得在此期間的傾角為 23°35′；在他之後的 190 年，西班牙人阿耳-查爾卡利求出為 23°34′；而 230 年之後，猶太人普羅法修用類似的方法求得的數值大約小了 2′；最後，到了我們這個時代，此過 30 年的反覆觀測求得它的值約為 23°28⅖′，而像喬治·普爾巴赫（George Peurbach）和蒙特里鳩的約翰（John of Monteregium）

這樣距離我們最近的前人所得到的結果與我的數值相差甚微。事實又一次很清楚，在托勒密之後的 900 年裏，黃赤交角的變化要比其他任何時期都大。

因此，旣然我們已知歲差非均勻變動的週期爲 1717 年，所以在此期間，黃赤交角變化了一半，其整個週期爲 3434 年。如果用 3434 年來除 360°，或是用 1717 年來除 180°，則得到的商將是簡單近點的年行度 6′17″24‴9⁗。把這一數值分配給 365 天，得到日行度爲 1″2‴2⁗。

類似地，如果把二分點的平均進動──曾經是 23°57′──分配給 1717 年，則得年行度爲 50″12‴5⁗；把它分配給 365 天，得到日行度爲 8‴15⁗。

爲了使這些行度更加清楚，在需要時便於査閱，我將根據年行度的連續增加列出它們的表或目錄。如果和數超過 60 個單位，則相應的分數或度數就要進 1。爲方便起見，我一直加到第 60 年，因爲同一套數字在 60 年之後又會重新出現，只是度和分的名稱變了，即原來是秒的現在成了分等等。⑤ 通過這種簡化形式的表，我們可以僅用兩個條目就定出和推出 3600 年中任何時段的均勻行度。日數也是如此。

在對天體運動進行計算時，我將使用埃及年，在各種法定年中，只有埃及年是均等的。測量單位應與被測量量相協調，但對於羅馬年、希臘年和波斯年來說，情況卻並非如此。因爲其置閏並不是按照同一種方式進行的，而是依照各民族的意願自行制定的。然而埃及年在 12 個等長的月份中有確定的 365 天。按照埃及人的說法，這些月份依次爲：Thoth, Phaophi, Athyr, Chiach, Tybi, Mechyr, Phamenoth, Pharmuthi, Pachon, Pauni, Epiphi 和 Mesori，它們共包含 6 組 60 天和其餘的 5 天閏日。因此，埃及年對於均勻行度的計算最爲便當。通過日期的轉換，其他任何年份都容易化歸爲埃及年。

⑤ 也就是說，同一套數字在 60 年的倍數年會重新出現，這是因爲行度圓周是按照六十進位的系統分割的。正如假設圓周是按照小數系統分割的，那麼數字就會在 10 年的倍數年重新出現。──英譯者

逐年和 60 年週期內的二分點歲差的均勻行度表

埃及年	黃經					埃及年	黃經				
	60°	°	′	″	‴		60°	°	′	″	‴
1	0	0	0	50	12	31	0	0	25	56	14
2	0	0	1	40	24	32	0	0	26	16	26
3	0	0	2	30	36	33	0	0	27	36	28
4	0	0	3	20	48	34	0	0	28	26	50
5	0	0	4	11	0	35	0	0	29	17	2
6	0	0	5	1	12	36	0	0	30	7	15
7	0	0	5	51	24	37	0	0	30	57	27
8	0	0	6	41	36	38	0	0	31	47	38
9	0	0	7	31	48	39	0	0	32	37	51
10	0	0	8	22	0	40	0	0	33	28	3
11	0	0	9	12	12	41	0	0	34	18	15
12	0	0	10	2	25	42	0	0	35	8	27
13	0	0	10	52	37	43	0	0	35	58	39
14	0	0	11	42	49	44	0	0	36	48	51
15	0	0	12	33	1	45	0	0	37	39	3
16	0	0	13	23	13	46	0	0	38	29	15
17	0	0	14	13	25	47	0	0	39	19	27
18	0	0	15	3	37	48	0	0	40	9	40
19	0	0	15	53	49	49	0	0	40	59	52
20	0	0	16	44	1	50	0	0	41	50	4
21	0	0	17	34	13	51	0	0	42	40	16
22	0	0	18	24	25	52	0	0	43	30	28
23	0	0	19	14	37	53	0	0	44	20	40
24	0	0	20	4	50	54	0	0	45	10	52
25	0	0	20	55	2	55	0	0	46	1	4
26	0	0	21	45	14	56	0	0	46	51	16
27	0	0	22	35	26	57	0	0	47	41	28
28	0	0	23	25	38	58	0	0	48	31	40
29	0	0	24	15	50	59	0	0	49	21	52
30	0	0	25	6	2	60	0	0	50	12	5

基督誕生時的位置
┤
5°32′

逐日和 60 日週期內的二分點歲差的均勻行度表

日	黃經					日	黃經				
	60°	°	′	″	‴		60°	°	′	″	‴
1	0	0	0	0	8	31	0	0	0	4	15
2	0	0	0	0	16	32	0	0	0	4	24
3	0	0	0	0	24	33	0	0	0	4	32
4	0	0	0	0	33	34	0	0	0	4	40
5	0	0	0	0	41	35	0	0	0	4	48
6	0	0	0	0	49	36	0	0	0	4	57
7	0	0	0	0	57	37	0	0	0	5	5
8	0	0	0	1	6	38	0	0	0	5	13
9	0	0	0	1	14	39	0	0	0	5	21
10	0	0	0	1	22	40	0	0	0	5	30
11	0	0	0	1	30	41	0	0	0	5	38
12	0	0	0	1	39	42	0	0	0	5	46
13	0	0	0	1	47	43	0	0	0	5	54
14	0	0	0	1	55	44	0	0	0	6	3
15	0	0	0	2	3	45	0	0	0	6	11
16	0	0	0	2	12	46	0	0	0	6	11
17	0	0	0	2	20	47	0	0	0	6	27
18	0	0	0	2	28	48	0	0	0	6	36
19	0	0	0	2	36	49	0	0	0	6	44
20	0	0	0	2	45	50	0	0	0	6	52
21	0	0	0	2	53	51	0	0	0	7	0
22	0	0	0	3	1	52	0	0	0	7	9
23	0	0	0	3	9	53	0	0	0	7	17
24	0	0	0	3	18	54	0	0	0	7	25
25	0	0	0	3	26	55	0	0	0	7	33
26	0	0	0	3	34	56	0	0	0	7	42
27	0	0	0	3	42	57	0	0	0	7	50
28	0	0	0	3	51	58	0	0	0	7	58
29	0	0	0	3	59	59	0	0	0	8	6
30	0	0	0	4	7	60	0	0	0	8	15

基督誕生時的位置——5°32′

逐年和 60 年週期內的二分點簡單近點行度表

埃及年	黃經 60°	°	′	″	‴		埃及年	黃經 60°	°	′	″	‴
1	0	0	6	17	24		31	0	3	14	59	28
2	0	0	12	34	48		32	0	3	21	16	52
3	0	0	18	52	12		33	0	3	27	34	16
4	0	0	25	9	36		34	0	3	33	51	41
5	0	0	31	27	0		35	0	3	40	9	5
6	0	0	37	44	24		36	0	3	46	26	29
7	0	0	44	1	49		37	0	3	52	43	53
8	0	0	50	19	13		38	0	3	59	1	17
9	0	0	56	36	36		39	0	4	5	18	42
10	0	1	2	54	1		40	0	4	11	36	6
11	0	1	9	11	25		41	0	4	17	53	30
12	0	1	15	28	49		42	0	4	24	10	54
13	0	1	21	46	13		43	0	4	30	28	18
14	0	1	28	3	38		44	0	4	36	45	42
15	0	1	34	21	2		45	0	4	43	3	0
16	0	1	40	38	26		46	0	4	49	20	31
17	0	1	46	55	50		47	0	4	55	37	55
18	0	1	53	13	14		48	0	5	1	55	19
19	0	1	59	30	38		49	0	5	8	12	43
20	0	2	5	48	3		50	0	5	14	30	7
21	0	2	12	5	27		51	0	5	20	47	31
22	0	2	18	22	51		52	0	5	27	4	55
23	0	2	24	40	15		53	0	5	33	22	20
24	0	2	30	57	39		54	0	5	39	39	44
25	0	2	37	15	3		55	0	5	45	57	8
26	0	2	43	32	27		56	0	5	52	14	32
27	0	2	49	49	52		57	0	5	58	31	56
28	0	2	56	7	16		58	0	6	4	49	20
29	0	3	2	24	40		59	0	6	11	6	45
30	0	3	8	42	4		60	0	6	17	24	9

基督誕生時的位置——6°45′

逐日和 60 日週期內的二分點簡單近點行度表

日	黃經					日	黃經				
	60°	°	′	″	‴		60°	°	′	″	‴
1	0	0	0	1	2	31	0	0	0	32	3
2	0	0	0	2	4	32	0	0	0	33	5
3	0	0	0	3	6	33	0	0	0	34	7
4	0	0	0	4	8	34	0	0	0	35	9
5	0	0	0	5	10	35	0	0	0	36	11
6	0	0	0	6	12	36	0	0	0	37	13
7	0	0	0	7	14	37	0	0	0	38	15
8	0	0	0	8	16	38	0	0	0	39	17
9	0	0	0	9	18	39	0	0	0	40	19
10	0	0	0	10	20	40	0	0	0	41	21
11	0	0	0	11	22	41	0	0	0	42	23
12	0	0	0	12	24	42	0	0	0	43	25
13	0	0	0	13	26	43	0	0	0	44	27
14	0	0	0	14	28	44	0	0	0	45	29
15	0	0	0	15	30	45	0	0	0	46	31
16	0	0	0	16	32	46	0	0	0	47	33
17	0	0	0	17	34	47	0	0	0	48	35
18	0	0	0	18	36	48	0	0	0	49	37
19	0	0	0	19	38	49	0	0	0	50	39
20	0	0	0	20	40	50	0	0	0	51	41
21	0	0	0	21	42	51	0	0	0	52	43
22	0	0	0	22	44	52	0	0	0	53	45
23	0	0	0	23	46	53	0	0	0	54	47
24	0	0	0	24	48	54	0	0	0	55	49
25	0	0	0	25	50	55	0	0	0	56	51
26	0	0	0	26	52	56	0	0	0	57	53
27	0	0	0	27	54	57	0	0	0	58	55
28	0	0	0	28	56	58	0	0	0	59	57
29	0	0	0	29	58	59	0	0	1	0	59
30	0	0	0	31	1	60	0	0	1	2	2

基督誕生時的位置——6°45′

第七章　二分點的平均歲差與視歲差的最大差值有多大

在闡明了平均行度以後，我現在要探討二分點的均勻行度與視行度之間的最大差值，或者近點運動所繞小圓的直徑。[6] 如果已知這些，就可以很容易地定出行度間的其他差值了。正如前面已經指出的，從提摩恰里斯的首次觀測到托勒密於安敦尼·庇護 2 年的觀測，共歷時432 年。在此期間，平均行度為 6°，視行度為 4°20′，它們相差 1°40′，二倍近點行度為 90°35′。此外，在這一時段的中期左右視運動達到最慢，此時視行度（的位置）必定與平均行度相符，真二分點和平均二分點都位於大圓的同一處。[7] 因此，如果把行度和時間都分成相等的兩部分，則每一部分的非均勻行度與均勻行度的差值將等於 $\frac{50}{12}$°。這些差值在每一邊都在近點角圓的 45°17$\frac{1}{2}$′ 之內。但由於所有這些差值都非常小，還不到黃道的 1$\frac{1}{2}$°，直線幾乎與它們所對的弧相等，這在秒以下根本就體現不出來，因此，如果我用直線代替弧，那麼在精確到分的情況下就不會產生誤差。

設 $\overgroup{ABC}$ 為黃道的一部分，點 B 為它上面的平均二分點。以點 B 為極點作半圓 $\overgroup{ADC}$ 交黃道於點 A 和點 C，再從黃道極點引 DB 平分半圓於點 D。設點 D 為減速的終點和加速的起點。[8] 在象限 $\overgroup{AD}$ 中，截取

$$\overgroup{DE} = 45°17\frac{1}{2}′。$$

⑥ 即往返進行的天平動所沿小圓的直徑有多大。——英譯者

⑦ 正如哥白尼在第四章中所闡述的，前面所說的視天平動在圓心附近運動最快，因此，當天平動的最快運動與它所複合的平均運動相反時，視運動本身看起來最慢。當視二分點向東擺動到圓心或平均二分點附近時，最快的天平動與平均運動相反。——英譯者

⑧ 於是，如第五章最後一幅圖所示，圓 ADC 就是被從黃極轉到二分點附近的天平動圓。——英譯者

過點 E 從黃極作 $\overset{\frown}{EF}$，並設
$$\overset{\frown}{BF}=50'。$$
我們需要由此求得整個 BFA。

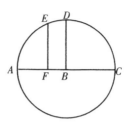

　　顯然，
$$2BF=弦 \ 2\overset{\frown}{DE}，$$
但是
$$FB:AFB=7107:10000=50':70'，$$
因此，
$$\overset{\frown}{AB}=1°10'，$$
即爲我們所要求的二分點的平均行度與視行度之間的最大差值。極點的最大偏離 28′ 也可由此得出。

　　在確定了這些之後，設 $\overset{\frown}{ABC}$ 爲黃道的一段弧，$\overset{\frown}{DBE}$ 爲平均赤道弧，點 B 爲視二分點（或白羊宮或天秤宮）的平均交點。過 $\overset{\frown}{DBE}$ 的兩極作 $\overset{\frown}{BF}$。沿著 $\overset{\frown}{ABC}$ 截取
$$\overset{\frown}{BI}=\overset{\frown}{BK}=1°10'，$$
於是，相加可得，
$$\overset{\frown}{IBK}=2°20'。$$

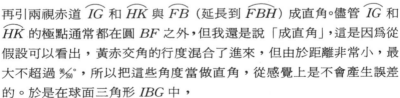

再引兩視赤道 $\overset{\frown}{IG}$ 和 $\overset{\frown}{HK}$ 與 $\overset{\frown}{FB}$（延長到 $\overset{\frown}{FBH}$）成直角。儘管 $\overset{\frown}{IG}$ 和 $\overset{\frown}{HK}$ 的極點通常都在圓 BF 之外，但我還是說「成直角」，這是因爲從假設可以看出，黃赤交角的行度混合了進來，但由於距離非常小，最大不超過 $\frac{90}{350}°$，所以把這些角度當做直角，從感覺上是不會產生誤差的。於是在球面三角形 IBG 中，
$$\angle IBG=66°20'，$$
這是因爲平均黃赤交角即它的餘角，
$$\angle DBA=23°40'。$$
而
$$\angle BGI=90°，$$
$$\angle BIG\approx其內錯角 \ \angle IBD，$$

$$\text{邊 } \overset{\frown}{IB} = 70',$$
因此，平均赤道與視赤道的極點之間的距離
$$\overset{\frown}{BG} = 28'\text{。}$$
類似地，在球面三角形 BHK 中，
$$\angle BHK = \angle IGB，\angle HBK = \angle IBG，$$
$$\text{過 } \overset{\frown}{DK} \quad \text{過 } \overset{\frown}{DI}$$
$$\overset{\frown}{BH} = \overset{\frown}{BG} = 28' \text{。}$$
$$\overset{\frown}{GB} : \overset{\frown}{IB} = \overset{\frown}{BH} : \overset{\frown}{BK}，$$
無論是極點的行度還是交點的行度，同樣的比例都成立。

第八章 行度的個別差値及列表

由於
$$\overset{\frown}{AB} = 70'，$$
且 $\overset{\frown}{AB}$ 與它所對的弦長無甚區別，所以平均行度與視行度之間的其他個別差値都不難求得。通過與這些差値相減或相加，可使視行度與（平均行度）相一致。希臘人把這些差値稱爲 $\pi\rho o\sigma\theta\alpha\varphi\alpha\iota\rho\varepsilon\iota s$ 或「行差」（additosubtractions），現代人則稱之爲「差」（aequationes）。我將採用更爲適宜的希臘稱法。

如果
$$\overset{\frown}{ED} = 3°，$$
那麼根據 AB 與弦 BF 之比，可得行差
$$\overset{\frown}{BF} = 4'；$$
如果
$$\overset{\frown}{ED} = 6°，$$
則
$$\overset{\frown}{DG} = 7'，$$
如果
$$\overset{\frown}{ED} = 9°，$$

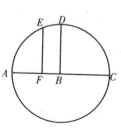

則

$$\overset{\frown}{BF}=11',$$

等等。

我認爲對最大值和最小值之差爲 24′ 的黃赤交角的改變也應作類似計算。這 24′ 每 1717 年經過近點行度的一個半圓,在圓周的一個象限中,該差值的一半爲 12′,如果取黃赤交角爲 23°40′,則該近點角的小圓的極點將位於此處。

正像我已經說過的,我將用大致與前面相同的方法求出差值的其餘部分,結果如附表所示。通過這些論證,視運動可用各種不同方式複合出來。然而,最佳方式是把個別行差分別考慮,這樣,行度的計算更容易理解,而且也更與前已論證的解釋相符。

於是,我編了一個 60 行的表,每增加 3° 排一行。這樣編排不會占大量篇幅,也不會被壓縮得過小——其餘各表我也將如法炮製。該表僅有四列,前兩列爲兩個半圓的度數,我稱它們爲「公共數」,因爲該數得出了黃赤交角,而該數的二倍得出了二分點行度的行差,加(速)一開始它就產生了。⑨ 第三列爲與每隔 3° 相應的二分點行差。應把位於春分點的白羊宮頭部的平均行度加上或從中減去這些行差。負行差對應著第一種近點行度的半圓或第一列,而正行差則對應著第二列和第二種半圓。最後一列爲分數,稱爲「黃赤交角比例」,最大可達 60′,因爲我用 60′ 來代替最大與最小黃赤交角之差 24′,其餘交角差值也根據相同比例作出調整。因此,我把近點的起點和終點都取爲 60′,而當黃赤交角差值等於 22′,近點行度爲 33° 時,我取 55′;當黃赤交角差值等於 20′,近點行度爲 48° 時,我取 50′,依此類推。附表如下:⑩

⑨ 即在前圖中,第一象限包含 $\overset{\frown}{DA}$,第四象限包含 $\overset{\frown}{CD}$。——英譯者

⑩ 於是,如第三章中所說,設直線 FIG 表示分至圈,點 F 爲黃道最大傾角的極限點,點 G 爲黃道最小傾角的極限點,則 FG 的距離爲 28′。二分點天平動的距離 KN 爲 2° 20′。在前表中,歲差和傾角的近點行度被取爲從點 I 開始,沿著 INFKILGM 路徑前進。——英譯者

二分點行差與黃赤交角比例表

公共數		二分點行差		黃赤交角比例	公共數		二分點行差		黃赤交角比例
°	°	°	′	分數	°	°	°	′	分數
3	357	0	4	60	93	267	1	10	28
6	354	0	7	60	96	264	1	10	27
9	351	0	11	60	99	261	1	9	25
12	348	0	14	59	102	258	1	9	24
15	345	0	18	59	105	255	1	8	22
18	342	0	21	59	108	252	1	7	21
21	339	0	25	58	111	249	1	5	19
24	336	0	28	57	114	246	1	4	18
27	333	0	32	56	117	243	1	2	16
30	330	0	35	56	120	240	1	1	15
33	327	0	38	55	123	237	0	59	14
36	324	0	41	54	126	234	0	56	12
39	321	0	44	53	129	231	0	54	11
42	318	0	47	52	132	228	0	52	10
45	315	0	49	51	135	225	0	49	9
48	312	0	52	50	138	222	0	47	8
51	309	0	54	49	141	219	0	44	7
54	306	0	56	48	144	216	0	41	6
57	303	0	9	46	147	213	0	38	5
60	300	1	1	45	150	210	0	35	4
63	297	1	2	44	153	207	0	32	3
66	294	1	4	42	156	204	0	28	3
69	291	1	5	41	159	201	0	25	2
72	288	1	7	39	162	198	0	21	1
75	285	1	8	38	165	195	0	18	1
78	282	1	9	36	168	192	0	14	1
81	279	1	9	35	171	189	0	11	0
84	276	1	10	33	174	186	0	7	0
87	273	1	10	32	177	183	0	4	0
90	270	1	10	30	180	180	0	0	0

第九章　二分點歲差討論的回顧與修正

　　根據我的推理，近點運動的加速是在從第一卡利普斯週期的第 36
年到安敦尼・庇護 2 年當中發生的，我把它取作近點變化的開始。我
還須檢驗一下這樣說是否正確，它是否與觀測相符。

　　我們再來考慮提摩恰里斯、托勒密和拉卡的阿耳-巴塔尼對恆星所
做的三次觀測。顯然，第一個時段共歷時 432 埃及年，第二時段歷時
742 埃及年。第一時段中的均勻行度為 6°，非均勻行度為 4°20′，即從
均勻行度中減去 1°40′，而兩倍近點行度為 90°35′。在第二時段內，均
勻行度為 10°21′，非均勻行度為 11½°，即均勻行度加上 1°9′，而兩倍
近點行度為 155°34′。

　　同以前一樣，設 $\overset{\frown}{ABC}$ 為黃道的一段弧，點 B 為平春分點。以點
B 為極點作小圓 $ADCE$，設

$$\overset{\frown}{AB}=1°10′。$$

設 B 朝 A（即向西）做均勻運動，A 為距可變分
點最遠的西邊極限，位於該點最西，C 為距可變
分點最遠的東邊極限。從黃極過點 B 作直線
DBE，它與黃道共同把圓 $ADCE$ 四等分，因為
過彼此極點的兩個圓相互正交。由於在半圓
$\overset{\frown}{ADC}$ 上的運動向東，在半圓 $\overset{\frown}{CEA}$ 上的運動向

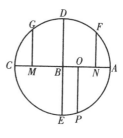

西，所以視分點運動最慢的位置將位於 D，因為它與 B 的前進方向相
反；而最慢的位置將位於 E，因為它與 B 的前進方向相同。

　　此外，在點 D 兩邊各取

$$\overset{\frown}{FD}=\overset{\frown}{DG}=45°17\tfrac{1}{2}′。$$

設 F 為近點運動的第一終點——提摩恰里斯觀測的終點；G 為第二
終點——托勒密觀測的終點；P 為第三終點——阿耳-巴塔尼觀測的
終點。過這些點和黃極作大圓 FN、GM 和 OP，它們在小圓 $ADCE$
之內都很像直線。於是，如果取圓 $ADCE=360°$，則

$$\overset{\frown}{FDG}=99°35'，$$

由此可得，

$$負行差 \ \overset{\frown}{MN}=1°40'，$$
$$\overset{\frown}{ABC}=2°20'。$$

而

$$\overset{\frown}{GCEP}=155°34'，$$

由此可得，

$$正行差 \ \overset{\frown}{MBO}=1°9'。$$

因此，相減可得，

$$\overset{\frown}{PAF}=113°51'，$$

由此可得，

$$正行差 \ \overset{\frown}{ON}=31'，$$
$$\overset{\frown}{AB}=70'。$$

但由於相加得到

$$\overset{\frown}{DGCEP}=200°51'，$$
$$\overset{\frown}{EP}=\overset{\frown}{DGCEP}-180°=20°51'，$$

所以根據圓周弦長表，如果取 $AB=1000$，則近似線段

$$BO=356。$$

但如果 $\overset{\frown}{AB}=70'$，則

$$\overset{\frown}{BO}\approx24'，$$
$$MB=50'。$$

因此，相加可得，

$$\overset{\frown}{MBO}=74'，$$
$$\overset{\frown}{NO}=\overset{\frown}{MN}-\overset{\frown}{MBO}=26'。$$

但根據前面的結果，

$$\overset{\frown}{MBO}=69'，$$
$$\overset{\frown}{NO}=31'，$$

於是 $\overset{\frown}{NO}$ 有 5′的虧缺，$\overset{\frown}{MO}$ 有 5′的盈餘。因此必須旋轉圓周 $ADCE$，
直到兩邊平衡爲止。

如果取

$$\overset{\frown}{DG} = 42\frac{1}{2}°,$$

於是

$$\overset{\frown}{DF} = 48°5',$$

這時就會出現上述情況。用這種方法可以改正這兩種誤差,其他數據也是如此。從運動最慢的點 D 開始,第一時段的近點行度

$$\overset{\frown}{DGCEPAF} = 311°55',$$

第二時段為

$$\overset{\frown}{DG} = 42\frac{1}{2}°,$$

第三時段為

$$\overset{\frown}{DGCEP} = 198°4'。$$

因為由前所述,

$$\overset{\frown}{AB} = 70',$$

在第一時段中,

$$正行差\ \overset{\frown}{BN} = 52',$$

在第二時段中,

$$負行差\ \overset{\frown}{MB} = 47\frac{1}{2}',$$

在第三時段中,

$$正行差\ \overset{\frown}{BO} \approx 21',$$

因此,在第一時段中,

$$\overset{\frown}{MN} = 1°40',$$

在第二時段中,

$$\overset{\frown}{MBO} = 1°9',$$

它們都與觀測精確相符。而且根據這樣的方法,第一時段中的近點行度顯然等於 155°57$\frac{1}{2}$′,第二時段為 21°15′,第三時段為 99°2′。這就是我們所要說明的。

第十章　黃赤交角的最大變化有多大

　　我將用同樣方法證明我們關於黃赤交角變化的討論是正確的。根據托勒密的記載，在安敦尼·庇護 2 年，修正後的簡單近點角為 21°25″，由此可得 ⌢ ~~~~~ ~~ ~~~~~~ 40°U1′U8″。從那時到相在我不進行觀測，時間已經過去了 1387 年，可以算出在此期間的簡單近點行度為 144° 4′，而此時求出的黃赤交角約為 23°28⅖′。

　　在此基礎上重新繪出黃道 $\overset{\frown}{ABC}$，或者因為它很短，也可以作直線。和前面一樣，圍繞極點 B 作簡單近點行度的半圓。設點 A 為最大黃赤交角界限，點 C 為最小黃赤交角界限，我們所要求的正是它們之差。於是，在小圓上取

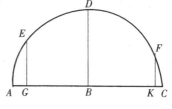

$$\overset{\frown}{AE} = 21°15′,$$
$$\overset{\frown}{ED} = \overset{\frown}{AD} - \overset{\frown}{AE} = 68°45′,$$

可以算出

$$\overset{\frown}{EDF} = 144°4′,$$
$$\overset{\frown}{DF} = \overset{\frown}{EDF} - \overset{\frown}{ED} = 75°19′。$$

作 EG 和 FK 垂直於直徑 ABC。由於從托勒密時代至今的黃赤交角變化，

$$\overset{\frown}{GK} = 22′56″。$$

但由於與直線相似，所以如果取直徑 $AC = 2000$，則

$$GB = ½ \ 弦 \ 2\overset{\frown}{ED} = 932,$$
$$KB = ½ \ 弦 \ 2\overset{\frown}{DF} = 967。$$

如果取 $AC = 2000$，則

$$GK = 1899。$$

但如果取 $\overset{\frown}{GK} = 22′56″$，

$$則 \ \overset{\frown}{AC} \approx 24′,$$

即我們所要求的最大黃赤交角與最小黃赤交角之差。因此，從提摩恰里斯到托勒密之間的黃赤交角最大，爲 23°52′，而現在它正在接近的最小值爲 23°28′。通過上述關於歲差的數學推理，還可得出任何中間時期的黃赤交角。

第十一章　二分點與近點均勻行度位置的測定

在解釋了這些之後，我們還要測定春分點行度的位置。有些人把這些位置稱爲「曆元」（roots），因爲對於任意時間都可以用它們進行計算。托勒密認爲就我們的知識所及，歷史上最遠的點是迦勒底的納波納薩爾（Nabonassar）開始統治的時候。由於名字的相似，許多人都把他當成了尼布甲尼撒（Nebuchodonoso）。而根據年代學的考證以及托勒密的計算，尼布甲尼撒的年代要晚得多。歷史學家們認爲，在納波納薩爾之後繼位的是迦勒底國王夏爾曼涅瑟(Shalmaneser)。但我們還是採用人們更熟悉的時間爲好，我認爲從第一屆奧林匹克運動會算起是合適的，這個時間從夏至點量起是在納波納薩爾之前 28 年。根據肯索里努斯（Censorinus）和其他值得信賴的權威的記載，當那屆運動會舉行時，希臘人看到天狼星升起。根據推算天體行度所必須的更爲精確的年代計算，從第一屆奧運會希臘曆祭月第一天中午起到納波納薩爾統治時期埃及曆元旦的中午爲止，共歷時 27 年 247 天。

從那時起到亞歷山大大帝去世歷時 424 個埃及年。

從亞歷山大大帝去世到尤利烏斯·凱撒（Julius Caesar）所開創的凱撒元年 1 月 1 日前的午夜，共歷時 278 個埃及年又 118½ 天。在凱撒擔任大祭司長的第三年，馬庫斯·埃密利烏斯·李比達（Marcus Aemilius Lepidus）做執政官時，凱撒創立了這一年。因此，從此以後的年份都稱爲「尤利烏斯年」。

從凱撒出任第四任執政官到屋大維（Octavius）即奧古斯都（Augustus）的 1 月 1 日，共歷時羅馬曆 18 年，儘管尤利烏斯·凱撒

的兒子奧古斯都是經元老院和其他公民根據努馬蒂烏斯・普朗庫斯（Numatius Plancus）政令在 1 月 17 日被宣布為皇帝和神聖的尤利烏斯・凱撒的兒子的，此時普朗庫斯正和馬庫斯・維普薩尼烏斯・阿格里帕（Marcus Vipsanius Agrippa）出任第七任執政官。然而由於在此之前兩年，埃及人在安東尼（Antony）和克婁巴特拉（Cleopatra）去世後歸羅馬人統治，所以埃及人算得的（從凱撒出任第四任執政官到奧古斯都）1 月 1 日或羅馬曆的 8 月 30 日正午的時長為 15 年又 246½ 天。

因此，從奧古斯都到基督紀年（也是從一月份起始），共歷時羅馬曆 27 年或埃及曆 29 年又 130½ 天。

從那時起到安敦尼・庇護 2 年（托勒密說他在這一年對恆星位置進行了觀測），共歷時羅馬曆 138 年又 55 天。埃及曆的結果還要加上 34 天。

從第一屆奧運會到這個時候，共歷時 913 年又 101 天。在此期間，二分點的均勻歲差為 12°44′，簡單近點行度為 95°44′。

但在安敦尼・庇護 2 年，春分點位於白羊座頭部第一星以西 6°40′。因為那時二倍近點行度為 42½°，均勻行度與視行度之間的負差值為 48′。當這一差值被恢復到視行度的 6°40′時，它使春分點的平位置位於 7°28′。如果把它加上一個圓的 360°並從和數中減去 12°44′，則在開幕於雅典祭月第一天正午的第一屆奧林匹克運動會時，春分點的平位置位於 354°44′，也就是說，它位於白羊座第一星以東 5°16′。

同樣，如果從簡單近點行度 21°15′中減去 95°45′，則餘下的 285°30′即為同一屆奧運會開始時的近點位置。

再把各個時期的行度加起來（當和數超過 360°時扣除），我們可以算得：亞歷山大大帝去世時的均勻行度位置或「曆元」為 1°2′，簡單近點行度位置為 332°52′；凱撒元年的均勻行度位置為 4°55′，近點行度為 2°2′；基督紀元開始時的均勻行度位置為 5°32′，近點行度為 6°45′；我們也可用同樣方法求得其他時間起點的行度的「曆元」。

第十二章　春分點歲差和黃赤交角的計算

　　因此，每當我們希望求得春分點位置時，如果從給定起點到已知時間的各年份不等長，比如我們通常使用的羅馬曆，那麼就應把它換算成等長年或埃及年。根據我已講過的理由，我在計算均勻行度時將只使用埃及年。如果年數超過 60，則要將它劃分成 60 年一輪的週期；當我們通過這樣的 60 年週期查行度表時，可以把行度項下的第一列視做多餘物；從第二列可以讀出 60°數（如果有的話）以及其他度數和分數。⑪ 然後我們可以根據第二項下的第一列取與其餘年份相應的 60°數、度數和分數。對於日數和 60 日的週期也可照此辦理，因為我們是要根據日數分數表把日數和它們的均勻行度聯繫起來，儘管在進行這一運算時，日子的分數甚至日數本身都可忽略不計，因為它們的運動很慢，周日行度只有若干秒或若干毫秒。於是，如果我們把所有各項連同其曆元加起來（不計 6 個 60°），就可以得到春分點的平位置，它位於白羊宮第一星以西的距離或者這顆星位於春分點以東的距離。
　　我們也可用同樣方法求得近點行度。
　　由簡單近點行度可求出行差表最後一列所載的比例分數，這些值我們先暫時不用。然後，用二倍近點行度可由同一表中的第三列求出行差，即真行度與平均行度相差的度數和分數。如果二倍近點行度小於半圓，則應從平均行度中減去行差。但如果二倍近點行度大於 180°，即超過半圓，則應把行差與平均行度相加。這樣得到的和或差將包含春分點的真歲差和視歲差，或者當時白羊宮的第一星與春分點的距角。如果你所要求的是其他某顆恆星的位置，則要加上恆星目錄中這顆星的黃經值。
　　舉例往往可以使與經驗有關的事物變得更清楚。假設我們需要求

---

⑪ 也就是說，從度數欄中讀出的是 60°的數目，分數欄中是度的數目，等等。——英譯者

出西元 1525 年 4 月 16 日春分點的眞位置、黃赤交角以及它與室女座角宿一之間的距離。從基督紀元開始到現在共歷時 1524 個羅馬年又 106 天，在此期間共有 381 個閏日，即 1 年零 16 天；而以等長年計算，則應爲 1525 年又 122 天，即 25 個 60 年週期加 25 年，以及兩個 60 日週期加 2 天。在不均行度表中，25 個 60 年週期對應 20°55′2″，25 年對應 00°55″，2 個 60 日週期對應 10″，剩下的 2 天對應數毫秒。所有這些值與等於 5°32′的曆元加在一起等於 26°48′，即爲春分點的平均歲差。類似地，在 25 個 60 年週期中，近點行度爲 2 個 60°加 37°15′3″，在 25 年中爲 2°37′15″，在 2 個 60 日週期中爲 2′4″，在 2 天中爲 2″。把這些數值與等於 6°45′的曆元加在一起，得到的和 166°40′即爲近點行度。我將把行差表的最後一列中與該近點行度數值相對應的比例分數保留下來，以確定黃赤交角的大小，在這一例子中，它僅爲 1′。對應於二倍近點行度 333°20′，我求得行差爲 32′。因爲該二倍近點行度的值大於半圓，所以這一行差爲正行差。把它與平均行度相加，就得到春分點的眞歲差和視歲差爲 27°21′。最後，把這個數值與室女宮的角宿一與白羊宮第一星的距離 170°相加，就得到角宿一位於春分點以東的天秤宮內 17°21′。在我觀測時它大致就在這個位置。

黃赤交角及其赤緯都遵循以下規則，即當比例分數達到 60 時，應把赤緯表所載的差值（我指的是最大與最小黃赤交角之差）與赤緯度數相加。但在本例中，1′僅給黃赤交角增加了 24″。因此，表中所載黃道分度的赤緯始終保持不變，因爲目前的黃赤交角接近最小，儘管在其他的某些時候赤緯會發生比較明顯的變化。例如近點行度爲 99°（比如基督紀元後的第 1380 個埃及年就是如此），由它得出的比例分數是 25。但是最大黃赤交角與最小黃赤交角之差爲 24′，且

$$60′:24′ = 25′:10′，$$

把這個 10′與 28′相加，得到當時的黃赤交角爲 23°38′。如果我還想知道實道上任一分度，比如自春分點算起的金牛宮內 5°的赤緯，我在黃道分度赤緯表中查得爲 12°32′，差值爲 12′。但是

$$60′:25′ = 12′:5′，$$

把這 5′加到赤緯度數 32′中，就對黃道的 33°得到總和為 12°37′。對黃赤交角所使用的方法也可應用於赤經（如果採用球面三角形理論並不更好的話），只是對於黃赤交角應當相加，赤經中應當相減，這樣才能使結果更符合它們的年代。

第十三章　太陽年的長度和變化

同樣，二分點和二至點的歲差（我已說過，這是地軸傾斜的結果）也可由地心的周年運動（這可在太陽的運行中表現出來）來說明。我現在就來討論這一斷言。如果用二分點或二至點之一來推算，周年的長度必然是不等的，因為這些基點都在不均勻地變動，這些現象是彼此相關的。

因此，我們必須區分「季節年」與「恆星年」。我把一年四季稱為「自然年」或「季節年」，而把相對於某一恆星旋轉的年稱為「恆星年」。自然年又稱「回歸年」，古人的觀測已經清楚地表明它是不等長的。卡利普斯、薩摩斯的阿里斯塔克以及敘拉古（Syracuse）的阿基米德（Archimedes）根據雅典的做法取夏至為一年的開始，測得一年包括 365¼天。

但托勒密認識到，測定至點是複雜而困難的，他並不過分依賴於他們的觀測結果，而是轉向了希帕庫斯，因為他留下了大量在羅茲島進行的與其說是對太陽至點不如說是對分點的觀測記錄，並且報導說它其實不夠 ¼ 天。後來托勒密定出它的值為 1 天的 ⅟₃₀₀。他是這樣做的，他採用希帕庫斯於亞歷山大大帝去世後第 177 年的埃及曆第三個閏日（之後是第四個閏日）的午夜在亞歷山大里亞非常精確觀測到的秋分點，然後又把它與他自己於安敦尼・庇護 3 年，即亞歷山大大帝去世後的第 463 年埃及曆 3 月 9 日日出後約 1 小時在亞歷山大里亞所觀測的另一個秋分點進行比較。於是在這次觀測與希帕庫斯的觀測之間，共歷時 285 個埃及年又 70 天 7⅕ 小時；如果 1 回歸年比 365 天多出整整 ¼ 天，那麼就應當是 71 天 6 小時。所以 285 年少了 1 天的 ⁄₂₀，

從而 300 年應去掉 1 天。托勒密還從春分點得出了類似結論。他記錄了希帕庫斯於亞歷山大大帝去世之後的第 178 年埃及曆 6 月 27 日日出時所報告的那一春分點，他本人則於亞歷山大大帝去世之後的第 463 年埃及曆 9 月 7 日午後 1 小時多一點觀測了春分點。根據同樣的方法，他得出 285 年也少了 1 天的 $\frac{19}{20}$。借助於這些結果，托勒密定出

後來阿耳-巴塔尼於亞歷山大大帝去世後的第 1206 年埃及曆 9 月 7 日夜間約 7$\frac{2}{5}$ 小時，即 8 日黎明前 4$\frac{3}{5}$ 小時在敍利亞的拉卡同樣細心地觀測了秋分點，並把自己的觀測結果與托勒密於安敦尼·庇護 3 年日出後 1 小時在位於拉卡以西 10°的亞歷山大里亞進行的觀測加以對比。他把托勒密的觀測結果化歸到拉卡的經度，發現（在該處托勒密的）秋分應當在日出後 1$\frac{2}{3}$ 小時發生。因此，在 743 個等長年中，（除 365 天外的部分之和）多出了 178 天又 17$\frac{3}{5}$ 小時，而不是（由整整 $\frac{1}{4}$ 天積累出的）185$\frac{3}{4}$ 天。由於少了 7 天又 $\frac{2}{5}$ 小時，所以 $\frac{1}{4}$ 天應減少 1 天的 $\frac{1}{106}$。於是他從 $\frac{1}{4}$ 天中減去 7 天又 $\frac{2}{5}$ 小時的 $\frac{1}{43}$（即 13 分 36 秒），得出 1 自然年包含 365 天 5 小時 46 分 24 秒。

我於西元 1515 年 9 月 14 日，即亞歷山大大帝去世後的第 1840 年埃及曆 2 月 6 日，日出後 $\frac{1}{2}$ 小時在弗勞恩堡也觀測了秋分點。由於拉卡大約位於我所在地點以東 25°，這相當於 1$\frac{2}{3}$ 小時，因此，在我和阿耳-巴塔尼觀測秋分點期間，共歷時 633 個埃及年又 153 天 6$\frac{3}{4}$ 小時，而不是 633 個埃及年又 158 天 6 小時。由於亞歷山大里亞與我這裏的時間大約相差 1 小時，所以如果換算到同一地點，從托勒密在亞歷山大里亞所進行的那次觀測到我的這次觀測，共歷時 1376 個埃及年又 332 天 $\frac{1}{2}$ 小時。因此從阿耳-巴塔尼的時代到現在的 633 年少了 4 天 23$\frac{3}{4}$ 小時，或者說每 128 年少 1 天；而從托勒密以來的 1376 年卻大約少了 12 天，即每 115 年少 1 天。這兩個例子都說明年份是不等長

⑫即托勒密發現實際結果應爲 $\frac{1}{4}$ 天減去一天的 $\frac{1}{300}$。——英譯者

的。

我還於西元 1516 年 3 月 11 日前的午夜後 4⅓ 小時觀測了春分點。從托勒密的春分點（把亞歷山大里亞化歸到我這裏）到那時，共歷時 1376 個埃及年又 332 天 16⅓ 小時，於是顯然，春分點與秋分點之間的時間間隔也並非等長。因此，這樣所得到的太陽年就遠非等長了。正如我已解釋過的，根據年的平均分配，從托勒密到我對秋分點所做的觀測，¼ 天應當少 1 天的 1⁄15，才能使秋分點與阿耳-巴塔尼的秋分點相差半天；而從阿耳-巴塔尼到我的觀測，¼ 天應當少 1 天的 1⁄128，這與托勒密的結果不符，計算結果比他所觀測到的分點超前了一整天，而比希帕庫斯的結果超前了兩天。類似地，從托勒密到阿耳-巴塔尼這段時期，計算結果比希帕庫斯的分點超前了兩天。

因此，從恆星天球可以更加精確地測出太陽年的長度，這是撒彼特・伊本・庫拉（Thabit ibn Qurra）首先發現的，其長度為 365 天 15［日－］分 23 秒（約為 6 小時 9 分 12 秒）。他的論證也許是根據以下事實，即當二分點和二至點重現較慢時，年似乎要比它們重現較快時長一些，其變化的比值是固定的。除非相對恆星天球等長，否則這種情況是不可能發生的。因此我不贊同托勒密的看法，他認為用太陽返回某一恆星來測量太陽的周年均勻行度是荒唐而古怪的，這與用木星或土星進行此項測量一樣都是不妥的。於是情況就很清楚，為什麼在托勒密以前回歸年長一些，而在他以後短一些，而且變化程度也不同。

但是在恆星年的情況下可能產生一種偏差，不過它非常小，遠不足以達到我剛才談的那種程度。它出現的原因是地心繞太陽的同一運動由於雙重的變化而顯得不均勻。第一種變化與周年復位有關；第二種變化可以引起第一種變化的改變，它不能立即察覺，而是需要很長時間才能發現，因此等長年的計算既非易事，又難以理解。假設有人想僅憑與某顆位置已知的恆星的距離求出等長年——這可以利用一架星盤並借助於月亮做到，我在談到獅子座的軒轅十四時已經解釋過這種方法，那麼就不可能完全避免偏差，除非當時太陽由於地球的運動

而沒有行差，或者在兩個基點都有相似且相等的行差。但如果不出現這種情況，基點的非均勻性有某種變化，那麼在相等時間內就必定不會出現相等的運轉圈數。但如果在兩個基點把整個變化都成比例地相減或相加，那麼這樣做就不會出現什麼偏差。此外，瞭解變化需要預先知道平均行度。我們對此的熟悉程度就像阿基米德對化圓為方的熟悉程度一樣。

但是為了最終解決這個棘手的問題，我發現視不均勻性共有四種原因：第一種是我已經解釋過的二分點歲差的不均勻性；第二種是太陽看起來每年通過黃道上不等的弧；它還受制於第三種原因所引起的變化，我稱這種原因為「第二種不均勻性」；第四種改變地心的高／低拱點⑬，它將在下面說明。在這四種原因中，托勒密只注意到了第二種。此原因本身並不足以引起年的不均勻性，而只有與其他原因一起才能做到這一點。

然而，為了表明太陽的均勻行度與視行度之間的差別，似乎沒有必要對年的長度做最精確的測量，而只要把一年取為 365¼ 天就夠了。在此期間，第一種偏差的運行可以完成，因為當取的數量較小時，一個整圓所缺的那一點就完全消失了。但為了使順序合理、便於掌握，我這裏首先通過必要的論證來闡述地心周年運轉的均勻運動，然後我將在均勻運動的基礎上對均勻運動與視運動進行區分。

第十四章　地心運轉的均勻行度與平均行度

我已經發現，一個均勻年的長度只比撒彼特・伊本・庫拉的值長 1¹⁰⁄₆₀ 秒，所以它是 365 天 15 分 24 秒 10 毫秒，即 6 小時 9 分 40 秒，其固定的均勻性與恆星天球的關係就一目瞭然了。

因此，如果我們把一個圓周的 360°乘上 365 天，並把所得的積除

---

⑬ 拱點是指行星與太陽之間的高度距離達到最大和最小的位置。——英譯者

以 365 天 15 分 24 秒 10 毫秒，就得到了一個埃及年中的行度為 359°44′49″7‴4⁗，60 年的行度（除去整圓）為 344°49′7″4‴。如果我們用 365 天去除年行度，則得日行度為 59′8″11‴22⁗。

如果把這個值加上平均歲差和均勻歲差，就可得到一個回歸年中的均勻年行度為 359°45′39″19‴9⁗，日行度為 59′8″19‴37⁗。因此，我們可以習慣地把太陽的前一行度稱為「均勻簡單行度」，後一行度稱為「均勻複合行度」。像二分點歲差那樣，我把它們也製成了表。它們後面是太陽的均勻近點行度，我將在後面討論。

逐年和 60 年週期內的太陽簡單均勻行度表

埃及年	簡單均勻行度						埃及年	簡單均勻行度				
	60°	°	′	″	‴			60°	°	′	″	‴
1	5	59	44	49	7		31	5	52	9	22	39
2	5	59	29	38	14		32	5	51	54	11	46
3	5	59	14	27	21		33	5	51	39	0	53
4	5	58	59	16	28		34	5	51	23	50	0
5	5	58	44	5	35		35	5	51	8	39	7
6	5	58	28	54	42		36	5	50	53	28	14
7	5	58	13	43	49		37	5	50	38	17	21
8	5	57	58	32	56		38	5	50	23	6	28
9	5	57	43	22	3		39	5	50	7	55	35
10	5	57	28	11	10		40	5	49	52	44	42
11	5	57	13	0	17		41	5	49	37	33	49
12	5	56	57	49	24		42	5	49	22	22	56
13	5	56	42	38	31		43	5	49	7	12	3
14	5	56	27	27	38		44	5	48	52	1	10
15	5	56	12	16	46		45	5	48	36	50	18
16	5	55	57	5	53		46	5	48	21	39	25
17	5	55	41	55	0		47	5	48	6	28	32
18	5	55	26	44	7		48	5	47	51	17	39
19	5	55	11	33	14		49	5	47	36	6	46
20	5	54	56	22	21		50	5	47	20	55	53
21	5	54	41	11	28		51	5	47	5	45	0
22	5	54	26	0	35		52	5	46	50	34	7
23	5	54	10	49	42		53	5	46	35	23	14
24	5	53	55	38	49		54	5	46	20	12	21
25	5	53	40	27	56		55	5	46	5	1	28
26	5	53	25	17	3		56	5	45	49	50	35
27	5	53	10	6	10		57	5	45	34	39	42
28	5	52	54	55	17		58	5	45	19	28	49
29	5	52	39	44	24		59	5	45	4	17	56
30	5	52	24	33	32		60	5	44	49	7	4

基督誕生時的位置 — 272°31′

逐日和 60 日週期內的太陽簡單均勻行度表

日	簡單均勻行度					日	簡單均勻行度				
	60°	°	′	″	‴		60°	°	′	″	‴
1	0	0	59	8	11	31	0	30	33	13	52
2	0	1	58	16	22	32	0	31	32	22	3
3	0	2	57	24	34	33	0	32	31	30	15
4	0	3	56	32	45	34	0	33	30	38	26
5	0	4	55	40	56	35	0	34	29	46	37
6	0	5	54	49	8	36	0	35	28	54	49
7	0	6	53	57	19	37	0	36	28	3	0
8	0	7	53	5	30	38	0	37	27	11	11
9	0	8	52	13	42	39	0	38	26	19	23
10	0	9	51	21	53	40	0	39	25	27	34
11	0	10	50	30	5	41	0	40	24	35	45
12	0	11	49	38	16	42	0	41	23	43	57
13	0	12	48	46	27	43	0	42	22	52	8
14	0	13	47	54	39	44	0	43	22	0	20
15	0	14	47	2	50	45	0	44	21	8	31
16	0	15	46	11	1	46	0	45	20	16	42
17	0	16	45	19	13	47	0	46	19	24	54
18	0	17	44	27	24	48	0	47	18	33	5
19	0	18	43	35	35	49	0	48	17	41	16
20	0	19	42	43	47	50	0	49	16	49	28
21	0	20	41	51	58	51	0	50	15	57	39
22	0	21	41	0	9	52	0	51	15	5	50
23	0	22	40	8	21	53	0	52	14	14	2
24	0	23	39	16	32	54	0	53	13	22	13
25	0	24	38	24	44	55	0	54	12	30	25
26	0	25	37	32	55	56	0	55	11	38	36
27	0	26	36	41	6	57	0	56	10	46	47
28	0	27	35	49	18	58	0	57	9	54	59
29	0	28	34	57	29	59	0	58	9	3	10
30	0	29	34	5	41	60	0	59	8	11	22

基督誕生時的位置

272°31′

逐年和 60 年週期內的太陽複合均勻行度表

埃及年	複合均勻行度						埃及年	複合均勻行度				
	60°	°	′	″	‴			60°	°	′	″	‴
1	5	59	45	39	19		31	5	52	35	18	53
2	5	59	31	18	38		32	5	52	21	58	12
3	5	59	16	57	57		33	5	52	7	37	31
4	5	59	2	37	16		34	5	51	52	16	51
5	5	58	48	16	35		35	5	51	38	56	10
6	5	58	33	55	54		36	5	51	23	35	29
7	5	58	19	35	14		37	5	51	9	14	48
8	5	58	5	14	33		38	5	50	55	54	7
9	5	57	50	53	52		39	5	50	40	33	26
10	5	57	36	33	11		40	5	50	26	12	46
11	5	57	22	12	30		41	5	50	11	52	5
12	5	57	7	51	49		42	5	49	57	31	24
13	5	56	53	31	8		43	5	49	43	10	43
14	5	56	39	10	28		44	5	49	28	50	2
15	5	56	24	49	47		45	5	49	14	29	21
16	5	56	10	29	6		46	5	49	0	8	40
17	5	55	56	8	25		47	5	48	45	48	0
18	5	55	41	47	44		48	5	48	31	27	19
19	5	55	27	27	3		49	5	48	17	6	38
20	5	55	13	6	23		50	5	48	2	45	57
21	5	54	58	45	42		51	5	47	48	25	16
22	5	54	44	25	1		52	5	47	34	4	35
23	5	54	30	4	20		53	5	47	19	43	54
24	5	54	15	43	39		54	5	47	5	23	14
25	5	54	1	22	58		55	5	46	51	2	33
26	5	53	47	2	17		56	5	46	36	41	52
27	5	53	32	41	37		57	5	46	22	21	11
28	5	53	18	20	56		58	5	46	8	0	30
29	5	53	4	0	15		59	5	45	53	39	49
30	5	52	48	39	34		60	5	45	39	19	9

基督誕生時的位置 ——— 278°2′

逐日和 60 日週期內的太陽複合均勻行度表

日	複合均勻行度					日	複合均勻行度				
	60°	°	′	″	‴		60°	°	′	″	‴
1	0	0	59	8	19	31	0	30	33	18	8
2	0	1	58	16	39	32	0	31	32	26	27
3	0	2	57	24	58	33	0	32	31	34	47
4	0	3	56	33	18	34	0	33	30	43	6
5	0	4	55	41	38	35	0	34	29	51	26
6	0	5	54	49	57	36	0	35	28	59	46
7	0	6	53	58	17	37	0	36	28	8	5
8	0	7	53	6	36	38	0	37	27	16	25
9	0	8	52	14	56	39	0	38	26	24	45
10	0	9	51	23	16	40	0	39	25	33	4
11	0	10	50	31	35	41	0	40	24	41	24
12	0	11	49	39	55	42	0	41	23	39	43
13	0	12	48	48	15	43	0	42	22	58	3
14	0	13	47	56	34	44	0	43	22	6	23
15	0	14	47	4	54	45	0	44	21	14	42
16	0	15	46	13	13	46	0	45	20	23	2
17	0	16	45	21	33	47	0	46	19	31	21
18	0	17	44	29	53	48	0	47	18	39	41
19	0	18	43	38	12	49	0	48	17	48	1
20	0	19	42	46	32	50	0	49	16	56	20
21	0	20	41	54	51	51	0	50	16	4	40
22	0	21	41	3	11	52	0	51	15	13	0
23	0	22	40	11	31	53	0	52	14	21	19
24	0	23	39	19	50	54	0	53	13	29	39
25	0	24	38	28	10	55	0	54	12	37	58
26	0	25	37	36	30	56	0	55	11	46	18
27	0	26	36	44	49	57	0	56	10	54	38
28	0	27	35	53	9	58	0	57	10	2	57
29	0	28	35	1	28	59	0	58	9	11	17
30	0	29	34	9	48	60	0	59	8	19	37

基督誕生時的位置——278°2′

逐年和 60 年週期內的太陽均勻近點行度⑭ 表

埃及年	均勻近點行度					埃及年	均勻近點行度				
	60°	°	′	″	‴		60°	°	′	″	‴
1	5	59	44	24	46	31	5	51	56	48	11
2	5	59	28	49	33	32	5	51	41	12	58
3	5	59	13	14	20	33	5	51	25	37	45
4	5	58	57	39	7	34	5	51	10	2	32
5	5	58	42	3	54	35	5	50	54	27	19
6	5	58	26	28	41	36	5	50	38	52	6
7	5	58	10	53	27	37	5	50	23	16	52
8	5	57	55	18	14	38	5	50	7	41	39
9	5	57	39	43	1	39	5	49	52	6	26
10	5	57	24	7	48	40	5	49	36	31	13
11	5	57	8	32	35	41	5	49	20	56	0
12	5	56	52	57	22	42	5	49	5	20	47
13	5	56	37	22	8	43	5	48	49	45	33
14	5	56	21	46	55	44	5	48	34	10	20
15	5	56	6	11	42	45	5	48	18	35	7
16	5	55	50	36	29	46	5	48	2	59	54
17	5	55	35	1	16	47	5	47	47	24	41
18	5	55	19	26	3	48	5	47	31	49	28
19	5	55	3	50	49	49	5	47	16	14	14
20	5	54	48	15	36	50	5	47	0	39	1
21	5	54	32	40	23	51	5	46	45	3	48
22	5	54	17	5	10	52	5	46	29	28	35
23	5	54	1	29	57	53	5	46	13	53	22
24	5	53	45	54	44	54	5	45	58	18	9
25	5	53	30	19	30	55	5	45	42	42	55
26	5	53	14	44	17	56	5	45	26	7	42
27	5	52	59	9	4	57	5	45	11	32	29
28	5	52	43	33	51	58	5	44	55	57	16
29	5	52	27	58	38	59	5	44	40	22	3
30	5	52	12	23	25	60	5	44	24	46	50

基督誕生時的位置——211°19′

⑭ 當一種均勻運動與平均運動複合，使得出現了非均勻性，這被稱爲近點運動。這裏，均勻近點行度就是偏心圓或第一本輪的行度。——英譯者

逐日和 60 日週期內的太陽均勻近點行度表

日	均勻近點行度 60° ° ′ ″ ‴	日	均勻近點行度 60° ° ′ ″ ‴	
1	0　0 59　8　7	31	0　30 33 11 48	
2	0　1 58 16 14	32	0　31 32 19 55	
3	0　2 57 24 22	33	0　32 31 28　3	
4	0　3 56 32 29	34	0　33 30 36 10	
5	0　4 55 40 36	35	0　34 29 44 17	
6	0　5 54 48 44	36	0　35 28 52 25	
7	0　6 53 56 51	37	0　36 28　0 32	
8	0　7 53　4 58	38	0　37 27　8 39	
9	0　8 52 13　6	39	0　38 26 16 47	
10	0　9 51 21 13	40	0　39 25 24 54	
11	0　10 50 29 21	41	0　40 24 33　2	
12	0　11 49 37 28	42	0　41 23 41　8	
13	0　12 48 45 35	43	0　42 22 49 16	
14	0　13 47 53 43	44	0　43 21 57 24	
15	0　14 47　1 50	45	0　44 21　5 31	
16	0　15 46　9 57	46	0　45 20 13 38	
17	0　16 45 18　5	47	0　46 19 21 46	
18	0　17 44 26 12	48	0　47 18 29 53	
19	0　18 43 34 19	49	0　48 17 38　0	
20	0　19 42 42 27	50	0　49 16 46　8	
21	0　20 41 50 34	51	0　50 15 54 15	
22	0　21 40 58 42	52	0　51 15　2 23	
23	0　22 40　6 49	53	0　52 14 10 30	
24	0　23 39 14 56	54	0　53 13 18 37	
25	0　24 38 23　4	55	0　54 12 26 45	
26	0　25 37 31 11	56	0　55 11 34 52	
27	0　26 36 39 18	57	0　56 10 42 59	
28	0　27 35 47 26	58	0　57　9 51　7	
29	0　28 34 55 33	59	0　58　8 59 14	
30	0　29 34　3 41	60	0　59　8　7 22	

基督誕生時的位置——211°19′

第十五章　論證太陽視運動不均勻的預備定理

　　爲了更好地確定太陽視運動的不均勻性，我現在要更清楚地證明，如果太陽位於宇宙的中心位置，地球以它爲中心旋轉，而且像我已經說過的那樣，日地距離與廣大的恆星天球相比，可以忽略不計的，那麼相對於（恆星）天球上任一點或任一顆恆星，太陽的視運動都是均勻的。

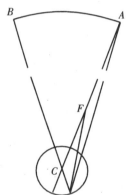

　　設 AB 爲黃道面上的宇宙的大圓，點 C 爲它的中心，太陽就坐落於此（與之相比，宇宙極爲廣大）。以日地距離 CD 爲半徑，在同一黃道面內作地心周年運轉的圓 CDE。我要證明的是，相對於圓 AB 上的任意一點或恆星來說，太陽的運動看起來都是均勻的。

　　設該點爲 A，把從地球看太陽的視線延長爲 DCA。設地球沿任一弧 $\overset{\frown}{DE}$ 運動，從地球的位置點 E 引 AE 和 BE，所以從點 E 看去，太陽現在位於點 B。由於 AC 要比 CD 或 CE 大得多，所以 AE 也將遠大於 CE。設點 F 爲 AC 上任一點，連接 EF。由於從底邊的兩端點 C 和 E 向點 A 所引的兩條直線都落在了 $\triangle EFC$ 之外，所以根據歐幾里得《幾何原本》I，21 的逆定理，

$$\angle FAE < \angle EFC。$$

兩條無限延長的直線最後形成的夾角 $\angle CAE$ 小到無法察覺，

$$\angle CAE = \angle BCA - \angle AEC。$$

而且由於這一差值非常小，所以 $\angle BCA$ 和 $\angle AEC$ 幾乎相等。AC 和 AE 兩線似乎平行，於是相對於恆星天球上任一點來說，太陽似乎在均勻地運動，就好像它在圍繞中心 E 運轉。

　　然而，太陽的運動可以證明爲非均勻的，因爲地心在周年運轉中

並不正好繞太陽的中心運動。這可用兩種方法加以解釋：或者通過一
個偏心圓，即中心不是太陽中心的圓來說明；或者通過一個同心圓上
的本輪來說明。

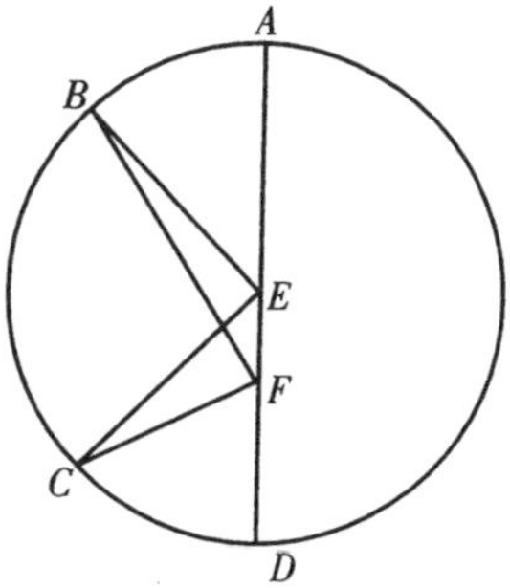

　　偏心圓方法可作如下解釋：設 $ABCD$
為黃道面上的一個偏心圓，它的中心點 E 與
太陽或宇宙的中心點 F 之間的距離不可忽
略不計。設（偏心圓 $ABCD$ 的）直徑 $AEFD$
過這兩個中心。點 A 為遠心點（羅馬人稱為
「高拱點」），即距離宇宙中心最遠的位置，
D 為近心點，即距離宇宙中心最近的地方。

　　於是，當地球沿其軌道圓 $ABCD$ 圍繞
地心 E 均勻運轉時，正如我已經說過的，從點 F 看去，它的運動是不
均勻的。

　　設
$$\overset{\frown}{AB} = \overset{\frown}{CD},$$
作直線 BE、CE、BF 和 CF。
$$\angle AEB = \angle CED,$$
因為 $\angle AEB$ 和 $\angle CED$ 圍繞中心 E 截出相等的弧。然而 $\angle CFD$ 是
一個外角，
$$外角 \angle CFD > 內角 \angle CED。$$
而
$$\angle AEB = \angle CED,$$
因此，
$$\angle CFD > \angle AEB。$$
但是，
$$外角 \angle AEB > 內角 \angle AFB,$$
因此
$$\angle CFD > \angle AFB。$$
但因

$$\overset{\frown}{AB} = \overset{\frown}{CD},$$

所以 ∠CFD 和 ∠AFB 是在相等時間內形成的。因此，該運動從點 E 看去是均勻的，從點 F 看去是非均勻的。

　　同樣結果還可用更簡單的方法得出。因爲 $\overset{\frown}{AB}$ 距離點 F 比 $\overset{\frown}{CD}$ 更遠，根據歐幾里得《幾何原本》Ⅲ·7：與 $\overset{\frown}{AB}$ 相對的直線 □□ 比 BF 要小而 □□ □□□□□□ □□ 比 DF 長一些，而且在光學中已經證明，同樣大小的物體看起來近大遠小。因此，關於偏心圓的那些命題顯然成立。

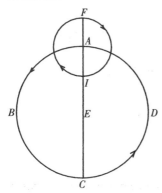

　　同樣結果還可用同心圓上的本輪得出。設同心圓 ABCD 的中心亦即太陽所在的宇宙中心位於點 E。設點 A 爲同一平面上的本輪 FG 的中心，過兩個中心作直線 CEAF。設點 F 爲本輪的遠地點，點 I 爲近地點。於是在 A 處的運動是均勻的，在本輪 FG 上的運動看起來是不均勻的。如果 A 沿 B 的方向即朝東運動，地心從遠地點 F 向西運動，那麼相對於近地點 I 看來，點 E 的運動將顯得快一些，因爲 A 和 I 是在相同方向上運動的；而在遠地點 F 看來，點 E 的運動將顯得慢一些，因爲它是由兩種反方向運動之差形成的。當地球位於點 G 時，它會位於均勻運動以西；而當位於點 K 時，它會位於均勻運動以東。在這兩種情況下，地球與均勻行度之差分別爲 $\overset{\frown}{AG}$ 或 $\overset{\frown}{AK}$，太陽的運動由此看起來是不均勻的。

　　然而通過本輪可以實現的，通過偏心圓也可同樣實現。當行星在本輪上運行時，它在同一平面描出與同心圓相等的偏心圓。偏心圓中心與同心圓中心之間的距離等於本輪半徑。而這種情況可用三種方法實現。如果同心圓上的本輪和本輪上的行星所作的旋轉相等，但方向相反，那麼行星的運動就描出一個遠心點與近心點位置不變的固定的偏心圓。

設 ABC 爲一同心圓，點 D 爲宇宙的中心，直徑爲 ADC。假定當本輪位於點 A 時，行星位於本輪的遠心點 G，其半徑落在直線 DAG 上。取同心圓的 $\overset{\frown}{AB}$，以點 B 爲中心、AG 爲半徑作本輪 EF。連接 BD 和 BE，取 $\overset{\frown}{EF}$ 與 $\overset{\frown}{AB}$ 相似，但方向相反。設行星或地球位於點 F，連接 BF。在直線 AD 上，設

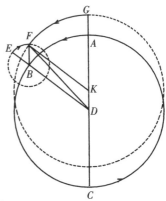

$$DK = BF。$$
因爲
$$\angle EBF = \angle BDA，$$
因此 BF 與 DK 既平行又相等，因爲根據《幾何原本》 I，33：與平行且相等的直線相連接的直線也平行且相等。由於
$$DK = AG，$$
AK 爲其共同的附加線段，所以
$$GAK = AKD，$$
$$GAK = KF。$$
於是以 K 爲中心、KAG 爲半徑所作的圓將通過點 F。由於 $\overset{\frown}{AB}$ 與 $\overset{\frown}{EF}$ 的複合運動，點 F 描出一個與同心圓相等的同樣固定的偏心圓，因爲當本輪的運動與同心圓相等時，這樣描出的偏心圓的拱點必然保持不變的位置。

但是如果本輪的中心和圓周所做的運轉不成比例，則行星的運動所表現出的就不再是一個固定的偏心圓，而是一個中心與拱點向西或向東移動（視行星運動與其本輪中心的相對快慢而定）的偏心圓。如果
$$\angle EBF > \angle BDA，$$
設
$$\angle BDM = \angle EBF，$$
同樣，如果在直線 DM 上取 DL 與 BF 相等，則以點 L 爲中心、以

ND 的 LMN 爲半徑所作的圓將通過行
星所在的點 F。因此,行星的複合運動
顯然描出偏心圓上的 $\overset{\frown}{NF}$,而與此同
時,偏心圓的遠心點從點 G 向西沿 $\overset{\frown}{GN}$
運動。

由此相反,如果行星在小輪上的運
動較慢,則偏心輪中心將隨本輪中心向
東運動。也就是說,如果

$$\angle EBF = \angle BDM > \angle BDA,$$

那麼就會出現上述情況。

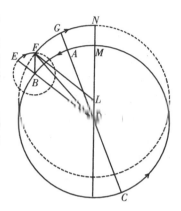

由此可知,同樣的視不均勻性既可
用一個同心圓上的本輪,也可用一個與
同心圓相等的偏心圓得出。只要(同心
圓與偏心圓的)中心之間的距離等於本
輪半徑,它們之間就沒有差別,因此要
確定天空上實際存在的是哪種情形並非
易事。托勒密認爲偏心圓模型是能夠滿
足需要的,在他看來,不均勻性是簡單
的,拱點的位置固定不變(太陽的情況
就是如此),但他卻對以雙重或多重不

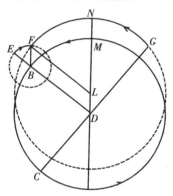

均勻性運行的月球和五大行星採用了攜帶本輪的偏心圓。

由此還可以很容易地說明,對於偏心圓模型來說,均勻行度與視
行度之差在行星位於高、低拱點之間的平位置時達到最大。而對於本
輪模型來說,它在行星與〔攜帶本輪的〕均輪相接觸時達到最大。這
是托勒密所闡明的。

偏心圓的情況可證明如下:設偏心圓 ABCD 的中心爲點 E,
AEC 是過太陽(位於不動的中心點 D)的直徑。過點 E 作直線 BED
垂直於直徑 AEC,連接 BE 和 ED。設 A 爲遠日點,C 爲近日點,
B 和 D 爲它們之間的視中點。

我要證明的是，頂點位於圓周，EF 為其底邊的角不可能大於 $\angle B$ 或 $\angle D$。

在點 B 兩邊各取一點 G 和 H，連接 GD、GE、GF 以及 HE、HF、HD。由於 FG 比 DF 距離中心更近，

$$線段\ FG > 線段\ DF，$$

所以

$$\angle GDF > \angle DGF。$$

但因為與底邊 DG 有夾角的兩邊 EG 和 ED 相等，

$$\angle EDG = \angle EGD，$$

因此，

$$\angle EDF = \angle EBF > \angle EGF。$$

同樣可以證明，

$$線段\ DF > 線段\ FH，$$

$$\angle FHD > \angle FDH。$$

但由於

$$EH = ED，$$

$$\angle EHD = \angle EDH，$$

因此，相減可得，

$$\angle EDF = \angle EBF > \angle EHF。$$

由此可見，以 EF 為底邊所構造的角不可能大於在 B、D 兩點所成的角。所以均勻運動與視運動之差在遠日點與近日點之間的平位置達到最大。

第十六章　太陽的視不均勻性

上述一般論證不僅適用於太陽的視運動，而且也適用於其他天體的不均勻性。現在我只討論與日、地有關的現象。我首先來談托勒密以及其他古代學者傳授給我們的知識，然後再談近代經驗教給我們的

東西。托勒密發現，從春分到夏至為 94½ 日，從夏至到秋分為 92½ 日。由時間長度可知，第一時段的平均和均勻行度為 93°9′，第二時段為 91°11′。

設 $ABCD$ 為這樣劃分的一年的圓周，點 E 為它的中心。設

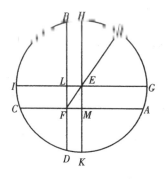

表示第一時段，

$$\overset{\frown}{BC}=91°11′$$

表示第二時段。設春分點從點 A 觀測，夏至點從點 B 觀測，秋分點從點 C 觀測，冬至點從點 D 觀測。連接 AC 與 BD。把太陽置於兩直線正交的交點 F。由於

$$\overset{\frown}{ABC}>180°，$$
$$\overset{\frown}{AB}>\overset{\frown}{BC}，$$

所以托勒密認為，圓心 E 位於 BF 與 FA 之間，遠日點位於太陽的春分點與夏至點之間。過中心 E 作平行於 AFC 的 IEG 交 BFD 於點 L，作平行於 BFD 的 HEK 交 AF 於點 M。由此形成矩形 $LEMF$，其對角線 FE 可延長為直線 FEN，它標明了地球與太陽的最大距離以及遠日點的位置 N。

因為

$$\overset{\frown}{ABC}=184°19′，$$
$$\overset{\frown}{AH}=½\overset{\frown}{ABC}=92°9½′，$$
$$\overset{\frown}{HB}=\overset{\frown}{AGB}-\overset{\frown}{AH}=59′，$$
$$\overset{\frown}{AG}=\overset{\frown}{AH}-90°=2°10′。$$

如果取半徑$=10000$，則

$$LF=½\,弦\,2\overset{\frown}{AG}=377。$$

但是

$$EL=½\,弦\,2\overset{\frown}{BH}=172，$$

因此△ELF 的兩邊已知，如果取半徑 $NE=10000$，則

$$邊\ EF = 414 \approx \frac{1}{24}\ 半徑\ NE。$$

但是

$$EF{:}EL = NE{:}\frac{1}{2}\ 弦\ 2\widehat{NH}，$$

因此，

$$\widehat{NH} = 24\frac{1}{2}°。$$

於是，

$$\angle NEH\ 已知，$$

$$視行度\ \angle LFE = \angle NEH。$$

這就是在托勒密之前高拱點超過夏至點的距離。但是，

$$\widehat{IK} = 90°，$$

$$\widehat{IC} = \widehat{AG}，$$

$$\widehat{DK} = \widehat{HB}，$$

因此，

$$\widehat{CD} = \widehat{IK} - (\widehat{IC} + \widehat{DK}) = 86°51'，$$

$$\widehat{DA} = \widehat{CDA} - \widehat{CD} = 88°49'。$$

但是 86°51′對應著 88⅛ 天，88°49′對應著 90 天零 3 小時——1 天的 ⅛。在這些時段內，可以看到太陽由於地球的均勻運動而由秋分點移到冬至點，並在一年中餘下的時間裏由冬至點返回春分點。事實上，托勒密證明了他所求得的這些結果與他之前的希帕庫斯所求結果並無差異。因此他認為，高拱點後來仍會留在夏至點前 24½°處不動，而離心率（我說過為半徑的 ¼）則將永遠保持不變。

現已發現，這兩個數值都發生了明顯的改變。阿耳-巴塔尼注意到，從春分到夏至為 93 天 35〔日一〕分[14]，從春分到秋分為 186 天 37 分。他用這些數值並根據托勒密的規則推算出的離心率不大於 346 單位（半徑取為 10000）。西班牙人阿耳-查爾卡利求得的離心率與此相

[14] 哥白尼及其同時代人有時採用 60 進位制，即把 1 天分為 60 日一分，1 日一分分為 60 日一秒。——中譯者

同，但遠日點是在至點以西 12°10′，而阿耳·巴塔尼則認爲是在同一至點以西 7°43′。由此可以推斷，地心的運動還有另一種不均勻性，我們現時代的觀測也證實了這一點。在我致力於這些課題研究的十幾年間，尤其是在西元 1515 年，我求得從春分點到秋分點共有 186 天 5½ 分。爲了避免在確定二至點時出差錯（有些人懷疑我的前人在這方面犯過錯誤），我在此項研究中加進某些 〔黃道上的〕其他四個位置，這些位置與二分點一樣都不難測定，比如金牛宮、室女宮、獅子宮、天蠍宮和寶瓶宮的中點。由此我求得從秋分點到天蠍宮中點爲 45 天 16 分，從秋分點到春分點爲 178 天 53½ 分。第一時段中的均勻行度爲 44°37′，第二時段爲 176°19′。

在這些準備工作做完以後，重新繪製圓 $ABCD$，設點 A 爲春分時太陽的視位置，點 B 爲觀測到秋分的點，點 C 爲天蠍宮的中點。連接 AB 與 CD，它們彼此交於太陽中心 F。作弦 AC。

由於

$$\overset{\frown}{CB}=44°37′，$$

如果取兩直角＝360°，則

$$\angle BAC=44°37′。$$

如果取四直角＝360°，則視行度

$$\angle BFC=45°；$$

但若取兩直角＝360°，則因爲

$$\overset{\frown}{AD}=45°23′，$$

所以

$$\angle ACD=45°23′。$$

但是

$$\overset{\frown}{ACB}=176°19′，$$
$$\overset{\frown}{AC}=\overset{\frown}{ACB}-\overset{\frown}{BC}=131°42′，$$
$$\overset{\frown}{CAD}=\overset{\frown}{AC}+\overset{\frown}{AD}=177°5′，$$

因此，由於

$$\overset{\frown}{ACB}<180°，$$

$$\overset{\frown}{CAD} < 180°,$$

所以圓心顯然位於圓周的其餘部分 $\overset{\frown}{BD}$ 之內。設圓心爲 E，過 F 引直徑 $LEFG$。設點 L 爲遠日點，點 G 爲近日點，作 EK 垂直於 CFD。如果取直徑＝200000，則由表可查出已知弧所對的弦

$$AC = 182494,$$

$$CFD = 199934。$$

於是△ACF 的各角都可知。根據平面三角形的定理一，各邊之比可得：取

$$AC = 182494,$$

則

$$CF = 97697。$$

因此，

$$FK = ½\, CD - CF = 2000。$$

因爲

$$180° - \overset{\frown}{CAD} = 2°55',$$

$$EK = ½\ 弦\ 2°55' = 2534,$$

所以在△EFK 中，由於兩直角邊 FK 和 KE 都已知，所以三角形的各邊、角均可知：如果取 $EL = 10000$，則

$$EF = 323；$$

如果取四直角＝360°，則

$$\angle EFK = 51⅔°。$$

因此，相加可得，

$$\angle AFL = 96⅔°,$$

相減可得，

$$\angle BFL = 83⅓°。$$

但如果取

$$EL = 60°,$$

則

$$EF \cong 1°56'。$$

此即太陽與軌道圓中心之間的距離，它已經變化了（軌道圓半徑的）

¼₃₁，儘管對托勒密來說似乎是 ¼₂₄。而那時是在夏至點以西 24½°的遠日點，現在是在它以東 6⅔°。

第十七章　太陽的第一種周年非均勻性及其特殊變化的論證

我們已經發現太陽的非均勻運動有多種變化，我想首先應當說明的是最爲人所知的周年變化。

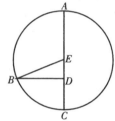

重新繪製圓 ABC，其中心爲 E，直徑爲 AEC，遠日點爲點 A，近日點爲點 C，太陽位於點 D。前已證明，均勻行度與視行度的最大差值出現在兩拱點之間的視中點。爲此，作 BD 垂直於 AEC 交圓周於點 B，連接 BE。於是在直角三角形△BDE 中兩邊已知，即圓的半徑 BE 以及太陽與圓心的距離 DE 已知，因此三角形的各角均可知，其中 ∠DBE 爲均勻行度角 ∠BEA 與視行度角即直角 ∠EDB 之差。

然而當 DE 改變時，三角形的整個形狀會隨之發生改變。在托勒密以前，

$$\angle B = 2°23',$$

在阿耳-巴塔尼和阿耳-查爾卡利的時代，

$$\angle B = 1°59',$$

目前，

$$\angle B = 1°51'。$$

托勒密測出，∠AEB 所截出的

$$\widehat{AB} = 92°23',$$
$$\widehat{BC} = 87°37';$$

阿耳·巴塔尼測出

$$\widehat{AB} = 91°59',$$
$$\widehat{BC} = 88°1';$$

目前，

$$\overset{\frown}{AB}=91°51',$$

$$\overset{\frown}{BC}=88°9'。$$

有了這些結論，其餘的變化也就顯然可得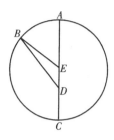
了。如圖，任取一弧 $\overset{\frown}{AB}$，$\angle AEB$、$\angle BED$ 以
及兩邊 BE 和 ED 已知。通過平面三角形的計
算，均勻行度與視行度之間的行差 $\angle EBD$ 可
得。由於前已提到的 ED 邊的變化，這些差值必
定會變化。

第十八章　黃經均勻行度的分析

以上解釋了太陽的周年不均勻性，但這種解釋不是基於前已說明
的簡單變化，而是基於一種在長時間內與簡單變化混合的變化。

我將在後面對這兩種變化做出區分，同時，地心的平均和均勻行
度可以用數值定出。它與非均勻變化越是能區別開，延續的時間越長，
它的值也就越精確。這一點可以證明如下：

我採用了希帕庫斯於第三卡利普斯週期的第 32 年──前已提
到，這是在亞歷山大大帝去世後的第 177 年──的第三個閏日午夜在
亞歷山大里亞觀測到的秋分點。但因亞歷山大里亞的經度大約位於克
拉科夫（Krakow）以東 1 小時，所以那時（克拉科夫的）時間約為午
夜前 1 小時。因此，根據上面的計算，秋分點在恆星天球上的位置距
白羊宮起點 176°10'，這就是太陽的視位置，它與高拱點相距 $114\frac{1}{2}$°。

與該模型相對應，繞中心 D 作地心所描出的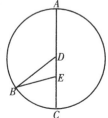
圓 ABC，設 ADC 為直徑，太陽位於直徑上的點
E，遠日點為點 A，近日點為點 C。設點 B 是太
陽在秋分時所在的位置，連接 BD 與 BE。

由於太陽與遠日點的視距離

$$\angle DEB=114\frac{1}{2}°，$$

如果取 $BD=10000$，則

$$邊\ DE=414，$$

因此，根據平面三角形的定理 4，$\triangle BDE$ 的各邊、角均可求得。

$$\angle DBE=\angle BDA-\angle BED=2°10'。$$

而

所以

$$\angle BDA=116°40'。$$

太陽在恆星天球上的平均或均勻位置與白羊頭部的距離爲 $178°20'$。

　　我把我於西元 1515 年 9 月 14 日即亞歷山大大帝去世後第 1840 年埃及曆 2 月 6 日日出後半小時在與克拉科夫位於同一條經度圈上的弗勞恩堡觀測到的秋分點與這次觀測進行對比。根據計算和觀測，當時秋分點位於恆星天球上的 $152°45'$ 處，它與高拱點的距離爲 $83°20'$，這與前面的論證相符。

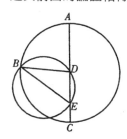

取兩直角 $=180°$，設

$$\angle BEA=83°20'，$$

且 $\triangle BDE$ 的兩邊已知：

$$BD=10000，$$

$$DE=323。$$

根據平面三角形的定理 4，

$$\angle DBE\approx1°50'。$$

如果 $\triangle BDE$ 有一外接圓，取兩直角 $=360°$，則圓周角

$$\angle BED=166°40'。$$

如果取直徑 $=20000$，則

$$弦\ BD=19864。$$

因爲

$$BD\ 比\ DE\ 的值已知，$$

所以

$$弦\ DE\approx640。$$

DE 在圓周上所張的角

$$\angle DBE = 1°50',$$

但 DE 在圓心所張的角

$$\angle DBE = 3°40'。$$

這就是當時均勻行度與視行度之間的行差。

$$\angle BDA = \angle DBE + \angle BED = 1°50' + 83°20' = 85°10',$$

這是從遠日點算起的均勻行度距離，因此太陽在恆星天球上的平位置為 154°35'。

　　兩次觀測之間共歷時 1662 個埃及年又 37 天 18［日－］分 45 秒。除 1660 次完整旋轉以外，平均和均勻行度約為 336°15'，這與我在均勻行度表中所確定的數值相符。

第十九章　太陽均勻行度在［紀元］之初的位置測定

　　從亞歷山大大帝去世到希帕庫斯的觀測，共歷時 176 年 362 日 27 ½ 分，通過計算可以得到在此期間的平均行度為 312°43'。把這一數值從希帕庫斯所測出的 178°20' 中減去，再補上圓周的 360°，得到的 225° 37' 即為亞歷山大大帝去世之初的埃及曆 1 月 1 日正午在克拉科夫經度圈和我的觀測地弗勞恩堡的位置。

　　從那時起到尤利烏斯·凱撒的羅馬紀元的 278 年 118½ 日中，在去掉整周旋轉後，平均行度為 46°27'。把這一數值加到亞歷山大大帝時代的位置，得到的 272°4' 即為 1 月 1 日前的午夜（羅馬人習慣於把這時算做年和日的開始）對凱撒時代求得的位置。

　　又過了 45 年 12 天，即亞歷山大大帝去世後 323 年 130½ 天，基督紀元的位置為 272°31'。

　　因為基督誕生於第 194 屆奧林匹克運動會的第 3 年，所以從第一屆奧林匹克運動會的起點到（基督誕生年）1 月 1 日前的午夜，共歷時 775 年 12½ 日。由此還可以定出第一屆奧林匹克運動會時在祭月的第一天中午的位置在 96°16'，現在與這一天相當的日子是羅馬曆的 7 月

1 日。

這樣便可求得簡單太陽行度相對於恆星天球的起點，而且通過加上二分點歲差還可以得出複合行度的位置：在奧林匹克運動會之初（複合行度的位置）為 90°59′；在亞歷山大紀元之初為 226°38′；在凱撒紀元之初為 276°59′；在基督紀元之初為 278°2′。正如我已說過的，所有這些位置都是相對於星球科大楼度measured取的。

第二十章　拱點飄移對太陽造成的第二種不均勻性和雙重不均勻性

現在還有一個更大的困難與太陽拱點的飄移有關，儘管托勒密認為拱點是固定的，但其他人卻根據恆星也在運動的主張，認為它也隨著恆星天球運動。阿耳-查爾卡利認為這種運動也是不均勻的，有時會發生逆行。他的根據是，阿耳-巴塔尼發現遠日點位於至點以西 7°44′處（因為在托勒密之後的 740 年裏它大約前進了 17°），過了 193 年，到了阿耳-查爾卡利的時代，它大約後退了 4½°。因此他相信，還存在著周年軌道圓的中心沿一個小圓所做的另外一種運動，這種運動使得遠地點前後擺動，軌道中心與宇宙中心的距離也在不斷變化。這一想法很不錯，但並沒有因此而得到承認，因為它與其他發現並不相符。讓我們依次考慮運動的各個階段：在托勒密之前的一段時間裏，運動停止；在 740 年左右的時間裏，它前進了 17°；然後在以後的 200 年裏它又退行了 4°或 5°；從那時起直到現在，它一直向前運動，從未發生過逆行，除前後擺動時的運動方向發生反轉，也沒有出現過更多的留點，這說明它不可能是勻速圓周運動。因此許多人認為，他們（即阿耳-巴塔尼和阿耳-查爾卡利）的觀測有誤。但這兩位天文學家都既認真又勤奮，因此很難確定應當採取哪種說法。我承認，在所有的事情中，測定太陽的遠地點是最困難的，因為我們是由小到幾乎無法察覺的量去推算的，在近地點和遠地點附近，1°（的行度）僅能引起 2′左右的行差，但在中拱點附近，1′（的行度）就可以引起 5°或 6°的（行差）

變化。如果失之毫釐，則謬以千里。所以，即使把遠地點置於巨蟹宮內 6⅔°處，測時儀器也是不能令我滿意的，除非日月食可以提供更多的確定性，因為潛藏在觀測中的任何誤差都可以由日月食顯示出來。因此，從最可能的情況來推斷，我們可以這樣從整體來把握這種運動：它是向東的，但卻不均勻，因為從希帕庫斯到托勒密之間的那個留點之後，遠地點直到現在都在連續而均勻地向前運動，除了在阿耳-巴塔尼與阿耳-查爾卡利之間運動出了錯（一般認為如此）才出現例外，其餘都是如此。太陽似乎也做同樣的圓周運動，其行差沒有停止減小，兩種非均勻性都與黃赤交角的第一種簡單近點變化或其他類似事物相一致。

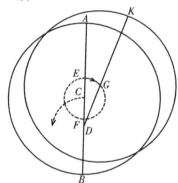

為了把這一點說得更清楚，在黃道面上作以點 C 為中心的圓 AB，設其直徑為 ACB，ACB 上的點 D 為太陽所在的宇宙中心。以點 C 為中心，作一個不包含太陽的小圓 EF。設地球周年運轉的中心沿這個小圓緩慢前行。因為小圓 EF 與直線 AD 非常緩慢地向東運動，周年運轉的中心沿圓 EF 非常緩慢地向西運動，所以周年軌道圓的中心與太陽的距離時而為最大的 DE，時而為最小的 DF。它在最遠處運動最慢，在最近處運動最快。沿著中間弧段，小圓使兩中心的距離時增時減，並使高拱點交替超前或落後於直線 ACD 上的拱點或遠日點，就好像它是中間位置一樣。這樣一來，如果取 $\overset{\frown}{EG}$，以點 G 為中心作一個與 AB 相等的圓，則高拱點將位於直線 DGK 上，根據《幾何原本》Ⅲ，8：DG 將比 DE 短。

這些可以通過上述偏心圓的一個偏心圓以及本輪的本輪進行說明：設圓 AB 與宇宙和太陽同心，ACB 為高拱點所在的直徑。以點 A 為中心作本輪 DE，以點 D 為中心作地球所在的本輪 FG，這些圖

形都位於同一黃道面上。設第一本輪是向東運行的，週期大約為一年；第二本輪 D 也是如此，只不過向西運行。設兩個本輪相對於直線 AC 的運轉次數相等，並且地心在從 F 向西運行時使 D 的運動有所增加。

由此可見，當地球位於點 F 時，它將使太陽的遠地點最遠，且上位於點 C 時，太陽離地點最近；而當它位於本輪 FG 的中間弧段時，它將使遠地點順行或逆行，加速或減速，更遠或更近。因此它將使運動看起來不均勻，一如我前面用本輪和偏心圓所證明的情況。

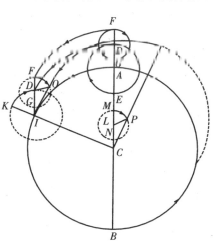

取圓弧 $\overparen{AI}$。以點 I 為中心，重新繪製本輪上的本輪。連接 CI，並延長至 K。由於轉動數相等

$$\angle KID = \angle ACI,$$

因此，正如我在前面已經證明的，點 D 將圍繞點 L 描出一個半徑等於同心圓 AB、離心率 CL 等於 DI 的偏心圓；點 F 將描出一個離心率 CLM 等於 IDF 的偏心圓；點 G 也將描出一個離心率 CN 等於 IG 的偏心圓。與此同時，如果在這段時間內地心在第二本輪上已經走過了任意一段弧 $\overparen{FO}$，則點 O 將描出這樣一個偏心圓：它的中心不在直線 AC 上，而是在一條（與 DO）平行的直線例如 LP 上。如果連接 OI 與 CP，則

$$OI = CP,$$

但是

$$OI < IF,$$
$$CP < CM,$$

且根據《幾何原本》Ⅰ，8，
$$\angle DIO = \angle LCP，$$
所以，位於直線 CP 上的太陽的遠地點看起來要超前於點 A。

由此也很清楚，用攜帶本輪的偏心圓也可得到同樣結果。本輪 D 繞著中心點 L 描出前面圖形中的偏心圓，設地心在前述條件下（即〔運動〕少於周年運轉）通過 $\overset{\frown}{FO}$。和前面一樣，它將圍繞中心點 P 描出另一個偏心於第一個偏心圓的偏心圓，其餘也是一樣的。由於種種方法都導向同樣的結果，我無法肯定哪一種是正確的，只能說計算結果與現象永遠相符迫使我們相信它是其中的一種。

第二十一章　太陽不均勻性的第二種變化有多大

我們已經看到，除黃赤交角或其類似量的第一種簡單近點變化之外，還有第二種不均勻性，只要前人的誤差不會造成影響，我就可以準確地求出它的變化。根據計算，我求出西元 1515 年的簡單近點行度約為 165°39′，其起點大約在西元前 64 年，從那時到現在共歷時 1580 年。我已經發現，（在近點變化）起始時最大離心率為 414（取半徑＝10000），我們這時的離心率為 323。

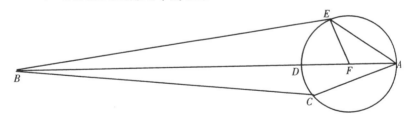

設直線 AB 上的點 B 為宇宙的中心即太陽。設 AB 為最大離心率，BD 為最小離心率。以 AD 為直徑作一個小圓，並設
$$\overset{\frown}{AC} = 165°39′，$$
它表示第一種簡單近點行度，因為在近點行度的起點 A，已經求得
$$AB = 414，$$

而現在

$$BC = 323，$$

於是在 $\triangle ABC$ 中，邊 AB 與邊 BC 均已知。因為 $\overset{\frown}{CD}$ 是半圓餘下的弧，

$$\overset{\frown}{CD} = 14°21'，$$

所以 $\angle CAD$ 也已知。因此，根據我已講過的平面三角形的定理，餘下的邊 AC 以及遠日點的平均行度與非均勻行度之差——$\angle ABC$ 也可知。由於線段 AC 所對的弧已知，所以圓 ACD 的直徑 AD 也可求得。如果取三角形外接圓的直徑 $=200000$，則由

$$\angle CAD = 14°21'，$$

得到

$$CB = 2496。$$

因為

$$BC \text{ 比 } AB \text{ 的值已知，}$$
$$AB = 3225 = 弦 \overset{\frown}{ACB} = 弦\ 341°26'。$$

因此，如果取兩直角 $=360°$，則相減可得，

$$\angle CBD = 4°13'，$$
$$弦\ CBD = AC = 735。$$

因此，如果 $AB = 414$，則

$$AC \approx 95。$$

由於 AC 所對的弧已知，則它與直徑 AD 的比值可知。因此，如果 $ADB = 414$，則

$$AD = 96，$$

相減可得，

$$DB = 321，$$

即為最小離心率。$\angle CBD$ 在圓周上所成的角為 $4°13'$，在圓心所成的角為 $8°26'$，也是從 AB 繞中心 B 的均勻行度所應減去的行差。現在作直線 BE 與圓周相切於點 E。以點 F 為中心，連接 EF。於是在直角三角形 $\triangle BEF$ 中，

$$\text{邊 } EF = 48,$$
$$\text{邊 } BDF = 369,$$

如果取半徑 $FB = 10000$，則

$$EF = 1300。$$
$$EF = \frac{1}{2} \text{ 弦 } 2\widehat{EBF}。$$

如果取四直角 $= 360°$，則

$$\angle EBF = 7°28',$$

此即在 F 的均勻行度與在 E 的視行度之間的最大行差。

於是其餘個別差值就可以求得了：比如假設

$$\angle AFE = 6°。$$

我們有這樣一個三角形，它的邊 EF、邊 FB 以及 $\angle EFB$ 均已知，因此行差

$$\angle EBF = 41'。$$

但如果

$$\angle AFE = 12°,$$

則

$$\text{行差} = 1°23';$$

如果

$$\angle AFE = 18°,$$

則 $\quad\quad\quad\quad\quad\quad \text{行差} = 2°3';$

用同樣的方法可以其餘類推，這在前面論述周年運轉的行差時已經講過了。

第二十二章　怎樣推算太陽遠地點的均勻行度與非均勻行度

因為根據埃及曆，最大離心率與簡單近點角起點相吻合的時間是在第 178 屆奧林匹克運動會的第 3 年，即亞歷山大大帝去世後的第 259 年，所以當時遠地點的真位置和平位置都在雙子宮內 $5\frac{1}{2}°$ 處，即距

春分點 65½°處。由於眞春分點歲差——它與當時的平歲差相符——
爲 4°38′，所以從 65½°減去 4°38′，得到的 60°52′即爲從恆星天球上白
羊宮起點量起的遠地點位置。

在第 573 屆奧林匹克運動會的第 2 年，即西元 1515 年，遠地點位
置位於巨蟹宮內 6⅔°處，而算得的春分點歲差爲 27¼°。從 96°40′減去
27¼°得到 69°25′。當時的第一種近點角爲 165°39′，行差即眞位置超前
於平位置的量等於 2°7′，因此太陽遠地點的平位置顯然爲 71°32′。

因此，在 1580 個埃及年中，遠地點的平均行度和均匀行度爲 10°
41′。用年份去除這個數目，就得到年均爲 24″20‴14⁗。

第二十三章　太陽近點角修正及其以前位置的測定

如果從以前的簡單周年行度 359°44′49″7‴4⁗中減去 24″20‴
14⁗，得到的 359°44′24″46‴50⁗就是周年均匀近點行度。再把 359°44′
24″46‴50⁗平均分配給 365 天，就得到日均爲 59′8″7‴22⁗，這與前面
的表中所載的值相符。於是我們可以得出從第一屆奧林匹克運動會開
始的在各種紀元起始時的位置。前已說過，在第 573 屆奧林匹克運動
會第 2 年 9 月 14 日日出後半小時太陽的平遠地點位於 71°32′，由此可
得當時的平太陽距離爲 82°58′。從第一屆奧林匹克運動會到現在，時間
已經過去了 2290 個埃及年又 281 日 46 分，在此期間，近點行度——
不算整圈——爲 42°33′。從 82°58′中減去 42°33′，得到的 40°25′即爲第
一屆奧林匹克運動會時的近點位置。

和前面一樣，我們還可以類似地求得在亞歷山大紀元時的位置爲
166°38′，凱撒紀元時爲 211°11′，基督紀元時爲 211°19′。

第二十四章　均匀行度與視行度之差表

爲了使前面論述的太陽均匀行度與視行度之差更便於使用，我將
爲它們製一個共有 60 行和 6 列的表格。

前兩列爲兩個半圓——上升半圓和下降半圓——的度數，與前面討論二分點行度的做法一樣，這裏也以 3°爲間距列出。

第三列爲基於太陽遠地點行度或近點角的行差度數。該行差最大約爲 7½°，也是每隔 3°有一個變化值。

第四列爲最大爲 60′的比例分數。它們是根據基於簡單近點的最大行差和最小行差之差算出的。因爲這些差值中最大的爲 32′，其 1/60 爲 32″，所以利用前已闡明的方法，我將從離心率推出差值的大小，並根據這些值每隔 3°給出一個最大爲 60 的數。

第五列是根據太陽與宇宙中心的最小距離所求得的基於周年變化和第一種近點變化的個別行差。

最後，第六列爲離心率最大時這些行差的變化值。⑮ 表格如下：

⑮ 同心圓上的行度、第一本輪上的行度以及第二本輪上的行度都是成比例的。因此，從表格前兩列就可以得出第二本輪的行度或 $\widehat{KJ}$；第三列的行差可以應用於第一本輪的近點周年行度；這一行差即 ∠KFJ 把平均近點從 H 修正到了 I（對應於 $\widehat{KJ}$ 的比例分數保持不變）。由第五列可以得出對應於 ∠GFI 的行差 ∠GEI，但由於太陽的眞位置不在 I 而在 J，所以行差必定被 ∠FEI 與 ∠FIJ 之差改變。保持不變的比例分數可以用來根據弦 FJ 的長度在 FL 與 FK 之間的變動來調整最後差值，即 ∠IEJ。也就是說，圍繞圓 CO 的運動所引起的離心率改變可以認爲是好像修正的本輪 HK 的半徑長度發生了變化。——英譯者

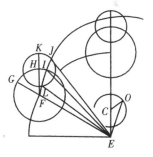

太陽行差表

公共數		中心行差		比例分數	偏心軌道圓或第一本輪行差		變化值……	公共數		中心行差		比例分數	偏心軌道圓或第一本輪行差		變化值……
°	°	°	′	°	°	′	′	°	°	°	′	°	°	′	′
3	357	0	21	60	0	6	1	93	267	7	22	30	1	49	32
6	354	0	41	60	0	11	3	96	264	7	24	29	1	50	32
9	351	1	2	60	0	17	4	99	261	7	24	27	1	50	32
12	348	1	23	60	0	22	6	102	258	7	23	26	1	49	32
15	345	1	44	60	0	27	7	105	255	7	21	24	1	48	31
18	342	2	3	59	0	33	9	108	252	7	18	23	1	47	31
21	339	2	24	59	0	38	11	111	249	7	13	21	1	45	31
24	336	2	44	59	0	43	13	114	246	7	6	20	1	43	30
27	333	3	4	58	0	48	14	117	243	6	58	18	1	40	30
30	330	3	23	57	0	53	16	120	240	6	49	16	1	38	29
33	327	3	41	57	0	58	17	123	237	6	37	15	1	35	28
36	324	4	0	56	1	3	18	126	234	6	25	14	1	32	27
39	321	4	18	55	1	7	20	129	231	6	14	12	1	29	25
42	318	4	35	54	1	12	21	132	228	6	50	11	1	25	24
45	315	4	51	53	1	16	22	135	225	5	44	10	1	21	23
48	312	5	6	51	1	20	23	138	222	5	28	9	1	17	22
51	309	5	20	50	1	24	24	141	219	5	19	7	1	12	21
54	306	5	34	49	1	28	25	144	216	4	51	6	1	7	20
57	303	5	47	47	1	31	27	147	213	4	30	5	1	3	18
60	300	6	3	46	1	34	28	150	210	4	9	4	0	58	17
63	297	6	12	44	1	37	29	153	207	3	49	3	0	53	14
66	294	6	27	42	1	39	29	156	204	3	23	3	0	47	13
69	291	6	33	41	1	42	30	159	201	3	1	2	0	42	12
72	288	6	42	40	1	44	30	162	198	2	37	1	0	36	10
75	285	6	51	39	1	46	30	165	195	2	12	1	0	30	9
78	282	6	58	38	1	48	31	168	192	1	47	1	0	24	7
81	279	7	5	36	1	49	31	171	189	1	21	0	0	18	5
84	276	7	11	35	1	49	31	174	186	0	54	0	0	12	4
87	273	7	16	33	1	50	31	177	183	0	27	0	0	6	2
90	270	7	21	32	1	51	32	180	180	0	0	0	0	0	0

第二十五章　太陽視行度的計算

應該怎樣計算任一給定時刻的太陽的視位置，我想現在已經很清楚了。正如我已經講過的，我們必須首先通過均勻行度表查出那時春分點的真位置或其歲差，以及它的第一種簡單近點行度，然後再找出地心的平均簡單行度（或者稱其爲太陽行度）以及周年近點行度。把這些數值加上它們已經確定的起點。從上表第一列或第二列中可以查出第一種簡單非近點角的值，從第三列中⑯查出用於修正周年近點行度的相應行差，從接下來的一列中查出比例分數，比例分數保持不變。如果第一種（簡單近點行度）——或第一列中的值——小於半圓，就把行差與周年近點行度相加；否則就相減。由此得到的差或和即爲經過修正的太陽近點行度，由此便可得出第五列所載的基於周年（偏心）軌道圓或（第一本輪）的行差以及下一列的差值。把這一差值與業已查出的比例分數結合起來，可得到一值。把這個值與行差相加，便可得到修正行差。如果周年近點行度可在第一列中查到或者小於半圓，就應把修正行差從太陽平位置中減去；反之，如果周年近點行度大於半圓或出現在其他列中，則應把修正行差與太陽平位置相加。如此得到的差或和將得出從白羊座頭部量起的太陽真位置，如果最後春分點的真歲差與這個（太陽真位置）相加，則它將直接算出太陽在黃道十二宮和黃道弧上距二分點的位置。

但如果你想採用另一種方法，那麼可以用均勻複合行度來代替簡單行度。一切程序不變，只是要用春分點歲差的行差而不是歲差本身，加或減視情況而定。這樣，通過地球的運動而對太陽的現象所進行的理性解釋與古代和現代的發現相符，並且更會與將來的發現相符。

然而我也並非不知道，如果有人認爲周年運轉的中心靜止於宇宙

⑯ 即由於第一本輪上的行度和第二本輪上的行度彼此成比例。——英譯者

的中心,而太陽的運動卻與我關於偏心圓中心所論證的兩種運動相似且相等,那麼無論是數值還是論證都將與前面一樣,因爲除了位置,尤其是與太陽有關的位置以外,沒有什麼會發生變化。於是地心繞宇宙中心的運動將是絕對的和簡單的,因爲另外兩種運動將被歸於太陽。因此,當我開始時含糊地說,宇宙的中心位於太陽或太陽附近時,這些位置當中到底哪一個是十${}$的中心仍是懸而未決的,今後當我論述五大行星時,會進一步討論這個問題。我將盡我所能對此做出回答,並認爲如果我把可靠的、不會產生誤導的計算應用於太陽的視運動,這就足夠了。

第二十六章　NUCHTHEMERON,即自然日的變化

　　關於太陽,我們還應討論自然日的不均勻性。自然日包含 24 小時,直到現在,我們仍然常常把它用做關於天體運動的可靠度量。然而迦勒底人和古希伯來人把一自然日定義爲兩次日出之間的時間,雅典人定義爲兩次日沒之間的時間,羅馬人定義爲從午夜到午夜,埃及人則定義爲從正午到正午。在此期間,除地球本身旋轉一次所需時間外,顯然還應加上它對太陽視運動周年運轉的時間。⑰ 但這段附加時間

⑰ 對於托勒密而言,周日旋轉和周年運轉的方向是相反的,所以太陽日要略比恆星日長一些。這裏,地球的周日旋轉和周年運轉的方向是相同的,即均爲向東運動,所以由於地球的第三種運動,即與周年運轉大致相等但方向相反的地極的赤緯運動,太陽日仍比恆星日長。

設點 *A* 爲太陽,*CF* 和 *DEF* 爲地球,中心爲點 *B* 和點 *G*。設 *FBC* 與 *FGD* 爲同一條經度圈,地心在 24 個赤道小時內從 *B* 運動到 *C*。由於赤緯運動使地軸平行於自身,所以在一次周日旋轉結束時,經度圈 *FBC* 或 *FGD* 也將平行於自身,但直下不會與從地心到日心之間的運線 *GEA* 合一,直到地球又通過 $\overarc{DE}$ 位置。也就是說,太陽日等於恆星日的 360°加上 $\overarc{DE}$。

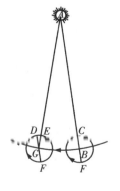

——英譯者

是不均勻的，這首先是因為太陽的視行度不均勻，其次是因為自然日與赤極有關，而年則與黃道有關。因此，這段視時間不可能成為通常使用的可靠的運動度量，因為自然日與自然日之間在任何方面都不一致。因此便需要從中挑選出某種均勻的日子，用它來測定均勻行度。由於在一整年中地球繞兩極共做 365 次自轉。此外，由於太陽的視運動使日子加長，所以還須增加大約一次完整的自轉。因此自然日要比均勻（日）長出（這一附加自轉周的）⅟₃₆₅。

因此，我們應當定義出均勻日，並把它與非均勻的視日區分開來。我把赤道的一次完整自轉加上在此期間太陽看起來均勻運動的部分稱為「均勻日」，而把赤道轉一周的 360「時度」⑱ 加上與太陽視運動一起在地平圈或子午圈上升起的部分稱為「非均勻視日」。雖然這些日之間的差別小到無法立即察覺，但若干天後它就很明顯了。

這種現象有兩種原因，即太陽視運動的不均勻性以及傾斜黃道的非均勻升起。第一種原因是由太陽的非均勻視行度造成的，前面已經闡明。托勒密認為，對於中點為高拱點的半圓來說，度數比黃道少了4¾「時度」，而對於中點為低拱點的另一個半圓上，度數卻比黃道多出了同一數目。因此一個半圓比另一個半圓總共超出 9½「時度」。

但對於與出沒有關的第二種原因，各包含一個至點的兩個半圓之間有著極大的差異。這是最短日與最長日之間的差異，它的變化很大，每一地區都不一樣。從中午或午夜量出的差值在任何地方都在四個極限點以內。從金牛宮 16°處到獅子宮 14°處，（黃道的）88°共越過子午圈的約 93「時度」；從獅子宮 14°到天蠍宮 16°，（黃道的）92°共越過子午圈的 87「時度」，所以後者少了 5「時度」，前者多了 5「時度」。於是第一時段的日子比第二時段超出了 10「時度」，即 ⅔ 小時。另一半圓的情況與此相似，只是兩個完全相對的極限點反了過來。現在天文學家們決定取正午或午夜而不是日出或日沒來測定自然日，這是因為與

---

⑱赤道的單位被稱為「時度」而不是「度」。——英譯者

地平圈有關的變化較爲複雜，它可長達數小時，而且各地的情況不一樣，它會根據地球的傾角複雜地變化。而與子午圈有關的變化則是到處都一樣，所以較爲簡單。因此，由前述原因所引起的總的變化，即太陽視運動的不均勻性以及（黃道）不均勻地通過子午圈，在托勒密以前從寶瓶宮中點開始減少，從天蠍宮起點開始增加，最後達到 8¼「時度」。現在減小是從實瓶宮 10 度起而到天蠍宮 10，增加是從天蠍宮 10°到寶瓶宮 20'，變化值已經縮小爲 7「時度」48'。由於近地點和離心率也是隨時間變化的，所以這些值也將隨時間變化。最後，如果把二分點歲差的最大變化也考慮在內，則自然日的整個變化可以在幾年內超過 10「時度」。直到現在，（自然）日非均勻性的第三種原因仍然隱而未現，因爲相對於平均和均勻分點而不是並非完全均勻的二分點（這一點已經足夠清楚了）來說，赤道的旋轉已經被發現是均勻的，所以有時較長的日會比較短的日超出 10「時分」的兩倍，即 1⅓ 小時。

　　由於太陽的周年行度以及恆星相當緩慢的行度，這些現象也許可以被忽視而不致產生明顯的誤差，然而由於月球的快速運動（可以引起太陽行度的 ⅚°的誤差），它們絕不能被完全忽略。把視非均勻時化爲均勻時的方法（所有變化都適用）如下：

　　對於任一段給定時間來說，對該時段的每一個極限點——起點和終點——根據我所說的太陽複合均勻行度求出太陽相對於平春分點的平位置，以及相對於眞春分點的眞視位置。測定在正午或午夜赤經走過了多少「時度」，或者定出第一眞位置與第二眞位置之間多少「時度」。如果它們等於兩平位置之間的度數，則已知的視時間等於平均時間；如果「時度」較大，就把多餘量與已知時間相加；如果較小，就從視時間中減去它們的差值。由這樣得到的和或差出發，並取 1「時度」等於 1 小時的 4 分鐘或 1 日一分的 10 秒，我們就可以得到歸化爲均勻時的時間。而如果均勻時已知，你想直到與之相應的視時間是多少，則可作相反計算。

　　對第一屆奧林匹克運動會，我們求得在雅典曆 1 月 1 日正午，太陽相對於平春分點的平位置爲 90°59'，而相對於視分點的平位置位於

巨蟹宮內 0°36′。從基督紀元以來，太陽的平均行度位於摩羯宮內 8°2′，真行度位於摩羯宮內 8°48′。因此，在正球上從巨蟹宮 0°36′到摩羯宮 8°48′共升起了 178「時度」54′，這超過了平位置之間的距離 1「時度」51′，即 7 分鐘。依此類推，由此可以非常精確地考察月球的運動，我將在下一卷中就此進行討論。

第四卷

　　在上一卷中，我盡自己所能解釋了地球繞日運動所引起的現象，並試圖用同樣的方式來確定所有行星的運動。首先擺在我面前的必然是月球的圓周運動，因為特別是通過晝夜可見的月球，星體的位置才能得以確定和考察。在所有行星中，只有月球的運轉（無論是多麼不均勻）直接與地心有關，月球與地球有著最密切的關係。因此，月球本身並不能表明地球在運動（也許周日運轉除外），正因如此，古人相信地球位於宇宙的中心，它是一切旋轉的中心。在解釋月球的圓周運動時，我並不反對古人關於月球繞地球運轉的觀點，不過我將提出某些與前人相左但卻更加可靠的觀點，並且用它們盡可能地確定月球的運動。

第一章　古人關於月球圓周的假說

　　月球的運動具有下列性質：它不是沿著黃道運行，而是沿著一個傾斜於黃道並且與之彼此平分的固有圓周運行，月球可以從這條交線進入兩種緯度中的任何一種。這些事實很像太陽周年運行中的二至點，因為年之於太陽有如月之於月球。（有些人）把交點的平均位置稱為「食點」，另一些人則稱之為「節點」。太陽和月球在這些點上出現的合沖現象稱為「日／月食」。除這些點外，這兩個圓沒有其他公共點可以出現日／月食，因為當月球位於其他位置時，月球的偏離使得太

陽和月球的光線不會彼此遮擋。而當它們掠過時，並不會阻擋對方。月球的軌道圓連同它的四個「樞點」（hinges）或基點圍繞地心傾斜地均勻運行，每天大約移動 3′，並在 19 年內運轉一周。因此，我們總是看到月球沿自己的軌道圓在其平面上向東運動，只是有時速度較慢，有時速度較快。月球運行越慢，就離地球越遠；運行越快，就離地球越近。由於距地球較近，月球的道⋯⋯現象要比⋯⋯⋯⋯⋯⋯都明顯。⋯⋯察覺。

　　古人認爲速率的變化是由一個本輪引起的。當月球沿本輪的上半圓運行時，其速率要從平均速率中減去；而當月球沿本輪的下半圓運行時，其速率要加上平均速率。此外，前已證明，通過本輪所能取得的結果，借助於偏心圓也能得出。但古人之所以會選擇本輪，是因爲月球看起來具有兩重不均勻性。當月球位於本輪的高／低拱點時，看不出與均勻運動有什麼差別；而當它位於本輪與大圓的交點附近時，就與均勻運動有了很大差別，因爲這種差異對於或盈或虧的半月來說要比滿月大得多，而它的出現是確定的和有規則的。因此，他們認爲本輪行於其上的均輪並非與地球同心，而是有這樣一個載有本輪的偏心圓，月球按照如下規則在本輪上運動：當太陽與月球是在平均的沖與合時，本輪位於偏心圓的遠地點；而當月球位於（會合）周① 的平均方照時，本輪位於偏心圓的近地點。於是，他們就設想出兩種相等但方向相反的圍繞地心的運動，即本輪向東運動，偏心圓的中心及其兩拱點向西運動，而太陽的平位置線總是介於它們之間。這樣，本輪每個月在偏心圓上運轉兩次。

　　爲了更直觀地說明這些事情，設 ABCD 是與地球同心的偏斜的月球圓周，它被直徑 AEC 和 BED 四等分。設點 E 爲地心，日月的平均合點位於直線 AC 上，中心爲點 F 的偏心圓的遠地點和本輪 MN 的中心也在同一處。設偏心圓的遠地點向西運動的距離等於本輪

向東運動的距離。用與太陽的平合或
對太陽的平沖來測量，它們都繞點 E
做相等的周月均勻運轉。設太陽的平
位置線 AEC 總是介於它們之間，月
球從本輪的遠地點向西運動。天文學
家們認爲這種設定是與現象相符的。
本輪在半個月的時間裏遠離太陽移動
了半周的距離，但從偏心圓的遠地點
運轉了一整周。結果，在這段時間的
中點處即半月的時候，月球和遠地點
正好沿直徑 BD 相對，本輪位於距地

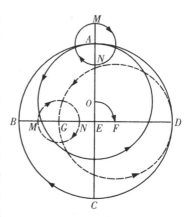

球較近的偏心圓近地點 G，此處非均勻性變化較大，因爲在不同距離
處看同樣大小的物體，離得越近物體就顯得越大。因此，當本輪位於
點 A 時變化最小，位於點 G 時變化最大。本輪直徑 MN 與線段 AE
之比最小，而與 GE 之比則要大於它與其餘位置所有線段之比，這是
因爲在從地心向偏心圓所作的所有線段中，GE 是最短的，而 AE 或
與之等長的 DE 是最長的。

第二章　那些假設的缺陷

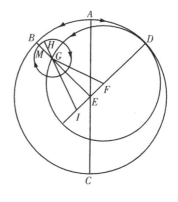

　　我們的前人認爲這樣一種圓周的符
合可以與月球現象取得一致，但如果我
們認眞考慮一下，就會發現這個假設並
非完全妥當，我可以用推理和感覺來證
明這一點。因爲當他們承認本輪中心繞
地心均勻運行的時候，也應當承認它在
自己所描出的偏心圓上的運動是不均勻
的。

　　比如說，假定

$$\angle AEB = \angle AED = 45°,$$

使得

$$\angle BED = 90°。$$

把本輪中心取在點 G，連結 GF。於是顯然，

$$\angle GFD > \angle GEF，$$

因爲外角大於與之相對的內角。因此，在同一時間內描出來的兩弧 $\overset{\frown}{DAB}$ 和 $\overset{\frown}{DG}$ 是不相似的。如果

$$\overset{\frown}{DAB} = 90°，$$

則本輪中心同時掃出的

$$\overset{\frown}{DG} > 90°。$$

但是已經證明，在半月時

$$\overset{\frown}{DAB} = \overset{\frown}{DG} = 180°，$$

因此，本輪在它所描出的偏心圓上的運動是不均勻的。

　　但如果看起來均勻運行的本輪實際上是不均勻的，我們該怎樣對以下公理，即「天體的運行是均勻的，只不過在現象上看似不均勻罷了」做出回答呢？這難道不是正好與之抵觸嗎？如果你說本輪繞地心均勻運行，並說這足以保證均勻性，那麼對於這樣一種在本輪之外的一個圓上出現，而在其自身的偏心圓上卻不出現的均勻性來說，應該作何理解呢？

　　我對他們假設月球在本輪上不是相對於理應參照的地心即直線 EGM 均勻運動，而是相對於另一點——地球位於該點與偏心圓中點之間，而直線 IGH 就好像月球在本輪上均勻運動的指示器——運動也感到困惑難解。由於這種現象部分依賴於這種假設，所以這足以證明這種運動是非均勻的。既然月球在其自身的本輪上的運動也是非均勻的，那麼如果我們試圖通過眞不均勻性來證明視不均勻性，我們推理的方式也就很清楚了。除了阻攔那些貶損這門科學的人，我們還能做什麼呢？

　　不僅如此，經驗和感官知覺都向我們表明，月球的視差與各圓的比值所給出的視差不一致。這種被稱爲「對易」的視差是由於地球的

大小在月球附近變得明顯而產生的。由於從地心和地球表面（到月球）所引直線並不平行，而是在月球上相交成一個明顯的角度，所以它們必然會導致月球視運動的不均勻。在那些沿地球的凸面斜著觀月的人看來，月球的位置與那些從地心或（地球的）天頂觀月的人所看到的位置是不同的。因此這種視差隨月地距離的不同而不同。天文學家們一致認為，如果取地球半徑為 1，則最大距離為 64⅙。根據這些數值的可公度性，最小距離應為 33ᵖ33′，從而月球可以向我們運動到大約一半距離處——根據由此得到的比值，最遠距離處和最近距離處的視差之比必須大約等於 1:2。但我發現，那些出現於盈／虧的半月甚至是本輪近地點的視差，與日／月食時出現的視差相差很小或沒有什麼差別，對此我將在適當的地方給出令人信服的說明。

月球這個天體本身可以清楚地顯示這一偏差，因為月球直徑有時看來會大一倍，有時又會小一倍。由於圓的面積之比等於直徑平方之比，所以如果假設月球的整個圓面發光，那麼在方照即距地球最近時，月球看起來應為與太陽相沖時的 4 倍大。但由於此時月球有一半圓面發光，所以它仍應發出比在該處的滿月多一倍的光——儘管與此相反的情況是顯然的。如果有人不滿足於肉眼觀測，而想用一架希帕庫斯的屈光鏡或其他儀器來測量月球的直徑，那麼他就會發現月球的直徑變化只有無偏心圓的本輪所要求的那樣大。因此，在通過月球的位置來研究恆星時，梅內勞斯和提摩恰里斯總是毫不猶豫地把月球直徑都取為通常呈現出來的 ½°。

第三章　另一種月球運行理論

因此情況就很清楚了，本輪看起來時大時小並非是因為偏心圓，而是與另一套圓周有關。設 AB 為一個本輪，我稱其為第一本輪和大本輪。設點 C 為它的中心，點 D 為地心，從點 D 延長 DC 至本輪的高拱點。以點 A 為圓心作另一個小本輪 EF。所有這些圖形都位於月球的偏斜圓面上。設點 C 向東運動，點 A 向西運動。月球從 EF 上部

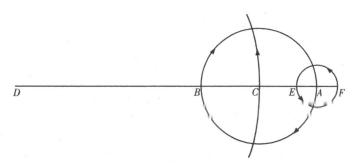

的點 F 向東運動，並保持這樣一種次序：當 DE 與太陽的平位置線重合時，月球總是位於點 E，離中心點 C 最近，而在方照時卻位於點 F，距點 C 最遠。我要說明，月球現象與這種設定相符。

由此可知，月球每個月在本輪 EF 上運轉兩周，在此期間，點 C 相對於太陽的平位置運轉一周。當朔望時，月球看起來描出半徑為 CE 的最小的圓；但在方照時，月球描出半徑為 CF 的最大的圓；於是，隨著月球繞中心 C[2] 通過相似卻不相等的弧段，月球的均勻行度與視行度之差在合沖時較小，在方照時較大。由於本輪的中心 C 總是位於一個與地球同心的圓上，所以月球呈現的視差不會那麼大，而只會與本輪相一致。由此便很容易解釋，為什麼月球的大小看起來會不發生變化。其他一切與月球運動有關的現象也都是這樣。

我將用自己的假設依次對它們做出證明，儘管如果保持合適的比例，同樣的現象也可用偏心圓來解釋，一如太陽的情形。和前面一樣，我仍將從均勻運動談起，因為如果不講均勻運動，非均勻運動也無從談起。因為存在著前面講過的視差，這裏的困難並不小，視差使得（月球的）位置不能通過星盤或其他類似儀器來測定。然而即使在這裏，大自然的慷慨仁厚也照顧到了人類的願望，因為通過月食來測定（月球的）位置要比通過儀器來測定更可靠，我們不必懷疑有任何誤差。

②原英譯本誤為 E。──中譯者

由於宇宙的其他部分明亮而且充滿陽光，所以黑夜顯然只是地球的陰影，這個影子呈終止於一點的錐形。當月球落在這個錐影上時，它就變暗了；而當它位於陰影中間時，它就必定到達了與太陽相對的位置上。但是由月球位於日地之間所引起的日食，卻不能用來精確地測定月球的位置。因為儘管有時我們看到了太陽與月球的合，但相對於地心，由於存在著前面所說的視差，其實已成過去或尚未發生。因此，在地球的各個地方看來，同一次日食的食分和持續時間都不一樣，其他方面也不類似。然而月食卻不存在此種障礙，因為地球陰影的軸線是沿著從地心到太陽的方向上的。所以月食最適於最高精度地確定月球的運動。

第四章　月球的運轉及其行度詳情

在古人中，力求通過數字來把這些事情流傳後世的人是雅典人默多 (Meton)，他的盛年大約在第 37 屆奧林匹克運動會左右。他得出了 19 個太陽年包含 235 個朔望月的結論。於是這個長的 $\dot{\epsilon}\nu\nu\epsilon\alpha\delta\epsilon\kappa\grave{\alpha}$ $\tau\epsilon\rho\iota\varsigma$ 週期，即 19 年的週期，被稱為「默多章」。這個數字很是可靠，它曾在雅典和其他著名城市的市場上被公開確立，甚至直到現在還得到人們的廣泛應用，因為人們認為借助於它，月份的起點和終點就可以以一種嚴密的次序確定下來，並且太陽年的 365¼ 日可以與月份相一致。由此得到的 76 年的卡利普斯週期中有 19 個閏日，他們把該週期稱為「卡利普斯章」。

然而希帕庫斯卻通過認真的研究發現，每 304 年中就多出了一整天，只有在太陽年縮短 ⅟₃₀₀ 天時，（卡利普斯章）才是有效的。於是有人就把這個包含 3760 個朔望月的長週期稱為「希帕庫斯章」。當同時也研究近點角和黃緯的週期時，上面這些計算的描述就過於簡單和粗略了，為此，希帕庫斯進一步做了研究。他把自己非常精確的月食觀測記錄與迦勒底人流傳下來的記錄進行對比，定出了月份與近點角循環同時完成的週期為 345 埃及年 82 天 1 小時，在此期間共有 4267 個朔

望月和 4573 次近點角循環。把這些月份轉換成日數，得到 126007 日 1 小時，再除以月份數，得到 1 月等於 29 日 31′50″8‴9⁗20‴‴。根據這一結果便可求得在任何時間內的行度。把一個月內運轉的 360°除以一個月的天數，就得到月球相對於太陽的日行度爲 12°11′26″41‴20⁗ 18‴‴。把它乘以 365，便得到年行度爲 12 周加上 129°37′21″28‴29⁗。

此外，由於 4267 月與 4573 次近點角循環的兩個數字有公約數 17，所以化爲最小項以後的比值爲 251:269。根據《幾何原本》X，15，我們可以得出月球行度與近點行度之比。把月球行度乘以 269，再把乘積除以 251，得到的商即爲近點的年行度，它的值爲 13 周加 88°43′8″ 40‴20⁗。因此，日行度爲 13°3′53″56‴29⁗。

然而黃緯的循環卻是另一種比例，因爲它與近點角回歸的精確時間不相符。只有當前後兩次月食在一切方面都相似和相等，以至於兩次食都在月球，並且食分與食延時間均相等時，我們才能說月球又回到了原來的緯度。這出現在月球與高／低拱點的距離相等的時候，因爲只有這時月球才被認爲是在相等時間內穿過了相等的陰影。根據希帕庫斯的計算，這種情況每 5458 個月發生一次，這段時間對應著 5923 次黃緯循環。像其他情況一樣，通過這一比值也可定出以年和日量出的個別黃緯行度。把月球離開太陽的行度乘以 5923 個月，再把乘積除以 5458，便可得到月球的年黃緯行度爲 13 周加 148°42′46″49‴3⁗，日行度爲 13°13′45″39‴40⁗。

希帕庫斯用這個方法算出了月球的均勻行度，而在他之前還沒有人得到過這麼準確的結果。但後來，人們發現這些行度的結果並非完全準確。托勒密求得的遠離太陽的平均行度與希帕庫斯求得的相同，但近點的年行度卻比希帕庫斯求得的少了 1″11‴39⁗，黃緯年行度則多了 53‴41⁗。又過了很長時間，我也發現希帕庫斯求得的平均年行度少了 1″2‴49⁗，近點行度少了 24‴49⁗，黃緯行度則多了 1″1‴42⁗。因此，月球與地球的午平均行度相差 129°37′22″32‴41⁗，近點行度相差 88°43′9″5‴9⁗，而黃緯行度相差 148°42′45″17‴21⁗。

逐年和 60 年週期內的月球行度表

埃及年	行 度					埃及年	行 度				
	60°	°	′	″	‴		60°	°	′	″	‴
1	2	9	37	22	36	31	0	58	18	40	48
2	4	19	14	45	12	32	3	7	56	3	25
3	0	28	52	7	49	33	5	17	33	26	1
4	2	38	29	30	25	34	1	27	10	48	38
5	4	48	6	53	2	35	3	36	48	11	14
6	0	57	44	15	38	36	5	46	25	33	51
7	3	7	21	38	14	37	1	56	2	56	27
8	5	16	59	0	51	38	4	5	40	19	3
9	0	26	36	23	27	39	0	15	17	41	40
10	3	36	13	46	4	40	2	24	55	4	16
11	5	45	31	8	40	41	4	34	32	26	53
12	1	55	28	31	17	42	0	44	9	49	29
13	4	5	5	53	53	43	2	53	47	12	5
14	0	14	43	16	29	44	5	3	24	34	42
15	2	24	20	39	6	45	1	13	1	57	18
16	4	33	58	1	42	46	3	22	39	19	55
17	0	43	35	24	19	47	5	32	16	42	31
18	2	53	12	46	55	48	1	41	54	5	8
19	5	2	50	9	31	49	3	51	31	27	44
20	1	12	27	32	8	50	0	1	8	50	20
21	3	22	4	54	44	51	2	10	46	12	57
22	5	31	42	17	21	52	4	20	23	35	33
23	1	41	19	39	57	53	0	30	0	58	10
24	3	50	57	2	34	54	2	39	38	20	46
25	0	0	34	25	10	55	4	49	15	43	22
26	2	10	11	47	46	56	0	58	53	5	59
27	4	19	49	10	23	57	3	8	30	28	35
28	0	29	26	32	59	58	5	18	7	51	12
29	2	39	3	55	36	59	1	27	45	13	48
30	4	40	41	18	12	60	3	37	22	35	25

基督誕生時的位置

——

209°58′

逐日和 60 日週期內的月球行度表

日	行　度					日	行　度				
	60°	°	′	″	‴		60°	°	′	″	‴
1	0	12	11	26	41	31	6	17	54	47	26
2	0	24	22	53	23	32	6	30	6	14	8
3	0	36	34	20	4	33	6	42	17	40	49
4	0	48	45	46	46	34	6	54	29	7	31
5	1	0	57	13	27	35	7	6	40	34	12
6	1	13	8	40	9	36	7	18	52	0	54
7	1	25	20	6	50	37	7	31	3	27	35
8	1	37	31	33	32	38	7	43	14	54	17
9	1	49	43	0	13	39	7	55	26	20	58
10	2	1	54	26	55	40	8	7	37	47	40
11	2	14	5	53	36	41	8	19	49	14	21
12	2	26	17	20	18	42	8	32	0	41	3
13	2	38	28	47	0	43	8	44	12	7	44
14	2	50	40	13	41	44	8	56	23	34	26
15	3	2	51	40	22	45	9	8	35	1	7
16	3	15	3	7	4	46	9	20	46	27	49
17	3	27	14	33	45	47	9	32	57	54	30
18	3	39	26	0	27	48	9	45	9	21	12
19	3	51	37	27	8	49	9	57	20	47	53
20	4	3	48	53	50	50	10	9	32	14	35
21	4	16	0	20	31	51	10	21	43	41	16
22	4	28	11	47	13	52	10	33	55	7	58
23	4	40	23	13	54	53	10	46	6	34	40
24	4	52	34	40	36	54	10	58	18	1	21
25	5	4	46	7	17	55	11	10	29	28	2
26	5	16	57	33	59	56	11	22	40	54	43
27	5	29	9	0	40	57	11	34	52	21	25
28	5	41	20	27	22	58	11	47	3	48	7
29	5	53	31	54	3	59	11	59	15	14	48
30	6	5	43	20	45	60	12	11	26	41	31

基督誕生時的位置
—
209°58′

逐年和 60 年週期內的月球近點行度表

埃及年	行　度					埃及年	行　度				
	60°	°	′	″	‴		60°	°	′	″	‴
1	1	28	43	9	7	31	3	50	17	42	44
2	2	57	26	18	14	32	5	19	0	51	52
3	4	26	9	27	21	33	0	47	43	0	59
4	5	54	52	36	29	34	2	16	27	10	6
5	1	23	35	45	36	35	3	45	10	19	13
6	2	52	18	54	43	36	5	13	53	28	21
7	4	21	2	3	59	37	0	42	36	37	28
8	5	49	45	12	58	38	2	11	19	46	35
9	1	18	28	22	5	39	3	40	2	55	42
10	2	47	11	31	12	40	5	8	46	4	50
11	4	15	54	40	19	41	0	37	29	13	57
12	5	44	37	49	27	42	2	6	12	23	4
13	1	13	20	58	34	43	3	34	55	32	11
14	2	42	4	7	41	44	5	3	38	41	19
15	4	10	47	16	48	45	0	32	21	50	26
16	5	39	30	25	56	46	2	1	4	59	33
17	1	8	13	35	3	47	3	29	48	8	40
18	2	36	56	44	10	48	4	58	31	17	48
19	4	5	39	53	17	49	0	27	14	26	55
20	5	34	23	2	25	50	1	55	57	36	2
21	1	3	6	11	32	51	3	24	40	45	9
22	2	31	49	20	39	52	4	53	23	54	17
23	4	0	32	29	46	53	0	22	7	3	24
24	5	29	15	38	54	54	1	50	50	12	31
25	0	57	58	48	1	55	3	19	33	21	38
26	2	26	41	57	8	56	4	48	16	30	46
27	3	55	25	6	15	57	0	16	59	39	53
28	5	24	8	15	23	58	1	45	42	49	0
29	0	52	51	24	30	59	3	14	25	58	7
30	2	21	34	33	37	60	4	43	9	7	15

基督誕生時的位置——207°7′

逐日和 60 日週期內的月球近點行度表

日	行　度 60°	°	′	″	‴		日	行　度 60°	°	′	″	‴
1	0	13	3	53	56		31	6	45	0	52	11
2	0	26	7	47	53		32	5	58	4	46	8
3	0	39	11	41	49		33	7	11	8	40	4
4	0	52	15	35	46		34	7	24	12	34	1
5	1	5	19	29	42		35	7	37	16	27	57
6	1	18	23	23	39		36	7	50	20	21	54
7	1	31	27	17	35		37	8	3	24	15	50
8	1	44	31	11	32		38	8	16	28	9	47
9	1	57	35	5	28		39	8	29	32	3	43
10	2	10	38	59	25		40	8	42	35	57	40
11	2	23	42	53	21		41	8	55	39	51	36
12	2	36	46	47	18		42	9	8	43	45	33
13	2	49	50	41	14		43	9	21	47	39	29
14	3	2	54	35	11		44	9	34	51	33	26
15	3	15	58	29	7		45	9	47	55	27	22
16	3	29	2	23	4		46	10	0	59	21	19
17	3	42	6	17	0		47	10	14	3	15	15
18	3	55	10	10	57		48	10	27	7	9	12
19	4	8	14	4	53		49	10	40	11	3	8
20	4	21	17	58	50		50	10	53	14	57	5
21	4	34	21	52	46		51	11	6	18	51	1
22	4	47	25	46	43		52	11	19	22	44	58
23	5	0	29	40	39		53	11	32	26	38	54
24	5	13	33	34	36		54	11	45	30	32	51
25	5	26	37	28	32		55	11	58	34	26	47
26	5	39	41	22	29		56	12	11	38	20	44
27	5	52	45	16	25		57	12	24	42	14	40
28	6	5	49	10	22		58	12	37	46	8	37
29	6	18	53	4	18		59	12	50	50	2	33
30	6	31	56	58	15		60	13	3	53	56	30

基督誕生時的位置 —— 207°7′

逐年和 60 年週期內的月球黃緯行度表

埃及年	行　度					埃及年	行　度				
	60°	°	′	″	‴		60°	°	′	″	‴
1	2	28	42	45	17	31	4	50	5	23	57
2	4	57	25	30	34	32	1	18	48	9	14
3	1	26	8	15	52	33	3	47	30	54	32
4	3	54	51	1	9	34	0	16	13	39	48
5	0	23	33	46	26	35	2	44	56	25	6
6	2	52	16	31	44	36	5	13	39	10	24
7	5	20	59	17	1	37	1	42	21	55	41
8	1	49	42	2	18	38	4	11	4	40	58
9	4	18	24	47	36	39	0	39	47	26	16
10	0	47	7	32	53	40	3	8	30	11	33
11	3	15	50	18	10	41	5	37	12	56	50
12	5	44	33	3	28	42	2	5	55	42	8
13	2	13	15	48	45	43	4	34	38	27	25
14	4	41	58	34	2	44	1	3	21	12	42
15	1	10	41	19	20	45	3	32	3	58	0
16	3	39	24	4	37	46	0	0	46	43	17
17	0	8	6	49	54	47	2	29	29	28	34
18	2	36	49	35	12	48	4	58	12	13	52
19	5	5	32	20	29	49	1	26	54	59	8
20	1	34	15	5	46	50	3	55	37	44	26
21	4	2	57	51	4	51	0	24	29	29	44
22	0	31	40	36	21	52	2	53	3	15	1
23	3	0	23	21	38	53	5	21	46	0	18
24	5	29	6	6	56	54	1	50	28	45	36
25	1	57	48	52	13	55	4	19	11	30	53
26	4	26	31	37	30	56	0	47	54	16	10
27	0	55	14	22	48	57	3	16	37	1	28
28	3	23	57	8	5	58	5	45	19	46	45
29	5	52	39	53	22	59	2	14	2	32	2
30	2	21	12	38	40	60	4	42	45	17	21

基
督
誕
生
時
的
位
置
│
129°45′

逐日和 60 日週期內的月球黃緯行度表

日	行 度					日	行 度				
	60°	°	′	″	‴		60°	°	′	″	‴
1	0	13	13	45	39	31	6	50	6	35	20
2	0	26	27	31	18	32	7	3	20	20	59
3	0	39	41	16	58	33	7	16	34	6	39
4	0	52	55	2	37	34	7	29	47	52	18
5	1	6	8	48	16	35	7	43	1	37	58
6	1	19	22	33	56	36	7	56	15	23	37
7	1	32	36	19	35	37	8	9	29	9	16
8	1	45	50	5	14	38	8	22	42	54	56
9	1	59	3	50	54	39	8	35	56	40	35
10	2	12	17	36	33	40	8	49	10	26	14
11	2	25	31	22	13	41	9	2	24	11	54
12	2	38	45	7	52	42	9	15	37	57	33
13	2	51	58	53	31	43	9	28	51	43	13
14	3	5	12	39	11	44	9	42	5	28	52
15	3	18	26	24	50	45	9	55	19	14	31
16	3	31	40	10	29	46	10	8	33	0	11
17	3	44	53	56	9	47	10	21	46	45	50
18	3	58	7	41	48	48	10	35	0	31	29
19	4	11	21	27	28	49	10	48	14	17	9
20	4	24	35	13	7	50	11	1	28	2	48
21	4	37	48	58	46	51	11	14	41	48	28
22	4	51	2	44	26	52	11	27	55	34	7
23	5	4	16	30	5	53	11	41	9	19	46
24	5	17	30	15	44	54	11	54	23	5	26
25	5	30	44	1	24	55	12	7	36	51	5
26	5	43	57	47	3	56	12	20	50	36	44
27	5	57	11	32	43	57	12	34	4	22	24
28	6	10	25	18	22	58	12	47	18	8	3
29	6	23	39	4	1	59	13	0	31	53	43
30	6	36	25	49	41	60	13	13	45	39	22

基督誕生時的位置 ── 129°45′

第五章　在朔望出現的月球第一種不均勻性的分析

　　我已經就自己目前所能掌握的程度定出了月球的均勻行度。現在我將通過本輪來探討關於不均勻性的理論，首先是與太陽發生合與沖時的不均勻性。古代的天文學家憑藉自己令人驚訝的天才通過三個一組的月食來進行研究。我也將遵循他們為我們開闢好的這一道路，採用托勒密做過仔細觀測的三次月食，並把它們與另外三次觀測同樣認真的月食進行比較，以便檢驗上述均勻行度是否正確。在研究它們時，我將沿襲古人的做法，把太陽和月球遠離春分點位置的平均運動取作均勻的，因為別說是在這麼短的時間裏，就是在 10 年裏，二分點的不均勻歲差所引起的變化也是察覺不到的。

　　托勒密所取的第一次月食發生在哈德良 17 年埃及曆 10 月 20 日之後，即西元 133 年 5 月 6 日。這次月食為全食，它的食甚出現在亞歷山大里亞的午夜之前 $\frac{1}{4}$ 小時。但是在弗勞恩堡或克拉科夫，則應在 5 月 7 日前的午夜前的 $1\frac{1}{4}$ 小時。太陽當時位於金牛宮內 $12\frac{1}{4}°$，但根據平均行度它應位於金牛宮內 $12°21'$。

　　他所說的第二次月食發生在哈德良 19 年埃及曆 4 月 2 日結束之後，即西元 134 年 10 月 20 日。陰影區從北面開始擴展到月球直徑的 $\frac{5}{6}$。在亞歷山大里亞，食甚出現在午夜前 1 赤道小時，而在克拉科夫則為午夜前 2 小時。當時太陽位於天秤宮內 $25\frac{1}{6}°$，但根據平均行度它應位於天秤宮內 $26°43'$。

　　第三次月食發生在哈德良 20 年埃及曆 8 月 19 日結束之後，即西元 135 年 3 月 6 日結束後。陰影區又一次從北邊開始擴展到月球直徑的一半。在亞歷山大里亞的食甚出現在午夜後 4 赤道小時，而在克拉科夫則為午夜後 3 小時。當時太陽位於雙魚宮內 $14\frac{1}{2}°$，但根據平均行度它應位於雙魚宮內 $11°44'$。

　　在第一次月食與第二次月食之間的那段時間，月球移動的距離與太陽的視運動移動的距離是相同的（不算整圈），即 $161°55'$；在第二

次月食與第三次月食之間為 138°55′。根據視時間計算，第一段時間為 1 年 166 日 23¾均勻小時，但根據修正時間則為（1 年 166 日）23⅝小時；第二段時間為 1 年 137 日 5 小時，但根據修正時間則為（1 年 137 日）5½小時。

在第一段時間中，太陽和月球的聯合均勻行度（不算整圈）為 169°37′，近點行度為 110°21′，類似地，在第二段時間中，太陽與月球的聯合均勻行度為 137°34′，近點行度為 81°36′。於是顯然，在第一時段中，本輪的 110°21′從月球平均行度中減去了 7°42′；在第二時段中，本輪的 81°36′給月球的平均行度加上了 1°21′。

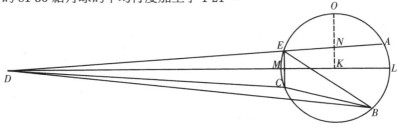

在有了這些以後，作月球的本輪 ABC。在它上面設第一次月食出現在點 A，第二次出現在點 B，最後一次出現在點 C。和前面一樣，假設月球也是向西運行。並設

$$\overset{\frown}{AB} = 110°21′，$$

於是，正如我已說過的，

$$負行差 \angle ADB = 7°42′。$$

設

$$\overset{\frown}{BC} = 81°36′，$$

於是，

$$正行差 \angle BDC = 1°21′。$$

圓周的其餘部分

$$\overset{\frown}{CA} = 168°3′，$$

它使行差的餘量增大，即

正行差 $\angle CDA = 6°21'$。

因為在黃道上，

$$\overset{\frown}{AB} = 7°42'，$$

因此，如果取兩直角＝180°，則

$$\angle ADB = 7°42'，$$

但如果取兩直角＝360°，則

$$\angle ADB = 15°24'。$$

因為在圓周上的 $\triangle BDE$ 的外角

$$\angle AEB = 110°21'，$$

所以

$$\angle EBD = 94°57'。$$

然而當三角形各角已知時，其各邊也可求得：如果取三角形外接圓的直徑＝200000，則

$$DE = 147396，$$

$$BE = 26798。$$

此外，如果取兩直角＝180°，則因

$$\overset{\frown}{AEC} = 6°21'，$$

所以

$$\angle EDC = 6°21'，$$

然而，如果取兩直角＝360°，則

$$\angle EDC = 12°42'。$$

$$\angle AEC = 191°57'，$$

$$\angle ECD = \angle AEC - \angle CDE = 179°15'。$$

因此，如果取外接圓直徑＝200000，則

$$DE = 199996，$$

$$CE = 22120。$$

但是，如果取 $DE = 147396，BE = 26798$，則

$$CE = 16302。$$

由於在 $\triangle BEC$ 中，

邊 BE 已知，

邊 EC 已知，

$\angle CEB = 81°36'$，

於是

$$\overparen{BC} = 81°36'，$$

所以根據平面三角形定理，

邊 $BC = 17960$。

如果取本輪直徑＝200000，則

$$\overparen{BC} = 81°36'，$$

弦 $BC = 130694$。

根據已知比例，

$$ED = 1072684，$$

$$CE = 118637，$$

$$\overparen{CE} = 72°46'10''。$$

但是根據圖形，

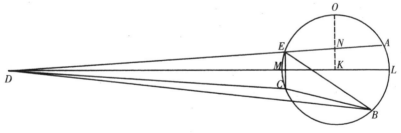

$$\overparen{CEA} = 168°3'，$$

因此，相減可得，

$$\overparen{EA} = 95°16'50''，$$

弦 $EA = 147786$。

於是相加可得，

線段 $AED = 1220470$。

　　但因弧段 $\overset{\frown}{EA}$ 小於半圓，本輪中心將不在它上面，而在其餘弧段 $\overset{\frown}{ABCE}$ 上。設點 K 爲本輪中心，過兩個拱點作 $DMKL$。設點 L 爲高拱點，點 M 爲低拱點。根據《幾何原本》Ⅲ，36，

$$AD \cdot DE = LD \cdot DM。$$

但因圓的直徑 LM——DM 爲延長的直線——被平分於點 K，所以

$$LD \cdot DM + KM^2 = DK^2。$$

因此，如果取 $KL = 100000$，則

$$DK = 1148556。$$

如果取 $DKL = 100000$，則本輪的半徑

$$LK = 8706。$$

接著，再作 KNO 垂直於 AD。因爲 KD、DE 和 EA 相互之間的比值都是以 $LK = 100000$ 的單位表出的，並且

$$NE = \tfrac{1}{2}AE = 73893，$$

所以相加可得，

$$DEN = 1146577。$$

但是在 $\triangle DKN$ 中，

$$邊\ DK\ 已知，$$
$$邊\ ND\ 已知，$$
$$\angle N = 90°，$$

所以圓心角

$$\angle NKD = 86°38\tfrac{1}{2}'，$$
$$\overset{\frown}{MEO} = 86°38\tfrac{1}{2}'。$$

於是，

$$\overset{\frown}{LAO} = 180° - \overset{\frown}{MEO} = 93°21\tfrac{1}{2}'。$$

而

$$\overset{\frown}{OA} = \tfrac{1}{2}\overset{\frown}{AOE} = 47°38\tfrac{1}{2}'，$$

所以，當第一次月食發生時，月球與本輪高拱點的距離或近點角的位置

$$\overset{\frown}{LA} = \overset{\frown}{LAO} - \overset{\frown}{OA} = 45°43'。$$

但是
$$\overparen{AB}=110°21',$$
因此，相減可得第二次月食發生時的近點角
$$\overparen{LB}=64°38'。$$
相加可得第三次月食發生時，
$$\overparen{LBC}=146°14'。$$
如果取四直角＝360°，則
$$\angle DKN=86°38\frac{1}{2}',$$
$$\angle KDN=90°-\angle DKN=3°21\frac{1}{2}'。$$
此即爲第一次月食發生時近點角所增加的行差。由於
$$\angle ADB=7°42',$$
所以相減可得，第二次月食發生時 $\overparen{LB}$ 從月球均勻行度中減去的量
$$\overparen{LDB}=4°20\frac{1}{2}'。$$
因爲
$$\angle BDC=1°21',$$
所以相減可得，第三次月食發生時 $\overparen{LBC}$ 所減去的行差
$$\angle CDM=2°59'。$$
因此，當第一次月食發生時，月球的平位置（即中心點 K）位於天蠍宮內 9°53'，因爲它的視位置是在天蠍宮內 13°15'。這正好與太陽在金牛宮裏的位置相對。同樣，當第二次月食發生時，月球的平位置位於白羊宮內 29½'，第三次月食發生時位於室女宮內 17°4'。此外，當第一次月食發生時，月球與太陽的均勻距離爲 177°33'，第二次爲 182°47'，最後一次爲 185°20'。以上就是托勒密的步驟。

讓我們仿效他的例子，研究同樣仔細做出的第二組三次月食。第一次發生在西元 1511 年 10 月 6 日以後。月球在午夜前 1⅛ 均勻小時開始被掩食，在午夜後 2⅓ 小時完全復圓，於是食甚出現在 10 月 7 日前的午夜後 ½ 小時。這是一次月全食，當時太陽位於天秤宮內 22°25'，但根據均勻行度它應位於天秤宮內 24°13'。

我於西元 1522 年 9 月 5 日結束時觀測到了第二次月食。這也是一

次全食，它開始於午夜前 ⅔ 均勻小時，食甚出現在 9 月 6 日之前的午夜後 1⅓ 小時。當時太陽位於室女宮內 22⅓°，但根據均勻行度它應位於室女宮內 23°59′。

我於西元 1523 年 8 月 25 日結束時觀測到了第三次月食。這也是一次全食，它開始於午夜後 2⅕ 小時，食甚出現在 8 月 26 日之前的午夜後 4⁵⁄₁₂ 小時。當時太陽位於室女宮內 11°21′，但根據平均行度它應位於室女宮內 13°2′。

從第一次月食到第二次月食，太陽和月球的真位置移動的距離顯然為 329°47′，而從第二次月食到第三次月食則為 349°9′。根據視時間計算，從第一次月食到第二次月食的時間為 10 均勻年 337 日加 ¾ 小時，而根據修正的均勻時則為（10 均勻年 33 日）⅕ 小時。從第二次月食到第三次月食的時間為 354 日 3 小時 5 分，而根據修正的均勻時則為（354 日）3 小時 9 分。

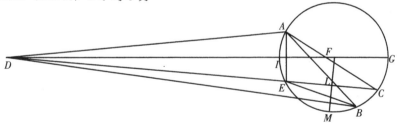

在第一段時間中，太陽和月球的聯合平均行度（不算整圈）為 334°47′，近點行度為 250°36′，從均勻行度中大約減去了 5°。在第二段時間中，太陽和月球的聯合平均行度為 346°10′，近點行度為 306°43′，給平均行度加上了 2°59′。

現在設 ABC 為本輪，點 A 為在第一次月食食甚時月球的位置，點 B 為第二次的位置，點 C 為第三次的位置。假設本輪從點 C 運行到點 B，又從點 B 運行到點 A，即上面向西，下面向東，且

$$\overset{\frown}{ACB} = 250°36′.$$

正如我已經說過的，它在第一段時間中從月球的平均行度中減去

了 5°；而
$$\overset{\frown}{BAC}=306°43',$$
它給月球的平均行度加上了 2°59'；相應地，剩下的
$$\overset{\frown}{AC}=197°19',$$
它減去了剩餘的 2°1'。由於 $\overset{\frown}{AC}$ 大於半圓並且是減去的，所以它必然包含高拱點，因為高拱點不可能在 $\overset{\frown}{BA}$ 或 $\overset{\frown}{CBA}$ 上，它們每一個都小於半圓並且是增加的，而最慢的運動出現在遠地點附近。在與它相對的地方取點 D 為地心。連結 AD、DB、DEC、AB、AE 和 EB。

因為在 $\triangle DBE$ 中，截出 $\overset{\frown}{CB}$ 的
$$外角 \angle CEB=53°17',$$
$$\overset{\frown}{CB}=360°-\overset{\frown}{BAC},$$
在中心，
$$\angle BDE=2°59',$$
但在圓周上，
$$\angle BDE=5°58'。$$
因此，相減可得，
$$\angle EBD=47°19'。$$
如果取三角形外接圓的半徑＝10000，則
$$邊 BE=1042,$$
$$邊 DE=8024。$$
類似地，截出 $\overset{\frown}{AC}$ 的
$$\angle AEC=197°19',$$
在中心，
$$\angle ADC=2°1',$$
但在圓周上，
$$\angle ADC=4°2'。$$
因此，如果取兩直角＝360°，則相減可得，
$$\angle DAE=193°17'。$$
於是各邊也可知。如果取 $\triangle ADE$ 的外接圓半徑＝10000，則

$$AE = 702,$$
$$DE = 19865。$$

然而，如果取 $DE = 8024$，則

$$AE = 283,$$
$$BE = 1042。$$

於是，在 $\triangle ABE$ 中，

邊 AE 已知，

邊 EB 已知，

而且如果取兩直角 $= 360°$，則

$$\angle AEB = 250°36',$$

所以，根據我已講過的平面三角形定理，如果取 $EB = 1042$，則

$$AB = 1227。$$

這樣，我們就求出了 AB、EB 和 ED 這三條線段的比值。它們可以用本輪半徑 $= 10000$ 的單位表示出來：

$$弦\ AB = 16323,$$
$$ED = 106751,$$
$$弦\ EB = 13853。$$

於是

$$\overset{\frown}{EB} = 87°41',$$
$$\overset{\frown}{EBC} = \overset{\frown}{EB} + \overset{\frown}{BC} = 140°58'。$$
$$弦\ CE = 18851,$$

相加可得，

$$CED = 125602。$$

現在考慮本輪中心。因為 $\overset{\frown}{EAC}$ 大於半圓，所以本輪中心必然落在該弧上。設點 F 為中心，點 I 為低拱點，點 G 為高拱點，過這兩個拱點作直線 $DIFG$。於是顯然，

$$CD \cdot DE = GD \cdot DI。$$

但是，

$$GD \cdot DI + FI^2 = DF^2。$$

所以，如果取 $FG=10000$，則
$$DIF=116226。$$
因此，如果取 $DF=100000$，則
$$FG=8604。$$
這與托勒密以後的我的大多數前人所留下的結果相符。

從中心點 F 作 FL 垂直於 FC，並把它延長爲直線 FLM，且等分 CE 於點 L。由於
$$線段 \ ED=106751，$$
$$\tfrac{1}{2}CE=LE=9426，$$
所以，如果取 $FG=10000$，$DF=116226$，則
$$DEL=116177。$$
於是在 $\triangle DFL$ 中，
$$邊 \ DF \ 已知，$$
$$邊 \ DL \ 已知，$$
$$\angle DFL=88°21'，$$
相減可得，
$$\angle FDL=1°39'。$$
類似地，
$$\overset{\frown}{IEM}=88°21'，$$
$$\overset{\frown}{MC}=\tfrac{1}{2}\overset{\frown}{EBC}=70°29'。$$
因此，相加可得，
$$\overset{\frown}{IMC}=158°50'，$$
$$\overset{\frown}{GC}=180°-\overset{\frown}{IMC}=21°10'。$$
此即第三次月食發生時月球與本輪遠地點之間的距離，或近點角的數量。在第二次月食發生時，
$$\overset{\frown}{GCB}=74°27'；$$
在第一次月食發生時，
$$\overset{\frown}{GBA}=183°51'。$$
在第三次月食發生時，中心角

$$\angle IDE = 1°39',$$

即爲負行差。

在第二次月食發生時，

$$\angle IDB = 4°38',$$

它也是一個負行差，因爲

$$\angle IDB = \angle GDC + \angle CDB = 1°39' + 2°59'。$$

因此，

$$\angle ADI = \angle ADB - \angle IDB = 5° - 4°38' = 22',$$

它在第一次月食發生時加到均勻行度中去。

於是當第一次月食發生時，月球均勻行度的位置位於白羊宮內22°3'，但視行度的位置位於 22°25'；而太陽當時位於與之相對的天秤宮內相同度數。用這種方法還可以求得，當第二次月食發生時，月球的平位置位於雙魚宮內 26°50'，第三次月食發生時位於雙魚宮內 13°。與地球的年行度相分離的月球的平均行度分別是：第一次月食爲177°51'，第二次月食爲 182°51'，第三次月食爲 179°58'。

第六章　關於月球黃經行度與近點行度的證實

通過這些有關月食的內容，我們可以檢驗前面關於月球均勻行度的論述是否正確。在第一組月食中，當第二次月食發生時，月球與太陽的距離爲 182°47'，近點角（行度）爲 64°38'。在第二組月食中，當第二次月食發生時，月球離開太陽的行度爲 182°51'，近點角（行度）爲 74°27'。於是明顯，在此期間共歷時 17166 個朔望月加大約 4 分，近點行度（不算整圈）爲 9°49'。從哈德良 19 年埃及曆 4 月 2 日午夜前 2小時到西元 1522 年 9 月 5 日午夜後 1⅓ 小時，共歷時 1388 個埃及年302 日 3⅓ 小時，修正後爲午夜後 3 小時 34 分。

在此期間，除 17165 次完整旋轉以外，希帕庫斯和托勒密都認爲遠離太陽的行度爲 359°38'。不過希帕庫斯認爲近點行度爲 9°39'，托勒密認爲是 9°11'。因此，希帕庫斯和托勒密所計算的月球遠離太陽的行

度都少了 26′，而托勒密的近點行度少了 38′，希帕庫斯的近點行度少了 10′。③ 在這些差值補上之後，結果與前面的計算結果相符。

第七章　月球黃經和近點角的位置

如前面一樣，追裏我將對奧林匹克運動曾紀元、亞歷山大紀元、凱撒紀元、基督紀元以及其他任何我們所需的紀元的開端確定月球黃經和近點角的位置。讓我們考慮三次古代月食中的第二次，它於哈德良 19 年埃及曆 4 月 2 日午夜前 1 個赤道小時在亞歷山大里亞發生，而對於克拉科夫經度圈上的我們來說則爲 2 小時。我發現從基督紀元開始到這一時刻，共歷時 133 埃及年 325 日 22 小時，修正後爲（133 埃及年 325 日）21 小時 37 分。根據我的計算，在此期間月球的行度爲 332°49′，近點角（行度）爲 217°32′。把這兩個數字分別從月食發生時的數字中減去，便可得到在基督紀元開始時 1 月 1 日前的午夜，月球遠離太陽的平位置爲 209°58′，近點角位置爲 207°7′。

　　（從第一屆奧林匹克運動會）到基督紀元開始，共歷時 193 屆奧林匹克運動會 2 年 194½ 日，即 775 埃及年 12½ 日，而修正時間爲 12 小時 11 分。類似地，從亞歷山大大帝去世到基督誕生，共歷時 323 埃及年 130½ 日，但修正時間爲 12 小時 16 分。從凱撒到基督歷時 45 埃及年 12 日，其均勻時與視時的計算結果是相符的。

　　我們可以通過減、除運算導出從基督誕生時算起的時間間隔所對應的行度。在第一屆奧林匹克運動會祭月 1 日正午，我們求得月球與太陽之間的距離爲 39°48′，近點角距離爲 46°20′。

　　在亞歷山大紀元開始的 1 月 1 日正午，月球與太陽的距離爲 310°44′，近點行度爲 85°41′。

　　在尤里烏斯·凱撒紀元開始的 1 月 1 日前的午夜，月球與太陽之

③原英譯本這裏誤爲「托勒密和希帕庫斯所計算的近點行度均爲 38′」。——中譯者

間的距離爲 350°39′，近點行度爲 17°58′。所有這些數值都是參照克拉
科夫經度圈定出的，因爲我的觀測地——位於維斯圖拉（Vistula）河
口的吉諾波里斯（Gynopolis，通常被稱爲弗勞恩堡）——處在這條經
度圈上。這是我從這兩個地方可以同時觀測到日月食瞭解到的。馬其
頓的底耳哈琴（Dyrrhachium）——古代被稱爲埃皮達努斯（Epidam-
nus）——也位於這條經度圈上。

第八章　月球的第二種不均勻性以及第一本輪與第二本輪之比

關於月球的均勻行度及其第一種不均勻性，我們已經作了如上解
釋。現在我要研究的是第一本輪與第二本輪之比以及它們與地心之間
的距離。正如我已說過的，（月球的均勻行度與視行度之間的）最大差
值出現在平均方照處，此時盈月或虧月皆爲半月。古人的觀測記錄表
明，此差值爲 7⅔°。他們測定了半月最接近本輪平距離的時刻，通過
前面所討論的計算很容易得知，這出現在由地心所引的切線附近。因
爲此時月球與出沒處大約相距黃道的 90°，所以就避免了視差可能引
起的黃經行度誤差。這時過地平圈天頂的圓與黃道正交，不會引起黃
經視差，視差完全發生在黃緯上。他們借助於星盤測定了月球相對於
太陽的位置。在進行比較之後，他們發現月球偏離平均行度的變化爲
我所說的 7⅔°，而不是 5°。

現在作本輪 AB，其中心爲點 C。設地心爲點 D，從點 D 作直線
$DBCA$。設點 A 爲本輪的遠地點，點 B 爲其近地點。作 DE 與本輪
相切，連接 CE。由於最大行差出現在切線處，這裏爲 7°40′，所以

$$\angle BDE = 7°40′，$$

圓 AB 的切點處的

$$\angle CED = 90°。$$

因此，如果取半徑 $CD = 10000$，則

$$CE = 1334。$$

但在滿月時，這個距離要小得多，

$$CE \approx 860 \text{。}$$

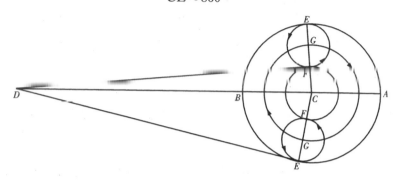

再把 CE 分開，設

$$CF=860 \text{。}$$

點 F 繞同一中心描出新月和滿月所在的圓。於是相減可得，第二本輪的直徑

$$FE=474 \text{。}$$

設 FE 被中點 G 平分。於是相加可得，第二本輪中心所描出的圓的半徑

$$CFG=1097 \text{。}$$

因此，如果取 $CD=10000$，則

$$CG{:}GE=1097{:}237 \text{。}$$

第九章　導致月球非均勻遠離其本輪高拱點的剩餘變化

　　上述推理使我們知道了月球如何在其第一本輪上不均勻地運動，以及它的最大差值出現在半月爲凹月或凸月的時候。再次設 AB 爲第二本輪中心的平均運動所描出的第一本輪，點 C 爲中心，點 A 爲高拱點，點 B 爲低拱點。在圓周上任取一點 E，連接 CE。設

$$CE{:}EF=1097{:}237 \text{。}$$

以 EF 爲半徑，繞中心點 E 作第二本輪。在兩邊作與之相切的直線 CL 與 CM。設小本輪從 A 向 E 即向西運動，月球從 F 向 L 也是向西運動。沿 AE 的運動是均勻的，第二本輪通過 FL 的運動顯然給均勻行度加上了 $\overset{\frown}{FL}$，通過 $\overset{\frown}{MF}$ 的運動從均勻行度中減去了這一段。但由於在 $\triangle CEL$ 中，

$$\angle L = 90°,$$

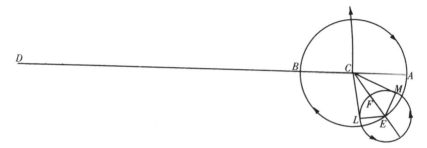

如果取 $CE = 1097$，則

$$EL = 237,$$

因此，如果取 $CE = 10000$，則

$$EL = 2160。$$

由於 $\triangle ECL$ 與 $\triangle ECM$ 相似且相等，所以由表可得，

$$EL = \frac{1}{2} \text{弦 } 2ECL,$$

$$\angle ECL = \angle MCF = 12°28'。④$$

此即月球在其運動中偏離第一本輪高拱點的最大差值，它出現在月球平均運動到地球平均行度線兩側 38°46′的時候。因此顯然，最大行差發生在日月之間的平距離爲 38°46′，且月球位於平沖任一邊同樣距離處時。

④ 原英譯本少了 12°28′這一數值。——中譯者

第十章　如何由均勻行度推導出月球的視行度

在理解了這些內容之後，我現在想通過圖形來說明，如何能由月球的那些已經定出的均勻行度推導出月球的視行度來。以希帕庫斯的一次觀測為例，看看我的理論能否為經驗所證實。希帕庫斯於亞歷山大大帝去世後的第 197 年埃及曆 10 月 17 日白天 9⅓ 小時在羅茲島用一個星盤觀測太陽和月球，測出月球位於太陽以東 48°6′。由於他定出當時太陽位於巨蟹宮內 10⁹⁄₁₀°，所以月球位於獅子宮內 29°。當時天蠍宮的 29°正在升起，羅茲島上方的室女宮 10°正位於中天，此處北天極的高度為 36°。由此可見，當時位於黃道上並且距經度圈 90°的月球在黃經上沒有視差，或者至少小到無法察覺。這次觀測是在 17 日午後 3⅓ 小時——在羅茲島對應著 4 赤道小時——進行的。由於羅茲島與我們之間的距離要比亞歷山大里亞近 ⅙ 小時，所以在克拉科夫應為午後 3⅙ 赤道小時。自從亞歷山大大帝去世，時間已經過去了 196 年 286 日 3⅙ 簡單小時或 3⅓ 均勻小時。這時太陽按照其平均行度到達了巨蟹宮內 12°3′，按照其視行度到達了巨蟹宮內 10°40′，因此月球實際上位於獅子宮內 28°37′。根據我的計算，月球周月運轉的均勻行度為 45°9′，遠離高拱點的近點行度為 333°。

根據這個例子，以點 C 為中心作第一本輪 AB。設 ACB 為它的直徑，把 ACB 延長為直線 ABD 至地心。在本輪上，設

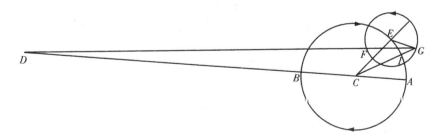

$$\widehat{ABE}=333°。$$

連接 CE，並在點 F 把它分開，使得

$$EC=1097，$$

$$EF=237。$$

以點 E 為中心、EF 為半徑作本輪上的小本輪 FG。設月球位於點 G，

$$\widehat{FG}=90°18′，$$

它等於離開太陽的均勻行度 $45°9′$ 的兩倍。連接 CG、EG 和 DG。於是在 $\triangle CEG$ 中，兩邊已知：

$$CE=1097，$$

$$EG=EF=237，$$

$$\angle GEC=90°18′。$$

因此，根據我們已經講過的平面三角形定理，

$$邊\ CG=1123，$$

$$\angle ECG=12°11′。$$

由此還可得出 $\widehat{EI}$ 以及近點角所導致的正行差，相加可得，

$$\widehat{ABEI}=345°11′。$$

相減可得，

$$\angle GCA=14°49′，$$

此即月球與本輪 AB 的高拱點之間的真距離；

$$\angle BCG=165°11′，$$

於是在 $\triangle GDC$ 中，也有兩邊已知。如果取 $CD=10000$，則

$$GC=1123，$$

$$\angle GCD=165°11′。$$

因此，

$$\angle CDG=1°29′，$$

即為與月球平均行度相加的行差。於是月球與太陽平均行度之間的真距離為 $46°34′$，其視位置位於獅子宮內 $28°37′$ 處，與太陽的真位置相距 $47°57′$，這比希帕庫斯的觀測結果少了 $9′$。

為了使人不會因此而猜想不是他的研究出了錯，就是我的研究出

了錯（雖然有非常小的差異），我將說明無論他還是我都沒有犯任何錯誤，真實的情況就是如此。如果我們想到月球運轉的圓周是傾斜的，那麼就會承認，它在黃道上，特別是在黃緯南北兩限和黃道交點之間的平位置附近，會產生某種黃經的不均勻性。這種情況非常像我在討論自然日的非均勻性時所講的黃赤交角。如果我們把上述關係賦予月球的軌道圓（托勒密認為它傾斜於黃道），就會發現在那些位置上，這些關係在黃道上引起了 7′的黃經差，它的 2 倍是 14′。這一差值成比例地增減，因為當太陽和月球相距一個象限，黃緯南北兩限位於日月的中點時，在黃道上截出的弧將比月球軌道上的一個象限大 14′；相反地，在黃道交點平分的其他象限，通過黃極的圓截出的弧將比一個象限少相同數量。目前的情況就是如此。由於月球當時是在黃緯南限與黃道升交點（現代人稱之為「天龍之頭」）之間的中點附近，而太陽已經通過另一個降交點（現代人稱之為「天龍之尾」），因此，如果月球在其自身軌道圓上的距離 47°57′相對黃道至少增加了 7′，西沉的太陽沒有引起任何相減的視差，這是不奇怪的。我將在解釋視差時對這些問題作進一步討論。

希帕庫斯用儀器測出的日月兩發光體之間的 48°6′的距離與我的計算結果符合得相當好，可以說是完全一致。

第十一章　月球行差表

我相信，從這個例子可以理解確定月球運動的方法。在△CEG 中，GE 和 CE 兩邊總是不變的。根據連續變化的已知角 ∠GEC，可以求得剩下的邊 GC 和用來修正近點角的 ∠ECG。既然在△CDG 中，DC 和 CG 兩邊以及 ∠DCG 的值已經計算出來了，我們就可以用同樣方法求得在地心所成的角 ∠D，即均勻行度與真行度之差。

為使這些數值便於查找，我編了一張 6 列的行走表。前兩列是均輪的公共數。第三列是小本輪每月兩次的運轉所產生的行差，它改變了第一本輪的均勻行度。第四列先暫時空著。第五列是當太陽與月球

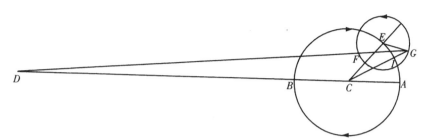

平合沖時較大的第一本輪的行差，其最大值爲 4°56′。倒數第二列是半月時出現的行差超過前一列中行差的值，其最大值爲 2°44′。爲了確定其他的超出量，比例分數已經根據如下比例算出來了，即相對於（小）本輪與（從地心所引直線的）切點處出現的任何其他超出量，取 2°44′爲 60′。

於是在這個例子中，如果取 CD＝10000，則

$$CG＝1123。$$

這使（小）本輪與（從地心所引直線的）切點處出現的最大行差成爲 6°29′，它超出了第一（本輪的最大）行差 1°33′。而

$$2°44′:1°33′＝60′:34′，$$

於是我們就得到了在小本輪半圓處出現的超出量與給定的 90°10′弧所對應的超出量之比。因此，我將在表中與 90°相應的地方寫上 34′。用這樣的方法就可求出與表中所載弧段成比例的分數，我把它們寫在第四列中。

最後，我在最後一列寫的是南、北黃緯度數，這將在以後進行探討。爲了方便易用，我把它們排成這種順序。

月球行差表

公共數		小本輪產生的行差		比例分數	大本輪產生的行差		超出量		北緯度數	
°	°	°	′	°	°	′	°	′	°	′
3	357	0	51	0	0	14	0	7	4	59
6	354	1	10	0	0	28	0	14	4	58
9	351	2	28	1	0	43	0	21	4	56
12	348	3	15	1	0	57	0	28	4	53
15	345	4	1	2	1	11	0	35	4	50
18	342	4	47	3	1	24	0	43	4	45
21	339	5	31	3	1	38	0	50	4	40
24	336	6	13	4	1	51	0	56	4	34
27	333	6	54	5	2	5	1	4	4	27
30	330	7	34	5	2	17	1	12	4	20
33	327	8	10	6	2	30	1	18	4	12
36	324	8	44	7	2	42	1	25	4	3
39	321	9	16	8	2	54	1	30	3	53
42	318	9	47	10	3	6	1	37	3	43
45	315	10	14	11	3	17	1	42	3	32
48	312	10	30	12	3	27	1	48	3	20
51	309	11	0	13	3	38	1	52	3	8
54	306	11	21	15	3	47	1	57	2	56
57	303	11	38	16	3	56	2	2	2	44
60	300	11	50	18	4	5	2	6	2	30
63	297	12	2	19	4	13	2	10	2	16
66	294	12	12	21	4	20	2	15	2	2
69	291	12	18	22	4	27	2	18	1	47
72	288	12	23	24	4	33	2	21	1	33
75	285	12	27	25	4	39	2	25	1	18
78	282	12	28	27	4	43	2	28	1	2
81	279	12	26	28	4	47	2	30	0	47
84	276	12	23	30	4	51	2	34	0	31
87	273	12	17	32	4	53	2	37	0	16
90	270	12	12	34	4	55	2	40	0	0

公共數		小本輪產生的行差		比例分數	大本輪產生的行差		超出量		北緯度數	
°	°	°	′		°	′	°	′	°	′
93	267	12	3	35	4	56	2	42	0	16
96	264	11	53	37	4	56	2	42	0	31
99	261	11	41	38	4	55	2	43	0	47
102	258	11	27	39	4	54	2	43	1	2
105	255	11	10	41	4	51	2	44	1	18
108	252	10	52	42	4	48	2	44	1	33
111	249	10	35	43	4	44	2	43	1	47
114	246	10	17	45	4	39	2	41	2	2
117	243	9	57	46	4	34	2	38	2	16
120	240	9	35	47	4	27	2	35	2	30
123	237	9	13	48	4	20	2	31	2	44
126	234	8	50	49	4	11	2	27	2	56
129	231	8	25	50	4	2	2	22	3	9
132	228	7	29	51	3	53	2	18	3	21
135	225	7	53	52	3	42	2	13	3	32
138	222	7	7	53	3	31	2	8	3	43
141	219	6	38	54	3	19	2	1	3	53
144	216	6	9	55	3	7	1	53	4	3
147	213	5	40	56	2	53	1	46	4	12
150	210	5	11	57	2	40	1	37	4	20
153	207	4	42	57	2	25	1	28	4	27
156	204	4	11	58	2	10	1	20	4	34
159	201	3	41	58	1	55	1	12	4	40
162	198	3	10	59	1	39	1	4	4	45
165	195	2	39	59	1	23	0	53	4	50
168	192	2	7	59	1	7	0	43	4	53
171	189	1	36	60	0	51	0	33	4	56
174	186	1	4	60	0	34	0	22	4	58
177	183	0	32	60	0	17	0	11	4	59
180	180	0	0	60	0	0	0	0	5	0

第十二章　月球行度的計算

由上所述，月球視行度的計算方法就很清楚了，茲敘述如下。首先要把我們正在求的月球位置所對應的時間化爲均勻時。同太陽的情形一樣，利用均勻時，我們可以從基督紀元或任何其他紀元的已知開端導出月球的平均黃經行度、平均近點行度以及平均黃緯行度（這一點我很快就會解釋），並且定出每種行度在已知時刻的位置。然後，在表中查出月球的均勻距角，即它與太陽角距離的兩倍，⑤並在第三列中查出相應行差，以及下一列的比例分數。如果我們開始所用數值載於第一列或者說小於 180°，則應把行差與月球近點角相加；如果該數大於 180°或者說是在第二列，則應將行差從近點角中減去。這樣，我們就得到了月球的修正近點角及其與（第一本輪）高拱點之間的眞距離。

用此（距離）值再次查表，從第五列得出與之相應的行差，從第六列中得到超出量，即第二（小）本輪給第一本輪（的行差）增加的超出量。由求得的分數與 60 分之比算出的比例分值總是與該行差相加。如果修正近點角小於 180°或半圓，則應將如此求得的和從黃經或黃緯的平均行度中減去；如果修正近點角大於 180°，則應將它加上。我們用這種方法可以求得月球與太陽平位置之間的眞距離，以及月球黃緯的修正行度。因此，無論是從白羊宮第一星通過太陽的簡單行度計算，還是從受歲差影響的春分點通過太陽的複合行度計算，月球的眞距離都可以求得。最後，利用表中第七列和最後一列所載的修正黃緯行度，我們就得到了月球偏離黃道的黃緯度數。當黃緯行度可在表的第一部分找到，即當它小於 90°或大於 270°時，該黃緯爲北緯；否則即爲南緯。因此，月球會從北面下降至 180°，再從南限上升，直至

⑤這是因爲月球在一個會合月（相對太陽轉動一周的時間）中圍繞小本輪轉動兩次。——
　英譯者

走完圓周上的其餘部分。於是，就像地球繞太陽運行一樣，月球的視運動在許多方面也是與繞地心運行有關的。

第十三章　如何分析和論證月球的黃緯行度

我現在還應當給出月球的黃緯行度值。由於伴隨著多種情況，這種行度更難發現。正如我以前所講過的，如果兩次月食在一切方面都相似和相等，亦即被食部分位於北邊或南邊的相同位置，月球位於同一個升交點或降交點，那麼它與地球或與高拱點的距離將相等，因為假若兩次月食如此相符，則月球必定已經在其真運動中走完了完整的黃緯圈。由於地影是圓錐形的，所以如果一個直立圓錐被一個平行於底面的平面切開，截面將為圓形。該平面離底面越遠，截出的圓就越小；離得越近，截出的圓就越大；距離相等，截出的圓也相等。因此，月球在與地球相等距離處穿過相等的陰影圓周，於是就會向我們呈現出相等的月面。結果，當月球在同一方向與陰影中心距離相等處呈現出相等部分時，我們就可以判定月球黃緯是相等的。由此必然得出，月球已經返回到了原來的緯度位置，它與同一黃道節點的距離那時也是相等的，當該位置滿足這兩個方面時就尤其如此。月球對地球的靠近或遠離會改變陰影的整個大小，不過這種改變小到基本察覺不到。因此，就像前面所講的太陽的情況一樣，兩次月食之間的時間間隔越長，我們就越能準確地定出月球的黃緯行度。

與這些方面都符合的兩次食是很罕見的（我至今也沒遇到過一次）。不過我注意到，還有另一種方法也可以得出同樣結果。假定其他條件不變，如果月球在不同的方向和相對的交點被掩食，那麼這將表明在第二次食發生時，月球已經到達了一個與前一次正好相對的位置，而且除整圈外還多走了半圈。這似乎可以滿足我們的研究需要。

於是，我找到了兩次在這些方面基本接近的月食。據克勞迪烏斯·托勒密記載，第一次月食發生在托勒密·費（Ptolemy Philometer）7 年即亞歷山大大帝去世後第 150 年的埃及曆 7 月 27 日後和 28 日前

的夜晚。用亞歷山大里亞夜晚季節時來表示，月食從第 8 小時初開始，到第 10 小時末結束。這次月食發生在降交點附近，在食分最大時月球直徑有 $\frac{1}{12}$ 從北面被掩住。因爲當時太陽位於金牛宮內 6°，所以他說食甚出現在午夜後 2 季節時，即 $2\frac{1}{3}$ 赤道時，而在克拉科夫應爲午夜後 $1\frac{1}{3}$ 小時。

我於西元 1519 年 6 月 ? 日在同一條克拉科夫經度圈上觀測到了第二次月食，當時太陽位於雙子宮內 21°處。食甚出現在午後 $11\frac{3}{5}$ 赤道時，月球直徑約有 $\frac{8}{12}$ 從南面被掩住。月食出現在升交點附近。

因此，從亞歷山大紀元開始（到第一次月食），共歷時 149 埃及年 206 日 $14\frac{1}{3}$ 小時（在亞歷山大里亞），在克拉科夫根據視時間爲 $13\frac{1}{3}$ 小時，修正後爲 $13\frac{1}{2}$ 小時。根據我的計算，當時近點角的位置 163°33′ 大致與托勒密的結果相符。月球的眞位置還比均勻位置少了一個正行差 1°23′。從亞歷山大紀元開始到第二次月食，共歷時 1832 埃及年 295 日 11 小時 45 分（根據視時間），根據均勻時間爲 11 小時 55 分。因此，月球的均勻行度爲 182°18′，近點角位置爲 159°55′，修正後爲 161°13′，均勻行度小於視行度的正行差爲 1°44′。

因此，月地距離在兩次月食發生時是相等的，太陽都位於遠地點附近，但是掩食區域有一個食分之差。正如我以後將會說明的，月球直徑通常約爲 $\frac{1}{2}$°，所以一個食分等於 $2\frac{1}{2}$′，這在節點附近的月球傾斜圓周上大約對應著 $\frac{1}{2}$°。所以月球在第二次食時離開升交點的距離要比第一次食時離開降交點的距離遠 $\frac{1}{2}$°。因此，如果不算整圈，則月球的眞黃緯行度爲 $179\frac{1}{2}$°。但是在兩次月食之間，月球的近點角給均勻（行度）加上了 21′（這也是兩行差之差），所以除整圈外，月球的均勻黃緯行度爲 179°51′。兩次月食之間時隔 1683 年 88 日 22 小時 35 分（視時間），均勻（時）與此相同。在此期間，共完成了 40577 次完整的均勻運轉加上 179°51′，這與我剛才定出的值相符。

第十四章　月球黃緯近點角的位置

爲了對前面已經確定的紀元開端確定月球行度的位置，我在這裏也採用兩次月食。像前面一樣，它們旣不出現在同一交點上，也不出現在恰好相對的區域，而是出現在北面或南面的相同距離處（其他一切條件都滿足）。按照托勒密所採取的步驟，我們可以不出任何差錯地解決問題。

至於第一次月食，我在研究月球的其他行度時已經採用過，那就是我已經說過的托勒密於哈德良 19 年埃及曆 4 月 2 日末 3 日前的午夜之前 1 赤道小時，在亞歷山大里亞所觀測到的月食，而在克拉科夫則應爲午夜前 2 小時。當食甚出現時，月球在北面食掉了直徑的 ¹⁰⁄₁₂，太陽則位於天秤宮內 25°10′處，月球近點角的位置爲 64°38′，其負行差爲 4°20′。月食發生在降交點附近。

第二次月食是我在羅馬認眞觀測的。它發生於西元 1500 年 11 月 6 日午夜後兩小時，而在東面 5°的克拉科夫是在午夜後 2⅖ 小時。太陽當時位於天蠍宮內 23°16′處，也是月球在北面被食掉了直徑的 ¹⁰⁄₁₂。

因此，從亞歷山大大帝去世到那時，共歷時 1824 埃及年 84 日 14 小時 20 分（視時間），而均勻時爲 14 小時 16 分。月球的平均行度爲 174°14′，月球近點角爲 294°44′，修正後爲 291°35′。正行差爲 4°27′。

因此顯然，在這兩次月食發生時，月球與高拱點的距離大致相等，太陽都位於其中拱點，陰影的大小相等。這些事實表明，月球的緯度爲南緯，並且黃緯相等，所以月球與交點的距離相等，只是在第二次月食時交點爲升交點，在第一次爲降交點。兩次月食之間時隔 1366 埃及年 358 日 4 小時 20 分（視時間），而均勻時爲 4 小時 24 分。在此期間，黃緯行度爲 159°55′。

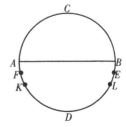

設 *ACBD* 爲月球的傾斜圓周，*AB* 爲其直徑和它與黃道的交線。

設點 C 爲北限，點 D 爲南限；點 A 爲降交點，點 B 爲升交點。在南面取兩段相等的 $\overset{\frown}{AF}$ 與 $\overset{\frown}{BE}$，第一次食發生在點 F，第二次食發生在點 E。設 $\overset{\frown}{FK}$ 爲第一次食時的負行差，$\overset{\frown}{EL}$ 爲第二次食時的正行差。由於

$$\overset{\frown}{KL} = 159°55'，$$
$$\overset{\frown}{FK} = 4°20'，$$
$$\overset{\frown}{EL} = 4°27'，$$

所以

$$\overset{\frown}{FKLE} = \overset{\frown}{FK} + \overset{\frown}{KL} + \overset{\frown}{LE} = 168°42'，$$
$$180° - 168°42' = 11°18'。$$
$$\overset{\frown}{AF} = \overset{\frown}{BE} = \frac{1}{2}\ (11°18') = 5°39'，$$

即爲月球與交點 A、B 之間的眞距離。因此，

$$\overset{\frown}{AFK} = 9°59'。$$

於是顯然，黃緯平位置 K 與北限之間的距離爲 99°59'。

從亞歷山大大帝去世到托勒密進行這次觀測，共歷時 457 埃及年 91 日 10 小時（視時間），而均勻時爲 9 小時 54 分。在此期間，平均黃緯行度爲 50°59'。把 50°59'從 99°59'中減去，得到 49°。這就是亞歷山大紀元開始時的埃及曆 1 月 1 日正午在克拉科夫經度圈上的位置。於是對於其他任何已知的紀元開端，可以根據時間差求出從北限算起的月球黃緯行度的位置。

從第一屆奧林匹克運動會到亞歷山大大帝去世，共歷時 451 埃及年 247 日，均勻時則要減去 7 分鐘。在此期間，黃緯行度爲 136°57'。從第一屆奧林匹克運動會到凱撒紀元共歷時 780 埃及年 12 小時，均勻時則要加上 10 分鐘。在此期間，黃緯行度爲 206°53'。從那時起到基督紀元歷時 45 年 12 日，把 136°57'從 49°中減去，再加上一整圓的 360°，得到的 272°3'即爲第一屆奧林匹克運動會第一年祭月第一天的正午的位置。

把 272°3'加上 206°53'，得到的和 118°56'即爲尤里烏斯·凱撒紀元 1 月 1 日前的午夜的位置。

最後，把 118°56′加上 10°49′，得到的和 129°45′即為基督紀元（開始時）1 月 1 日前的午夜的位置。

第十五章 視差觀測儀的構造

如果取圓周等於 360°，則月球的最大黃緯（對應於月球的軌道圓即白道與黃道的交角）為 5°。同托勒密一樣，由於月球視差的影響，命運沒有賜予我機會進行這種觀測。在北極高度等於 30°58′的亞歷山大里亞，他等待著月球距天頂最近，即月球位於巨蟹宮的起點和北限的時刻，這可以通過計算預測出來。借助於一種被稱為「視差儀」的專門用來測定月球視差的儀器，他當時發現（月球）與天頂的最小距離僅為 $2\frac{1}{8}$°。即使在這個距離存在著某種視差，它對如此之小的距離來說也必定非常小。於是，從 30°58′⑥ 中減去 $2\frac{1}{8}$°，餘數為 $28°50\frac{1}{2}′$，它比最大的黃赤交角（當時為 23°51′20″）大了約 5°。此月球黃緯直到現在仍與其他個別情況相符。

這種視差觀測儀是由三把尺規構成的。其中的兩把長度相等，至少有八九英尺長，第三把尺規稍長一些。後者與前兩者之一分別通過軸釘或栓與剩下那把尺子的兩端相連。釘孔或栓孔製得非常仔細，使得尺子即使可以在同一平面內移動，它們也不會在連接處發生晃動。從接口中心作一條貫穿整個長尺的線段，使得這條線段盡可能精確地等於兩接口之間的距離。把該線段分成 1000 等分（如果可能，還可以分得更多），並以同樣單位把其餘部分也等分，直至得到半徑為 1000 單位的圓的內接正方形的邊長，即 1414 單位。尺規的其餘部分是多餘的，可以截去。在另一尺規上，也從接口中心作一條長度等於 1000 單位或兩接口中心距離的線段。和屈光鏡一樣，這把尺規的一邊應裝有讓視線通過的目鏡。應把目鏡調節到使視線在通過目鏡時不會偏離沿

⑥北極位於地平圈之上的高度等於天頂距赤道的赤緯。——英譯者

尺規已經作好的直線，而是一直保持等距；還應使從端點向長尺延伸的直線可以觸到刻度線。這樣，三把尺規就形成了一個底邊為刻度線的等腰三角形。然後再豎起一根已經刻度和打磨得很好的牢固的標竿。用樞軸把有兩個接口的尺規固定在這根標竿上，儀器可以像門一樣繞樞軸旋轉，但是通過接口中心的直線總是對應著尺規的鉛垂線並且指向天頂，就像地平圈的軸線一樣。如果你想得知某顆星與天頂之間的距離，便可沿著通過目鏡的直線觀測這顆星。把帶有分度線的尺規放在下面，就可以知道視線與地平圈軸線之間的夾角所對的長度有多少個單位（取圓周直徑為 20000）。然後查表便可得出過恆星與天頂的大圓的弧長。

第十六章　如何確定月球視差

　　正如我已經說過的，托勒密用這個儀器測出月球的最大黃緯為 5°。接著，他轉而觀測（月球）視差，並說他在亞歷山大里亞發現月球視差為 1°7′，太陽位於天秤宮內 5°28′處，月球遠離太陽的平均行度為 78°13′，均勻近點角為 262°20′，黃緯行度為 354°40′，正行差為 7°26′，因此，月球位於摩羯宮中 3°9′處，修正的黃緯行度為 2°6′，月球的北黃緯為 4°59′，從赤道算起的赤緯為 23°49′，亞歷山大里亞的緯度為 30°58′。他說，通過儀器測得月球位於子午圈上距天頂約 50°45′的位置，即比計算所得的值多了 1°7′。然後，他又根據古人關於偏心輪和本輪的理論，求得當時月球與地心的距離為 39ᵖ45′（取地球半徑為 1ᵖ），並且討論了由圓周比值所能得出的結果，即地月之間的最大距離（他們認為出現於本輪遠地點處的新月和滿月）為 64ᵖ10′，最小距離（出現於本輪近地點處的半月方照）為 33ᵖ33′。他還求出了出現在距天頂 90°處的視差：最小值為 53′34″，最大值為 1°43′（從他由此推出的結果可以對此有更完整的瞭解）。然而正如我已多次發現的，對於現在考慮這一問題的人來說，情況顯然已經非常不同了。

　　不過，我還是要對兩次觀測進行考察，它們再次表明我關於月球

的假設比他的假設更爲可靠，因爲我的假設與現象符合得更好，並且不會留下任何疑問。西元 1522 年 9 月 27 日午後 5⅔ 均匀小時，在弗勞恩堡日沒時分，我通過視差儀發現子午圈上的月球中心與天頂之間的距離爲 82°50′。從基督紀元開始到那時，共歷時 1522 埃及年 284 日 17⅔ 小時（視時間），而均匀時爲 17 小時 24 分。由此可以算出太陽的視位置爲天秤宮內 13°29′處，月球遠離太陽的均匀行度爲 87°6′，均匀近點角爲 357°39′，眞（修正）近點角爲 358°40′，正行差爲 7′，於是月球的眞位置爲摩羯宮內 12°32′處。從北限算起的平均黃緯行度爲 197° 1′，眞黃緯行度爲 197°8′，月球的南黃緯爲 4°47′，從赤道算起的赤緯爲 27°41′，我的觀測地的緯度爲 54°19′。把 54°19′與月球赤緯相加，可得月球與天頂之間的眞距離爲 82°。因此，（視天頂距 82°50′中）多出的 50′爲視差，而按照托勒密的學說，該視差應該等於 1°17′。

我還於西元 1524 年 8 月 7 日午後 6 小時在同一地點進行了另一次觀測。我用同一架儀器測得月球距離天頂 82°。從基督紀元開始到那時，共歷時 1524 埃及年 234 日 18 小時（視時間），均匀時也是 18 小時。可以算出太陽當時位於獅子宮內 24°14′處，月球遠離太陽的平均行度爲 97°6′，均匀近點角爲 242°10′，修正近點角爲 239°43′，平均行度大約增加了 7°。於是，月球的眞位置爲人馬宮內 9°39′處，平均黃緯行度爲 193°19′，眞黃緯行度爲 200°17′，月球的南黃緯爲 4°41′，南赤緯爲 26° 36′。把 26°36′與觀測地的緯度 54°19′相加，便得到月球與地平圈極點之間的距離爲 80°55′，然而實際看到的卻是 82°，因此多餘的 1°5′來自月球視差。而按照托勒密和古人的理論，月球視差應爲 1°38′，才能與他們的假設相符。

第十七章　月地距離及其以地球半徑爲單位所表示的值

由上所述，月地距離的大小就顯然可得了。沒有這個距離，就無法求出視差，因爲這兩個值彼此相關。月地距離可以測定如下：設 AB 爲地球的一個大圓，點 C 爲它的中心。繞點 C 作另一圓 DE，地球要

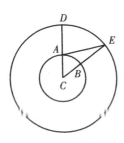

比這個圓大很多。設點 D 爲地平圈的極點，月球中心位於點 E，於是它與天頂的距離 $\overset{\frown}{DE}$ 就已知了。在第一次觀測中，

$$\angle DAE = 82°50′，$$

根據計算，

$$\angle ACE = 82°，$$

因此，

$$\angle DAE - \angle ACE = 50′，$$

即爲視差的大小。於是 $\triangle ACE$ 的各角已知，因而各邊可知。因爲

$$\angle CAE \text{ 已知，}$$

如果取 $\triangle AEC$ 的外接圓直徑$=100000$，則

$$邊 CE = 99219，$$
$$AC = 1454。$$

如果取地球半徑 $AC = 1^{\mathrm{p}}$，則

$$CE \approx 68^{\mathrm{p}}。$$

這就是第一次觀測時月球距地心的距離。

在第二次觀測中，視行度

$$\angle DAE = 82°，$$

計算可得，

$$\angle ACE = 80°55′，$$

相減可得，

$$\angle AEC = 1°5′。$$

因此，如果取三角形的外接圓直徑$=100000$，則

$$邊 EC = 99027，$$
$$邊 AC = 1894。$$

所以，如果取地球半徑 $AC = 1^{\mathrm{p}}$，則

$$CE = 56^{\mathrm{r}}42′，$$

即爲月球（與地心之間）的距離。

現在設 ABC 爲月球的較大本輪，其中心爲點 D。取點 E 爲地

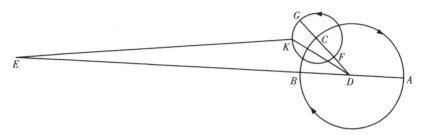

心，從它引直線 $EBDA$，使得遠地點為點 A，近地點為點 B。根據計算出的月球均勻近點角，設

$$\overset{\frown}{ABC}=242°10'。$$

以點 C 為中心，作本輪 FGK，在它上面取

$$\overset{\frown}{FGK}=194°10'，$$

它等於月球與太陽之間距離的兩倍。連接 DK。於是，

$$\angle GDK=負行差\ 2°27'，$$

相減可得，

$$修正近點角=59°43'，$$

由於

$$\overset{\frown}{CDB}=\overset{\frown}{ABC}-180°=62°10'，$$

$$\angle BEK=7°，$$

因此，在 $\triangle KDE$ 中各角均已知，其度數按照兩直角＝180°給出。如果取 $\triangle KDE$ 的外接圓直徑＝100000，則各邊長度也可知：

$$DE=91856，$$

$$EK=86354。$$

但是如果取 $DE=100000$，則

$$KE=94010。$$

前已證明，

$$DF=8600，$$

$$DFG=13340，$$

所以由前面已經給出的數值，如果取地球半徑＝1^p，則

$$EK = 56^\text{P}42'。$$

於是，

$$DE = 60^\text{P}18'，$$
$$DF = 5^\text{P}11'，$$
$$DFG = 8^\text{P}2'；$$

如果連成一條直線，則

$$EDG = 68\tfrac{1}{3}^\text{P}，$$

此即半月的最大高度。此外，

$$ED - DG = 52^\text{P}17'，$$

此即半月的最小距離。於是在最大時，

$$EDF = 65\tfrac{1}{2}^\text{P}，$$

此即滿月的高度；在最小時，

$$EDF - DF = 55^\text{P}8'。$$

有一些人，尤其是那些由於居住地的緣故而只能對月球視差一知半解的人，竟會把新月和滿月與地球之間的最大距離估計成 64$^\text{P}$10'，我們不必對此感到驚奇。當月球靠近地平圈時（此時視差顯然接近完整值），我們可以更好地觀察月球視差。但我還沒有發現月球靠近地平圈所引起的視差變化曾經超過 1'。

第十八章　月球的直徑以及月球通過處的地影直徑

此外，月球和地影的視直徑也隨著月地距離的變化而變化，因此，對這些問題的討論也是重要的。誠然，用希帕庫斯的屈光鏡可以正確地測定太陽與月球的直徑，但是天文學家們認為，利用月球與其高、低拱點等距的幾次特殊的月食，可以更加精確地測出月球的直徑。特別是，如果當時太陽也處於相似的情況，從而月球穿過的影圈相等（除非被掩食的區域本身不等），則情況就尤其如此。因為被掩食區域與月球寬度之間的差異，顯示了月球直徑在繞地心的圓周上所對的弧有多大。知道了這個數值，就可以求出地影半徑了。

用一個例子可以說得更清楚。假設在第一次月食的食甚時，月球直徑的 3/12 被掩食，月球的寬度爲 47′54″；而在另一次月食時，月球直徑的 10/12 被掩食，月球的寬度爲 29′37″。（這兩次）陰影區域之差爲月球直徑的 7/12，寬度差爲 18′17″。而 7/12 對應著月球直徑所對的 31′20″，所以在第一次月食的食甚時，月球的中心位於陰影區之外約 1/4 月球直徑（或 7′50″的寬度）處。如果把 7′50″從整個寬度 47′54″中減去，得到的餘數 40′4″即爲陰影區的半徑。類似地，在第二次月食時，陰影區比月球寬度多出了 10′27″（月球直徑的 1/3）。把 29′37″與 10′27″相加，得到的和仍爲地影半徑 40′4″。因此，根據托勒密得出的結論，當太陽與月球在距地球最遠處相合或相沖時，月球直徑爲 31 1/3′（這與他說的用希帕庫斯的屈光鏡求得太陽的直徑相等），而地影直徑爲 1°21′20″。他認爲這兩個直徑之比等於 13:5，即 2 3/5:1。

第十九章　如何同時求出日、月與地球之間的距離、它們的直徑以及月球通過處的地影的直徑和軸

甚至太陽也顯示出一定的視差。由於該視差非常小，所以不容易發覺，除非日、月與地球之間的距離、它們的直徑以及月球通過處的地影的直徑和軸線相互有關聯。因此，這些數值在論證中可以相互推得。我們先來看看托勒密關於這些數值的結論，以及他是怎樣進行論證的，我將從中抽取最可能正確的部分。他一成不變地把太陽的視直

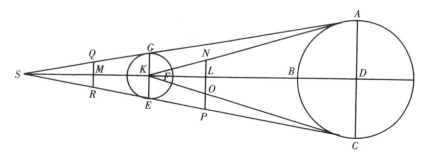

徑取爲 $31\frac{1}{3}'$，並設它等於位於遠地點的滿月和新月的直徑。如果取地球半徑＝1^P，則這時的月地距離爲 $64^P10'$。

他用以下方法由此求出其他的數量：設 ABC 爲以點 D 爲中心的太陽球體上的一個圓。設 EFG 爲以點 K 爲中心的地球上的一個圓，它與太陽的距離最遠。設 AG 和 CE 爲與兩個圓都相切的直線，它們的延長線交於地影的端點 S，通過太陽與地球的中心作直線 DKS，引 AK 與 KC，連接 AC 和 GE，由於距離遙遠，因此它們與直徑幾乎沒有什麼差別。當滿月和新月時，根據遠地點處的月球與地球之間的距離，在 DKS 上取相等的線段 LK 和 KM：托勒密認爲，如果取 $EK＝1^P$，則該距離爲 $64^P10'$。設 QMR 爲月球通過處地影的直徑，NLO 爲與 DK 垂直的月球直徑，把它延長爲 LOP。

第一個問題是要求出 DK 比 KE 的值。如果取四直角＝360°，由於
$$\angle NKO＝31\frac{1}{3}',$$
$$\angle LKO＝\frac{1}{2}\angle NKO＝15\frac{2}{3}'。$$
$$\angle L＝90°，$$
所以，在各角已知的 $\triangle LKO$ 中，
$$KL \text{ 比 } LO \text{ 的值可知。}$$
如果取 $KE＝1^P$，則
$$LO＝17^P33'，$$
$$LK＝64^P10'。$$
因爲
$$LO:MR＝5:13，$$
$$MR＝45'38''。$$
LOP 和 MR 平行於 KE，且間距相等，所以
$$LOP＋MR＝2KE。$$
$$OP＝LOP－(MR＋LO)＝56'49''。$$
根據《幾何原本》VI 1

$$EC:PC＝KC:OC＝KD:LD＝KE:OP＝60':56'49''。$$
因此，如果取 $DLK＝1^P$，則

$$LD = 56'49''。$$

於是相減可得，

$$KL = 3'11''。$$

但如果取 $FK = 1^P$，則

$$KL = 64^P10'，$$
$$KD = 1210^P。$$

由於已經知道，

$$MR = 45'38''，$$

所以

KE 比 MR 的值可得，

KMS 比 MS 的值可得。

在整個 KMS 中，

$$KM = 14'22''。$$

或者是，如果取 $KM = 64^P10'$，則

$$KMS = 268^P。$$

以上就是托勒密的做法。

但是在托勒密之後，由於人們發現這些結論並非與現象十分相符，所以他們還就此發表了其他一些著作。不過他們承認，滿月和新月與地球的最大距離為 $64^P10'$，太陽在遠地點的視直徑為 $31\frac{1}{3}'$。他們甚至同意托勒密所說的，在月球通過處地影直徑與月球直徑之比為 13：5。但是他們否認當時月球的視直徑大於 $29\frac{1}{2}'$。因此，他們把地影直徑取為 $1^P16\frac{3}{4}'$ 左右。他們認為，由此可知在遠地點處的日地距離為 1146^P，地影軸長 254^P（地球半徑 $=1^P$）。天文學家們把這些結論的發現歸功於拉卡的哲學家（阿耳-巴塔尼），儘管這些數值無法合理地聯繫起來。我認為必須依照如下的方法進行調整和修正：取遠地點處的太陽視直徑為 $31'40''$（因為它現在應當比托勒密之前大一些），高拱點處的滿月或新月的視直徑為 $30'$，月球通過處的地影直徑為 $80\frac{3}{5}'$。天文學家們得到的比值略大於 5：13，即 150：403。只要月地距離不小於 62 個地球半徑，太陽就不可能被月球全部掩住。在採用了這些數值之後，

它們似乎不僅彼此聯繫了起來，而且與其他現象以及觀測到的日／月食相符。於是，根據以上的論證，如果取地球半徑 $KE=1^P$，則
$$LO=17'85''。$$
因此，
$$MR=46'1''，$$
$$OP=56'51''。$$
$$DLK=1179^P，$$
即爲太陽位於遠地點時與地球的距離；
$$KMS=265^P，$$
即爲地影的軸長。

第二十章　太陽、月亮、地球這三個天體的大小及其相互比較

於是也可得出，
$$LK:KD=1:18，$$
$$LO:DC=1:18。$$
如果取 $KE=1^P$，則
$$1:18=17'8'':5^P27'。$$
因爲有關各邊成比例，所以
$$SK:KE=265^P:1^P=SKD:DC=1444^P:5^P27'，$$
此即太陽直徑與地球直徑之比。但由於球體體積之比等於其直徑的立方之比，而
$$(5^P27')^3=161\tfrac{7}{8}^P，$$
所以太陽比地球大 $161\tfrac{7}{8}$ 倍。

如果取 $KE=1^P$，由於
$$月球半徑=1/9　，$$
所以地球直徑：月球直徑 $=7:2=3\tfrac{1}{2}:1$。取這個比值的立方，便可知地球要比月球大 $42\tfrac{7}{8}$ 倍。

因此，太陽要比月球大 6999⁵⁹⁄₆₃ 倍。

第二十一章　太陽的視直徑及其視差

由於同樣大小的物體看起來近大遠小，所以和視差一樣，日、月和地影都隨著與地球距離的改變而改變。由前所述，對任何距角都容易測出所有這些變化。首先是太陽。我已經說明，如果取周年運轉軌道圓的半徑＝10000，則地球與太陽的最大距離爲 10323，而在直徑的另一部分，地球與太陽的最小距離爲 9678。因此，如果取地球半徑爲 1^P，高拱點爲 1179^P，則低拱點爲 1105^P，平拱點爲 1142^P。於是在直角三角形⑦ 中，

$$1000000 \div 1179 = 848⑧ = \tfrac{1}{2} \text{ 弦 } 2(2'55''),$$

$2'55''$爲出現在地平圈附近的最大視差角。類似地，因爲最小距離爲 1105^P，

$$1000000 \div 1105 = 905 = \tfrac{1}{2} \text{ 弦 } 2(3'7''),$$

$3'7''$爲在低拱點的最大視差角。我已經說過，如果取地球直徑爲 1^P，則太陽直徑爲 $5^P27'$，它在高拱點所張角爲 $31'48''$。因爲如果取圓的直徑＝2000000，

$$1179^P : 5^P27' = 2000000 : 9245,$$

$$\tfrac{1}{2} \text{ 弦 } 2(31'48'') = 9245。$$

因此在最短距離 1105^P處，太陽的視直徑爲 $33'54''$。它們之間相差 $2'6''$，而視差之間僅僅相差 $12''$。由於這兩個值很小，憑藉感官很難察覺 $1'$ 或 $2'$，而對於弧秒來說就更是如此，所以托勒密認爲這兩個值都可以忽略不計。因此，如果我們把太陽的最大視差處處都取作 $3'$，似

---

⑦ 即日地中心連線、從日心引向地球表面的切線以及地球到切點的半徑所成的直角三角形。——英譯者

⑧ 即取圓的半徑＝1000000，當高拱點＝1179^P時，$1^P = 848$。——英譯者

乎是不會出現明顯誤差的。現在，我將從太陽的平均距離，或者像其他人那樣從太陽的小時視行度（他們認爲它與太陽直徑之比等於 5:66 或 1:13⅕）求出太陽的平均視直徑，因爲太陽的小時視行度與其距離大致成正比。

第二十二章　月球的可變視直徑及其視差

作爲距離最近的行星，月球的視直徑和視差有著更大的變化。當月球爲新月和滿月時，它與地球之間的最大距離爲 65½ᴾ，根據前面的論證，最小距離爲 55ᴾ8′；半月的最大距離爲 68ᴾ21′，最小距離爲 52ᴾ 17′。於是，用地球的半徑除以月球在四個極限位置處的距離，便可得到月球在出沒時的視差：月球的半月爲 50′18″，最遠的新月或滿月爲 52′24″；最近的滿月或新月爲 62′21″，最近的半月爲 65′45″。

這樣，月球的視直徑就可以求出來了。前已說明，地球直徑與月球直徑之比等於 7:2，於是地球半徑與月球直徑之比就是 7:4，視差與月球視直徑之比也等於這個值，因爲在同一次月球經天時，夾出較大視差角的直線與視直徑完全沒有區別。而角度（或視差弧）大致與它們所對的弦成正比，它們之間的差別感覺不到。由此可知，在上述視差的第一極限處，月球的視直徑爲 28¾′；在第二極限處約爲 30′；在第三極限處爲 35′38″；在最後一個極限處爲 37′34″。根據托勒密和其他人的假設，直徑應當大約爲 1°，而且半月投射到地球上的光應該與滿月一樣多。

第二十三章　地影變化有多大？

我已經說過，

　　　　　地影直徑：月球直徑＝403:150。

因此，當太陽在遠地點時，對於滿月或新月來說，地影的最小直徑爲 80′36″，最大直徑爲 95′44″，所以最大變化爲 15′8″。甚至當月球通過

相同位置時，地影也會由於日地距離的不同而發生以下變化：

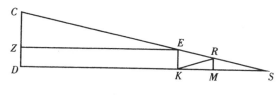

和前圖一樣，再次過日心和地心作直線 DKS 以及切線 CES。正如已經闡明的，當 $KE = 1^p$ 時，距離

$$DK = 1179^p，$$
$$KM = 62^p，$$

所以地影半徑

$$MR = 46'1''，$$

（連接 KR），則

$$\angle MKR = 地影視角\ 42'32''，$$

而地影軸長

$$KMS = 265^p。$$

當地球最接近太陽時，

$$DK = 1105^p，$$

我們可以按照如下方法計算在同一月球通過處的地影：作 EZ 平行於 DK，則

$$CZ : ZE = EK : KS。$$

但是，

$$CZ = 4^p27'，$$
$$ZE = 1105^p。$$

因為 $KEZD$ 是平行四邊形，

$$ZE = DK，$$

所以，如果取 $KE = 1^p$，則

$$KS = 248^p19'。$$

但由於

$$SM : MR = SK : KE，$$

所以

$$MR = 45'1'',$$

視角

$$\angle MKR = 41'35''。$$

由於日地距離的不斷變化，如果取 $KE=1^p$，則地影直徑在同一月球通過處的最大變化為 1'。如果取四直角＝360°，那麼它看起來為 67''。此外，在第一種情況下，

地影直徑：月球直徑＞13:5；

而這裏，

地影直徑：月球直徑＜13:5。

13:5 是平均值，所以如果我們在各處都採用同一數值，從而減輕工作量和沿襲古人的觀點，產生的誤差是很小的。

第二十四章　地平經圈日月視差表

現在再來確定太陽和月球的個別視差就不困難了。過地平圈的極點重作地球軌道圓上的弧段 $\overarc{AB}$，點 C 為地心。在同一平面上，設 DE 為月球的軌道圓（白道），FG 為太陽軌道圓，CDF 為過地平圈極點的直線，作直線 CEG 通過太陽與月球的真位置。連接視線 AG 和 AE。於是，太陽的視差由 $\angle AGC$ 量出，月球視差由 $\angle AEC$ 量出。太陽和月球的視差之差為 $\angle AGC$ 與 $\angle AEC$ 之差，即 $\angle GAE$。現在把 $\angle ACG$ 取作與那些角進行比較的角，比如設

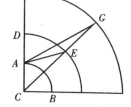

$$\angle ACG = 30°。$$

根據平面三角形定理，如果取 $AC = 1^p$，

$$線段 CG = 1142^p，$$

則顯然可得

$$\angle AGC = 1\tfrac{1}{2}'，$$

即為太陽真高度與視高度之差。

　　然而，當 $\angle ACG=60°$ 時，
$$\angle AGC=2'36''。$$
對於（$\angle ACG$ 的）其他數值，（太陽視差）也可類似地得出。

　　但是對月球來說，（我們用）它的四個極限位置。當月地距離最大時，取 $CA=1^{\mathrm{p}}$，則
$$CE=68^{\mathrm{p}}21'，$$
如果取四直角＝360°，則
$$\angle DCE=30°。$$
於是在 $\triangle ACE$ 中，AC 與 CE 兩邊以及 $\angle ACE$ 已知。由此可以求得，
$$視差　\angle AEC=25'28''。$$
當 $CE=65\frac{1}{2}^{\mathrm{p}}$ 時，
$$\angle AEC=26'36''。$$
　　類似地，在第三極限處，
$$當　CE=55^{\mathrm{p}}8'時，$$
$$視差　\angle AEC=31'42''。$$
最後，在最小距離處，
$$當　CE=52^{\mathrm{p}}17'時，$$
$$\angle AEC=33'27''。$$
　　再一次地，如果
$$\overset{\frown}{DE}=60°，$$
同樣次序的視差可以排列如下：
$$對於第一個極限位置，視差＝43'55''，$$
$$對於第二個極限位置，視差＝45'51''，$$
$$對於第三個極限位置，視差＝54\frac{1}{2}'，$$
$$對於第四個極限位置，視差＝57\frac{1}{2}'。$$

　　我將按照附表的順序列入所有這些數值。為方便起見，我將像其他表那樣把它排成 30 行，間距為 6°，這些度數可以理解為從地平圈天頂量起的弧（其最大值為 90°）的兩倍。我把表排成了 9 列。第一列和第二列是圓周的公共數。我把太陽視差排在第三列，然後是月球視差，

第五列是最小視差（當半月在遠地點時出現）小於視差（在滿月和新月時出現）的量。第六列是在遠地點的滿月和新月所產生的視差。下一列是當月球離我們最近時半月的視差超過在遠地點的半月的視差的量。餘下兩列是用來計算四個極限位置之間的視差的比例分數。我將定出這些視差值，首先是遠地點附近的視差，然後是落在前兩個極限位置之間的視差。情況如下：

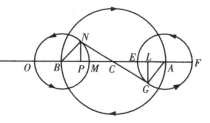

設圓 AB 為月球的第一本輪，點 C 為它的中心。取點 D 為地球的中心，作直線 $DBCA$。以遠地點 A 為中心作第二本輪 EFG。設
$$\overset{\frown}{EG}=60°，$$
連接 AG 與 CG。因為由前所述，如果取地球半徑$=1^{\mathrm{p}}$，則
$$線段\ CE=5^{\mathrm{p}}11'，$$
$$線段\ DC=60^{\mathrm{p}}18'，$$
$$線段\ EF=2^{\mathrm{p}}51'，$$
所以在$\triangle ACG$ 中，
$$邊\ GA=1^{\mathrm{p}}25'，$$
$$邊\ AC=6^{\mathrm{p}}36'，$$
GA 和 AC 兩邊所夾的角
$$\angle CAG\ 已知，$$
因此，根據已經講過的平面三角形定理，
$$邊\ CG=6^{\mathrm{p}}7'。$$
於是，如果排成一條直線，則
$$DCG=DCL=66^{\mathrm{p}}25'。$$

然而
$$DCE = 65\tfrac{1}{2}^{P},$$
於是相減可得，超出量
$$EL \approx 55\tfrac{1}{2}'\text{。}$$
根據這個已經得到的值，如果取
$$DCE = 60^{P},$$
則
$$EF = 2^{P}37',$$
$$EL \approx 46'\text{。}$$
因此，如果
$$EF = 60',$$
則超出量
$$EL \approx 18'\text{。}$$
我將把這些數值列在表中與（第一列的）60°相對的第八列。

對於近地點 B，我也將作類似的論證。以點 B 為中心作第二本輪 MNO，並取
$$\angle MBN = 60°\text{。}$$
和前面一樣，$\triangle BCN$ 的各邊、角也可得。類似地，如果取地球半徑＝ 1^{P}，則超出量
$$MP = 55\tfrac{1}{2}',$$
$$DBM = 55^{P}8'\text{。}$$
如果
$$DBM = 60^{P},$$
則
$$MBO = 3^{P}7',$$
$$\text{超出量 } MP = 55'\text{。}$$
而
$$3^{P}7':55' = 60':18',$$
於是我們就得到了與前面相同的結果，儘管兩者之間有幾秒的差值。

其他情況我也將這樣做，並把得到的結果寫進表中第八列。但如果我們用的不是這些值，而是行差表中所列的（比例分數），也不會出任何差錯，因為它們幾乎是相同的，彼此之間相差極小。剩下要考慮的是在中間極限位置，即第二與第三極限位置之間出現的比例分數。

　　設圓 AB 為滿月和新月描出的第一本輪，其中心為點 C。取點 D 為地球的中心，完成直線 $DBCA$。從遠地點 A 取一段弧，比如設

$$\overset{\frown}{AE}=60°。$$

連接 DE 與 CE。於是 $\triangle DCE$ 有兩邊已知：

$$CD=60^{\text{p}}19'，$$
$$CE=5^{\text{p}}11'。$$

$\angle DCE$ 為內角，且

$$\angle DCE=180°-\angle ACE，$$
$$DE=63^{\text{p}}4'。$$

而

$$DBA=65\tfrac{1}{2}^{\text{p}}，$$
$$DBA-ED=2^{\text{p}}26'。$$

現在，

$$AB=10^{\text{p}}22'，$$
$$10^{\text{p}}22':2^{\text{p}}26'=60':14'。$$

它們被列入表中與 $60°$ 相對的第九列。遵循這個例子，我完成了餘下的工作並製成了下表。我還要另外補充一個日、月和地影半徑表，以便它們能夠盡可能地被使用。

日月視差表

公共數	太陽視差	第二極限位置的月球視差		需要減去的第一與第二極限位置的月球視差之差		第三極限位置的月球視差		需要加上的第三與第四極限位置的月球視差之差		小本輪的比例分數	大本輪的比例分數
°	°	′	″	′	″	′	″	′	″		
6	354	0	10	2	46	0	7	3	18	0	12	0	0
12	348	0	19	5	33	0	14	6	36	0	23	1	0
18	342	0	29	8	19	0	21	9	53	0	34	3	1
24	336	0	38	11	4	0	28	13	10	0	45	4	2
30	330	0	47	13	49	0	35	16	26	0	56	5	3
36	324	0	56	16	32	0	42	19	40	1	6	7	5
42	318	1	5	19	5	0	48	22	47	1	16	10	7
48	312	1	13	21	39	0	55	25	47	1	26	12	9
54	306	1	22	24	9	1	1	28	49	1	35	15	12
60	300	1	31	26	36	1	8	31	42	1	45	18	14
66	294	1	39	28	57	1	14	34	31	1	54	21	17
72	288	1	46	31	14	1	19	37	14	2	3	24	20
78	282	1	53	33	25	1	24	39	50	2	11	27	23
84	276	2	0	35	31	1	29	42	19	2	19	30	26
90	270	2	7	37	31	1	34	44	40	2	26	34	29
96	264	2	13	39	24	1	39	46	54	2	33	37	32
102	258	2	20	41	10	1	44	49	0	2	40	39	35
108	252	2	26	42	50	1	48	50	59	2	46	42	38
114	246	2	31	44	24	1	52	52	49	2	53	45	41
120	240	2	36	45	51	1	56	54	30	3	0	47	44
126	234	2	40	47	8	2	0	56	2	3	6	49	47
132	228	2	44	48	15	2	2	57	23	3	11	51	49
138	222	2	49	49	15	2	3	58	36	3	14	53	52
144	216	2	52	50	10	2	4	59	39	3	17	55	54
150	210	2	54	50	55	2	4	60	31	3	20	57	56
156	204	2	56	51	29	2	5	61	12	3	22	58	57
162	198	2	58	51	56	2	5	61	47	3	23	59	58
168	192	2	59	52	13	2	6	62	9	3	23	59	59
174	186	3	0	52	22	2	6	62	19	3	24	60	60
180	180	3	0	52	24	2	6	62	21	3	24	60	60

日、月和地影半徑表

公共數		太陽半徑		月球半徑		地影半徑		地影變化
°	°	′	″	′	″	′	″	′
6	354	15	50	15	0	40	18	0
12	358	15	50	15	1	40	21	0
18	342	15	51	15	0	40	26	1
04	330	15	52	15	0	40	34	2
30	330	15	53	15	9	40	42	3
36	324	15	55	15	14	40	56	4
42	318	15	57	15	19	41	10	6
48	312	16	0	15	25	41	26	9
54	306	16	3	15	32	41	44	11
60	300	16	6	15	39	42	2	14
66	294	16	9	15	47	42	24	16
72	288	16	12	15	56	42	40	19
78	282	16	15	16	5	43	13	22
84	276	16	19	16	13	43	34	25
90	270	16	22	16	22	43	58	27
96	264	16	26	16	30	44	20	31
102	258	16	29	16	39	44	44	33
108	252	16	32	16	47	45	6	36
114	246	16	36	16	55	45	20	39
120	240	16	39	17	4	45	52	42
126	234	16	42	17	12	46	13	45
132	228	16	45	17	19	46	32	47
138	222	16	48	17	26	46	51	49
144	216	16	50	17	32	47	7	51
150	210	16	53	17	38	47	23	53
156	204	16	54	17	41	47	31	54
162	198	16	55	17	44	47	39	55
168	192	16	56	17	46	47	44	56
174	186	16	57	17	48	47	49	56
180	180	16	57	17	49	47	52	57

第二十五章 日、月視差的計算

我還要簡要解釋一下用表來計算日月視差的方法。從表中查出與太陽的天頂距或月球的兩倍天頂距相應的視差（對於太陽只須查一個值，而對月球則須對四個極限位置分別查出），以及相對於月球行度的兩倍或它與太陽距離的兩倍的第一個比例分數。有了這些比例分數，我們就可以求出第一個和最後一個極限位置之間的與 60 分成比例的量。從下一個視差（即第二極限位置的視差）中減去第一個部分，並把第二個部分與倒數第二個極限位置的視差相加，就可以得出月球在遠地點和近地點的兩個修正的視差。小本輪使這些視差增大或減少。然後從表中查出與月球近點角相應的最後一個比例分數，用它們可以對剛才求出的視差之差求出比例部分。把這個比例部分與第一個修正視差（即在遠地點的視差）相加，所得的結果即為對應於已知地點和時間的月球視差。下面是一個例子。

設月球的天頂距為 54°，平均行度為 15°，修正的近點行度為 100°。我希望由此用表求出月球視差。把月球的天頂距度數加倍，得到 108°，表中與此相對應的第一極限位置與第二極限位置之差為 1′48″，在第二極限位置的視差為 42′50″，在第三極限位置的視差為 50′59″，第三極限位置與第四極限位置的視差之間相差 2′46″。逐一記下這些數值。把月球的行度加倍，得到 30°。表中與此相對應的第一個比例分數為 5′。而 5′在第二極限位置比第一極限位置多出量的 60 分的比例部分為 9″，把 9″從 42′50″中減去，得到 42′41″。類似地，第二個差值 2′46″的比例部分為 14″。把它與在第三極限位置的視差 50′59″相加，得到 51′13″。這些視差之間相差 8′32″。然後，對應於修正近點角的度數，最後一個比例分數為 39′。由此求得差值 8′32″的比例部分為 4′50″。把 4′50″與第一個修正視差相加，得到的和為 47′31″。此即所要求的在地平經圈上的月球視差。

然而，任何其他月球視差都與滿月和新月的視差相差很少，所以

我們只要處處都取平均極限位置的數值也就足夠了，它們對於日、月食的預測特別重要。其餘的則不值得作如此詳細的考察，進行這樣的研究也許不是爲了實用，而是爲了滿足好奇心。

第二十六章　如何把黃經視差與黃緯視差分開

視差很容易做分成黃經視差和黃緯視差，日月之間的視差可以通過黃道與地平經圈相交所成的弧和角來度量。因爲當地平經圈與黃道正交時，它顯然不會產生黃經視差，而是全都轉到了黃緯上，因爲地平經圈完全是一個緯度圈；與此相反，當黃道與地平圈正交並與地平經圈相合時，如果月球黃緯爲零，那麼它只有黃經視差。但如果黃緯不爲零，則它在黃緯上也有一定的視差。

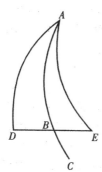

於是，設圓 ABC 爲與地平圈正交的黃道，點 A 爲地平圈的極點。於是圓 ABC 將與黃緯爲零的月球的平經圈相合。設點 B 爲月球的位置，$\overset{\frown}{BC}$ 爲它的整個黃經視差。

但是，當月球緯度不爲零時，過黃極作圓 DBE，並取 $\overset{\frown}{DB}$ 或 $\overset{\frown}{BE}$ 爲月球的黃緯。顯然，$\overset{\frown}{AD}$ 或 $\overset{\frown}{AE}$ 兩邊都不等於 $\overset{\frown}{AB}$。$\angle D$ 和 $\angle E$ 都不是直角，因爲 DA 與 AE 兩圓都不過是圓 DBE 的極點。視差與黃緯有關，月球距天頂越近，這種關係也就越明顯。設球面三角形 ADE 的底邊 $\overset{\frown}{DE}$ 不變，$\overset{\frown}{AD}$ 與 $\overset{\frown}{AE}$ 兩邊越短，它們與底邊所成的銳角也越小；月球距天頂越遠，這兩個角也就越像直角。

現在設 ABC 爲黃道，DBE 爲與之傾斜的月球的平經圈。設月球的黃緯爲零，比如當它位於與黃道的交點時就是如此。設點 B 爲與黃道的交點，$\overset{\frown}{BE}$ 爲在平經圈上的視差。在通過 ABC 兩極的圓上作 $\overset{\frown}{EF}$。於是前已證明，在球

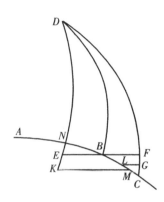

面三角形 BEF 中，$\angle EBF$ 已知，

$$\angle F = 90°$$

邊 $\overparen{BE}$ 也可知。根據球面三角形的定理，其餘兩邊也可求得，即黃經視差 $\overparen{BF}$ 以及與視差 $\overparen{BE}$ 相應的黃緯視差 $\overparen{FE}$。由於 $\overparen{BE}$、$\overparen{EF}$ 和 $\overparen{FB}$ 都很短，所以與直線相差極小。如果因此把這個直角球面三角形當成直角平面三角形，計算將會容易許多，而我們也不會出什麼差錯。

作黃道 ABC，它與過地平圈兩極的圓 DB 斜交。設點 B 爲月球在經度上的位置，$\overparen{FB}$ 爲北黃緯，$\overparen{BE}$ 爲南黃緯。設地平圈的天頂爲點 D，從點 D 向月球作平經圈 DEK 或 DFC，其上有視差 $\overparen{EK}$ 和 $\overparen{FG}$。月球的黃經和黃緯眞位置將在 E、F 兩點，而視位置將在 K、G 兩點。從點 K 和點 G 作 $\overparen{KM}$ 和 $\overparen{LG}$ 垂直於黃道 ABC。由於月球的黃經、黃緯以及所在區域的緯度均已知，所以在球面三角形 DEB 中，$\overparen{DB}$ 和 $\overparen{BE}$ 兩邊以及（黃道與地平經圈的）交角 $\angle ABD$ 均可知。而

$$\angle DBE = \angle ABD + 90°，$$

所以剩下的邊 $\overparen{DE}$ 和 $\angle DEB$ 都可求得。

類似地，在球面三角形 DBF 中，由於 $\overparen{DB}$ 與 $\overparen{BF}$ 兩邊以及與 $\angle ABD$ 組成一個直角的 $\angle DBF$ 已知，所以邊 $\overparen{DF}$ 和 $\angle DFB$ 也可求得。因此，$\overparen{DE}$、$\overparen{DF}$ 兩弧上的視差 $\overparen{EK}$ 和 $\overparen{FG}$ 可以由表得出，月球的眞天頂距 $\overparen{DE}$ 或 $\overparen{DF}$ 以及視天頂距 $\overparen{DEK}$ 或 $\overparen{DFG}$ 也可用類似方法求得。但是在球面三角形 EBN（$\overparen{DE}$ 與黃道相交於點 N）中，$\angle NEB$ 已知，底邊 $\overparen{BE}$ 已知，$\angle NBE$ 爲直角，所以剩下的 $\angle BNE$ 以及餘下的兩邊 $\overparen{BN}$ 和 $\overparen{NE}$ 均可求得。類似地，在球面三角形 NKM 中，由於 $\angle M$、$\angle N$ 以及整條邊 $\overparen{KEN}$ 已知，所以底邊 $\overparen{KM}$，即月球的視南緯，可以求得，它超過 $\overparen{EB}$ 的量爲黃緯視差。剩下的邊 $\overparen{NBM}$ 可知。從

$\overset{\frown}{NBM}$ 中減去 $\overset{\frown}{NB}$，得到的餘量 $\overset{\frown}{BM}$ 即爲黃經視差。

在北面的球面三角形 BFC 中，由於邊 BF 與 $\angle BFC$ 已知，$\angle B$ 爲直角，所以剩下的 $\overset{\frown}{BLC}$、$\overset{\frown}{FGC}$ 兩邊以及剩下的 $\angle C$ 均可知。從 $\overset{\frown}{FGC}$ 中減去 $\overset{\frown}{FG}$，可得球面三角形 GLC 中餘下的邊 $\overset{\frown}{GC}$ 以及 $\angle LCG$，而 $\angle CLG$ 爲直角，所以剩下的 $\overset{\frown}{GL}$、$\overset{\frown}{LC}$ 兩邊可知。$\overset{\frown}{BC}$（減去 $\overset{\frown}{LC}$）的餘量，即黃經視差 $\overset{\frown}{BL}$，也可求得。視黃緯 $\overset{\frown}{GL}$ 亦可知，且視差爲眞黃緯 $\overset{\frown}{BF}$ 超出 $\overset{\frown}{GL}$ 的量。

然而，正如你所看到的，這種對很小的量進行的計算用功甚多而收效甚微。如果我們用 $\angle ABD$ 來代替 $\angle DCB$，用 $\angle DBF$ 來代替 $\angle DEB$，並且像前面那樣忽略月球黃緯，而用平均弧 $\overset{\frown}{DB}$ 來代替 $\overset{\frown}{DE}$ 和 $\overset{\frown}{DF}$，那麼結果已經足夠精確了。特別是在北半球地區，這樣做不會導致任何明顯的誤差；但是在很靠南的地區，B 接近天頂，最大黃緯爲 5°，當月球位於近地點時，會產生大約 6′ 的差值。當月球與太陽相合時，月球的黃緯不會超過 ½°，差值僅可能有 1¾′。由此可知，在黃道的東象限，黃經視差應與月球眞位置相加；而在另一象限，則應從月球眞位置中減去黃經視差，這樣才能得到月球的視黃經。我們還可以通過黃緯視差求出月球的視黃緯。如果眞黃緯與視差是在同一方向，就把它們相加；如果它們是在不同方向，就從較大量中減去較小量，餘量即爲與較大量位於同一側的視黃緯。

第二十七章　關於月球視差論述的證實

我們可以通過許多其他的觀測（如下例）來證實，前面所講的月球視差與現象是相符的。我於西元 1497 年 3 月 9 日日沒之後在博洛尼亞（Bologna）做了一次觀測。當時月球正要掩食畢星團中的亮星〔畢宿五，羅馬人稱爲「帕利里修姆」（Palilicium）〕。稍後，我看到這顆星與月輪的暗黑部分相接觸，並且在夜晚第五小時結束時，星光在月球兩角之間消失。它與南面的角靠近了月球寬度或直徑的 ¾ 左右。由表可得，當時這顆星位於雙子宮內 2°52′，南緯 5⅙°。於是顯然，月球

中心看起來位於恆星以西半個月球直徑處，它的視位置爲黃經 2°36′，黃緯 5°6′左右。

從基督紀元開始到那時，共歷時 1497 埃及年 76 日 23 小時（在博洛尼亞），而對於偏東約 8°的克拉科夫則爲（1497 埃及年 76 日）23 小時 36 分，均勻時則要再加 4 分，因爲太陽位於雙魚宮內 28½°處。因此，月球遠離太陽的均勻行度爲 74°，均勻近點角爲 111°10′，月球的眞位置位於雙子宮內 3°24′，南緯 4°35′，黃緯眞行度爲 203°41′。此外，在博洛尼亞，天蠍宮內 26°當時正以 57½°的角度升起，月球距天頂 83°，地平經圈與黃道的交角約爲 29°，月球的黃經視差爲 1°51′，黃緯視差爲 30′。這些結果與觀測符合得相當好，所以任何人都不必懷疑我的假設以及由之所得的結論的正確性。

第二十八章　日月的平合與平沖

由上面關於日、月運行的論述，可以建立研究它們的合與沖的方法。相對於我們認爲沖或合即將發生的任何時刻，需要查出月球的均勻行度。如果我們發現均勻行度已經完成了一整圈，那麼就有一次合；如果爲半圈，那麼（月球在沖時）爲滿月。但由於（這樣的精度）很少能夠遇到，所以我們只好測定日月之間的距離。把這個距離除以月球的周日行度，便可得到自上次朔望以來或到下次朔望之間的時間。然後對這個時間查出行度與位置，並用它們算出眞的新月和滿月。後面我將會說明，如何把有食發生的合與其他合區分開來。在確定了這些以後，便可把它們推廣到其他任何月份，並通過十二月份表對若干年連續進行。該表載有（分部）時刻、日月近點角的均勻行度以及月球黃緯均勻行度，其中每一個行度值都與前面求得的個別均勻行度值有聯繫。但是我將把太陽近點角的修正值記錄下來，以便能夠立即得到它的值。由於它在起點即在其高拱點處運動緩慢，所以在一年甚至幾年內都察覺不出它的變化。

日月合／沖表

月份	分部時間				月球近點角行度				月球黃緯行度			
	日	日-分	日-秒	日-毫秒	60°	°	′	″	60°	°	′	″
1	29	31	50	8	0	25	49	0	0	30	40	13
2	59	3	40	16	0	51	38	0	1	1	00	27
3	88	35	30	24	1	17	07	0	1	32	0	41
4	118	7	20	32	1	43	16	0	2	2	40	55
5	147	39	10	40	2	9	5	0	2	33	21	9
6	177	11	0	48	2	34	34	0	3	4	1	23
7	206	42	50	57	3	0	43	0	3	34	41	36
8	236	14	41	25	3	26	32	0	4	5	21	50
9	265	46	31	13	3	52	21	0	4	36	2	4
10	295	18	21	21	4	18	10	0	5	6	42	18
11	324	50	11	29	4	4	59	0	5	37	22	32
12	354	22	1	37	5	9	48	0	0	8	2	46
滿月與新月之間的半個月												
½	14	45	55	4	3	12	54	30	3	15	20	6

太陽近點角行度

月份	60°	°	′	″		月份	60°	°	′	″
1	0	29	6	18		7	3	23	44	6
2	0	58	12	36		8	3	52	50	24
3	1	27	18	54		9	4	21	56	42
4	1	56	25	12		10	4	51	3	0
5	2	25	31	30		11	5	20	9	19
6	2	54	57	48		12	5	49	15	37
半個月										
						½	0	14	33	9

第二十九章　日月眞合與眞沖的詳細考察

　　在像上面那樣求得這些天體的平合或平沖的時間以及它們的行度之後，爲了求出它們的眞（合／沖），還需要知道它們彼此之間超過或落後的眞距離。如果在（平均）合或沖時，（眞）月球位於太陽之前，則將來會出現一次眞（合／沖）；而如果太陽（位於月球之前），則我們所求的眞（合／沖）已經出現過了。這一點可以從兩天體的行差看出來。如果沒有行差，或者行差相等且性質相同（即都是正的或負的），則眞合或眞沖顯然與平均合／沖在同一時刻出現；而如果行差不等，則它們的差指示出兩天體之間的距離，以及正行差或負行差所屬的星體在前面還是後面。但是當兩天體位於（它們圓周的）不同部分時，則具有負行差的星體更超前，加上行差便可得到兩天體之間的距離。我將確定月球在多少個小時內可以通過這段距離（對每一度距離取 2 小時）。

　　這樣一來，如果兩天體間距離約爲 6°，則這個度數就對應著 12 小時。然後在這個時間間隔內求出月球遠離太陽的眞行度。當我們已知月球每 2 小時的平均行度爲 1°1′，而在滿月與新月附近，月球近點角每小時的眞行度約爲 50′時，這是容易做到的。在 6 小時中，均勻行度爲 3°3′，近點角眞行度爲 5°。由月球行差表查出行差之間的差值，如果近點角在圓周的下半部分，則將差值與平均行度相加；如果近點角是在上半部分，則將差值減去。由此得到的和或差即爲月球在給定時間內的眞行度。如果這個行度等於前面的距離，它就已經足夠精確了。否則應把這一距離與估計的小時數相乘，並除以該行度，或者把距離除以每小時的行度，這樣得到的商即爲以小時和分鐘計的平均合／沖與眞合／沖之間的眞時間差。如果月球位於太陽以西（或者正好與太陽相對），則把這個時間差與平均合或沖的時間相加；如果月球位於太陽以東，則應減去這一差值。如此便求得眞合或眞沖的時刻，儘管我必須承認，太陽的不均勻性也會引起一定數量的增減，但是這個差別

完全可以忽略，因爲在整個時間段中，甚至當兩天體的距角達到最大（超過了 7°）時，它也不到 1′。而確定月球行度的方法就更可靠了。

由於月球的運行並非始終保持一致，甚至每小時都在變化，所以那些純粹依靠月球每小時行度（被稱爲「每小時的超出行度」）進行計算的人有時會出錯，於是不得不重複他們的計算。因此，爲了求出眞合加價時中央從計，加減你所算所出其有行度以從用月晷亦準，這與偏忘太陽相對於春分點的眞位置，即太陽與月球所在的黃道宮或與之相對的黃道宮中的眞位置之間的距離。由於這裏所理解的時間是相對於克拉科夫經度圈的平均時或均勻時，所以我將根據前述方法把它化爲視時。但如果要對克拉科夫以外的地方定出這些數值，則應記下那裏的經度，並對經度的每一度取 4 分鐘，對每一分取 4 秒鐘。如果那裏偏東，則將對應的時間與克拉科夫時間相加；如果偏西，則減去對應的時間。得到的和或差即爲日月（眞）合或（眞）沖的時刻。

第三十章　如何把食時出現的日月合／沖與其他的合／沖區分開來

對於月球來說，（在朔望時）是否出現食是容易確定的，因爲如果月球黃緯小於月球直徑與地影直徑之和的一半，就會出現食；反之則不出現。然而對於太陽來說，情況卻使人困惑，因爲一般來說視合與眞合之間的視差是與月球視差混起來的。因此，我們研究眞合時，太陽與月球之間的黃經視差的大小，類似地，我們在眞合前一小時於黃道東面象限內，或者在眞合後一小時於黃道西面象限內，測定月球離太陽的視距（角），以便求出月球在一小時內看起來遠離了太陽多少。因此，如果用這一小時的行度去除視差，便可得到眞合與視合的時間差。在黃道東部，從眞合時間中減去這個時間差，或者在黃道西部加上這個時間差（因爲在東部視合早於眞合，而在西部視合晚於眞合），得到的結果即爲所求的視合時間。在減去太陽視差以後，計算此時月球相對於太陽的視黃緯，或者視合時日心與月球中心之間的距離。如

果這一緯度大於日、月直徑之和的一半,則不會有日食出現;如果這一緯度小於日、月直徑之和的一半,則會有日食發生。由此可知,如果在真合時月球沒有黃經視差,則真合與視合將是一致的。從東邊或西邊量起,這次合將出現在黃道上的 90°處。

第三十一章　日月食的食分

在瞭解到一次日食或月食即將發生之後,我們將很容易知道食分有多大——對於太陽來說,可以取視合時日月之間的視黃緯。如果把這一緯度從日、月直徑之和的一半中減去,得到的差即為沿直徑測量的太陽被掩食部分。如果把它乘以 12,並把乘積除以太陽直徑,則得太陽的食分數。但是如果日月之間沒有緯度差,則太陽將出現全食,或者被月球掩食到最大限度。

對於月食,大致可用同樣的方法來處理,只是用的不再是視黃緯而是簡單黃緯。把該黃緯從月球與地影直徑之和的一半中減去,如果月球黃緯不比月球與地影直徑之和的一半小一個月球直徑,則得到的差值即為月球的被食部分;(反之,)則發生的是全食。此外,黃緯越小,月球滯留在地影中的時間就越長。當黃緯為零時,滯留時間達到最大。和太陽的情形一樣,對於月偏食來說,把被食部分乘以 12,並把乘積除以月球直徑,我們就得到了食分數。

第三十二章　如何預測食延時間

剩下的問題是一次食會延續多久。應當注意的是,我把太陽、月球和地影之間的圓弧都當成了直線處理,因為它們都小到幾乎與直線沒有什麼差別。

於是設點 A 為太陽或地影的中心,直線 BC 為月球所經過的路徑。設點 B 為初虧即月球剛與太陽或地影接觸時月球的中心,點 C 為復圓時的月心。連接 AB 與 AC,作 AD 垂直於 BC。

於是當月心位於點 D 時，它顯然是食中點。AD 是從 A 所引線段中最短的。由於

$$AB = AC，$$

所以

$$BD = DC。$$

什麼東都半時，AB 取 AC 都等於日、月直徑之和的一半；而在月食發生時，它們都等於月球與地影直徑之和的一半。AD 爲食甚時月球的眞黃緯或視黃緯。因此，如果我們把 AD 的平方從 AB 的平方中減去，得到的餘數就是 BD 的平方。因此 BD 的長度可得。把這個長度除以月食發生時月球的眞小時行度，或除以日食發生時月球的視小時行度，我們就得到了食延時間長度的一半。但月球經常會在地影中間滯留。我已說過，這種情況出現在月球與地影直徑之和的一半超過月球黃緯大於月球直徑的量的時候。於是，取點 E 爲月球開始完全進入地影時（即月球接觸地影的凹圓周時）的月球中心，點 F 爲月球開始顯現時的月球中心。連接 AE 和 AF。和前面一樣，DE 與 DF 顯然爲滯留在地影中的時間的一半。由於 AD 爲已知的月球黃緯，AE 或 AF 爲地影半徑超過月球半徑的量，因此可以定出 DE 或 DF。再一次把它除以月球的眞

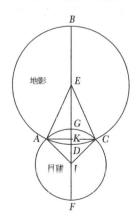

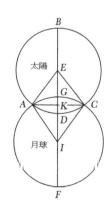

小時行度，我們就得到了所要求的延續時間之半。

然而我們必須注意，當月球在白道上運行時，它在黃道上截出的黃經弧段（由通過黃極的圓量出）並非絕對等於白道上的弧段。不過這個差值非常小，在接近日、月食的最速極限，即距黃道交點最遠的 12° 度處，這兩個圓上的弧長彼此相差

不到 2′，即 $\frac{1}{15}$ 小時。因此，我經常用其中的一個來代替另一個，就好像它們是完全一樣的。雖然月球黃緯總在變化，但我在食的極限點和中點也用同一個月球黃緯。由於月球黃緯的增減變化，掩始區與掩終區並非絕對相等，但它們的差異極小，因此更進一步地考察它們似乎是浪費時間。這樣，食的時間、食延和食分都已經根據直徑求得了。

但是許多人認為，掩食區域不應當根據直徑來確定，而應當根據表面來確定，因為被食的不是直線而是表面。因此，設 $ABCD$ 為太陽或地影的圓周，點 E 為其中心。設 $AFCG$ 為月球圓周，點 I 為中心。設這兩個圓交於 A、C 兩點。過兩圓心作直線 $BEIF$。連接 AE、EC、AI 和 IC。作 AKC 垂直於 BF。我們希望由此可以定出被食表面 $ADCG$ 的大小，或被食部分占太陽或月球整個表面的十二分之幾。由上所述，兩圓半徑 AE 和 AI 均已知，兩圓心間的距離或月球黃緯 EI 也已知，所以 $\triangle AEI$ 的各邊均可求得，根據前面的證明，它的各角也可求得。$\angle EIC$ 與 $\angle AEI$ 相似且相等。因此，如果取周長=360°，則 $\overset{\frown}{ADC}$ 與 $\overset{\frown}{AGC}$ 可以求得。敍拉古的阿基米德在其《圓周的度量》（*Measurement of the Circle*）中得到，

周長：直徑＜3$\frac{1}{7}$:1，

但是

周長：直徑＞3$\frac{10}{71}$:1。

托勒密取了這兩個值的平均

3$^\text{P}$8′30″:1$^\text{P}$。

根據這一比值，$\overset{\frown}{AGC}$ 與 $\overset{\frown}{ADC}$ 可用直徑 AE 和 AI 的單位表出。EA 與 $\overset{\frown}{AD}$ 以及 IA 與 $\overset{\frown}{AG}$ 包含的面積，分別等於扇形 AEC 和 AIC。

而在等腰三角形 $\triangle AEC$ 與 $\triangle AIC$ 中，公共底邊 AKC 和兩條垂線 EK、KI 已知，因此，由 AK 和 KE 所組成的四邊形面積即 $\triangle AEC$ 的面積可得。同樣，由 AK 和 KI 組成的四邊形面積即 $\triangle ACI$ 的面積也可求得。因此，

扇形 $AFCK-\triangle AIC=$弓形 AFC，
扇形 $ABCK-\triangle AEC=$弓形 ABC，

於是，

$$ADCG \text{ 可得，}$$

這就是我們所要求的。此外，日食發生時由 BE 與 $\overset{\frown}{BAD}$ 或月食發生時由 FI 與 $\overset{\frown}{FAG}$ 所定出的整個圓面積可以求得，於是被食區域 $ADCG$ 佔據了太陽或月球整個圓面的十二分之幾也就可知了。所有這些對於月球來說就已足夠了，其他的天文學家對此作了更詳盡的討論。我現在要趕緊轉而討論其他五大行星的運行，這就是以下兩卷的主題。

第五卷

　　到現在為止，我已盡我所能討論了地球繞太陽的運行以及月球繞地球的運行。現在我來處理五大行星的運動。正如我在第一卷中一般性地指出的那樣，諸行星天球的中心並非在地球附近，而是在太陽附近，因此，由於地球的運動，這些天球的次序和大小彼此以相當和諧且精確對稱的方式相互關聯著。所以現在我還要更清楚地一一證明所有這些論斷，以努力履行我的諾言。特別是，我不僅要利用古代的而且也要利用現代的天象觀測，以使關於這些運動的理論更加可靠。在柏拉圖的《蒂邁歐篇》（*Timaeus*）中，這五顆行星中的每一顆都是按照其特徵命名的：土星叫做「費農」（Phaenon），猶如稱它為「發光」或「可見」，這是因為它看不見的時候要比其他行星少，並且當它被太陽遮住之後，又會比較快地重新出現；木星因其光彩奪目而被稱為「費頓」（Phaeton）；火星因其火焰般的光芒而被稱為「派羅伊斯」（Pyrois）；金星有時被稱為「啓明星」（φωσφôρος），有時被稱為「長庚星」（ἑοπερος），即「晨星」或「昏星」，視其在清晨或黃昏出現而定；最後，水星因發出閃爍而淡弱的光而被稱為「斯蒂爾邦」（Stilbon）。這些行星在黃經和黃緯上的運行較之月球具有更大的不均勻性。

第一章　行星的運行與平均行度

行星在黃經上顯示出兩種極爲不同的運動。一種是由我們已經說過的地球的運動引起的，另一種則是每顆行星的自行。我們也許可以恰當地把前一種運動稱爲視差動，因爲正是它使得行星顯操出留、順行和逆行等現象。這些現象之所以可能，並非是由於行星自行時出了差錯，而是由地球運動所產生的一種因行星的軌道圓大小而異的視差所引起。

所以顯然，只有當土星、木星和火星與太陽相沖時，我們才能看到它們的眞位置。這大約發生在它們逆行的中點附近。因爲在那個時候，它們落在一條過太陽平位置與地球的直線上，並且不會受到視差的影響。

然而，金星和水星就是另一回事了，因爲當它們與太陽相合時，它們完全被太陽光掩蓋了，而只有當它們處於太陽兩側大距的位置上時，我們才能看到它們。因此，我們絕不可能在沒有視差的情況下發現它們。

因此，每顆行星都有自己的視差運轉（我指的是地球相對於行星的運動），這種視差運轉是行星與地球相互造就的。我認爲視差運動不是別的，而是地球的均勻運動超過行星的運動（比如土星、木星和火星），或是地球的運動被行星運動所超過（比如金星和水星）。但由於發現這些視差動週期顯著不等，所以古人們認識到，這些行星的運行也是不均勻的，它們的軌道圓具有不均勻性開始出現的拱點，並猜想這些拱點在恆星天球上擁有永遠不變的位置。這種想法爲理解行星的平均行度和等週期開闢了道路。當古人們把某顆行星位於距太陽或某恆星某一精確距離處的位置記錄下來，並瞭解到該行星在一段時間之後又位於距太陽同一距離的同一位置時，他們認爲行星已經完成了它全部的不均勻運動，並且又在一切方面重新回到了它先前與地球的關係。於是通過這段時間，他們可以計算出（行星）完整運轉的次數，

從而求得行星運行的詳細情況。托勒密是用太陽年來描述這些運動的，他聲稱自己是從希帕庫斯那裏得到這些資料的。但他當時把太陽年理解爲從一個分點或至點量起的年份，而現在已經很清楚，這樣的年份並非完全相等。有鑒於此，我將採用通過恆星測得的年份，並且用這樣的年份更加準確地測定了這五顆行星的行度。據我的發現，這些行度多少有些盈餘或不足，情況如下：

地球在 59 個太陽年加 1 日、6 日-分和大約 48 日-秒內，相對土星旋轉 57 周（我們把這稱爲視差動）。在這段時間裏，行星自行運轉兩周加 1°6′6″；

木星在 71 個太陽年減 5 日、45 日-分和 27 日-秒內，被地球趕上 65 次。在這段時間裏，行星自行運轉 6 周減 5°4′1½″；

火星在 79 個太陽年加 2 日、27 日-分和 3 日-秒內，視差運轉共 37 次。在這段時間裏，行星自行運轉 42 周加 2°24′56″；

金星在 8 個太陽年減 2 日、26 日-分和 46 日-秒內，趕上地球 5 次。在這段時間裏，行星繞太陽轉動 13 周減 2°24′40″；

最後，水星在 46 個太陽年加 34 日-分和 23 日-秒內，趕上地球 145 次。在這段時間裏，行星繞太陽轉動 191 周加大約 31′23″。

因此對每顆行星來說，一次視差運轉所需時間爲：

土星：378 日	5 日-分	32 日-秒	11 日-毫
木星：398 日	23 日-分	2 日-秒	56 日-毫
火星：779 日	56 日-分	19 日-秒	7 日-毫
金星：583 日	55 日-分	17 日-秒	24 日-毫
水星：115 日	52 日-分	42 日-秒	12 日-毫

如果我們把上列數值換算爲圓周的度數，乘以 365，再把乘積除以已知的日數，則可得（視差的）年行度爲：

土星：347°	32′	2″	54‴	12⁗
木星：329°	25′	8″	15‴	6⁗
火星：168°	28′	29″	13‴	12⁗
金星：225°	1′	48″	54‴	30⁗

水星：　53°　　56′　　46″　　54‴　　40″″（在3次運轉之後）

取以上數值的 1/365，即得日行度爲

土星：0°　　　57′　　7″　　44‴　　0″″

木星：0°　　　54′　　9″　　3‴　　49″″

火星：0°　　　27′　　41″　　40‴　　8″″

金星：0°　　　36′　　60″　　00‴　　00″″

水星：3°　　　6′　　24″　　7‴　　43″″

仿照太陽和月亮的平均行度表，可以列出下面的行星行度表。

　　可是我想沒有必要也用這種方式確定行星的自行，因爲行星自行
與平均視差動之和等於太陽的平均行度。上行星相對於恆星天球的年
自行量如下：

土星：　12°　　12′　　46″　　12‴　　52″″

木星：　30°　　19′　　40″　　51‴　　58″″

火星：191°　　16′　　19″　　53‴　　52″″

但對於金星和水星，由於看不到它們的年自行量，① 所以我們使用太陽
的行度，並提出一種測定和證明這兩顆行星視運動的方法。情況如下
頁表：

---

① 我們之所以看不到金星和水星的自行，是因爲它們的位置從未在沒有視差的情況下被
　看到過。——英譯者

逐年和 60 年週期內的土星視差動表

埃及年	行　度					埃及年	行　度				
	60°	°	′	″	‴		60°	°	′	″	‴
1	5	47	32	3	9	31	5	33	33	37	59
2	5	35	4	6	19	32	5	21	5	41	9
3	5	22	36	9	29	33	5	8	37	44	19
4	5	10	8	12	38	34	4	56	9	47	28
5	4	57	40	15	48	35	4	43	41	50	38
6	4	45	12	18	58	36	4	31	13	53	48
7	4	32	44	22	7	37	4	18	45	56	57
8	4	20	16	25	17	38	4	6	18	0	7
9	4	7	48	28	27	39	3	53	50	3	17
10	3	55	20	31	36	40	3	41	22	6	26
11	3	42	52	34	46	41	3	28	54	9	36
12	3	30	24	37	56	42	3	16	26	12	46
13	3	17	56	41	5	43	3	3	58	15	55
14	3	5	28	44	15	44	2	51	30	19	5
15	2	53	0	47	25	45	2	39	2	22	15
16	2	40	32	50	34	46	2	26	34	25	24
17	2	28	4	53	44	47	2	14	6	28	34
18	2	15	36	56	54	48	2	1	38	31	44
19	2	3	9	0	3	49	1	49	10	34	53
20	1	50	41	3	13	50	1	36	42	38	3
21	1	38	13	6	23	51	1	24	14	41	13
22	1	25	45	9	32	52	1	11	46	44	22
23	1	13	17	12	42	53	0	59	18	47	32
24	1	0	49	15	52	54	0	46	50	50	42
25	0	48	21	19	1	55	0	34	22	43	51
26	0	35	53	22	11	56	0	21	54	57	1
27	0	23	25	25	21	57	0	9	27	0	11
28	0	10	57	28	30	58	5	56	59	3	20
29	5	58	29	31	40	59	5	44	31	6	30
30	5	46	1	34	50	60	5	32	3	9	40

基督誕生時的位置——205°49′

逐日和 60 日週期內的土星視差動表

日	行度					日	行度				
	60°	°	′	″	‴		60°	°	′	″	‴
1	0	0	57	7	44	31	0	29	30	59	46
2	0	1	54	15	28	32	0	30	28	7	30
3	0	2	51	23	12	33	0	31	25	15	14
4	0	3	48	30	56	34	0	32	22	22	58
5	0	4	45	38	40	35	0	33	19	30	42
6	0	5	42	46	24	36	0	34	16	38	26
7	0	6	39	54	8	37	0	35	13	46	1
8	0	7	37	1	52	38	0	36	10	53	55
9	0	8	34	9	36	39	0	37	8	1	39
10	0	9	31	17	20	40	0	38	5	9	23
11	0	10	28	25	4	41	0	39	2	17	7
12	0	11	25	32	49	42	0	39	59	24	51
13	0	12	22	40	33	43	0	40	56	32	35
14	0	13	13	48	17	44	0	41	53	40	19
15	0	14	16	56	1	45	0	42	50	48	3
16	0	15	14	3	45	46	0	43	47	55	47
17	0	16	11	11	29	47	0	44	45	3	31
18	0	17	8	19	13	48	0	45	42	11	16
19	0	18	5	26	57	49	0	46	39	19	0
20	0	19	2	34	41	50	0	47	36	26	44
21	0	19	59	42	25	51	0	48	33	34	28
22	0	20	56	50	9	52	0	49	30	42	12
23	0	21	53	57	53	53	0	50	27	49	56
24	0	22	51	5	38	54	0	51	24	57	40
25	0	23	48	13	22	55	0	52	22	5	24
26	0	24	45	21	6	56	0	53	19	13	8
27	0	25	42	28	50	57	0	54	16	20	52
28	0	26	39	36	34	58	0	55	13	28	36
29	0	27	36	44	18	59	0	56	10	36	20
30	0	28	33	52	2	60	0	57	7	44	5

基督誕生時的位置——205°49′

逐年和60年週期內的木星視差動表

埃及年	行 度					埃及年	行 度				
	60°	°	′	″	‴		60°	°	′	″	‴
1	5	29	25	8	15	31	2	11	59	15	48
2	4	58	50	16	30	32	1	41	24	24	3
3	4	28	15	24	45	33	1	10	49	32	18
4	3	57	40	33	0	34	0	40	14	40	33
5	3	27	5	41	15	35	0	9	39	48	48
6	2	56	30	49	30	36	5	39	4	57	8
7	2	25	55	57	45	37	5	8	30	5	18
8	1	55	21	6	0	38	4	37	55	13	33
9	1	24	46	14	15	39	4	7	20	21	48
10	0	54	11	22	31	40	3	36	45	30	4
11	0	23	36	30	46	41	3	6	10	38	19
12	5	53	1	39	1	42	2	35	35	46	34
13	5	22	25	47	16	43	2	5	0	54	49
14	4	51	51	55	31	44	1	34	26	3	4
15	4	21	17	3	46	45	1	3	51	11	19
16	3	50	42	12	1	46	0	33	16	19	34
17	3	20	7	20	16	47	0	2	41	27	49
18	2	49	32	28	31	48	5	32	6	36	4
19	2	18	57	35	46	49	5	1	31	44	19
20	1	48	22	45	2	50	4	30	56	52	34
21	1	17	47	58	17	51	4	0	22	0	50
22	0	47	13	1	32	52	3	29	47	9	5
23	0	16	38	9	47	53	2	59	12	17	20
24	5	46	3	18	2	54	2	28	37	25	33
25	5	15	28	26	17	55	1	58	2	33	50
26	4	44	53	34	32	56	1	27	27	42	5
27	4	14	18	42	47	57	0	56	52	50	20
28	3	43	43	51	2	58	0	26	17	58	35
29	3	13	8	59	17	59	5	55	43	6	50
30	2	42	34	7	33	60	5	25	8	15	6

基督誕生時的位置—98°16′

逐日和 60 日週期內的木星視差動表

日	行 度					日	行 度				
	60°	°	′	″	‴		60°	°	′	″	‴
1	0	0	54	9	3	31	0	27	58	40	58
2	0	1	49	18	7	32	0	28	52	50	2
3	0	2	43	27	11	33	0	29	46	59	5
4	0	3	36	36	15	34	0	30	41	8	9
5	0	4	30	45	19	35	0	31	35	17	13
6	0	5	24	54	22	36	0	32	29	26	17
7	0	6	19	3	26	37	0	33	23	35	21
8	0	7	13	12	30	38	0	34	17	44	25
9	0	8	7	21	34	39	0	35	11	53	29
10	0	9	1	30	38	40	0	36	6	2	32
11	0	9	55	39	41	41	0	37	0	11	36
12	0	10	49	48	45	42	0	37	54	20	40
13	0	11	43	57	49	43	0	38	48	29	44
14	0	12	38	6	53	44	0	39	42	38	47
15	0	13	32	15	57	45	0	40	36	47	51
16	0	14	26	25	1	46	0	41	30	56	55
17	0	15	20	34	4	47	0	42	25	5	59
18	0	16	14	43	8	48	0	43	19	15	3
19	0	17	8	52	12	49	0	44	13	24	6
20	0	18	3	1	16	50	0	45	7	33	10
21	0	18	57	10	20	51	0	46	1	42	14
22	0	19	51	19	23	52	0	46	55	51	18
23	0	20	45	28	27	53	0	47	50	0	22
24	0	21	39	37	31	54	0	48	44	9	26
25	0	22	33	46	35	55	0	49	38	18	29
26	0	23	27	55	39	56	0	50	32	27	33
27	0	24	22	4	43	57	0	51	26	36	37
28	0	25	16	13	46	58	0	52	20	45	41
29	0	26	10	22	50	59	0	53	14	54	45
30	0	27	4	31	54	60	0	54	9	3	49

基督誕生時的位置——98°16′

逐年和 60 年週期內的火星視差動表

埃及年	行 度 60°	°	′	″	‴		埃及年	行 度 60°	°	′	″	‴
1	2	48	28	30	36		31	3	2	43	48	38
2	5	36	57	1	12		32	5	51	12	19	14
3	2	25	25	31	48		33	2	39	40	49	50
4	5	13	54	2	24		34	5	28	9	20	26
5	2	2	22	33	0		35	2	16	37	51	2
6	4	50	51	3	36		36	5	5	6	21	38
7	1	39	19	34	12		37	1	53	34	52	14
8	4	27	48	4	48		38	4	42	3	22	50
9	1	16	16	35	24		39	1	30	31	53	26
10	4	4	45	6	0		40	4	19	0	24	2
11	0	53	13	36	36		41	1	7	28	54	38
12	3	41	42	7	12		42	3	55	57	25	14
13	0	30	10	37	46		43	0	44	25	55	50
14	3	18	39	8	24		44	3	32	54	26	26
15	0	7	7	39	1		45	0	21	22	57	3
16	2	55	36	9	37		46	3	9	51	27	39
17	5	44	4	40	13		47	5	58	19	58	15
18	2	32	33	10	49		48	2	46	48	28	51
19	5	21	1	41	25		49	5	35	16	59	27
20	2	9	30	12	1		50	2	23	45	30	3
21	4	57	58	42	37		51	5	12	14	0	39
22	1	46	27	13	13		52	2	0	42	31	15
23	4	34	55	43	49		53	4	49	11	1	51
24	1	23	24	14	25		54	1	37	39	32	27
25	4	11	52	45	1		55	4	26	8	3	3
26	1	0	21	15	37		56	1	14	36	33	39
27	3	48	49	46	13		57	4	3	5	4	15
28	0	37	18	16	49		58	0	51	33	34	51
29	3	25	46	47	25		59	3	40	2	5	27
30	0	14	15	18	2		60	0	28	30	36	4

基督誕生時的位置——238°22′

逐日和 60 日週期內的火星視差動表

日	行 度					日	行 度				
	60°	°	′	″	‴		60°	°	′	″	‴
1	0	0	27	41	40	31	0	14	18	31	51
2	0	0	55	23	20	32	0	14	46	13	31
3	0	1	23	5	1	33	0	15	14	55	12
4	0	1	50	46	41	34	0	15	41	36	52
5	0	2	18	28	21	35	0	16	9	18	32
6	0	2	46	10	2	36	0	16	37	0	13
7	0	3	13	51	42	37	0	17	4	41	53
8	0	3	41	33	22	38	0	17	32	23	33
9	0	4	9	15	3	39	0	18	0	5	14
10	0	4	36	35	43	40	0	18	27	46	54
11	0	5	4	38	24	41	0	18	55	28	35
12	0	5	32	20	4	42	0	19	23	10	15
13	0	6	0	1	44	43	0	19	50	51	55
14	0	6	27	43	25	44	0	20	18	33	36
15	0	6	55	25	5	45	0	20	46	15	16
16	0	7	23	6	45	46	0	21	13	56	56
17	0	7	50	48	26	47	0	21	41	38	37
18	0	8	18	30	6	48	0	22	9	20	17
19	0	8	46	11	47	49	0	22	37	1	57
20	0	9	13	53	27	50	0	23	4	43	38
21	0	9	41	35	7	51	0	23	32	25	18
22	0	10	9	16	48	52	0	24	0	6	59
23	0	10	36	58	28	53	0	24	27	48	39
24	0	11	4	40	8	54	0	24	55	30	19
25	0	11	32	21	48	55	0	25	23	12	0
26	0	12	0	3	29	56	0	25	50	53	40
27	0	12	27	45	9	57	0	26	18	35	20
28	0	12	55	26	50	58	0	26	46	17	1
29	0	13	23	8	30	59	0	27	13	58	41
30	0	13	50	50	11	60	0	27	41	40	22

基
督
誕
生
時
的
位
置
—
238°22′

逐年和 60 年週期內的金星視差動表

埃及年	行 度					埃及年	行 度				
	60°	°	′	″	‴		60°	°	′	″	‴
1	3	45	1	45	3	31	2	15	54	16	53
2	1	30	3	30	7	32	0	0	56	1	57
3	5	15	5	15	11	33	3	45	57	47	1
4	3	0	7	0	14	34	1	30	59	32	4
5	0	45	8	45	18	35	5	16	1	17	8
6	4	30	10	30	22	36	3	1	3	2	12
7	2	15	12	15	25	37	0	46	4	47	15
8	0	0	14	0	29	38	4	31	6	32	19
9	3	45	15	45	33	39	2	16	8	17	23
10	1	30	17	30	36	40	0	1	10	2	26
11	5	15	19	15	40	41	3	46	11	47	30
12	3	0	21	0	44	42	1	31	13	32	34
13	0	45	22	45	47	43	5	16	15	17	37
14	4	30	24	30	51	44	3	1	17	2	41
15	2	15	26	15	55	45	0	46	18	47	45
16	0	0	28	0	58	46	4	31	20	32	48
17	3	45	29	46	2	47	2	16	22	17	52
18	1	30	31	31	6	48	0	1	24	2	56
19	5	15	33	16	9	49	3	46	25	47	59
20	3	0	35	1	13	50	1	31	27	33	3
21	0	45	36	46	17	51	5	16	29	18	7
22	4	30	38	31	20	52	3	1	31	3	10
23	2	15	40	16	24	53	0	46	32	48	14
24	0	0	42	1	28	54	4	31	34	33	18
25	3	45	43	46	31	55	2	16	36	18	21
26	1	30	45	31	35	56	0	1	38	3	25
27	5	15	47	16	39	57	3	46	39	48	29
28	3	0	49	1	42	58	1	31	41	33	32
29	0	45	50	46	46	59	5	16	43	18	36
30	4	20	52	31	50	60	3	1	45	3	40

基督誕生時的位置
——
126°45′

逐日和 60 日週期內的金星視差動表

日	行　度					日	行　度				
	60°	°	′	″	‴		60°	°	′	″	‴
1	0	0	36	59	28	31	0	19	6	43	46
2	0	1	13	58	57	32	0	19	40	43	14
3	0	1	50	58	25	33	0	00	00	42	43
4	0	2	27	57	54	34	0	20	57	42	11
5	0	3	4	57	22	35	0	21	34	41	40
6	0	3	41	56	51	36	0	22	11	41	9
7	0	4	18	56	20	37	0	22	48	40	37
8	0	4	55	55	48	38	0	23	25	40	6
9	0	5	32	55	17	39	0	24	2	39	34
10	0	6	9	54	45	40	0	24	39	39	3
11	0	6	46	54	14	41	0	25	16	38	31
12	0	7	23	53	43	42	0	25	53	38	0
13	0	8	0	53	11	43	0	26	30	37	29
14	0	8	37	52	40	44	0	27	7	36	57
15	0	9	14	52	8	45	0	27	44	36	26
16	0	9	51	51	37	46	0	28	21	35	54
17	0	10	28	51	5	47	0	28	58	35	23
18	0	11	5	50	34	48	0	29	35	34	52
19	0	11	42	50	2	49	0	30	12	34	20
20	0	12	19	49	31	50	0	30	49	33	49
21	0	12	56	48	59	51	0	31	26	33	17
22	0	13	33	48	28	52	0	32	3	32	46
23	0	14	0	47	57	53	0	32	40	32	14
24	0	14	47	47	26	54	0	33	17	31	43
25	0	15	24	46	54	55	0	33	54	31	12
26	0	16	1	46	23	56	0	34	31	30	40
27	0	16	38	45	51	57	0	35	8	30	9
28	0	17	15	45	20	58	0	35	45	29	37
29	0	17	52	44	48	59	0	36	22	29	6
30	0	18	29	44	17	60	0	36	59	28	35

基督誕生時的位置
——
126°45′

逐年和 60 年週期內的水星視差動表

埃及年	行 度					埃及年	行 度				
	60°	°	′	″	‴		60°	°	′	″	‴
1	0	53	57	23	6	31	3	52	38	56	21
2	1	47	54	46	13	32	4	46	36	19	28
3	2	41	52	9	19	33	5	40	33	42	34
4	3	35	49	32	26	34	0	34	31	5	41
5	4	29	46	55	32	35	1	28	28	28	47
6	5	23	44	18	39	36	2	22	25	51	54
7	0	17	41	41	45	37	3	16	23	15	0
8	1	11	39	4	52	38	4	10	20	38	7
9	2	5	36	27	58	39	5	4	18	1	13
10	2	59	33	51	5	40	5	58	15	24	20
11	3	53	31	14	11	41	0	52	12	47	26
12	4	47	28	37	18	42	1	46	10	10	33
13	5	41	26	0	24	43	2	40	7	33	39
14	0	35	23	23	31	44	3	34	4	56	46
15	1	29	20	46	37	45	4	28	2	19	52
16	2	23	18	9	44	46	5	21	59	42	59
17	3	17	15	32	50	47	0	15	57	6	5
18	4	11	12	55	57	48	1	9	54	29	12
19	5	5	10	19	3	49	2	3	51	52	18
20	5	59	7	42	10	50	2	57	49	15	25
21	0	53	5	5	16	51	3	51	46	38	31
22	1	47	2	28	23	52	4	45	44	1	38
23	2	40	59	51	29	53	5	39	41	24	44
24	3	34	57	14	36	54	0	33	38	47	51
25	4	28	54	37	42	55	1	27	36	10	57
26	5	22	52	0	49	56	2	21	33	34	4
27	0	16	49	23	55	57	3	15	30	57	10
28	1	10	46	47	2	58	4	9	28	20	17
29	2	4	44	10	8	59	5	3	25	43	23
30	2	58	41	33	15	60	5	57	23	6	30

基督誕生時的位置 ——
46°24′

逐日和 60 日週期內的水星視差動表

日	行 度					日	行 度				
	60°	°	′	″	‴		60°	°	′	″	‴
1	0	3	6	24	13	31	1	36	18	31	3
2	0	6	12	48	27	32	1	39	24	55	17
3	0	9	10	10	11	33	1	42	31	19	31
4	0	12	25	36	54	34	1	45	37	43	44
5	0	15	32	1	8	35	1	48	44	7	58
6	0	18	38	25	22	36	1	51	50	32	12
7	0	21	44	49	35	37	1	54	56	56	25
8	0	24	51	13	49	38	1	58	3	20	39
9	0	27	57	38	3	39	2	1	9	44	53
10	0	31	4	2	16	40	2	4	16	9	6
11	0	34	10	26	30	41	2	7	22	33	20
12	0	37	16	50	44	42	2	10	28	57	34
13	0	40	23	14	57	43	2	13	35	21	47
14	0	43	29	39	11	44	2	16	41	46	1
15	0	46	36	3	25	45	2	19	48	10	15
16	0	49	42	27	38	46	2	22	54	34	28
17	0	52	48	51	52	47	2	26	0	58	42
18	0	55	55	16	6	48	2	29	7	22	56
19	0	59	1	40	19	49	2	32	13	47	9
20	1	2	8	4	33	50	2	35	20	11	23
21	1	5	14	28	47	51	2	38	26	35	37
22	1	8	20	53	0	52	2	41	32	59	50
23	1	11	27	17	14	53	2	44	39	24	4
24	1	14	33	41	28	54	2	47	45	48	18
25	1	17	40	5	41	55	2	50	52	12	31
26	1	20	46	29	55	56	2	53	58	36	45
27	1	23	52	54	9	57	2	57	5	0	59
28	1	26	59	18	33	58	3	0	11	25	12
29	1	30	5	42	36	59	3	3	17	49	26
30	1	33	12	6	50	60	3	6	24	13	40

基督誕生時的位置 ⎯ 46°24′

第二章　古人的理論對行星的均勻行度與視行度的解釋

　　以上就是行星的平均行度。現在我們轉而討論它們的非均勻視行度。認爲地球靜止的古代數學家們假想土星、木星、火星與金星都各有一個攜帶本輪的偏心圓，本輪相對於該偏心圓均勻地運動，而行星又在本輪上均勻運動。

　　於是，設 AB 爲偏心圓，中心爲 C。又設 ACB 爲其直徑，在這條直線上有地球中心 D，A 爲遠地點，B 爲近地點。設 E 平分 DC。以 E 爲中心，作另一偏心圓 FG 與第一偏心圓相等。設 H 爲 FG 上任意一點，以 H 爲中心作本輪 IK。過 IK 的中心作直線 $IHKC$ 和 $LHME$。根據行星的黃緯表，應當認爲這兩個偏心圓相對於黃道面是傾斜的，本輪相對於偏心圓平面也是傾斜的。但爲了簡便起見，這裏設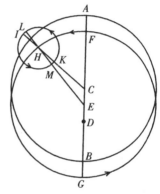它們都處於同一平面內。按照古人的說法，這整個平面連同點 E 和點 C 一起，隨著恆星天球一道圍繞黃道中心 D 旋轉。通過這種安排，他們希望將其理解爲，這些點在恆星天球上都有固定不變的位置。雖然本輪在圓周 FHG 上朝東運動，但被直線 IHC 牽制著。相對於該直線，行星在本輪 IK 上均勻運轉。但是，在本輪上的運動相對於均輪[②]中心 E 顯然應當是均勻的，而行星相對於直線 LME 的運轉應當是均勻的。因此他們主張，圓周運動相對於一個並非其自身中心的附加中心來說，也可以是均勻的。現在，水星的情況也是一樣，甚或更加如此。但是（依我看來），我已經結合月亮的情況充分駁斥了這種想法。這類情況給我以機會來研究地球的運動，以及保持均勻運動的其他方式與科學原理，並使對不均勻運動的計算更經得起考驗。

第三章　由地球運動引起的視不均勻性的一般解釋

爲什麼行星的均勻運動會顯得不均勻，這有兩個原因：地球的運動以及行星的自行。我將對每種非均勻性做出一般性的說明，並且分別把它們的離擇開來闡明它們。以反映其更好地使世界合圖從。我首先從它們都含有的那種非均勻性講起，它是由於地球的運動而引起的，並從被圍在地球軌道圓之內的金星和水星開始。

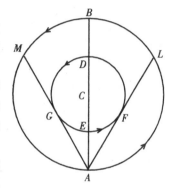

如前所述，設地球中心的周年運轉描出圓 AB，它對太陽是偏心的。設 AB 的中心爲 C。現在讓我們假定，行星除與 AB 同心之外沒有其他的不規則性。設金星或水星的與 AB 同心的軌道圓爲 DE。由於它們的黃緯不等於零，所以圓 DE 應當是與圓 AB 相互傾斜的。但爲了解釋的方便，可以設想它們在同一平面內。將地球置於點 A，從它作視線 AFL 和 AGM，並與行星的軌道圓相切於點 F 和點 G。設 ACB 爲兩圓的公共直徑。

假定地球和行星這兩個天體都沿同一方向即朝東運動，但行星比地球要快。因此對於一個隨著點 A 行進的觀測者來說，點 C 和直線 ACB 是與太陽的平均行度一起運動的。另一方面，在圓 DFG（它被想像爲一個本輪）上，行星朝東經過 $\overset{\frown}{FDG}$ 的時間，要比朝西經過剩餘弧段 $\overset{\frown}{GEF}$ 的時間更長。在 $\overset{\frown}{FDG}$ 上，它將給太陽的平均行度加上整個 $\angle FAG$，而在 $\overset{\frown}{GEF}$ 上則要減去同一角度。因此，在行星的相減行度超過點 C 的相加行度的地方，尤其是在近地點 E 附近，對於 A

②所謂本輪的均輪是指本輪中心沿其轉動的圓周。——英譯者

點的觀測者來說，它似乎在逆行，其程度視超過量的大小而定，恰如這些行星所發生的情形那樣。後面我們將會講到，按照佩爾加（Perga）的阿波羅尼（Apollonius）的定理，線段 CE 與線段 AE 之比應當大於 A 的行度與行星的行度之比。而當相加行度等於相減行度（相互抵消）時，行星看上去則是靜止不動的。所有這些情況都與觀測現象一致。

　　因此，如果像阿波羅尼所認爲的那樣，行星的運動中沒有其他的不均勻性，那麼這種機制就已經能夠滿足了。但是，這些行星在清晨和傍晚與太陽平位置的最大距角（如 $\angle FAE$ 和 $\angle GAE$ 所示），並不是到處都相等的。這兩個最大距角既非彼此相等，也不是兩者之和相等。其道理是顯然的：行星並不在與地球（公轉軌道）圓同心的圓周上運動，而是沿著另外的圓運動，這便產生了第二種不均勻性。

　　對於土星、木星和火星這三顆外行星來說，也可證明有同一結論。重新繪製上圖中的地球軌道。設 DE 爲同一平面上在它之外與之同心的圓，行星位於 DE 上任一點 D，從它作直線 DF 和 DG 與地球的軌道圓切於 F 與 G 兩點，並從點 D 作兩圓的公共直徑 $DACBE$。當行星與太陽相沖並因而最靠近地球時，它在太陽的平均行度線 DE 上的眞位置將是明顯可見的（僅對 A 處的觀測者而言）。而當地球是

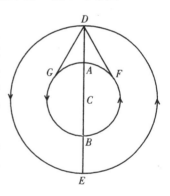

在相對的點 B 時，雖然行星是在同一條線上，我們也看不到它，因爲太陽靠近點 C 而把它掩蓋住了。但是由於地球的運動超過了行星的運動，所以在整個遠地弧 $\overset{\frown}{GBF}$ 上，它彷彿是將整個 $\angle GDF$ 加到了行星的運動上，而在剩餘的較小弧段 $\overset{\frown}{FAG}$ 中則是減去這個角。在地球的相減行度超過了行星的相加行度的地方（特別是在 A 點附近），行星就好像被地球拋在後面而向西運動，並彷彿在觀測者看到這兩種相反行度相差最小的地方停住不動。

　　這樣，所有這些視運動——古代人企圖用每顆行星都有一個本輪來進行解釋——皆因地球運動而引起，這又是十分清楚的了。但是，和阿波羅尼及其他古代人的觀點相反，行星的運動並不是均勻的，這是由地球相對於行星的不均勻運行而表現出來的。因此，行星並不是在同心圓上運動，而是以其他方式運動。這一點我也將在後面解釋。

第四章　為什麼行星的自行看起來不均勻

　　行星在經度上的自行幾乎具有相同的模式，只有水星是例外，它看上去與其他幾顆行星不同。因此可把那四顆行星合在一起討論，水星則分開來講。正如前面已經談到的那樣，古代人以兩個偏心圓為基礎來討論一個單獨的運動，而我卻認為表觀的不均勻性是由兩個均勻運動複合而成的：可能是兩個偏心圓，或者是兩個本輪，或者是兩者混合的偏心本輪。正如我前面對太陽和月亮所證明的那樣，它們都可以產生相同的不均勻性。

　　因此，設 *AB* 是一個偏心圓，其中心為 *C*。設過行星高低拱點的直徑為 *ACB*，它是太陽平位置所在的直線。設 *ACB* 上的

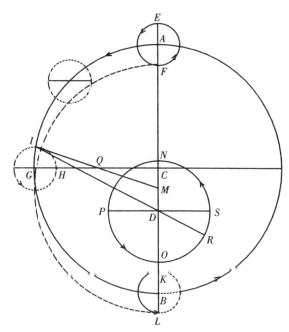

點 D 為地球軌道圓的中心。以高拱點 A 為中心、CD 距離的 $\frac{1}{3}$ 為半徑作本輪 EF，設行星位於它的近地點 F 上。設該本輪沿著偏心圓 AB 朝東運動，行星在（本輪的）上半周也同樣朝東運動，但在本輪圓周上的其餘部分則朝西運動。設本輪與行星的運轉週期相等。

因此，當本輪位於偏心圓的高拱點，而行星則相反，位於本輪的近地點，並且二者均已各自轉了半周時，它們彼此的關係轉換了。③但在高、低拱點之間的兩個方照上，本輪和行星各自都位於它們的中拱點上。只有在前一種情況下（在高、低拱點處），本輪的直徑④才平行於直線 AB；而在高、低拱點之間的中點上，本輪直徑將垂直於 AB；在其他地方則總是接近或離開 AB，不斷搖擺。所有這些現象都很容易從運動的結果來理解。

於是還要證明，由於這種複合運動，行星並不是描出一個正圓。這種與正圓的偏離是和古代數學家的想法相一致的，但它們的差別小到幾乎無法察覺。

重新作一個同樣的本輪，設它為 KL，中心為 B。取 AG 為偏心圓的一個象限，以 G 為中心作本輪 HI。將 CD 三等分，設

$$\frac{1}{3}CD = CM = GI。$$

連接 GC 與 IM，二者相交於 Q。

因此，根據假設，

$$\overset{\frown}{AG} = \overset{\frown}{HI}，$$

且

$$\angle ACG = 90°，$$

所以

③這就是說，在本輪從偏心圓的低拱點走向高拱點，行星從本輪的遠地點向近地點運行的半圓運動中，要把本輪的運動加上偏心圓運動；而在本輪從偏心圓的高拱點向低拱點運行的半圓運動中，本輪的運動要從偏心圓運動中減去。——英譯者

④在這段話中，哥白尼是說行星好像被旋轉的直徑帶著繞本輪運行，儘管他通常說本輪的直徑永遠指向同心圓的中心。——英譯者

$$\angle HGI = 90°。$$

而對頂角

$$\angle IQG = \angle MQC，$$

所以△GIQ和△QCM的對應角均相等。而根據假設，

$$底邊\ GI = 底邊\ CM，$$

所以它們的對應邊也相等。所以

$$QI > GQ，QM > QC，$$

所以

$$IQM > GQC。$$

但是

$$FM = ML = AC = CG，$$

所以以M為中心通過F和L兩點所作的圓與圓AB相等，並與直線IM相交。在與AG相對的另一個象限中，可用同樣方式加以論證。因此，本輪在偏心圓上的均勻運動以及行星在本輪上的均勻運動，使行星描出的圓不是一個正圓，但卻近乎正圓。⑤

現在以D為中心作地球的周年軌道圓NO。作直線IDR以及PDS並使平行於CG。於是，IDR為行星的真行度線，而GC為其平均均勻運動的直線。地球在R點時，它處在離行星最大的真實距離上，而地球在S點時，它處在平均最大距離上。因此，$\angle RDS$或$\angle IDP$是均勻行度與視行度兩者之差，即$\angle ACG$與$\angle CDI$之差。又假設我們不用偏心圓AB，而取一個以D為圓心的與它相等的同心圓作為半徑等於DC的本輪之均輪。在這第一個本輪上還應有第二個

⑤正如我們已經指出的，如果在前面的圖中，有一點X位於半徑CA上，使得CX等於GI（由此DM等於MX），那麼由於剛到達點I的行星已經在四分之一週期裏走完了圍繞點X的整個一周的四分之一，所以點X顯然類似於托勒密的偏心均速點，點M（準圓的中心）類似於托勒密均輪的中心，點D（哥白尼體系中的太陽中心）類似於地球的中心。——英譯者

本輪，其直徑等於半個 CD。⑥ 設第一個本輪朝東運動，而第二個本輪以相等速率朝相反方向運動。最後，行星在第二個本輪上以兩倍速率運行。這就會得出與上面所述相同的結果。這些結果與月亮的現象相差不大，甚至與根據前面提到的任何一種方法得出的現象都沒有很大的差別。

但是我在這裏選擇了一個偏心圓上的本輪。雖然太陽和 C 之間的距離總是保持不變，但 D 卻會有位移，這在討論太陽現象時已經說明。但這種位移並無其他移動同等地伴隨著，因此在那些行星運動中一定會有某種不均勻性。在後面適當的地方我將會談到，儘管這種不均勻性非常微小，但對於火星與金星來說還是可以察覺的。

因此，我很快就將通過觀測來證明，這些假設能夠滿足解釋現象的要求。我首先要對土星、木星和火星做出證明，對於它們來說，最主要而最艱巨的任務是求得遠地點的位置和距離 CD，這是因爲其他數值都容易由它們得出。對於這三顆行星，我使用的方法實際上與以前對月亮所作的處理相同，即把古代的三次沖與現代相同數目的沖進行比較。希臘人把這種現象稱爲「日沒星出」，而我們則稱之爲「夜始與夜終」（時的行星出沒）。在這個時候，行星與太陽相沖，並且落在太陽平均運動的直線上。它於此處甩掉了地球運動帶給它的所有不均勻性。正如我們前面已經說明的，這些位置可以通過星盤的觀測獲得，並且還要對太陽進行計算，直到行星明顯到達沖日位置爲止。

第五章　土星運動的推導

讓我們首先從托勒密曾經觀測到的土星的三次沖開始談起。第一次出現在哈德良 11 年埃及曆 9 月 7 日的夜間 1 時。歸算到距亞歷山大里亞 1 小時的克拉科夫經度圈上，這是西元 127 年 3 月 26 日午夜後

⑥ 如附圖所示。——英譯者

17 小時。我們把所有這些數值都歸化到恆星天球上，並把它當做均勻運動的基準。行星在恆星天球上的位置約為 174°40′，其原因是，那時太陽按其簡單行度在 354°40′與土星相對（取白羊宮之角為起點）。

第二次沖發生在哈德良 17 年埃及曆 11 月 18 日。這是西元 133 年羅馬曆 6 月 3 日午夜後 15 小時。托勒密發現行星位於 243°0′，而此時太陽按其平均行度是在 63°3′。

他報導的第三次沖發生在哈德良 20 年埃及曆 12 月 24 日。同樣歸算到克拉科夫經度圈，這是西元 136 年 7 月 8 日午夜後 11 小時。這時行星在 277°37′，而太陽按其平均行度是在 97°37′。

因此，第一時段共有 6 年 70 日 55 日-分，在此期間行星的視行度為 68°23′，地球相對於行星的平均行度即視差動為 352°44′。於是把一個圓周所餘的 7°16′加上，即得行星的平均行度為 75°39′。第二時段有 3 埃及年 35 日 50 日-分，在此期間行星的視行度為 34°34′，而視差動為 356°43′。將一個圓周所餘的 3°17′加上，即得行星的平均行度為 37°51′。

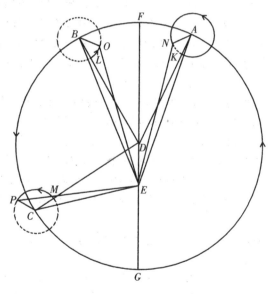

在這樣考察一番之後，設 ABC 為所繪的行星的偏心圓，其中心為 D，FDG 為直徑，地球大軌道圓的中心在此直徑上。設 A 為第一次沖時本輪的中心，B 為第二次沖的中心，C 為第三次沖的中心。以這些點為中心，以 DE 的三分之一為半徑作本輪。用直線把 A、B、

C 三個中心與 D、E 相連，這些直線與本輪圓周相交於 K、L、M 三點。取 $\overset{\frown}{KN}$ 與 $\overset{\frown}{AF}$ 相似，$\overset{\frown}{LO}$ 與 $\overset{\frown}{BF}$ 相似，$\overset{\frown}{MP}$ 與 $\overset{\frown}{FBC}$ 相似。連接 EN、EO 和 EP。於是計算可得：

$$\overset{\frown}{AB}=75°39',$$
$$\overset{\frown}{BC}=37°51',$$

視行度角

$$\angle NEO=68°23',$$
$$\angle OEP=34°34'。$$

我們的問題是要確定高、低拱點 F 和 G 的位置，以及兩中心之間的距離 DE。如果做不到這一點，那就無法區分均勻行度與視行度。

但在這裏，我們遇到了與托勒密在探討這一問題時所遇到的同樣大的困難。因為如果已知 $\angle NEO$ 包含已知 $\overset{\frown}{AB}$，而 $\angle OEP$ 包含 $\overset{\frown}{BC}$，那麼就可以推導出我們所需要的數值。然而已知 $\overset{\frown}{AB}$ 所對的卻是未知角 $\angle AEB$，類似地，已知 $\overset{\frown}{BC}$ 所對的 $\angle BEC$ 也是未知的。$\angle AEB$ 和 $\angle BEC$ 兩角都應當求出。但如果沒有確定與本輪上的弧段相似的弧 $\overset{\frown}{AF}$、$\overset{\frown}{FB}$ 與 $\overset{\frown}{FBC}$，那麼就無法求得 $\angle AEN$、$\angle BEO$ 以及 $\angle CEP$ 這些視行度與平均行度之差。這些量值彼此密切相關，只能同時已知或未知。於是，出於直接的先驗（a priori）方法行不通，在無計可施的情況下，數學家只好求助於後驗的（a posteriori）方法。所以托勒密在這項研究中煞費苦心地設計了一種冗長的論證方法，並進行了浩繁的計算。依我看來，重述這些東西既枯燥又沒有必要，況且我們在下面的計算中所採用的大致就是同一種方法。

當他最後再次審查他的計算時，他求得

$$\overset{\frown}{AF}=57°1',$$
$$\overset{\frown}{BF}=18°37',$$
$$\overset{\frown}{FBC}=56\tfrac{1}{2}°。$$

如果取 $DF=60°$，則

$$離心率=6^\text{p}50',$$

如果取 $DF=10000$，則

離心率＝1139。

現在

$$¾(1139)≈854,$$
$$¼(1139)≈285,$$

所以

本輪半徑＝285。

採用這些數值，並把它們用於我的假設，我將說明它們與觀測現象一致。

對於第一次沖，在$\triangle ADE$ 中，

$$邊\ AD=10000,$$
$$邊\ DE=854$$
$$\angle ADE=180°-\angle ADF。$$

因此，根據我們已經講過的關於平面三角形的定理，我們可以求得

$$邊\ AE=10489,$$

而當我們取四直角＝360°時，

$$\angle DEA=53°6',$$
$$\angle DAE=3°55'。$$

但是

$$\angle KAN=\angle ADF=57°1',$$

因此相加可得

$$\angle NAE=60°56'。$$

由此可知在取 $AD=10000$ 時，$\triangle NAE$ 的兩邊均為已知：

$$邊\ AE=10489,$$
$$邊\ NA=285,$$

且

$$\angle NAE\ 也可知，$$

所以在取四直角＝360°時，

$$\angle AEN=1°22',$$

相減，得

$$\angle NED = 51°44'。$$

　　與此類似，對於第二次沖，因為在 $\triangle BDE$ 中，取 $BD=10000$，
則

$$邊 DE = 854，$$

而

$$\angle BDE = 180° - \angle BDF = 161°22'，$$

所以 $\triangle BDE$ 的邊、角均可知：取 $BD=10000$ 時，

$$邊 BE = 10812，$$
$$\angle DBE = 1°27'，$$
$$\angle BED = 17°11'。$$

但是

$$\angle OBL = \angle BDF = 18°36'，$$

所以，相加可得，

$$\angle EBO = 20°3'。$$

於是在 $\triangle EBO$ 中，除 $\angle EBO$ 外還可知以下兩邊：

$$BE = 10812$$

以及

$$BO = 285。$$

根據平面三角形的定理，

$$\angle BEO = 32'，$$

因此

$$\angle OED = 16°39'。$$

　　而對於第三次沖，在 $\triangle CDE$ 中，和前面一樣，

$$邊 CD 已知，$$
$$邊 DE 已知，$$

而且

$$\angle CDE = 180° - 56°29'，$$

根據平面三角形的定理四，在取 $CD=10000$ 時，可得

$$底邊 \ CE = 10512，$$

$$\angle DCE = 3°53'，$$

相減可得，

$$\angle CED = 52°36'。$$

因此，在取四直角＝360°時，相加可得，

$$\angle DCP = 00\ 22\ ᵒ$$

於是在△*ECP*中，除 ∠ *ECP* 外有兩邊已知。而且

$$\angle CEP = 1°22'，$$

因此，相減可得

$$\angle PED = 51°14'。$$

由此可知，視行度的整個角度

$$\angle OEN = 68°23'，$$

而

$$\angle OEP = 34°35'，$$

與觀測相符。偏心圓高拱點的位置 *F* 與白羊的頭部相距 226°20'。由於當時的春分點歲差爲 6°40'，所以拱點到達天蠍宮內

$$226°20' + 6°40' = 233°，$$

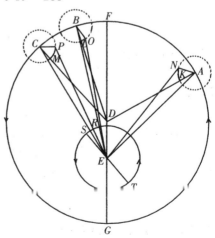

這與托勒密的結論相符。由於我們以前說過，在第三次沖時行星的視位置爲 277°37'，視行度角

$$\angle PEF = 51°14'，$$

所以偏心圓高拱點的位置爲

$$277°37' - 51°14' = 226°23'。$$

作地球的周年軌道圓 *RST*，它與直線 *PE* 交於點 *R*。作與行星平均行度線 *CD* 平行的直徑 *SET*。

由於

$$\angle SED = \angle CDF,$$

所以 $\angle SER$ 爲視行度與平均行度之差，即 $\angle CDF$ 和 $\angle PED$ 之差，

$$\angle SER = 5°16'。$$

視差的平均行度與眞行度之差與此相同。

$$\overset{\frown}{RT} = 180° - \overset{\frown}{SER} = 174°44',$$

即爲從起點 T （即太陽與行星的平均會合點）到第三次地球和行星的眞沖點之間視差的均勻行度。

因此，在這次觀測的時候，即哈德良 20 年（西元 136 年）7 月 8 日午夜後 11 小時，土星距其偏心圓高拱點的近點行度爲 $56\frac{1}{2}°$，而差的平均行度爲 174°44'。確定這些數值對於以下內容是有用的。

第六章　新近觀測到的土星的另外三次沖

由於托勒密計算出的土星行度與現代的數值相差不少，而且一時弄不清楚誤差的來源，所以我不得不進行新的觀測，即重新測定土星的另外三次沖。第一次沖發生在西元 1514 年 5 月 5 日午夜前 $1\frac{1}{5}$ 小時，當時土星位於 205°24'。

第二次沖發生在西元 1520 年 7 月 13 日正午，當時土星位於 273°25'。

第三次沖發生在西元 1527 年 10 月 10 日午夜後 $6\frac{2}{5}$ 小時，當時土星位於白羊角之東 7'處。

因此，第一次沖與第二次沖之間相隔 6 埃及年 70 日 33 日一分，在此期間土星的視行度爲 68°1'。

第二次沖與第三次沖之間相隔 7 埃及年 89 日 46 日一分，在此期間土星的視行度爲 86°42'。土星在第一段時間間隔內的平均行度爲 75°39'，在第二段時間間隔內的平均行度爲 88°29'。因此在計算高拱點與離心率時，我們應首先遵守托勒密的法則，即認爲行星彷彿在一個簡單的偏心圓上運行。儘管這種做法並非恰當，但我們由此可以更容易地獲得眞實情況。

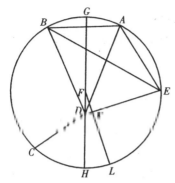

設 ABC 為行星沿其均勻運行的圓周，並設第一次衝出現在點 A，第二次在點 B，第三次在點 C。設地球軌道圓的中心為 D。連接 AD、BD 和 CD，並把每一直線延長到對面的圓周上，比如

由於當我們取兩直角＝180°時，
$$\angle BDC = 86°42'，$$
$$\angle BDE = 93°18'，$$
但在取兩直角＝360°時，
$$\angle BDE = 180°36'，$$
並且，由於與 $\overparen{BC}$ 相截，
$$\angle BED = 88°29'，$$
且
$$\angle DBE = 84°55'，$$
因此，由於△BDE 中的各角均已知，取三角形外接圓的直徑＝20000，則邊長可由圓周弦長表得出：
$$BE = 19953，$$
$$DE = 13501。$$
類似地，在△ADE 中，由於取兩直角＝180°時，
$$\angle ADC = 154°43'，$$
$$\angle ADE = 180° - \angle ADC = 25°17'。$$
但在取兩直角＝360°時，
$$\angle ADE = 50°34'，$$
由於與 $\overparen{ABC}$ 相截，
$$\angle AED = 164°8'，$$
$$\angle DAE = 145°18'，$$
因此如果取△ADE 的外接圓直徑等於 20000，則各邊也可知：
$$DE = 19090$$

$$AE=8542 \text{。}$$

但是當 $DE=13501$，$BE=19953$ 時，

$$AE=6041 \text{。}$$

所以在 $\triangle ABE$ 中，BE 和 EA 兩邊可知；由於與 $\overset{\frown}{AB}$ 相截，

$$\angle AEB=75°39' \text{。}$$

因此根據平面三角形的定理，在取 $BE=19968$ 時，

$$AB=15647 \text{。}$$

但在取偏心圓直徑$=20000$ 時，

$$弦 \ AB=12266,$$
$$EB=15664,$$
$$DE=10599 \text{。}$$

因此，由於與弦 BE 成比例，所以

$$\overset{\frown}{BAE}=103°7' \text{。}$$

因此，相加可得，

$$\overset{\frown}{EABC}=191°36',$$
$$\overset{\frown}{CE}=360°-\overset{\frown}{EABC}=168°24' \text{。}$$

因此

$$弦 \ CDE=19898,$$
$$CD=CDE-DE=9299 \text{。}$$

　　顯然，如果 CDE 是偏心圓的直徑，那麼高、低拱點的位置就都會落在這條直徑上面，並且偏心圓與地球大圓兩個中心的距離可以求得。但因弧段 $\overset{\frown}{EABC}$ 大於半圓，所以偏心圓的中心將落到它裏面。設該中心爲 F，通過 F 和 D 作直徑 $GFDH$，作 FKL 垂直於 CDE。

　　那麼顯然，

$$CD \cdot DE=GD \cdot DH \text{。}$$

但

$$GD \cdot DH+FD^2=(\tfrac{1}{2}GDH)^2=FDH^2,$$

所以

$$FDH^2-GD \cdot DH=FD^2 \text{。}$$

因此，如果取半徑 $GF = 10000$，則
$$FD = 1200 \circ$$
但如果取半徑 $FG = 60^p$，則
$$FD = 7^p12' \text{，}$$
這與托勒密的數值差別不大。但由於

~~CDK　JCLK　0010~~

且
$$CD = 9299 \text{，}$$
所以
$$DK = CDK - CD = 650 \text{，}$$
這裏 $GF = 10000$ 和 $FD = 1200$。但是如果取 $FD = 10000$，則
$$DK = 5411 \circ$$
由於
$$DK = \frac{1}{2} \text{ 弦 } 2\widehat{DFK}$$
所以如果取四直角 $= 360°$，那麼
$$\angle DFK = 32°45' \circ$$
這是在圓心所張的角，它所對的 $\widehat{HL}$ 與此數量相似。但是
$$\widehat{CHL} = \frac{1}{2}\widehat{CLE} = 84°13' \text{，}$$
所以
$$\widehat{CH} = \widehat{CHL} - \widehat{HL} = 51°28' \text{，}$$
此即為第三次衝點到近地點的距離。
　　而
$$180° - 51°28' = \widehat{CBG} = 128°32' \text{，}$$
即為高拱點與第三次衝點的距離。由於
$$\widehat{CB} = 88°29' \text{，}$$
所以
$$\widehat{BG} = \widehat{CBG} - \widehat{CD} = 40°0' \text{，}$$
即為高拱點與第二次衝點的距離。由於
$$\widehat{BGA} = 75°39' \text{，}$$

所以

$$\overset{\frown}{GA} = \overset{\frown}{BGA} - \overset{\frown}{BG} = 35°36'。$$

現在設 ABC 爲一圓周，$FDEG$ 爲直徑，中心爲 D，遠地點爲 F，近地點爲 G。設

$$\overset{\frown}{AF} = 35°36'，$$

$$\overset{\frown}{FB} = 40°3'，$$

$$\overset{\frown}{FBC} = 128°32'。$$

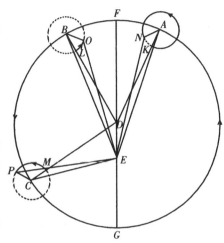

如果取土星偏心圓半徑 $FD = 10000$，設 DE 等於前面已經求得的土星偏心圓與地球大圓兩中心間的距離的 ¾，即設

$$DE = 900，$$

且以其餘的 ¼ 即 300 爲半徑，以 A、B、C 三點爲中心作本輪。根據上述條件作出圖形。然而，如果我們希望根據這一圖形，採用上面解釋過並且即將重述的方法推求土星的觀測位置，那麼我們將會發現一些不相符之處。

簡單地說（爲了不使讀者過分勞累，或者不是在偏僻小徑中耗費精力，而是直指光明大道），根據我們已經講過的關於三角形的定理，由上述數值我們必能得出以下結論：

$$\angle NEO = 67°35'，$$

$$\angle OEP = 87°12'。$$

但 $\angle OEP$ 要比視角大 ½°，$\angle NEO$ 要比視角小 26'。要使它們彼此相符，我們只有使遠地點稍微前移，並且取

$$\overset{\frown}{AF} = 38°50'，$$

$$\overset{\frown}{FB} = 36°49'，$$

$$\overset{\frown}{FBC} = 125°18'，$$

兩中心間的距離

$$DE = 854，$$

並且當 $FD = 10000$ 時，

$$本輪的半徑 = 285。$$

這些數值與前面托勒密所得的結果大致相符。由此我們可以發現，這些值與觀測到的三次沖相符。

因為對於第一次沖，若取 $AD = 10000$，則知在 $\triangle ADE$ 中，

$$邊 DE = 854，$$

$$\angle ADE = 141°10'，$$

且與 $\angle ADF$ 合為兩直角。如果取半徑 $FD = 10000$，則

$$AE = 10679，$$

$$\angle DAE = 2°52'，$$

$$\angle DEA = 35°58'。$$

類似地，在 $\triangle AEN$ 中，由於

$$\angle KAN = \angle ADF，$$

$$\angle EAN = 41°42'，$$

且當 $AE = 10679$ 時，

$$邊 AN = 285。$$

所以

$$\angle AEN = 1°3'。$$

但

$$\angle DEA = 35°58'，$$

相減可得，

$$\angle DEN = 34°55'。$$

對於第二次沖，$\triangle BED$ 的兩邊為已知：如果取 $BD = 10000$，則

$$DE = 854，$$

$$\angle BDE = 143°11'。$$

因此

$$BE = 10679，$$

$$\angle DBE = 2°45'，$$

$$\angle BED = 34°4'。$$

但是，

$$\angle LBO = \angle BDF，$$

因此，

$$\angle EBO = 39°34'。$$

此角的兩夾邊為

$$BO = 285，$$

以及

$$BE = 10697。$$

因此，

$$\angle BEO = 59'，$$
$$\angle OED = \angle BED - \angle BEO = 33°5'。$$

但對於第一次沖，我們已經證明，

$$\angle DEN = 34°55'，$$

因此相加可得，

$$\angle OEN = 68°。$$

它給出了第一次沖與第二次沖的距離，且與觀測相符。

第三次沖也是一樣的。在 $\triangle CDE$ 中，

$$\angle CDE = 54°42'，$$
$$邊\ CD = 10000，$$
$$邊\ DE = 854，$$

因此

$$邊\ EC = 9532，$$
$$\angle CED = 121°5'$$
$$\angle DCE = 4°13'，$$

因此相加可得，

$$\angle PCE = 129°31'。$$

所以在 $\triangle EPC$ 中，

$$邊\ CE = 9532，$$

邊 $PC = 285$，

$\angle PCE = 129°31'$，

所以

$\angle PEC = 1°18'$。

$\angle PED = \angle CED - \angle PEO = 119°47'$，

即 [亦]即從偏心圓高拱點到第三沖時行星位置的距離。

  我們已經闡明，第二次沖時從偏心圓高拱點到行星位置爲 33°5'，因此土星的第二沖點與第三沖點之間應爲 86°42'，這一數值與觀測相符。由觀測可知，當時土星位於距取作起點的白羊宮第一星 7'處，已經求得從土星到偏心圓低拱點的距離爲 60°13'，因此低拱點大致位於 60⅓°處，而高拱點的位置則剛好與此相對，即位於 240⅓°處。

  現在設 RST 爲地球的軌道圓，E 爲中心。設直徑 SET 平行於行星的平均行度線 CD，並設

$\angle FDC = \angle DES$，

於是地球和我們的觀測位置應位於直線 PE 上，譬如在 R 點。

$\angle PES = 5°31'$，

$\angle PES$ 或 $\overset{\frown}{RS}$ 爲行星的均勻行度 $\angle FDC$ 與視行度 $\angle DEP$ 之差。

$\overset{\frown}{RT} = 180° - 5°31' = 174°29'$，

即爲行星與軌道圓遠地點 T 的距離或太陽的平位置。

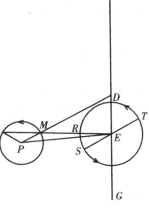

  這樣我們就已經證明了，在西元 1527 年 10 月 10 日午夜後 6⅖ 小時，土星距離偏心圓高拱點的近點行度爲 125°18'，視差行度爲 174°29'，而高拱點位於恆星天球上距白羊宮第一星 240°21'處。

第七章　土星運動的分析

前面已經說明，在托勒密三次觀測的最後一次，土星的視差行度為 174°44′，而土星偏心圓高拱點的位置距白羊宮起點為 226°23′。因此顯然，在兩次觀測（托勒密的最後一次與哥白尼的最後一次）之間，土星均勻視差共運轉 1344 周減 ¼°。

從哈德良 20 年埃及曆 12 月 24 日午前 1 小時到西元 1527 年 10 月 10 日 6 時的最後一次觀測，其間歷時 1392 埃及年 75 日 48 日－分。

因此，如果我們想用土星視差運動表求得行度，那麼我們可以類似地得出視差運轉為 1343 周加上 359°45′。所以前面關於土星平均行度的敍述是正確的。再者，在這段時間當中，太陽的簡單行度為 82°30′。如果從 82°30′中減去 359°45′，則餘數 82°45′即為土星的平均行度，這個數值現在已經加在了土星的第 47 次旋轉中，這與計算相符。與此同時，偏心圓高拱點的位置也在恆星天球上前移了 13°58′。托勒密認為拱點（與恆星）一樣是固定的，但我們現在已經清楚，拱點大約每 100 年移動 1°。

第八章　土星位置的測定

從基督紀元到哈德良 20 年埃及曆 12 月 24 日午前 1 小時這個托勒密進行觀測的時刻，共歷時 135 埃及年 222 日 27 日－分。在這段時間中土星的視差行度為 328°55′。從 174°44′中減去這個值，餘下的 205°49′為太陽平位置與土星平位置之間的距離，即土星在西元元年元旦前的午夜的視差行度。

從第一屆奧林匹克運動會到這個時刻期間的 775 埃及年 12½ 日中，土星的行度除掉完整運轉外還有 70°55′。從 205°49′中減去 70°55′，餘下的 134°54′表示在祭月第一日正午奧林匹克運動會的開始。

又過了 451 年 247 日，（土星的行度）除完整運轉外還有 13°7′。把

它與 134°54′相加，得到的和 148°1′給出了埃及曆元旦正午亞歷山大大帝紀元開始時的位置。對於凱撒紀元，在 278 年 118½ 日中，其行度為 247°20′。由此可定出西元前 45 年元旦前午夜時（土星）的位置。

第九章　由地球周年運轉引起的土星視差以及土星（與地球）的距離

這樣，我們就證明了土星在黃經上的均勻行度和視行度。我們已經說過，土星的另一種視行度是由地球的周年運動所引起的視差。正如地球的大小在與地月距離的對比之下能夠引起視差，地球做周年運轉的軌道圓也能引起五大行星（的視差）。軌道圓的尺寸使得行星視差遠為明顯得多。然而，除非首先知道行星的高度（它可以通過一次視差觀測得到），否則就無法確定這些視差。

我在西元 1514 年 2 月 24 日午夜後 5 小時對土星進行了這樣一次觀測，這時土星看起來與天蠍額部的兩顆星（即該星座的第二顆星和第三顆星）排在一條直線上，它們在恆星天球上具有相同的黃經，即都是 209°。所以由此就可以得到土星的位置。從基督紀元開端到這一時刻共歷時 1514 埃及年 67 月 13 日－分，由計算可得太陽的平位置為 315°41′，土星的視差近點角為 116°31′，因此土星的平位置為 199°10′，偏心圓高拱點的位置約為 240⅓°。

根據我們的問題，設 ABC 為偏心圓，D 為中心。在該圓的直徑 BDC 上，設 B 為遠地點，C 為近地點，E 為地球軌道圓的中心。連接 AD 與 AE。以 A 為中心，⅓DE 為半徑作本輪。設本輪上的點 F 為行星的位置，並設

$$\angle DAF = \angle ADB。$$

經過地球軌道圓的中心 E 作 HI，假定這條線與圓周 ABC 位於同一平面內。軌道直徑 HI 平行於 AD，所以我們可以認為軌道圓的遠地點為 H，近地點為 I。根據對視差近點角的計算，設

$$\overset{\frown}{HL} = 116°31′。$$

連接 *FL* 和 *EL*，設 *FKEM* 與軌道圓的二弧相交。

因此，根據假設，

$$\angle ADB = \angle DAF = 41°10'，$$
$$\angle ADE = 180° - \angle ADB = 138°50'。$$

如果取 *AD*＝10000，則

$$DE = 854。$$

因此，在△*ADE* 中，

$$邊\ AE = 10667，$$
$$\angle DEA = 38°9'，$$
$$\angle EAD = 3°1'。$$

因此，相加可得，

$$\angle EAF = 44°11'。$$

於是，在△*FAE* 中，如果 *AE*＝10667，則

$$邊FA = 285，$$
$$邊\ FKE = 10465，$$
$$\angle AEF = 1°5'。$$

因此顯然，

$$\angle DAE + \angle AEF = 4°6'，$$

此即為行星平位置與真位置的全部差值或行差。因此，如果地球的位置為 *K* 或 *M*，那麼土星的位置看起來就會位於距白羊座 203°16′處，就好像是從中心 *E* 對它進行觀測的一樣。但如果地球位於 *L*，則土星看起來是在 209°處。差值 5°44′為 ∠*KFL* 所表示的視差。但根據對均勻行度的計算，

$$\overset{\frown}{HL} = 116°31'，$$
$$\overset{\frown}{ML} = \overset{\frown}{HL} - 行差\ \overset{\frown}{HM} = 112°25'。$$

相減可得，⑦

---

⑦ $\overset{\frown}{MLIK} = 180°$。——英譯者

$$\overparen{LIK} = 67°35',$$

因此，

$$\angle KEL = 67°35'。$$

於是在 $\triangle FEL$ 中，各角均已知，各邊的比值也已知。因此，如果 EF $=10465$，$AD=BD=10000$，則

$$EL = 1080。$$

但如果邊值古人的用法，取 $BD=60$，則

$$EL = 6^P32'，$$

這與托勒密的結果相差甚微。

因此，

$$BDE = 10854，$$

直徑的其餘部分

$$CE = 9146。$$

但由於當本輪位於點 B 時總要從行星高度中減去其直徑，即 285，而位於點 C 時則要加上同一數量，所以如果取 $BD=10000$，則土星距離中心 E 的最大距離為 10569，最小距離為 9431。按照這樣的比例，如果取地球的軌道圓半徑 $=1^P$，則土星遠地點高度為 $9^P42'$，近地點高度為 $8^P39'$。根據前面對月亮的小視差所使用過的方法，土星的較大視差顯然可以求得。當土星位於遠地點時，它的

$$最大視差 = 5°55'，$$

當它位於近地點時，它的

$$最大視差 = 6°39'，$$

這兩個數值彼此相差 44′──這一情形出現在來自土星的兩條直線與地球軌道圓相切的時候。這樣，土星運動這一個別情況下的視差就求出來了，我在後面要同時對五大行星進行描述。

第十章　對木星運動的說明

在解決了土星的問題之後，我還要把同樣的證明方法和次序應用

於木星運動的情形。首先，我要重複一下托勒密報告和分析過的三個位置，通過前面講過的圓周轉換，我將重建這些位置，使其與托勒密的位置相同或相差無幾。

第一次沖發生在哈德良 17 年埃及曆 11 月 1 日之後的午夜前 1 小時，據托勒密稱是在天蠍宮 23°11′，但在減掉二分點歲差之後是在 226° 33′；

他所記錄的第二次沖發生在哈德良 21 年埃及曆 2 月 13 日之後的午夜前 2 小時的雙魚宮 7°54′處，在恆星天球上是 331°16′處；

第三次沖發生在安敦尼·庇護元年 3 月 20 日之後的午夜後 5 小時的恆星天球 7°45′處。

因此，從第一次沖到第二次沖歷時 3 埃及年 106 日 23 小時，行星的視行度為 104°43′。從第二次沖到第三次沖歷時 1 年 37 日 7 小時，行星的視行度為 36°29′。在第一段時間裏，行星的平均行度為 99°55′，在第二段時間裏，行星的平均行度為 33°26′。

他發現偏心圓上從高拱點到第一沖點的弧長為 77°15′，從第二沖點到低拱點的弧為 2°50′，從低拱點到第三沖點的弧為 30°36′。如果取半徑為 60ᵖ，則整個圓的離心率為 5½ᵖ，但如果取半徑為 10000，則離心率為 917。所有這些數值都大致與觀測結果吻合。

現在，設 *ABC* 為一圓，從第一沖點到第二沖點的弧

$$\overset{\frown}{AB}=99°55′,$$
$$\overset{\frown}{BC}=33°26′。$$

通過圓心 *D* 作直徑 *FDG*，使得從高拱點 *F* 起，

$$\overset{\frown}{FA}=77°15′,$$
$$\overset{\frown}{FAB}=177°10′,$$
$$\overset{\frown}{GC}=30°36′。$$

設點 *E* 為地球軌道圓的中心，兩

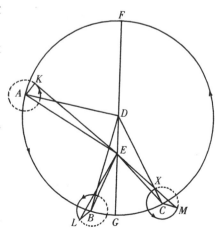

中心之間的距離爲 917 的 $\frac{3}{4}$，即

$$DE = 687。$$

以 917 的 $\frac{1}{4}$ 即 229 爲半徑，繞 A、B、C 三點分別作本輪。連接 AD、BD、CD、AE、BE 和 CE。在各本輪中連接 AK、BL 以及 CM，使得

$$\angle DAK = \angle ADF，$$
$$\angle DBL = \angle FDB，$$
$$\angle DCM = \angle FDC。$$

最後，分別用直線把 K、L 和 M 與 E 連接起來。

由於 $\angle ADF$ 已知，所以在 $\triangle ADE$ 中，

$$\angle ADE = 102°45'；$$

如果取 $AD = 10000$，則

$$邊\ DE = 687，$$
$$邊\ AE = 10174，$$
$$\angle EAD = 3°48'，$$
$$\angle DEA = 73°27'，$$

相加可得，

$$\angle EAK = 81°3'。$$

因此，在 $\triangle AEK$ 中兩邊已知：

$$EA = 10174，$$
$$AK = 229，$$
$$\angle EAK = 81°3'，$$

由此可得

$$\angle AEK = 1°17'。$$

相減可得，

$$\angle KED = 72°10'。$$

$\triangle BED$ 的情況可作類似證明。BD 與 DE 兩邊仍與前一三角形中的相應各邊相等，但

$$\angle BDE = 2°50'，$$

所以如果 $DB = 10000$，則

$$底邊\ BE = 9314，$$

$$\angle DBE = 12'。$$

於是同樣，在△ELB 中，兩邊已知，而

$$\angle EBL = 177°22'，$$

$$\angle LEB = 4'。$$

但

$$\angle FEL = \angle FDB - 16' = 176°54'。$$

由於

$$\angle KED = 72°10'，$$

所以

$$\angle KEL = \angle FEL - \angle KED = 104°44'，$$

即為觀測到的第一端點和第二端點之間的視行度角，它們大致是相符的。

第三沖點也是類似的，在△CDE 中，CD 和 DE 兩邊已知，且

$$\angle CDE = 30°36'，$$

$$底邊\ EC = 9410，$$

$$\angle DCE = 2°8'，$$

於是在△ECM 中，

$$\angle ECM = 147°49'，$$

由此可得

$$\angle CEM = 39'。$$

又因為外角等於內角與對角之和，

$$\angle DXE = \angle ECX + \angle CEX = 2°47'，$$

$$\angle FDC - \angle DEM = 2°47'，$$

因此，

$$\angle GEM = 180° - \angle DEM = 33°23'。$$

相加可得，

$$\angle LEM = 36°29'，$$

即爲第二沖點與第三沖點之間的距離，它與觀測結果相符。但由於第三沖點位於（恆星天球上）7°45′，低拱點以東 33°23′，所以由半圓的剩餘部分可得高拱點位於恆星天球上 154°22′處。

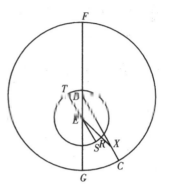

現在圍繞點 E 作出此視差周年軌道圓 RST，其直徑 SET 與直線 DC 平行。前已求得

$$\angle GDC = \angle GES = 30°36′,$$

$$\angle DXE = \angle RES = \overset{\frown}{RS} = 2°47′,$$

即行星與軌道平近地點之間的距離。由此相加可得，

$$\overset{\frown}{TSR} = 182°47′,$$

即爲行星與軌道圓上的高拱點之間的距離。

這樣我們就已經證明了，在安敦尼·庇護元年埃及曆 3 月 20 日之後的午夜後 5 小時木星第三次沖時，它的視差近點角爲 182°47′，其經度均勻位置爲 4°58′，偏心圓高拱點位於 154°22′。所有這些結果都與我們關於地球運動以及運動絕對均勻性的假說完全符合。

第十一章　新近觀測到的木星的其他三次沖

在這樣對以前所報導的木星的三個位置做出分析之後，我還要就另外三個觀測得極爲仔細的木星沖日位置做出分析。

第一次沖發生於西元 1520 年 4 月 30 日之前的午夜過後 11 小時，在恆星天球上 200°28′處。

第二次沖發生於西元 1526 年 11 月 28 日午夜後 3 小時，在 48°34′。

第三次沖發生於西元 1529 年 2 月 1 日午夜後 19 小時，在 113°44′。

從第一次沖到第二次沖歷時 6 年 212 日 40〔日－〕分，在此期間

木星的行度為 208°6′。從第二次沖到第三次沖歷時 2 埃及年 66 日 39 日－一分，在此期間木星的視行度為 65°10′。木星在第一段時間中的均勻行度為 199°40′，在第二段時間中的均勻行度為 66°10′。

作偏心圓 ABC，假設行星在它上面做簡單而均勻的運動。設觀測到的三個位置以字母次序排列為 A、B 和 C，使得

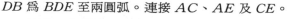

$$\overset{\frown}{AB}=199°40′，$$

$$\overset{\frown}{BC}=66°10′，$$

因此

$$\overset{\frown}{AC}=360°-(\overset{\frown}{AB}+\overset{\frown}{BC})=94°10′。$$

設點 D 為地球周年軌道圓的中心。連接 AD、BD 與 CD。延長其中任一線段如 DB 為 BDE 至兩圓弧。連接 AC、AE 及 CE。

因此，如果取四直角＝360°，則視運動角

$$\angle BDC=65°10′。$$

$$\angle CDE=180°-65°10′=114°50′。$$

但如果取圓周上的二直角＝360°，則

$$\angle CDE=229°40′。$$

截出 $\overset{\frown}{BC}$ 的角

$$\angle CED=66°10′。$$

因此，

$$\angle DCE=64°10′。$$

於是，△CDE 的各角已知，所以各邊也可求得：如果取三角形外接圓直徑＝20000，則

$$CE=18150，$$

$$ED=10918。$$

△ADE 的情況也是類似的。由於圓周在減去從第一次沖到第二次沖的距離後剩餘的

$$\angle ADB = 151°54',$$

所以

$$\angle ADE = 180° - 151°54' = 28°6',$$

這是中心角，而在圓周上

$$\angle ADE = 56°12' \circ$$

$\overset{\frown}{BCA}$ 所對的角

$$\angle AED = 160°20',$$

$$\angle EAD = 143°28',$$

因此，如果取 $\triangle ADE$ 的外接圓直徑 $= 20000$，則

$$邊 \ AE = 9420,$$

$$邊 \ ED = 18992 \circ$$

但如果 $ED = 10918$，$CE = 18150$，則

$$AE = 5415 \circ$$

於是，我們又一次得到了 EA 和 EC 兩邊已知的 $\triangle EAC$。由於 $\overset{\frown}{AC}$ 所對的角

$$\angle AEC = 94°10',$$

所以可以求得，$\overset{\frown}{AE}$ 所對的角

$$\angle ACE = 30°40',$$

$$\angle ACE + \overset{\frown}{AC} = 124°50',$$

如果取偏心圓直徑 $= 20000$，則

$$CE = 弦 \ \overset{\frown}{EAC} = 17727 \circ$$

根據前面的比例，

$$DE = 10665,$$

$$\overset{\frown}{BCAE} = 191° \circ$$

由此可得，

$$\overset{\frown}{EB} = 360° - 191° = 169°,$$

$$BDE = 弦 \ \overset{\frown}{EB} = 19908,$$

相減可得，

$$BD = 9243 \circ$$

因此，由於 $\overset{\frown}{BCAE}$ 爲較大的弧段，所以它應包含偏心圓的中心 F。作直徑 $GFDH$。顯然，由於

$$ED \cdot DB = GD \cdot DH，$$

所以後者也可知。但是，

$$GD \cdot DH + FD^2 = FDH^2，$$

即

$$FDH^2 - GD \cdot DH = FD^2，$$

因此，如果取 $FG = 10000$，則

$$FD = 1193。$$

但如果取 $FG = 60°$，則

$$FD = 7^p9'。$$

設 BE 被點 K 等分，作與 BE 垂直的 FKL。因爲

$$BDK = \frac{1}{2}BE = 9954，$$

$$DB = 9243，$$

所以，相減可得，

$$DK = 711。$$

於是在直角三角形 $\triangle DFK$ 中，各邊已知

$$\angle DFK = 36°35'，$$

$$\overset{\frown}{LH} = 36°35'。$$

但是

$$\overset{\frown}{LHB} = 84\frac{1}{2}°，$$

相減可得，

$$\overset{\frown}{BH} = 47°55'，$$

此即爲第二衝點與近地點之間的距離。而

$$\overset{\frown}{BCG} = 180° - 47°55' = 132°5'，$$

即爲從遠地點到第二衝點的距離。

$$\overset{\frown}{BCG} - \overset{\frown}{BC} = 132°5' - 66°10' = 65°55'，$$

即爲從第三衝點到遠地點的距離。

$$94°10' - 65°55' = 28°15'，$$

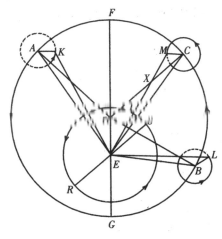

即爲從遠地點到本輪第一位置的距離。此結果與觀測很不相符，因爲行星並不沿著前面假設的偏心圓運動。因此，這種建立在未定原理上的證明方法，不見得能使我們得出他們想得的結果。其證據之一就是，托勒密用它求得的土星的離心率太大，而木星的離心率卻又太小，可我用它求得的木星離心率又太大。所以顯然，如果對同一顆行星採用圓上的不同弧段，則所需結果不會以同一方式得出。如果我們不採用托勒密所報導的當偏心圓半徑爲 60ᵖ 時的離心率 5ᵖ30′，或是當半徑爲 10000 時的離心率 917，那麼就不可能對上述三個端點以及一切位置就木星的均勻行度和視行度進行比較。設從高拱點到第一沖點的弧長爲 45°2′，從低拱點到第二沖點的弧長爲 64°42′，從第三沖點到高拱點的弧長爲 49°8′。

重繪前面的攜帶一個本輪的偏心圓圖形，使之與這個例子相適應。根據我的假設，圓心之間的整個距離的 ¾ 爲

$$DE = 687，$$

如果取 $FD = 10000$，則剩下的 ¼ 距離爲

$$本輪半徑 = 229。$$

因此，由於

$$\angle ADF = 45°2′，$$

所以在 $\triangle ADE$ 中，AD 和 DE 兩邊已知，$\angle ADE$ 也已知，所以如果取 $AD = 10000$，則

$$邊 AE = 10496，$$
$$\angle DAE = 2°39′。$$

由於

$$\angle DAK = \angle ADF，$$

相加可得，

$$\angle EAK = 47°41'。$$

而在 $\triangle AEK$ 中，AK 和 AE 兩邊也已知。由此可得，

$$\angle AEK = 57'。$$

$$\angle KED = \angle ADF - (\angle AEK + \angle DAE) = 41°26'，$$

即為第一次沖時的視行度角。

$\triangle BDE$ 的情況也是類似的。BD 和 DE 兩邊已知，其夾角

$$\angle BDE = 64°42'，$$

如果取 $BD = 10000$，則

$$邊 BE = 9725，$$

$$\angle DBE = 3°40'。$$

在 $\triangle BEL$ 中，BE 及 BL 兩邊已知，

$$\angle EBL = 118°58'$$

$$\angle BEL = 1°10'，$$

所以

$$\angle DEL = 110°28'。$$

但我們已經求得

$$\angle KED = 41°26'，$$

因此，相加可得，

$$\angle KEL = 151°54'。$$

於是，

$$360° - 151°54' = 208°6'，$$

即為第一次和第二次沖之間的視行度角，這與觀測結果相符。

最後，對於第三次沖，在 $\triangle CDE$ 中，DC 和 DE 兩邊可用同一方式給出，且

$$\angle CDE = 130°52'，$$

由於 $\angle FDC$ 已知，如果取 $CD = 10000$，則

$$邊 CE = 10463$$

$$\angle DCE = 2°51',$$

因此，相加可得，

$$\angle ECM = 51°59'。$$

於是，在△ECM 中，CM 和 CE 兩邊及其夾角 ∠MCE 已知。而

$$\angle MEC = 1°,$$

$$\angle MEC + \angle DCH = \angle FDC + \angle DEM。$$

其中 ∠FDC 和 ∠DEM 分別爲均勻行度和視行度。因此，在第三次沖時，

$$\angle DEM = 45°17'。$$

但我們已經求得

$$\angle DEL = 110°28',$$

因此，

$$\angle LEM = 65°10',$$

即爲觀測到的第二次沖與第三次沖之間的距離，這與觀測結果相符。但由於木星的第三次沖的位置看上去位於恆星天球上 113°44′處，所以木星高拱點的位置大約在 159°。

現在，繞點 E 作地球軌道圓 RST，其直徑 RES 平行於 DC，那麼顯然，當木星發生第三次沖時，

$$\angle FDX = \angle DES = 49°8',$$

視差均勻運動的遠地點位於 R。

但在地球已經走過 180°加上 $\overset{\frown}{ST}$ 之後，它與太陽相沖並與木星相合。而

$$\overset{\frown}{ST} = 3°51',$$

所以 ∠SET 也是同樣大小。

這些結果表明，在西元 1529 年 2 月 1 日午夜之後 19 個小時，木星視差的均勻近點角爲 183°51′，木星的眞行度爲 109°52′，偏心圓的遠地點大約距白羊座的角爲 159°。此即爲我們所要求的結果。

第十二章　木星均勻行度的證實

我們在前面已經看到，在托勒密所觀測到的三次沖的最後一次，木星自行到 4°58′處，視差近點角爲 182°47′。因此，在兩次觀測期間，木星的視差行度顯然除整圈運轉外還有 1°5′，它的自行大約爲 104°54′。從安敦尼・庇護元年埃及曆 3 月 20 日之後的午夜後 5 個小時到西元 1529 年 2 月 1 日之前的午夜後 19 個小時，共歷時 1392 埃及年 99 日 37 日－分。根據上述計算，在此期間，視差行度除整圈運轉外還有 1°5′，同時地球的均勻運動趕上木星 1267 次。計算值與觀測結果符合得相當好，我們可以認爲計算是可靠的和精確的。

還有一點很清楚，在這段時間中偏心圓的高、低拱點向東移動了 4½°。（把行度）平均分配，結果大約爲每 300 年 1°。

第十三章　木星運動位置的測定

從托勒密三次觀測中的最後一次，即安敦尼・庇護元年 3 月 20 日之後的午夜後 5 小時，追溯到基督紀元的開始，即 136 埃及年 314 日 10 日－分爲止，在這段時間裏，視差的平均行度爲 84°31′。從 182°47′中減去 84°31′，得到 98°16′，即爲基督紀元開始時 1 月 1 日之前的午夜時的行度。

追溯到第一屆奧林匹克運動會，即 775 埃及年 12½ 日，則可算出在此期間，行度除整圈外爲 70°58′。從 98°16′中減去 70°58′，得到的 27°18′即爲奧林匹克運動會開始時的行度。

在此後的 451 年 247 日中，行度爲 110°52′。把它與第一屆奧林匹克運動會時的行度值相加，得到的和爲 138°10′，即爲在埃及曆元旦中午亞歷山大紀元開始時的行度。其他曆元也是如此。

第十四章 木星視差及其相對於地球運轉軌道圓的高度的測定

　　爲了測定木星其他的視差視行度，我在西元 1520 年 2 月 19 日中午前 6 個小時仔細地觀測了它的位置，我用儀器瞄準，木星位於天蠍前額第一顆亮星以西 4°31′處。因爲該恆星位於 209°40′，所以木星顯然位於恆星天球上 205°9′處。

　　因此，從基督紀元開始到這次觀測，共歷時 1520 均勻年 62 日 15 日－一分，由計算可得，太陽在此期間的平均行度爲 309°16′，（平均）視差近點角爲 111°15′，由此可得，木星的平位置等於 198°1′。由於現在偏心圓高拱點位於 159°，所以木星偏心圓近點角爲 39°1′。

　　爲此，以點 D 爲中心，ADC 爲直徑作偏心圓 ABC。設遠地點爲 A，近地點爲 C，地球周年軌道圓的中心 E 位於 DC 上。現在，設
$$\overset{\frown}{AB} = 39°1′。$$
以 B 爲中心，以 $BF = \frac{1}{3} DE$ 爲半徑作本輪。設
$$\angle DBF = \angle ADB。$$
連接 BD、BE 和 FE。由於 $\triangle BDE$ 的兩邊已知，如果取 $BD = 10000$，則
$$DE = 687。$$
而這兩條邊所夾的角
$$\angle BDE = 140°59′，$$
由此可得，
$$底邊 BE = 10543，$$
$$\angle DBE = \angle ADB - \angle BED = 2°21′。$$
因此，相加可得，
$$\angle EBF = 41°22′。$$
於是，在 $\triangle EBF$ 中，$\angle EBF$ 以及該角的兩夾邊已知，如果取 $BD =$

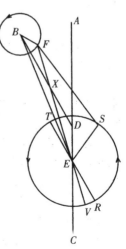

10000，則

$$EB = 10543，$$

$$BF = \frac{1}{3}DE = 229。$$

由此可得，

$$邊 \ FE = 10373，$$

$$\angle BEF = 50'。$$

因爲直線 BD 和 FE 相交於點 X，所以

$$\angle DXE = \angle BDA - \angle FED，$$

其中 $\angle FED$ 和 $\angle BDA$ 分別爲平均行度和眞行度。

$$\angle DXE = \angle DBE + \angle BEF = 3°11'。$$

現在，

$$\angle FED = 39°1' - 3°11' = 35°50'，$$

即爲偏心圓高拱點到行星之間的距離。但由於高拱點位於 159°，所以

$$159° + 35°50' = 194°50'，$$

即爲木星相對於中心 E 的眞位置，但其視位置位於 205°9'，所以差值等於 10°19'。

現在，設 RST 爲圍繞中心 E 作的地球軌道圓，其直徑 RET 平行於 DB，點 R 爲視差遠地點。根據視差平近點角的測定，設

$$\overset{\frown}{RS} = 111°15'。$$

延長直線 FEV 至地球軌道圓兩弧。行星的眞遠地點將位於點 V，$\angle REV$ 等於均勻行度與視行度之差；且

$$\angle REV = \angle DXE，$$

由此，相加可得，

$$\overset{\frown}{VRS} = 114°26'，$$

相減可得，

$$\angle FES = 65°34'。$$

但由於

$$\angle EFS = 10°19'，$$

$$\angle FSE = 104°7'，$$

因此在△EFS中，各角已知，邊長之比也可求得：

$$FE:ES=9698:1791 \text{。}$$

因此，如果取 $BD=10000$，則

$$FE=10373 \text{，}$$

$$ES=1916 \text{。}$$

然而托勒密的結果是，如果取偏心圓半徑一60ᵖ，則

$$ES=11^{\text{p}}30' \text{，}$$

這幾乎與 1916:10000 具有同一比值。因此在這方面我似乎與他並沒有什麼不同。

因此，

$$\text{直徑 } ADC：\text{直徑 } RET=5^{\text{p}}13':1^{\text{p}} \text{。}$$

類似地，

$$AD:ES=AD:RE=5^{\text{p}}13'9'':1^{\text{p}} \text{，}$$

$$DE=21'29'' \text{，}$$

$$BF=7'10'' \text{。}$$

因此，當木星位於遠地點時，

$$(ADE-BF)：\text{地球軌道圓半徑}=5^{\text{p}}27'29'':1^{\text{p}} \text{；}$$

當木星位於近地點時，

$$(EC+BF)：\text{地球軌道圓半徑}=4^{\text{p}}58'49'':1^{\text{p}} \text{；}$$

而當木星位於遠地點和近地點之間時，其數值也可按比例求得。由此可得，木星在遠地點時的最大視差為 10°35′，在近地點時為 11°35′，它們之間相差 1°。這樣，木星的均勻行度及其視行度就確定下來了。

第十五章　火星

我現在要用火星在古代的三次沖來分析它的運轉，並將再次把地球在古代的運動與火星沖日聯繫起來。在托勒密所報導的三火沖中，第一次發生於哈德良 15 年埃及曆 5 月 26 日之後的午夜後 1 個均勻小時。根據托勒密的說法，火星當時位於雙子宮內 21°處，相對恆星天球

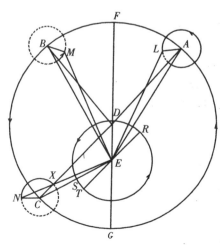

位於 74°20′；

他注意到第二次沖發生在哈德良 19 年埃及曆 8 月 6 日之後的午夜前 3 個小時，當時行星位於獅子宮內 28°50′，相對恆星天球位於 142°10′；

第三次沖發生在安敦尼·庇護 2 年埃及曆 11 月 12 日之後的午夜前 2 個均勻小時，當時行星位於人馬宮內 2°34′處，相對恆星天球位於 235°54′。

因此，從第一次沖到第二次沖歷時 4 埃及年 69 日加 20 小時或 50 日－分，除整圈運轉外，行星的視行度為 67°50′。從第二次沖到第三次沖歷時 4 年 96 日 1 小時，行星的視行度為 93°44′。在第一時段中，除整圈運轉外，平均行度為 81°44′；在第二時段中為 95°28′。如果取偏心圓半徑為 60ᵖ，托勒密發現兩中心間的全部距離為 12ᵖ；如果取半徑為 10000，則相應距離為 2000。從第一沖點到高拱點的平均行度為 41°33′，從高拱點到第二沖點的平均行度為 40°11′，從第三沖點到低拱點的平均行度為 44°21′。然而按照我的均勻運動假設，偏心圓與地球軌道圓的中心之間的距離應為托勒密相應距離的 ¾，即 1500，而其餘的 ¼ 即 500 為本輪的半徑。

現在，以點 D 為中心作偏心圓 ABC，FDG 為通過兩個拱點的直徑，點 E 為周年運轉軌道圓的中心。設 A、B、C 分別為三個沖點的位置，並設

$$\overset{\frown}{AF}=41°33′,$$
$$\overset{\frown}{FB}=40°11′,$$
$$\overset{\frown}{CG}=44°21′。$$

分別繞 A、B 和 C 各點以 DE 的 ⅓ 為半徑作本輪。連接 AD、BD、CD、AE、BE 和 CE。在這些本輪中作 AL、BM

和 CN，使得

$$\angle DAL = \angle ADF，$$
$$\angle DBM = \angle BDF，$$
$$\angle DCN = \angle CDF。$$

由於在△ADE 中，

$$\angle AHP = 138°26'，$$

又因爲 $\angle FDA$ 和兩邊已知，所以如果取 $AD = 10000$，則

$$DE = 1500。$$

由此可知，

$$邊 AE = 11172，$$
$$\angle DAE = 5°7'。$$

於是相加可得，

$$\angle EAL = 46°41'。$$

在△EAL 中，$\angle EAL$ 和兩邊已知，如果取 $AD = 10000$，則

$$AE = 11172，$$
$$AL = 500。$$

而且，

$$\angle AEL = 1°56'，$$
$$\angle AEL + \angle DAE = 7°3'，$$

即爲 $\angle ADF$ 與 $\angle LED$ 之間的差值；因此，

$$\angle DEL = 34\tfrac{1}{2}°。$$

類似地，對於第二次沖：在△BDE 中，

$$\angle BDE = 139°49'，$$

如果取 $BD = 10000$，則

$$邊 DE = 1500。$$

因此，

$$邊 BE = 11188，$$
$$\angle BED = 35°13'，$$
$$\angle DBE = 4°58'。$$

因此，已知邊 BE 和 BM 所夾的角

$$\angle EBM = 45°13′，$$

由此可得

$$\angle BEM = 1°53′，$$

相減可得，

$$\angle DEM = 33°20′。$$

因此，

$$\angle LEM = 67°50′，$$

即爲從第一次沖到第二次沖時行星的視行度，這個數值與觀測結果相符。

　　對於第三次沖，$\triangle CDE$ 的兩邊 CD 和 DE 已知，它們的夾角

$$\angle CDE = 44°21′。$$

因此，如果取 $CD = 10000$，$DE = 1500$，則

$$底邊 CE = 8988，$$
$$\angle CED = 128°57′，$$
$$\angle DCE = 6°42′。$$

在 $\triangle CEN$ 中，

$$\angle ECN = 142°21′，$$

它的夾邊爲已知的 EC 和 CN，因此，

$$\angle CEN = 1°52′。$$

於是，相減可得，在第三次沖時的

$$\angle NED = 127°5′。$$

但是已經求得

$$\angle DEM = 33°20′。$$

因此，相減可得，

$$\angle MEN = 93°45′，$$

即爲第二次沖與第三次沖之間的視行度角。此計算結果也與觀測結果足夠好地符合。但前面已經說過，當這最後一次觀測沖日發生時，火星看起來位於 235°54′，它與偏心圓遠地點相距 127°5′，因此火星偏心

圓的遠地點當時位於恆星天球上的 108°50′處。

　　現在，繞中心點 E 作地球的周年軌道圓 RST，其直徑 RET 平行於 DC，點 R 爲視差遠地點，點 T 爲近地點。因此，行星沿 EX 看起來位於黃經 235°54′處。我已經證明，均勻行度與視行度之差

$$\angle DXE = 8°34′。$$

因此，

$$平均行度 = 244\frac{1}{2}°。$$

但圓心角，

$$\angle SET = \angle DXE = 8°34′，$$

因此，

$$\widehat{RS} = \widehat{RT} - \widehat{ST} = 180° - 8°34′ = 171°26′，$$

即爲行星的平均視差行度。不僅如此，我還用地球運動的假設證明了在安敦尼・庇護 2 年埃及曆 11 月 12 日午後 10 個均勻小時，火星沿黃經的平均行度爲 244\frac{1}{2}°，視差近點角爲 171°26′。

第十六章　新近觀測到的其他三次火星沖日

　　我已經比較仔細地把托勒密對於火星的三次觀測與另外三次觀測進行了對比。第一次發生在西元 1512 年 6 月 5 日午夜 1 小時，當時火星位於 235°33′，它與同恆星天球的起點即白羊宮第一星相距 55°33′的太陽相沖。

　　第二次發生在西元 1518 年 12 月 12 日午後 8 小時，當時火星位於 63°2′。

　　第三次發生在西元 1523 年 2 月 22 日午前 7 小時，當時火星位於 133°20′。

　　因此，從第一次沖到第二次沖歷時 6 埃及年 191 日 45 [日一] 分，從第二次沖到第三次沖歷時 4 年 72 日 23 日一分。

　　在第一段時間中，視行度爲 187°29′，均勻行度爲 168°7′；而在第二段時間中，視行度爲 70°18′，均勻行度爲 83°。

現在重新繪製火星的偏心圓，只是

$$\overset{\frown}{AB}=168°7',$$

$$\overset{\frown}{BC}=83°。$$

採用我在土星和木星的情形所採用的方法（在此略過那些浩繁、複雜與枯燥的計算），我最終求得火星的遠地點位於 $\overset{\frown}{BC}$ 上。它顯然不可能在 $\overset{\frown}{AB}$ 上，因爲在那裏視行度比平均行度大 19°22′。遠地點也不可能在 $\overset{\frown}{CA}$ 上，因爲儘管在該處（視行度比平均行度）小一些，但在 $\overset{\frown}{CA}$ 之前的 $\overset{\frown}{BC}$ 上（的平均行度）超過視行度的量要比在 $\overset{\frown}{CA}$ 上大一些。但前已說明，在偏心圓上，較小和縮減的（視）行度發生在遠地點附近。因此正確地說，遠地點應當位於 $\overset{\frown}{BC}$ 上。

設遠地點爲點 F，FDG 爲圓的直徑。地球軌道圓的中心（E）位於這條直徑上。由此我們求得

$$\overset{\frown}{FCA}=125°59',$$

$$\overset{\frown}{BF}=66°18',$$

$$\overset{\frown}{FC}=16°36',$$

如果取半徑$=10000$，則兩圓心之間的距離

$$DE=1460,$$

本輪半徑$=500$。

因此，視行度與均勻行度相互協調一致，並與觀測結果符合。

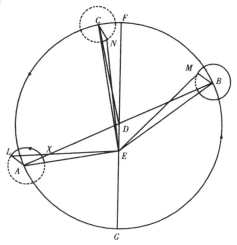

根據以上所述作出圖形。在 $\triangle ADE$ 中，AD 和 DE 兩邊已知，從火星的第一衝點到近地點的角

$$\angle ADE=54°31',$$

從而，

$$\angle DAE=7°24',$$

相減可得，

$$\angle AED = 118°5',$$
$$邊\ AE = 9229。$$

根據假設，

$$\angle DAL = \angle FDA。$$

因此，相加可得

$$\angle EAL = 133°53'，$$

在△EAL 中，EA 與 AL 兩邊以及它們所夾的角已知，因此，

$$\angle AEL = 2°12',$$
$$\angle LED = 115°53'。$$

類似地，對於第二次沖，由於△BDE 的兩邊 DB 和 DE 已知，它們的夾角

$$\angle BDE = 113°35'，$$

所以，根據平面三角形定理可得

$$\angle DBE = 7°11',$$
$$\angle DEB = 59°13',$$

如果取 $DB = 10000$，$BM = 500$，則

$$底邊\ BE = 10668，$$

相加可得，

$$\angle EBM = 73°36'。$$

在△EBM 中也是如此，它的已知角的兩夾邊已知，可以得到

$$\angle BEM = 2°36',$$

相減可得，

$$\angle DEM = 56°38'。$$

於是，

$$\angle MEG = 180° - \angle DEM = 123°22'。$$

但我們已經求得，

$$\angle LED = 115°53',$$

因此，

$$\angle LEG = 64°7'。$$

如果取四直角＝360°，則

$$\angle LEG + \angle GEM = 187°29'。$$

這與從第一沖點到第二沖點的視距離相符。

第三次沖的情況也是類似的。我們已經求得

$$\angle DCE = 2°6'，$$

如果取 $CD=10000$，則

$$邊\ EC=11407，$$

因此，由於

$$\angle ECN=18°42'，$$

$\triangle ECN$ 中的 CE、CN 兩邊已知，所以

$$\angle CEN=50'，$$

$$\angle CEN + \angle DCE = 2°56'，$$

即為視行度 $\angle DEN$ 小於均勻行度 $\angle FDC$ 的量。因此，

$$\angle DEN=13°40'。$$

這大致同第二次沖與第三次沖之間觀測到的視行度相符。

正如我已經說的，在第三次沖時火星的位置與白羊頭部相距 $133°$ $20'$，並且已經求得

$$\angle FEN \approx 13°40'，$$

因此往後計算可得，最後一次觀測時偏心圓的遠地點在恆星天球上位於 $119°40'$ 處。

在安敦尼·庇護時代，托勒密求得遠地點位於 $108°50'$ 處，因此，從那時起到現在，它已經向東移動了 $10\frac{10}{12}°$。此外，如果取偏心圓半徑為 10000，我還求得兩圓心間的距離小了 40。這並不是因為托勒密或我出了差錯，而顯然是因為，地球軌道圓

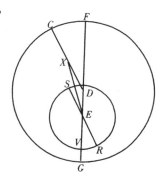

中心接近了火星軌道圓的中心，而太陽卻靜止不動。這些結論彼此大

致吻合，下面將會看得更清楚。

現在，圍繞中心點 E 作地球的周年軌道圓，由於運轉相等，所以其直徑 SER 平行於 CD。設點 R 爲相對於行星的均勻遠地點，點 S 爲近地點，點 T 爲地球。延長面對行星的視線 ET，與 CD 交於點 X。我已經說過，在最後一次沖時，面對行星的視線在 ETX 上，其傾度爲 133°26′。

此外，我們已經求得，均勻行度 $\angle XDF$ 超過視行度 $\angle XED$ 的差值

$$\angle DXE = 2°56′,$$

但 $\angle SET$ 及其內錯角 $\angle DXE$ 都等於視差行度，

$$180° - 2°56′ = 177°4′,$$

即爲從均勻運動的遠地點 R 算起的均勻視差近點角。這樣，我在這裏說明了，在西元 1523 年 2 月 22 日午前 7 均勻小時，火星的黃經平均行度爲 136°16′，其均勻視差近點角爲 177°4′，偏心圓的高拱點位於 119°40′。這就是所要證明的結論。

第十七章　火星行度的證實

上面已經說明，在托勒密三次觀測中的最後一次，火星的平均行度爲 $244\frac{1}{2}°$，視差近點角爲 171°26′。因此，在這段時間中，火星的行度除整圈運轉外還有 5°38′。從安敦尼・庇護 2 年埃及曆 11 月 12 日午後 9 個小時（對克拉科夫經度而言爲午夜前 3 個均勻小時）到西元 1523 年 2 月 22 日午前 7 個小時，共歷時 1384 埃及年 251 日 19[日－]分。根據上面的計算，在這段時間中，視差近點除 648 整圈外還有 5°38′。太陽的均勻行度被認爲是 $257\frac{1}{2}°$，從中減去視差行度 5°38′，得到的 251°52′即爲火星的經度平均行度。所有這些數值都大致與剛才的結果相符。

第十八章　火星位置的測定

從基督紀元開始到安敦尼・庇護 2 年埃及曆 11 月 12 日午夜前 3 個小時，共歷時 138 埃及年 180 日 52［日－］分，在此期間，視差行度為 293°4′。把 293°4′ 從托勒密的最後一次觀測的 171°26′ 中減去（另加一整圈），則對西元元年元旦午夜求得餘量 238°22′。

從第一屆奧林匹克運動會到這一時刻共歷時 775 埃及年 12½ 日。在此期間，視差行度為 254°1′。同樣，把 254°1′ 從 238°22′ 中減去（另加一整圈），則對第一屆奧林匹克運動會求得餘量 344°21′。

類似地，根據其他時間間隔計算行度，我們將求出亞歷山大紀元的起點為 120°39′，凱撒紀元的起點為 211°25′。

第十九章　以地球周年軌道圓為單位的火星軌道圓大小

除此以外，我還觀測到火星與天秤座中的第一顆亮星——被稱為「氐宿一」——相合，這發生在西元 1512 年元旦。那天早晨，在中午之前的 6 個均勻小時，我看見火星距該星 ¼°，但偏向多至日出的方向，這表明火星的經度在恆星以東 ⅛°，緯度在恆星以北 ⅕°。現在已經確定，恆星的位置為 191°20′，緯度為北緯 40′，所以火星顯然位於 191°28′，北緯 51′。由計算可得，當時的視差近點角為 98°28′，太陽的平位置為 262°，火星的平位置為 163°32′，偏心圓近點角為 43°52′。

由此，作偏心圓 ABC，其中心為 D，直徑為 ADC，A 為遠地點，C 為近地點，如果取 $AD=10000$，則

$$離心率 \ DE=1460。$$

現在設

$$\overset{\frown}{AB}=43°52′，$$

以 B 為中心，取 $AD=10000$，半徑 $BF=500$ 作本輪。設

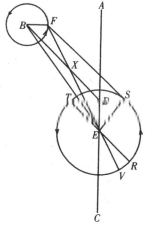

$$\angle DBF = \angle ADB。$$

連接 BD、BE 和 FE。此外，繞中心 E 作地球的大軌道圓 RST。在直徑上，取 R 爲行星均勻視差行度的遠地點，T 爲行星均勻視差行度的近地點。設地球位於點 S，RS 爲均勻視差近點角，其計算值爲

$$\overset{\frown}{RS} = 98°28'。$$

把直線 FE 延長爲 FEV，交 BD 於點 X，交地球軌道圓的凸弧於視差的真遠地點 V。

因此，$\triangle BDE$ 的兩邊已知，如果取 $BD = 10000$，則

$$DE = 1460，$$

它們的夾角爲 $\angle BDE$。而

$$\angle ADB = 43°52'，$$

所以

$$\angle BDE = 180° - 43°52' = 136°8'。$$

因此可以求得，

$$底邊 \ BE = 11097，$$
$$\angle DBE = 5°13'。$$

但根據假設，

$$\angle DBF = \angle ADB，$$

相加可得，兩已知邊 EB 和 BF 的夾角

$$\angle EBF = 49°5'。$$

因此，

$$\angle BEF = 2°，$$

如果取 $DB = 10000$，則

$$邊 \ FE = 10776。$$

於是，

$$\angle DXE = 7°13'，$$

這是因爲 $\angle DXE$ 等於兩相對內角的和，即

$$\angle DXE = \angle XBE + \angle XEB。$$

$\angle DXE$ 爲負行差，即 $\angle ADB$ 超過 $\angle XED$ 的量，或者火星平位置超過眞位置的量。現在我們已經計算出火星的平位置爲 163°32'，因此眞位置位於偏西 156°19'處。但在那些從 S 進行觀測的觀測者看來，火星出現在 191°28'處。於是它的視差或位移爲偏東 35°9'。因此顯然，

$$\angle EFS = 35°9'。$$

因 RT 平行於 BD，所以

$$\angle DXE = \angle REV，$$

類似地，

$$\overparen{RV} = 7°13'。$$

相加可得，

$$\overparen{VRS} = 105°41'，$$

即爲歸一化的視差近點角，由此可得△FES 的外角 $\angle VES$。於是，如果取兩直角＝180°，則可求得相對內角

$$\angle FSE = 70°32'。$$

但由於三角形的各角已知，所以其各邊比值也可求得。因此，如果取三角形外接圓的直徑＝10000，則

$$FE = 9428，$$

$$ES = 5757。$$

於是，如果取 $EF = 10776$，$BD = 10000$，則

$$ES \approx 6580，$$

這大致與托勒密得到的結果相符。相加可得，

$$ADE = 11460，$$

相減可得，

$$EC = 8540。$$

在偏心圓的低拱點，本輪要加上 500，而在高拱點 A 則要減去 500，於

是在高拱點的餘數爲 10960，在低拱點的和爲 9040。因此，如果取地球軌道圓的半徑爲 1ᴾ，則火星在遠地點的最大距離爲 1ᴾ39′57″，最小距離爲 1ᴾ22′26″，平均距離爲 1ᴾ31′11″。因此，就火星而言，其行度、亮度和距離也已經通過地球的運動精確地加以解釋了。

第二十章　金星

在確定了環繞地球的三顆外行星——土星、木星與火星——的運動之後，現在是討論被地球所環繞的那些行星的時候了。首先是金星，只要不缺乏在某些位置的必要的觀測資料，金星的運動就比水星更容易清楚地說明。因爲如果求得它在晨、昏時與太陽平位置的最大距離相等，那麼我們就可以肯定，金星偏心圓的高、低拱點就是太陽在這兩個位置的中點。這些拱點可以通過以下事實區分開，即當它們是在遠地點附近發生時，這些成對出現的距角較小；而當它們是在近地點附近發生時，這些成對的距角較大。最後，在其他位置，我們由距角的相對大小可以求出金星球體與高、低拱點的距離以及金星的離心率。這些課題托勒密都已經非常清楚地研究了，因此我們不必再對它們逐一進行複算，除非是托勒密的某些觀測可以用我的地球運動的假說進行解釋。

他所採用的第一項觀測是由亞歷山大里亞的數學家西翁（Theo）於哈德良 16 年埃及曆 8 月 21 日之後的夜間第一小時，即西元 132 年 3 月 8 日黃昏做出的。當時金星呈現出的最大黃昏距角與太陽的平位置相距 47¼°，而太陽的平位置可以算出是在恆星天球上 337°41′處。托勒密把這次觀測與另一次在安敦尼·庇護 4 年 1 月 12 日破曉，即西元 142 年 7 月 30 日的黎明，所進行的另一次觀測相比較，他指出當時金星的最大清晨距角與以前的距角相等，與太陽的平位置相距 47°15′，而太陽的平位置位於恆星天球上 119°處，而在前一日期爲 337°41′。於是顯然，這兩個平位置之間的中點爲彼此相對的兩個拱點，其位置分別爲 48⅓°和 228⅓°。根據托勒密的說法，當把二分點歲差 6⅔°加到這兩

個數值上之後，它們將分別位於金牛宮內 25°以及天蠍宮內 25°處。完全相對的金星的高、低拱點必然位於那些位置。

爲了更進一步地證實結果，他採用了西翁於哈德良 12 年 3 月 20 日破曉，即西元 127 年 10 月 12 日清晨的另一次觀測。當時金星呈現出的最大距角與太陽的平位置 181°13′相距 47°32′。除此之外，托勒密還考慮了他本人於哈德良 21 年，即西元 136 年，埃及曆 6 月 9 日或羅馬曆 12 月 25 日下一夜的第一小時所做的一次觀測，當時金星呈現出的黃昏距角與太陽的平位置 265°25′相距 47°32′。但在上一次西翁所做的觀測中，太陽的平位置爲 191°13′。拱點的位置又一次大約落在了遠地點 48°20′和近地點 228°20′的中間。從二分點量起，它們分別位於金牛宮內 25°以及天蠍宮內 25°處。托勒密通過另外兩次觀測來區分它們。

第一次是西翁於哈德良 13 年 11 月 3 日，即西元 129 年 5 月 21 日破曉時的觀測。當時他測得金星的最大清晨距角爲 44°48′，而太陽的平均行度爲 48$\frac{10}{12}$°，金星出現在恆星天球上 4°處。托勒密本人於哈德良 21 年埃及曆 5 月 2 日或羅馬曆西元 136 年 11 月 18 日之後夜晚第一小時進行了另一次觀測，當時太陽的平均行度爲 228°54′，由此可得金星的最大黃昏距角爲 47°16′，行星本身出現在 276$\frac{1}{6}$°處。這樣，兩個拱點就彼此區分開了，也就是說，金星最大距角較小的高拱點位於 48$\frac{1}{3}$°，而最大距角較大的低拱點位於 228$\frac{1}{3}$°。這就是我們所要證明的。

第二十一章　地球和金星軌道圓直徑的比值

此外，由以上兩次觀測還可求得地球與金星的軌道圓直徑之比。以點 C 爲中心作地球的軌道圓 AB。ACB 爲通過兩個拱點的直徑，在 ACB 上取點 D 爲相對圓 AB 爲偏心的金星軌道圓的中心。設點 A 爲遠日點的位置。當地球位於遠日點時，金星軌道圓的中心離得最遠，而 AB 爲太陽的平均行度線——點 A 爲 48$\frac{1}{3}$°，點 B 爲 228$\frac{1}{3}$°。作直線 AE 和 BF 與金星軌道圓切於點 E 和點 F。連接 DE 及

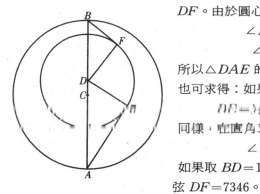

DF。由於圓心角

$$\angle DAE = 44\tfrac{4}{5}°,$$
$$\angle AED = 90°,$$

所以△DAE 的各角已知，於是它的各邊也可求得：如果取 $AD = 10000$，則

$$DE = \cancel{对应} \angle DAE = 7040。$$

同樣，在直角三角形 △DBF 中，

$$\angle DBF = 47\tfrac{1}{3}°,$$

如果取 $BD = 10000$，則

弦 $DF = 7346$。

因此，如果取 $DF = DE = 7046$，則

$$BD = 9582。$$

相加可得，

$$ACB = 19582,$$
$$AC = \tfrac{1}{2}ACB = 9791,$$

相減可得，

$$CD = 209。$$

因此，如果取 $AC = 1^{\mathrm{p}}$，則

$$DE = 43\tfrac{1}{6}',$$
$$CD \approx 1\tfrac{1}{4}'。$$

如果取 $AC = 10000$，則

$$DE = DF \approx 7193,$$
$$CD \approx 213。$$

這就是我們所要證明的。

第二十二章　金星的二重運動

然而，根據托勒密兩次觀測的論證，金星並非只圍繞 D 做簡單的均勻運動。他進行第一次觀測是在哈德良 18 年埃及曆 8 月 2 日，即羅

馬曆西元 134 年 2 月 18 日。當時太陽的平均行度爲 318¹⁰⁄₁₂°，清晨出現在黃道 275¼°處的金星已經達到了距角的最大極限 43°35′。

第二次觀測是在安敦尼·庇護 3 年埃及曆 8 月 4 日，即羅馬曆西元 140 年 2 月 19 日清晨。當時太陽的平位置也是 318¹⁰⁄₁₂°，金星位於最大黃昏距角 48⅓°，在經度 7¹⁰⁄₁₂°可以看到。

在知道了這些之後，在同一地球軌道圓上取地球所在位置點 G，使 $\overset{\frown}{AG}$ 爲圓的一個象限——此象限量出了由於其平均運動而在兩次觀測看來各在直徑兩端的太陽位於金星偏心圓遠地點以西的距離。

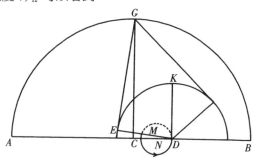

連接 GC，並作 DK 平行於 GC。作 GE 和 GF 與金星軌道圓相切。連接 DE、DF 和 DG。

由於

$$\angle EGC = 43°35′，$$

它們同爲第一次觀測時的清晨距角，

$$\angle CGF = 48\tfrac{1}{3}°，$$

它們同爲第二次觀測時的黃昏距角，

$$\angle EGF = \angle EGC + \angle CGF = 91\tfrac{11}{12}°。$$

因此，

$$\angle DGF = \tfrac{1}{2}\angle EGF = 45°57\tfrac{1}{2}′。$$

相減可得，

$$\angle CGD = 2°23′。$$

但是，

$$\angle DCG = 90°，$$

因此，由於直角三角形△CGD 的各角已知，各邊之比也可知，所以如

果取 $CG=10000$，則

$$CD=416。$$

我們已經求得，兩圓心距離爲 208。現在它大約增大了一倍。於是，如果 CD 被點 M 等分，類似地，整個這一進退變化爲

$$DM=208。$$

如果 DM 又被點 N 等分，則該點爲出行時的中點和唯一化點。

於是，和三顆外行星的情況一樣，金星的運動也是由兩種均勻運動組合而成的。或者是通過上面的偏心本輪，或者是如前所述的其他任何方式。然而，這顆行星的秩序和比例與其他行星有所不同。依我之見，通過一個偏偏心圓可以更容易和更方便地說明這一點。以點 N 爲中心、DN 爲半徑作一個小圓，金星的圓心在此圓上按照下面的規律運轉，即每當地球落在偏心圓高、低拱點所在的直徑 ACB 上時，行星軌道圓的中心將總是位於最近處，即點 M；而當地球落在中拱點比如點 G 時，行星軌道圓的中心將到達點 D，達到最大距離 CD。由此可以想見，當地球沿其軌道圓運行一周時，行星軌道圓的中心已經繞中心點 N 沿著與地球運動相同的方向即往東旋轉了兩周。因爲根據金星的這一假設，所有的均勻行度和視行度都與觀測結果符合，這一點將在下面說明。到此爲止，所有我們已經證明的結果都與現代數值相符合，只是離心率減小了大約 $\frac{1}{6}$，以前它是 416，而多次觀測表明它現在是 350。

第二十三章　金星運動的分析

從這些觀測中，我採用了兩次精度最高的觀測。第一次是提摩恰里斯於托勒密·費拉德爾弗斯（Ptolemy Philadelphus）13 年，即亞歷山大去世後 52 年埃及曆 12 月 18 日清晨進行的觀測。據報導，金星當時掩食室女左翼四顆恆星中最偏西的一顆。根據對此星座的描繪，該星爲第六顆星，其經度爲 $151\frac{1}{2}°$，緯度爲北 $1\frac{1}{6}°$，星等爲 3。這樣，金星的位置就顯然可得了，太陽的平位置也可求得，爲 $194°23'$。

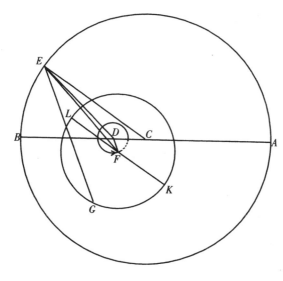

當時的情況如圖所示，點 A 位於 48° 20′處，

$$\overset{\frown}{AE}=146°3′,$$

相減可得，

$$\overset{\frown}{BE}=33°57′,$$

$$\angle CEG=42°53′,$$

即爲行星與太陽平位置之間的角距離。因此，如果取 $CE=10000$，則

線段 $CD=312$，

$$\angle BCE=33°57′,$$

在 $\triangle CDE$ 中，

$$\angle CED=1°1′,$$

底邊 $DE=9743$。

但

$$\angle CDF=2\angle BCE=67°54′,$$

$$\angle BDF=180°-67°54′=112°6′,$$

$\triangle CDE$ 的一個外角

$$\angle BDE=34°58′,$$

因此顯然，

$$\angle EDF=147°4°。$$

如果取 $DE=9743$，則

$$DF=104°$$

所以，在 $\triangle DEF$ 中，

$$\angle DEF=20′,$$

相加可得，

$$\angle CEF=1°21′,$$

邊 $EF=9831$。

但我們已經證明，

$$\angle CEG=42°53',$$

因此，相減可得，

$$\angle FEG=41°32'。$$

如果取 $EF=9831$，軌道圓的半徑

$$FG=7193。$$

因此，由於在 $\triangle EFG$ 中，$\angle FEG$ 和各邊之比均已知，所以其餘兩角也可求得，

$$\angle EFG=72°5',$$

$$\widehat{KLG}=180°+\angle EFG=252°5',$$

即爲從軌道圓高拱點量起的弧。這樣我們就定出，在托勒密・費拉德爾弗斯 13 年 12 月 18 日清晨，金星的視差近點角爲 252°5'。

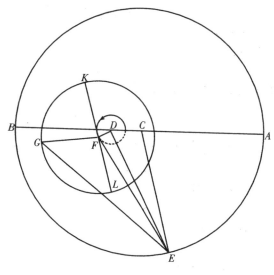

我自己在西元 1529 年 3 月 12 日午後第八小時之初日沒後 1 個小時對金星的第二個位置進行觀測。我看見金星開始被月亮兩角之間陰暗部分的中點所掩食，這次掩星延續到該小時之末或稍遲一些，直到行星從另一面在兩角突起的中點向西閃現出來爲止。因此顯然，在該小時的一半處左右，月亮與金星呈現中心會合，我在弗勞恩堡曾目睹過這一景象。金星的黃昏（距角）仍在繼續增大，還未達到與其軌道圓相切的程度。因此，從基督紀元開始

算起，共歷時 1529 埃及年 87 日加視時間 7½ 小時或均勻時間 7 小時 34 分。太陽的平位置爲 332°11′，二分點歲差爲 27°24′，月亮離開太陽的均勻行度爲 33°57′，均勻近點行度爲 205°1′，黃緯行度爲 71°59′。由此算得月亮的眞位置爲 10°，但從分點算起爲金牛宮內 7°24′，北緯 1°13′。但由於天秤宮內 15°正在升起，月亮的黃經視差爲 48′，黃緯視差爲 32′，所以（月亮的）視位置位於金牛宮內 6°26′。但它在恆星天球上的經度爲 9°11′，緯度爲北 41′。金星在黃昏時的視位置與太陽的平位置相距 37°1′，地球與金星高拱點的距離爲偏西 76°9′。

現在根據前面的結構模型重新繪圖，只不過

$$\angle ECA = 76°9′，$$
$$\angle CDF = 2\angle ECA = 152°18′。$$

如果取 $CE = 10000$，則今天的

$$離心率\ CD = 246，$$
$$DF = 104。$$

因此在$\triangle CDE$ 中，相減可得兩已知邊夾的角

$$\angle DCE = 103°51′。$$

由此可得，

$$\angle CED = 1°15′，$$
$$底邊\ DE = 10056，$$
$$\angle CDE = 74°54′。$$

但是

$$\angle CDF = 2\angle ACE = 152°18′，$$
$$\angle EDF = \angle CDF - \angle CDE = 77°24′，$$

所以在$\triangle DEF$ 中，兩邊已知，如果取 $DE = 10056$，則

$$DF = 104，$$

它們的夾角爲已知 $\angle EDF$。而且

$$\angle DEF = 35′，$$
$$底邊\ EF = 10034，$$

所以相加可得，

$$\angle CEF = 1°50'。$$

進而，

$$\angle CEG = 37°1'，$$

即爲行星與太陽平位置之間的視距離。

$$\angle FEG = \angle CEG - \angle CEF = 35°11'。$$

類似地，在 △ EFG 中兩邊已知，如果取 FG＝7193，則

$$EF = 10034。$$

而 $\angle E$ 也已知，所以其他兩角也可算出：

$$\angle EGF = 53\frac{1}{2}°，$$

$$\angle EFG = 91°19'，$$

即爲行星與其軌道圓的眞近地點之間的距離。

但由於直徑 KFL 平行於 CE，K 爲（行星）均勻運動的遠地點，L 爲近地點。且

$$\angle EFL = \angle CEF，$$

所以

$$\angle LFG = \angle EFG - \angle EFL = 89°29'，$$

$$\overset{\frown}{KG} = 180° - 89°29' = 90°31'，$$

即爲從軌道圓均勻運動的高拱點量起的行星視差近點角。這就是我這次觀測所要求的量。

然而當提摩恰里斯進行觀測的時候，近點角爲 252°5'，因而在此期間，行度除 1115 整圈外還有 198°26'。從托勒密・費拉德爾弗斯 13 年 12 月 18 日破曉到西元 1529 年 3 月 12 日午後 7½ 小時，共歷時 1800 埃及年 236 日加上大約 40 ［日－］分。

因此，如果我們把 1115 圈加上 198°26'的行度乘以 365 日，並把乘積除以 1800 年 236 日 40 日－分，我們將得到 225°1'45''3'''40''''的年行度。

再把這個年行度平均分配給 365 日，就得到 36'59''28'''的日行度。它們已經被編入了前表。

第二十四章　金星近點角的位置⑧

從第一屆奧林匹克運動會到托勒密·費拉德爾弗斯 13 年 12 月 18 日破曉，共歷時 503 埃及年 228 日 40〔日一〕分。在此期間的行度可以算得爲 290°39′。如果把這一數值從 252°5′中減去，再加 360°，則得到的 321°26′就是第一屆奧林匹克運動會開始時的運動位置。

其他位置可以通過對那些經常提到的行度和時間進行計算而得到：亞歷山大紀元開始時爲 81°52′，凱撒紀元開始時爲 70°26′，而基督紀元開始時爲 126°45′。

第二十五章　水星

我已經說明了金星是如何與地球的運動相聯繫的，以及各圓周成什麼比例時它的均勻運動被掩蓋。現在還剩下水星，儘管它的運行比金星或前面討論過的任何行星都更複雜，但它無疑也將服從我們已經假設的原理。古代的觀測已經經驗性地表明，水星與太陽的距角在天秤宮最小，而在對面的（白羊）宮距角較大（這是應當的）。但是水星的最大距角並不出現在這個位置，而是出現在某些更高的位置，比如在雙子宮和寶瓶宮中，根據托勒密的記載，在安敦尼·庇護的時代這種情況尤其突出。其他的行星都沒有這種情況。

古代數學家猜想產生這個現象的原因是地球不動，而水星則在其大本輪上沿一個偏心圓運動。他們注意到，單純一個偏心圓不能滿意地解釋這些現象。他們不僅讓偏心圓圍繞另一中心旋轉，而且還不得不承認，攜帶本輪的同一偏心圓還沿另一個小圓運動，就像他們對月亮的偏心圓的看法一樣。這樣便有了三個中心，它們分別屬於攜帶本

---

⑧ 這裏「位置」意爲「起始點」。——中譯者

輪的偏心圓、小圓以及晚近的數學家所說的「偏心均速點」（equant）。他們忽略了前兩個中心，而只讓本輪圍繞偏心均速點均勻運轉，這與真實的中心、它的相對距離以及已經存在的其他兩個中心都非常不符。但正如托勒密在《天文學大成》（*Composition*）中詳細闡述的那樣，他們認為這顆行星的現象不可能用其他模式加以拯救。

如果，以偏心圓一樣可以清楚地相指地離如此。並推且其心運動與地球連動的關係能夠與前述行星一樣可以清楚地闡明，我將在它的偏心圓上也指定一個偏心圓，而不是古人所認為的本輪。但與金星不同的是，儘管確有一個本輪在偏心圓上運動，但行星並非沿著本輪的圓周運轉，而是沿著它的直徑來回運動：我們在前面討論二分點歲差時已經闡明，這種運動可由均勻的圓周運動複合而成。這並不足為奇，因為普羅克魯斯曾在其關於歐幾里得《幾何原本》的評注中說過，一條直線可由多重運動複合而成。水星的現象可根據所有這些運動加以論證。

但為了把這些假設說得更清楚，設 AB 為中心在點 C、直徑為 ACB 的地球的大軌道圓。在 ACB 上，以 B、C 兩點間的點 D 為圓心、$\frac{1}{3}CD$ 為半徑作小圓 EF，使點 F 距點 C 最遠，點 E 距點 C 最近。繞中心點 F 作水星的軌道圓 HI。以高拱點 I 為圓心，作行星所在的本輪。設 HI 為相對於偏心圓偏心的軌道圓，並且攜帶著本輪。這樣作圖之後，所有點將依次落在直線 $AHCEDFKILB$ 上。

與此同時，設行星位於點 K，它與點 F 的距離為最短。取該點為水星運轉的起點。設地球每運轉一周，圓心 F 也沿同一方向即向東運轉兩周，行星則在 KL 上沿直徑相對於圓 HI 的中心來回運動。

由此可知，每當地球位於點 A 或點 B 時，水星軌道圓的中心就在與點 C 相距最遠的點 F；而當地球位於中間象限時，該中心就位於與點 C 相距最近的點 E。這在某種意義上與金星相反。此外，根據這個規律，當地球落在直徑 AB 上時，穿過本輪直徑 KL 的水星距攜帶本輪的軌道圓的中心 K 最近；而當地球位於其中間位置時，行星將位於最遠的位置 L。這樣一來就出現了雙重運轉，一個是軌道圓的中心

沿小圓 EF 的圓周的運動，另一個是行星沿直徑 LK 的運轉，它們彼此相等，並與地球的周年運動成比例。

而與此同時，設本輪或直線 FL 圍繞軌道圓 HI 自行，其中心做均勻運動，相對恆星天球大約 88 天運行一周。但這種超過了地球運動的所謂視差運動使本輪在 116 日內趕上地球，這可以由平均行度表更精確地得出。因此，水星的自行並非總是

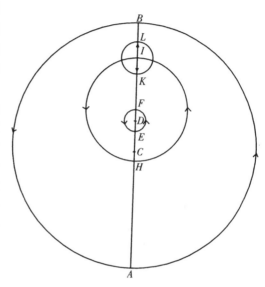

描出同一圓周，而是根據與均輪中心距離的不同，描出尺寸相差極大的圓周：在點 K 為最小，在點 L 為最大，在點 I 附近則居中，這種情況與本輪上的月亮本輪相同。但月亮是在圓周上運行，而水星則是在直徑上做由均勻運動疊加而成的往返運動。我已經在前面討論二分點歲差時解釋了這是怎麼發生的。不過後面在討論黃緯時，我還要就這個話題補充一些內容。這一假設足以說明水星的一切現象，從托勒密和其他人觀測的歷史就可以清楚地看出。

第二十六章　水星高、低拱點的位置

托勒密對水星的第一次觀測是在安敦尼·庇護元年 11 月 20 日日沒之後，當時水星位於離太陽平位置最大距角處。這是在克拉科夫時間西元 138 年 188 日 42½ [日 −] 分，因此根據我的計算，太陽的平位置等於 $63°50'$，而托勒密說用儀器觀察該行星是在巨蟹宮內 $7°$ 處。但

在減去了分點歲差（當時為 6°40′）之後，水星的位置位於恆星天球上從白羊宮量起的 90°20′，它與太陽平位置的最大距角為 26½°。

第二次觀測是在安敦尼‧庇護 4 年 7 月 19 日黎明，即基督紀元開始後的 140 年 67 日 12 [日－] 分，此時太陽的平位置在 303°19′處。通過儀器看見水星在摩羯宮內 13½°處，但在恆星天球上從白羊宮量起約為 276°49′。因此，它們既然離兩個 [位置] 一樣，也就因兩個位置兩邊的距角邊界是相等的，所以水星的兩個拱點必然位於這兩個位置即 276°49′與 90°20′的中點。它們是恰好相對的 3°34′和 183°34′，水星高、低拱點必然位於這兩個位置。

和金星一樣，這些拱點可由兩次觀測區分開來。他的第一次觀測是在哈德良 19 年 3 月 15 日破曉時進行的，當時太陽的平位置位於 182°38′。水星距離太陽的最大清晨距角為 19°3′，這是因為水星的視位置位於 163°35′。第二次觀測同樣是在哈德良 19 年即西元 135 年的埃及曆 9 月 19 日黃昏時，他借助儀器發現水星位於恆星天球上 27°43′處，而按照平均行度，太陽位於 4°28′。於是又一次說明，行星的最大黃昏距角為 23°15′[大於在此之前的（清晨距角）]。於是情況已經很清楚了，當時水星的遠地點只可能位於 183½°附近。

第二十七章 水星離心率的大小及其圓周的比值

利用這些觀測結果，我們可以求得圓心之間的距離以及各軌道圓的大小。設 AB 為通過水星的高拱點 A 和低拱點 B 的直線，同時也是中心為 D 的（地球）大圓的直徑。以 D 為中心作行星的軌道圓。作直線 AE 和 BF 與軌道圓相切。連結 DE 和 DF。

由於在前面兩次觀測中的第一次，最大清晨距角為 19°3′，所以

$$\angle CAE = 19°3′。$$

但在第二次觀測中，最大黃昏距角為 23¼°。於是，在兩個直角三角形 $\triangle AED$ 與 $\triangle BFD$ 中，各角已知，各邊之比也可求得。如果取 $AD=$ 100000，則軌道圓半徑

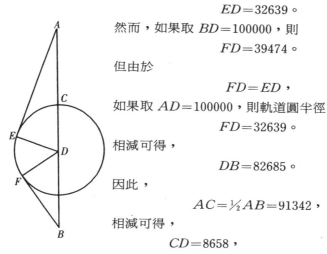

$$ED=32639 \text{。}$$

然而，如果取 $BD=100000$，則

$$FD=39474 \text{。}$$

但由於

$$FD=ED，$$

如果取 $AD=100000$，則軌道圓半徑

$$FD=32639 \text{。}$$

相減可得，

$$DB=82685 \text{。}$$

因此，

$$AC=\tfrac{1}{2}AB=91342，$$

相減可得，

$$CD=8658，$$

即爲兩圓心之間的距離。如果取 $AC=1^p=60'$，則水星的軌道圓半徑爲 $21'26''$，

$$CD=5'4''，$$

如果取 $AC=100000$，則

$$DF=35733，$$

$$CD=9479 \text{。}$$

這就是所要證明的結論。

但這些長度並非到處都相同，而與平均拱點附近的值非常不同，西翁和托勒密在這些位置觀測並記錄下來的晨、昏距角就說明了這一點。西翁於哈德良 14 年 12 月 18 日日沒後，即基督誕生後 129 年 216 日 45 日－分觀測到了水星的最大黃昏距角，當時太陽的平位置爲 93 $\tfrac{1}{2}$°，即在水星平拱點附近。而通過儀器看到的水星是在獅子宮第一星以西 3 $\tfrac{19}{12}$°處。因此它的位置爲 119 $\tfrac{3}{4}$°，而最大黃昏距角則是 26 $\tfrac{1}{4}$°。

據托勒密所說，他於安敦尼・庇護 2 年 12 月 21 日破曉，即西元 138 年 219 日 12 日－分觀測到了另一個最大距角，太陽的平位置爲 93°39'。他求得水星的最大清晨距角爲 20 $\tfrac{1}{4}$°，因爲他看見水星位於恆

星天球上 73⅖°處。

重新繪製 $ACDB$ 爲通過水星兩拱點的（地球）大軌道圓的直徑。過點 C 作太陽的平均行度線 CE 垂直（於直徑）。在 C、D 之間取點 F。繞點 F 作水星的軌道圓，直線 EH 和 EG 與此小圓相切。連接 FG、FH 和 EF。

我們的任務是要找到點 F 以及半徑 FG 與 AC 之比。因爲

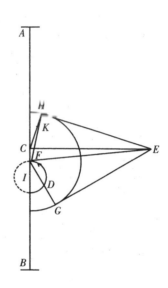

$$\angle CEG = 26\tfrac{1}{4}°，$$
$$\angle CEH = 20\tfrac{1}{4}°，$$

所以相加可得，

$$\angle HEG = 46\tfrac{1}{2}°。$$
$$\angle HEF = \tfrac{1}{2}\angle HEG = 23\tfrac{1}{4}°。$$

相減可得，

$$\angle CEF = 3°。$$

因此，在直角三角形△CEF 中，各邊已知：如果取 $CE = AC = 10000$，則

$$CF = 524，$$
$$FE = 10014。$$

然而當地球位於行星的高、低拱點時，我們已經求得

$$CD = 948。$$

因此，水星軌道圓的中心所描出的小圓直徑，或（CD 超過 CF 的量）

$$DF = 424，$$
$$半徑\ IF = 212。$$

因此，相加可得，

$$CFI = 736。$$

類似地，由於在△HEF 中，

$$\angle H = 90°，$$

$$\angle HEF = 23\frac{1}{4}°,$$

因此，如果取 $EF = 10000$，則

$$FH = 3947。$$

但如果取 $EF = 10014$，$CE = 10000$，則

$$FH = 3953。$$

而我們前面已經求得，

$$FK = 3573，$$

於是相減可得，

$$HK = 380，$$

即為行星與行星軌道圓中心 F 之間距離的最大變化，當行星運行到高、低拱點之間的平拱點時達到這個值。根據與軌道圓中心 F 之間距離的不同，行星描出各不相等的圓：最小距離為 3573，最大距離為 3953，平均值為 3763。此即所要證明的結論。

第二十八章　為什麼水星在距近地點 60°附近的距角看起來大於在近地點的距角

於是，水星在距近地點 60°的距角要大於在近地點的距角，這就不足為奇了，因為它們也大於我們已經求得的距角。因此古人們認為，地球每運轉一周，水星軌道要有兩次最接近地球。

如下頁圖所示，

$$\angle BCE = 60°。$$

由於假定地球 E 每運轉一周，F 就運轉兩周，所以

$$\angle BIF = 120°。$$

連接 EF 和 EI。我們已經求得，如果取 $EC = 10000$，則

$$CI = 736，$$

$$\angle ECI = 60°。$$

因此，在 $\triangle ECI$ 中，

$$底邊 EI = 9655，$$

$$\angle CEI \approx 3°47'。$$

而

$$\angle CEI = \angle ACE - \angle CIE，$$
$$\angle ACE = 120°，$$

因此，

$$\angle CIE = 116°13'。$$

但

$$\angle FIB = 120° = 2\angle ECI，$$

且

$$\angle CIF = 180° - 120° = 60°，$$
$$(\angle BIE = 63°47'，)$$

所以相減可得，

$$\angle EIF = 56°13'。$$

但我們已經求得，如果取 $EI = 9655$，則

$$IF = 212。$$

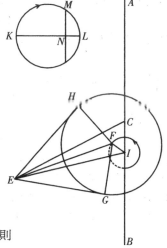

此兩邊夾出已知角 $\angle EIF$。由此可得，

$$\angle FEI = 1°4'，$$

相減可得，

$$\angle CEF = 2°44'，$$

即爲行星軌道圓的中心與太陽平位置的差。且

$$邊 EF = 9540^P。$$

　　現在，繞中心 F 作水星的軌道圓 GH。從 E 作 EG 和 EH 與軌道圓相切。連接 FG 和 FH。

　　我們必須首先確定在這種情況下半徑 FG 或 FH 的大小。方法如下：

　　如果取 $AC = 10000$，作一個直徑 $= 380$ 的小圓。假定直線 FG 或 FH 上的行星沿直徑或與之平行的直線靠近或遠離圓心 F，就像我們前面談論的二分點歲差的情況一樣。根據假設，$\angle BCE$ 截出 $60°$的弧段，設

$$\widehat{KM} = 120°,$$

作 MN 垂直於 KL。由於

$$MN = \tfrac{1}{2} \text{弦 } 2\widehat{ML} = \tfrac{1}{2} \text{弦 } 2\widehat{KM},$$

所以，由歐幾里得《幾何原本》XIII，12 和 V，15 可得，$\tfrac{1}{4}$ 直徑

$$LN = 95。$$

因此，

$$KN = \tfrac{3}{4}KL = 285。$$

KN 與行星的最小距離相加即爲我們所要求的距離，即如果取 $AC = 10000$，$EF = 9540$，則

$$FG = FH = 3858。$$

於是在直角三角形 $\triangle FEG$ 或 $\triangle FEH$ 中，兩邊已知，所以 $\angle FEG$ 或 $\angle FEH$ 也可求得。如果取 $EF = 10000$，則

$$FG = FH = 4044,$$

且

$$FG = FH = \text{弦 } 23°52',$$

所以相加可得，

$$\angle GEH = 47°44'。$$

但在低拱點，看到的只有 $46\tfrac{1}{2}°$，而在平拱點也是同樣的 $46\tfrac{1}{2}°$。因此，此處的距角都大 $1°14'$。這並不是因爲行星軌道圓比在近地點時更靠近地球，而是因爲行星在這裏描出了一個比在近地點更大的圓周。所有這些結論都與現在和過去的觀測相符，它們均由均勻運動產生。

第二十九章　水星平均行度的分析

古代觀測表明，托勒密·費拉德爾弗斯 21 年埃及曆 1 月 19 日破曉時，水星出現在穿過天蠍前額第一顆星和第二顆星的直線偏東兩個月亮直徑和第一顆星偏北一個月亮直徑處。現在已知第一顆星位於黃經 209°40'，北緯 $1\tfrac{1}{3}°$，第二顆星位於黃經 209°，南緯 $1\tfrac{5}{6}°$。由此可得，水星位於黃經 $210\tfrac{2}{3}°$，北緯約 $1\tfrac{5}{6}°$。那時距亞歷山大之死已經有 59 年

17 日 45〔日一〕分，根據我的計算，太陽的平位置爲 228°8′，行星的清晨距角爲 17°28′。且在此後的 4 天中，距角仍在增加。因此行星肯定尚未達到其最大清晨距角或軌道圓的切點，而是仍然沿著距地球較近的低弧段上運行。由於高拱點位於 183°20′，所以它與太陽平位置的距離爲 44°48′。

　　相〔〕而〔〕肯，設 ACB 爲大軌道圓的直徑。繞中心 C 作太陽的平均行度線 CE，慎偲

$$\angle ACE = 44°48′ 。$$

以點 I 爲中心，作攜帶著偏心圓中心 F 的小圓。由於根據假設，

$$\angle BIF = 2\angle ACE ，$$

設

$$\angle BIF = 89°36′ 。$$

連接 EF 和 EI。

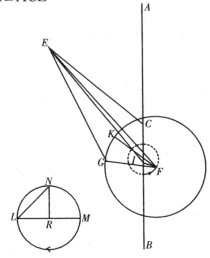

　　於是在 $\triangle ECI$ 中，兩邊已知，如果取 $CE = 10000$，則

$$CI = 736\tfrac{1}{2} 。$$

這兩邊夾出已知角 $\angle ECI$。而

$$\angle ECI = 180° - \angle ACE = 135° 12′ ，$$

邊 $EI = 10534$，

$\angle ACE$ 與 $\angle EIC$ 的差值

$$\angle CEI = 2°49′ ，$$

因此，

$$\angle CIE = 41°59′ 。$$

但

$$\angle CIF = 180° - \angle BIF = 90°24′ ，$$

所以相加可得，

$$\angle EIF = 132°23′ 。$$

$\angle EIF$ 是 $\triangle EFI$ 的兩已知邊 EI 和 IF 的夾角，如果取 $AC = 10000$，

則
$$邊\ EI = 10534 ,$$
$$邊\ IF = 211\tfrac{1}{2} ,$$

因此
$$\angle FEI = 50' ,$$
$$邊\ EF = 10678 。$$

相減可得,
$$\angle CEF = 1°59' 。$$

現在作小圓 LM。如果取 $AC = 10000$,設
$$直徑\ LM = 380 。$$

根據假設,設
$$\overset{\frown}{LN} = 89°36' 。$$

作弦 LN,設 NR 垂直於 LM。由於
$$LN^2 = LM \cdot LR ,$$

如果取直徑 $LM = 380$,則
$$邊\ LR \approx 189 。$$

線段 LR 量出行星從其軌道圓中心 F 到 EC 掃出 $\angle ACE$ 時的距離。因此,把這段長度與最小距離相加,
$$189 + 3573 = 3762 ,$$

即為在此位置的距離。

因此,以 F 為圓心,半徑為 3762 作一個圓。作直線 EG 與凸圓周交於點 G,並且使得行星距離太陽平位置的視距角
$$\angle CEG = 17°28' 。$$

連接 $\overset{\frown}{FG}$,作 FK 平行於 CE。現在,
$$\angle FEG = \angle CEG - \angle CEF = 15°29' ,$$

於是在 $\triangle EFG$ 中,兩邊已知:
$$EF = 10678 ,$$
$$FG = 3762 ,$$
$$\angle FEG = 15°29' 。$$

因此，

$$\angle EFG = 33°46'。$$

由於

$$\angle EFK = \angle CEF,$$
$$\angle KFG = \angle EFG - \angle EFK = 31°48'。$$

所以

$$\widehat{KG} = 31°48'$$

即爲行星與其軌道圓平均近地點 K 的距離。

$$\widehat{KG} + 180° = 211°48',$$

即爲這次觀測中視差近點角的平均行度。

第三十章　水星運動的三次新近觀測

這種分析行星運動的方法是古人傳下來的，但他們那裏的天空更爲晴朗。據說尼羅河流域不像維斯杜拉（Vistula）河那樣冒出滾滾蒸汽。我們居住的地域較爲寒冷，好天氣不多，大自然沒有賦予我們那種有利條件，加之天球傾角很大，所以我們更少能夠看見水星，即使它與太陽的距角達到最大也是如此。當水星在白羊宮或雙魚宮升起時，以及在室女宮及天秤宮沉沒時，它都不會落入我們的視野。在晨、昏時分，它不會在巨蟹宮或雙子宮中出現，而且除非太陽已經退入獅子宮，否則它從不會在夜晚出現。因此，研究這顆行星的運行使我們走了許多彎路，耗費了大量精力。爲此，我從在紐倫堡所做的精密觀測中借用了三個位置。

第一次觀測是里喬蒙塔努斯的學生貝恩哈德·瓦耳特（Bernhard Walther）於西元 1491 年 9 月 9 日午夜後 5 個均勻小時做的。他用星盤指向畢宿五進行觀測。他看見水星位於室女宮內 $13\frac{1}{2}°$，北緯 $1\frac{5}{6}°$ 處。當時該行星剛開始晨沒，而在這之前的幾日裏它的清晨［距角］不斷減少。因此，從基督紀元開始到那時，共歷時 1491 埃及年 258 日 $12\frac{1}{2}$［日－］分。太陽的平位置位於 149°48'，但從春分點算起爲室女

宮內 26°47′，於是水星的位置大約是 13¼°。

第二次觀測是約翰·勳納（Johann Schöner）於 1504 年 1 月 9 日午夜後 6½ 小時做的，當時天蠍座內 10°正位於紐倫堡上空的中天位置。他看到行星當時位於摩羯宮內 3⅓°，北緯 45′處。由此可以算出從春分點量起的太陽平位置位於摩羯宮內 27°7′，而清晨時水星位於該處以西 23°42′處。

第三次觀測也是約翰·勳納於同年即 1504 年 3 月 18 日做的。他看到水星當時位於白羊宮內 26°55′，北緯約 3°處，當時巨蟹宮內 25°正通過紐倫堡的中天。他用星盤於午後 12½ 小時指向畢宿五。當時太陽相對於春分點的平位置位於白羊宮內 5°39′，而黃昏時水星與太陽相距 21°17′。

因此，從第一次位置觀測到第二次位置觀測，共歷時 12 埃及年 125 日 3［日－］分 45［日－］秒。在此期間，太陽的簡單行度為 120°14′，而水星的視差近點角為 316°1′。從第二次位置觀測到第三次位置觀測，共歷時 69 日 31［日－］分 45［日－］秒，太陽簡單平位置為 68°32′，而水星的平均視差近點角為 216°。

我希望根據這三次觀測來分析目前水星的運動。必須認為，各圓周的比例從托勒密時代到現在仍然保持不變，因為對於其他行星，早期研究者在這方面並未出過差錯。如果除這些觀測以外，我還能求得偏心圓拱點的位置，那麼對於這顆行星的視運動，該得到的就都得到了。我取高拱點的位置為 211½°，即天蠍宮內 18½°，因為我無法取更小的值而不影響觀測。這樣，我們就得到了偏心圓近點角，即太陽平位置與遠地點之間的距離：第一次為 298°15，第二次為 58°29′，第三次為 127°1′。

現在像以前一樣作圖，只是要取第一次觀測時太陽的平均行度線在遠地點以西的距離

$$\angle ACE = 61°45′。$$

其餘都與假設相符。因為如果取 $AC = 10000$，則

$$IC = 736½，$$

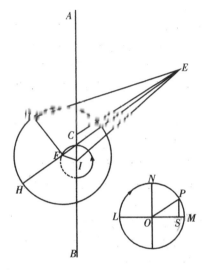

而且在△ECI 中，∠ECI 已知，所以

$$\angle CEI = 3°35′,$$

如果取 $EC = 10000$，則

$$邊\ IE = 10369,$$
$$IF = 211\frac{1}{2}。$$

所以在 △EFI 中，兩邊的比值已知。根據所繪圖形，

$$\angle BIF = 2\angle ACE,$$
$$\angle BIF = 123\frac{1}{2},$$
$$\angle CIF = 180° - 123\frac{1}{2}° = 56\frac{1}{2}°。$$

因此相加可得，

$$\angle EIF = 114°40′。$$

由此可知，

$$\angle IEF = 1°5′,$$
$$邊\ EF = 10371。$$

於是

$$\angle CEF = 2\frac{1}{2}°。$$

然而，爲了確定進退運動可使中心爲 F 的軌道圓與遠地點或近地點的距離增加多少，我們作一個小圓，它被直徑 LM 和 NR 在圓心 O 四等分。設

$$\angle POL = 2\angle ACE = 123\frac{1}{2}°。$$

由 P 點作 PS 垂直於 LM。因此，根據已知比例，

$$OP:OS = LO:OS = 10000:5519 = 190:105。$$

因此，如果取 $AC = 10000$，則

$$LS = 295,$$

即爲行星距中心 F 更遠的限度。由於最小距離爲 3573，

$$LS + 3573 = 3868,$$

即爲現在的距離。

以 3868 爲半徑、F 爲圓心作圓 HG。連接 EG，延長 EF 爲 EFH。我們已經求得，

$$\angle CEF = 2\tfrac{1}{2}°，$$

根據觀測，

$$\angle GEC = 13\tfrac{1}{4}°，$$

即爲行星與平太陽之間的清晨角距。

因此，相加可得，

$$\angle FEG = 15\tfrac{3}{4}°。$$

但在△EFG 中，

$$EF:FG = 10371:3868，$$
$\angle FEG$ 也已知。所以

$$\angle EGF = 49°8'，$$

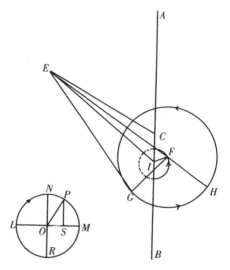

外角 $\angle GFH = 64°53'。$

$$360° - \angle GFH = 295°7'，$$

即爲眞視差近點角。而

$$295°7' + \angle CEF = 297°37'，$$

即爲平均和均勻視差近點角，這就是我們所要求的結果。

$$297°37' + 316°1' = 253°38'，$$

即爲第二次觀測的均勻視差近點角。我將證明這個值是正確的並且與觀測相符。

取

$$\angle ACE = 58°29'，$$

作爲第二次觀測時的偏心圓近點角。於是在△CEI 中，兩邊已知，如果取 $EC = 10000$，則

$$IC = 736，$$

IC 和 EC 所夾的角

$$\angle ECI = 121°31'。$$

因此，
$$邊\ EI=10404，$$
$$\angle CEI=3°28'。$$

類似地，在△EIF中，
$$\angle EIF=118°3'，$$

如果取 $IF=10404$，則

$$IF=21130$$
$$EF=10505，$$
$$\angle IEF=61'，$$

因此，相減可得，
$$\angle FEC=2°27'，$$

即爲偏心圓的正行差。把 $\angle FEC$ 與平均視差行度相加，就得到眞視差行度爲 256°5'。

現在，我們在引起進退運動的本輪上取
$$\widehat{LOP}=2\angle ACE=116°58'。$$

於是，由於在直角三角形△OPS中，
$$OP:OS=1000:455，$$

如果取 $OP=LO=190$，則
$$OS=85。$$

相加可得，
$$LOS=276。$$

把 LOS 與最小距離 3573 相加得到 3849。

以 3849 爲半徑、繞中心 F 作圓 HG，使視差的遠地點爲點 H，行星與點 H 之間向西偏103°55′的 $\widehat{HG}$，它是一次完整運轉與經過改正的視差行度之差。因此，
$$\angle EFG=180°-103°55'=76°5'。$$

於是在△EFG中，兩邊已知，如果取 $EF=10505$，則
$$FG=3849。$$

因此，

$$\angle FEG = 21°19',$$
$$\angle CEG = \angle FEG + \angle CEF = 23°46',$$

即為大軌道圓中心 C 與行星 G 之間的距離。它與觀測結果相差極小。

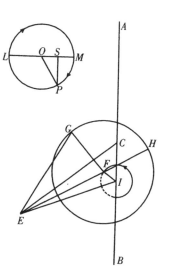

第三個例子將更進一步證實這些結論。我們取

$$\angle ACE = 127°1',$$

或者

$$\angle BCE = 180° - 127°1' = 52°59'。$$

因此

$$\angle CEI = 3°31',$$

如果取 $EC = 10000$，則

$$IE = 9575。$$

根據所繪圖形，

$$\angle EIF = 49°28',$$

$\angle EIF$ 的兩邊也可求得：如果取 $EI = 9575$，則

$$FI = 211\frac{1}{2},$$
$$邊 EF = 9440,$$
$$\angle EIF = 59',$$
$$\angle FEC = \angle IEC - 59' = 2°32',$$

即為偏心圓近點角的負行差。我曾把第二個（視差行度）216°加上，定出平均視差近點角為 109°38'。把它與 2°32' 相加，可求得真視差近點角為 112°10'。

在本輪上設

$$\angle LOP = 2\angle ECI = 105°58'。$$

此處同樣根據 $PO:OS$ 的比值，可得

$$OS = 52,$$

所以相加可得，

$$LOS = 242。$$

現在最小距離爲 3573，所以修正的距離爲

$$3573 + 242 = 3815。$$

以 3815 爲半徑、F 爲圓心作圓，圓上的視差高拱點爲 H，H 位於延長的直線 EFH 上。取眞視差近點角爲

$$\overset{\frown}{HG} = 112°10',$$

則對 GE。因此，

$$\angle GFE = 180° - 112°10' = 67°50',$$

此角的夾邊已知：

$$GF = 3815,$$
$$EF = 9440,$$

因此，

$$\angle FEG = 23°50'。$$

$\angle CEF$ 爲行差，

$$\angle CEG = \angle FEG - \angle CEF = 21°18',$$

即爲昏星與大軌道圓中心之間的視角距離。這個結果大致與觀測相符。

因此，這三個與觀測相符的位置無疑證實了偏心圓高拱點目前位於恆星天球上的 211½°處，並且由此得出的推論也是正確的，即在第一位置的均勻視差近點角爲 297°37'，第二位置的爲 253°38'，第三位置的爲 109°38'。這就是我們所要求的結果。

但在那次於托勒密·費拉德爾弗斯 21 年埃及曆 1 月 19 日破曉所進行的古代觀測中，根據托勒密的說法，偏心圓高拱點的位置位於 183°20' 處，而平均視差近點角爲 211°47'。最近的一次與古代的那次觀測之間共歷時 1768 埃及年 200 日 33 ［日－］分，在此期間，偏心圓的高拱點在恆星天球上移動了 28°10'，除 5570 整圈外視差行度爲 257°51'——因爲 20 年中大約完成 63 個週期，所以在 1760 年中共完成 5544 個週期，在其餘的 8 年 200 日中可以完成 26 個週期。類似地，在 1768 年 200 日 33 日 － 分中可以完成 5570 個週期外加 257°51'，這就是古代觀測與我們觀測的位置之差。這個結果與表中所列數字相符。

如果我們把這一時段與偏心圓遠地點的移動量 28°10′相比，則在均勻的條件下，可知每 63 年中偏心圓遠地點的行度爲 1°。

第三十一章　水星位置的測定

從基督紀元開始到最近的一次觀測，共歷時 1504 埃及年 87 日 48〔日－〕分，在此期間，如果不計整圈，則水星近點角的視差行度爲 63°14′。如果把這個值從 109°38′中減去，則餘下的 46°24′即爲基督紀元開始時水星視差近點角的位置。

從那時回溯到第一次奧林匹克運動會的起點，共歷時 775 埃及年 12½ 日。在此期間，如果不計整圈，則水星近點角的視差行度爲 95°3′。

如果把 95°3′（借用一整圈）從基督紀元的起點減去，則餘下的 311°21′即爲第一屆奧林匹克運動會時的位置。

此外，對從這一時刻到亞歷山大之死的 451 年 247 日進行計算，便可求得當時的位置爲 213°3′。

第三十二章　進退運動的另一種解釋

在結束對水星的討論之前，讓我們考察另一種用來解釋進退運動的同樣合理的方法。

設圓 *GHKP* 四等分於中心點 *F*。以點 *F* 爲圓心作小同心圓 *LM*。以點 *L* 爲圓心、等於 *FG* 或 *FH* 的 *LFO* 爲半徑作另一圓 *OR*。

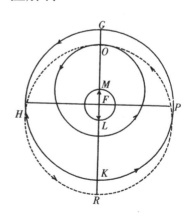

假設整個一套圓周與交線 *GFR* 和 *HFP* 一起圍繞中心 *F* 遠離行星偏心圓遠地點每天向東移動約 2°7′，

即行星視差行度超過地球黃道行度的量。行星在其自身的圓周 *OR* 上

離開點 G 的視差行度大致等於地球行度。還假設在同一周年運轉中，攜帶行星的軌道圓 OR 的中心沿著比以前大一倍的直徑 LFM 來回做前面所說的天平動。

在定出了這些之後，我們根據地球的平均行度把地球置於行星偏心圓遠地點的對面。設攜帶行星的軌道圓的中心為點 L，行星本身位於點 O。由於此時行星距點 F 最近，所以行星在運動時描繪出最小的圓，其半徑為 FO。結果，當地球位於中间點附近時，落在距點 F 最遠的點 H 的行星將沿著以點 F 為中心的圓周描出最大弧。這時均輪 OR 與圓 GH 重合，因為它們的中心都是 F。當地球向著近地點方向行進，軌道圓 OR 的中心向著另一極點 M 運動時，軌道圓本身升到 GK 之上，而位於點 R 的行星會再次到達距離點 F 最近的位置，於是一切又恢復了原狀。在這裏，三種運轉——地球通過水星偏心圓的遠地點，圓心沿直徑 LM 的天平動，以及行星沿同一方向遠離 FG ——彼此相等，只有交線 GH 和 KP 遠離偏心圓拱點的運動與那些運轉不同。

因此，大自然賦予了這顆行星以奇妙的變化，而這種變化卻經由一種永恆的、確定的、不變的秩序得到證實。我們在這裏應當注意，行星並不是沒有任何經度偏離地通過 $\overset{\frown}{GH}$ 與 $\overset{\frown}{KP}$ 兩象限的中間區域的。只要兩個中心有變化，就必然會產生行差，但中心的穩定性卻防止了這種情況的發生。舉例來說，如果中心在點 L，行星從點 O 開始運行，那麼當它運行到點 H 附近時，由離心率 FL 所表示的偏離就會達到最大。但是由假設可知，當行星從點 O 開始運動時，它使兩中心間的距離 FL 所代表的偏離開始出現；然而當中心接近中點 F 時，預期的偏離會越來越小，並且在中間交點 H 和 P 附近完全消失，而我們本來預計在這些地方的偏離會達到最大的。然而，正如我們所承認的，當行星被遮掩在太陽光之下[9]而變小時，它發生了掩食；當行星於晨、昏出沒時，它根本無法在圓周上被發現。我不願忽視這一方法，它同前述方法同樣合理，並且將在黃緯行度的研究中大顯身手。

第三十三章　五大行星的行差表

　　前面已經論證了水星以及其他行星的均勻行度和視行度，它們的數值也已列出來了。通過這些例子，對其他任何位置如何計算這兩種行度之差就很清楚了。爲此，我對每顆行星都列出了專門的表，按照通常的做法，每張表有 6 列、30 行，行與行之間相距 3°。前兩列爲偏心圓近點角以及視差的公共數，第三列是偏心圓的行差之和——我指的是各軌道圓的均勻行度與非均勻行度之間的總差值。第四列是最大爲 60′ 的比例分數，根據地球距離的不同，視差按照比例分數增減。第五列爲行差，即出現在偏心圓高拱點處的起源於大軌道圓的視差。第六列爲出現在偏心圓低拱點處的視差超過高拱點視差的量。各表如下：

⑨ 即當行星與太陽相合時。——英譯者

土星行差表

公共數		偏心圓改正量		比例分數	在高拱點的地球軌道圓視差		在低拱點的視差超出量	
°	°	°	′	′	°	′	°	′
3	357	0	20	0	0	17	0	2
6	354	0	40	0	0	34	0	4
9	351	0	58	0	0	51	0	6
12	348	1	17	0	1	3	0	8
15	345	1	36	1	1	23	0	10
18	342	1	55	1	1	40	0	12
21	339	2	13	1	1	56	0	14
24	336	2	31	2	2	11	0	16
27	333	2	49	2	2	26	0	18
30	330	3	6	3	2	42	0	19
33	327	3	33	3	2	56	0	21
36	324	3	39	4	3	10	0	23
39	321	3	55	4	3	25	0	24
42	318	4	10	5	3	38	0	26
45	315	4	25	6	3	52	0	27
48	312	4	39	7	4	5	0	29
51	309	4	52	8	4	17	0	31
54	306	5	5	9	4	28	0	33
57	303	5	17	10	4	38	0	34
60	300	5	29	11	4	49	0	35
63	297	5	41	12	4	59	0	36
66	294	5	50	13	5	8	0	37
69	291	5	59	14	5	17	0	38
72	288	6	7	16	5	24	0	38
75	285	6	14	17	5	31	0	39
78	282	6	19	18	5	37	0	39
81	279	6	23	19	5	42	0	40
84	276	6	27	21	5	46	0	41
87	273	6	29	22	5	50	0	42
90	270	6	31	23	5	52	0	42

續表

公共數		偏心圓 改正量		比例 分數		在高拱點的地 球軌道圓視差		在低拱點的 視差超出量	
°	°	°	′	′	′	°	′	°	′
93	267	6	31	25	5		52	0	43
96	264	6	30	27	5		53	0	44
99	261	6	28	29	5		53	0	45
102	258	6	26	31	5		51	0	46
105	255	6	22	32	5		48	0	46
108	252	6	17	34	5		45	0	45
111	249	6	12	35	5		40	0	45
114	246	6	6	36	5		36	0	44
117	243	5	58	38	5		29	0	43
120	240	5	49	39	5		22	0	42
123	237	5	40	41	5		13	0	41
126	234	5	28	42	5		3	0	40
129	231	5	16	44	4		52	0	39
132	228	5	3	46	4		41	0	37
135	225	4	48	47	4		29	0	35
138	222	4	33	48	4		15	0	34
141	219	4	17	50	4		1	0	32
144	216	4	0	51	3		46	0	30
147	213	3	42	52	3		30	0	28
150	210	3	24	53	3		13	0	26
153	207	3	6	54	2		56	0	24
156	204	2	46	55	2		38	0	22
159	201	2	27	56	2		21	0	19
162	198	2	7	57	2		2	0	17
165	195	1	46	58	1		42	0	14
168	192	1	25	59	1		22	0	12
171	189	1	4	59	1		2	0	9
174	186	0	43	60	0		42	0	7
177	183	0	22	60	0		21	0	4
180	180	0	0	60	0		0	0	0

木星行差表

公共數		偏心圓改正量		比例分數		在高拱點的地球軌道圓視差		在低拱點的視差超出量	
°	°	°	′	′	″	°	′	°	′
3	357	0	16	0	3	0	28	0	2
6	354	0	31	0	12	0	56	0	4
9	051	0	47	0	18	1	25	0	6
12	348	1	2	0	30	1	00	0	8
15	345	1	18	0	45	2	19	0	10
18	342	1	33	1	3	2	46	0	13
21	339	1	48	1	23	3	13	0	15
24	336	2	2	1	48	3	40	0	17
27	333	2	17	2	18	4	6	0	19
30	330	2	31	2	50	4	32	0	21
33	327	2	44	3	26	4	57	0	23
36	324	2	58	4	10	5	22	0	25
39	321	3	11	5	40	5	47	0	27
42	318	3	23	6	43	6	11	0	29
45	315	3	35	7	48	6	34	0	31
48	312	3	47	8	50	6	56	0	34
51	309	3	58	9	53	7	18	0	36
54	306	4	8	10	57	7	39	0	38
57	303	4	17	12	0	7	58	0	40
60	300	4	26	13	10	8	17	0	42
63	297	4	35	14	20	8	35	0	44
66	294	4	42	15	30	8	52	0	46
69	291	4	50	16	50	9	8	0	48
72	288	4	56	18	10	9	22	0	50
75	285	5	1	19	17	9	35	0	52
78	282	5	5	20	40	9	47	0	54
81	279	5	9	22	20	9	59	0	55
84	276	5	12	23	50	10	8	0	56
87	273	5	14	25	23	10	17	0	57
90	270	5	15	26	57	10	24	0	58

公共數		偏心圓 改正量		比例 分數		在高拱點的地 球軌道圓視差		在低拱點的 視差超出量	
°	°	°	′	′	″	°	′	°	′
93	267	5	15	28	33	10	25	0	59
96	264	5	15	30	12	10	33	1	0
99	261	5	14	31	43	10	34	1	1
102	258	5	12	33	17	10	34	1	1
105	255	5	10	34	50	10	33	1	2
108	252	5	6	36	21	10	29	1	3
111	249	5	1	37	47	10	23	1	3
114	246	4	55	39	0	10	15	1	3
117	243	4	49	40	25	10	5	1	3
120	240	4	41	41	50	9	54	1	2
123	237	4	32	43	18	9	41	1	1
126	234	4	23	44	46	9	25	1	0
129	231	4	13	46	11	9	8	0	59
132	228	4	2	47	37	8	56	0	58
135	225	3	50	49	2	8	27	0	57
138	222	3	38	50	22	8	5	0	55
141	219	3	25	51	46	7	39	0	53
144	216	3	13	53	6	7	12	0	50
147	213	2	59	54	10	6	43	0	47
150	210	2	45	55	15	6	13	0	43
153	207	2	30	56	12	5	41	0	39
156	204	2	15	57	0	5	7	0	35
159	201	1	59	57	37	4	32	0	31
162	198	1	43	58	6	3	56	0	27
165	195	1	27	58	34	3	18	0	23
168	192	1	11	59	3	2	40	0	19
171	189	0	53	59	36	2	0	0	15
174	186	0	35	59	58	1	20	0	11
177	183	0	17	60	0	0	40	0	6
180	180	0	0	60	0	0	0	0	0

火星行差表

公共數		偏心圓 改正量		比例 分數		在高拱點的地 球軌道圓視差		在低拱點的 視差超出量	
°	°	°	′	′	″	°	′	°	′
3	357	0	32	0	0	1	8	0	8
6	354	1	5	0	2	2	16	0	17
9	351	1	37	0	7	3	24	0	25
12	348	2	8	0	15	4	31	0	33
15	345	2	39	0	28	5	38	0	41
18	342	3	10	0	42	6	45	0	50
21	339	3	41	0	57	7	52	0	59
24	336	4	11	1	13	8	58	1	8
27	333	4	41	1	34	10	5	1	16
30	330	5	10	2	1	11	11	1	25
33	327	5	38	2	31	12	16	1	34
36	324	6	6	3	2	13	22	1	43
39	321	6	32	3	32	14	26	1	52
42	318	6	58	4	3	15	31	2	2
45	315	7	23	4	37	16	35	2	11
48	312	7	47	5	16	17	39	2	20
51	309	8	10	6	2	18	42	2	30
54	306	8	32	6	50	19	45	2	40
57	303	8	53	7	39	20	47	2	50
60	300	9	12	8	30	21	49	3	0
63	297	9	30	9	27	22	50	3	11
66	294	9	47	10	25	23	48	3	22
69	291	10	3	11	28	24	47	3	34
72	288	10	19	12	33	25	44	3	46
75	285	10	32	13	38	26	40	3	59
78	282	10	42	14	46	27	35	4	11
81	279	10	50	16	4	28	29	4	24
84	276	10	56	17	24	29	21	4	36
87	273	11	1	18	46	30	12	4	50
90	270	11	5	20	8	31	0	5	3

公共數		偏心圓 改正量		比例 分數			在高拱點的地 球軌道圓視差		在低拱點的 視差超出量	
°	°	°	′	′	″	°	′	°	′
93	267	11	7	21	32	31	45	5	20
96	264	11	8	22	58	32	30	5	35
99	261	11	7	24	32	33	13	5	51
102	258	11	5	26	7	33	53	6	7
105	255	11	1	27	43	34	30	6	25
108	252	10	56	29	21	35	3	6	45
111	249	10	45	31	2	35	34	7	4
114	246	10	33	32	46	35	59	7	25
117	243	10	11	34	41	36	21	7	46
120	240	10	7	36	16	36	37	8	11
123	237	9	51	38	1	36	49	8	34
126	234	9	33	39	46	36	54	8	59
129	231	9	13	41	30	36	53	9	24
132	228	8	50	43	12	36	45	9	49
135	225	8	27	44	50	36	25	10	17
138	222	8	2	46	26	35	59	10	47
141	219	7	36	48	1	35	25	11	15
144	216	7	7	49	35	34	30	11	45
147	213	6	37	51	2	33	24	12	12
150	210	6	7	52	22	32	3	12	35
153	207	5	34	53	38	30	26	12	54
156	204	5	0	54	50	28	5	13	28
159	201	4	25	56	0	26	8	13	7
162	198	3	49	57	6	23	28	12	47
165	195	3	12	57	54	20	21	12	12
168	192	2	35	58	22	16	51	10	59
171	189	1	57	58	50	13	1	9	1
174	186	1	18	59	11	8	51	6	40
177	183	0	39	59	44	4	32	3	28
180	180	0	0	60	0	0	0	0	0

金星行差表

公共數		偏心圓 改正量		比例 分數		在高拱點的地 球軌道圓視差		在低拱點的 視差超出量	
°	°	°	′	′	″	°	′	°	′
3	357	0	6	0	0	1	15	0	1
6	354	0	13	0	0	2	30	0	2
9	351	0	10	0	10	3	45	0	3
12	348	0	25	0	39	4	59	0	5
15	345	0	31	0	58	6	13	0	6
18	342	0	36	1	20	7	28	0	7
21	339	0	42	1	39	8	42	0	9
24	336	0	48	2	23	9	56	0	11
27	333	0	53	2	59	11	10	0	12
30	330	0	59	3	38	12	24	0	13
33	327	1	4	4	18	13	37	0	14
36	324	1	10	5	3	14	50	0	16
39	321	1	15	5	45	16	3	0	17
42	318	1	20	6	32	17	16	0	18
45	315	1	25	7	22	18	28	0	20
48	312	1	29	8	18	19	40	0	21
51	309	1	33	9	31	20	52	0	22
54	306	1	36	10	48	22	3	0	24
57	303	1	40	12	8	23	14	0	26
60	300	1	43	13	32	24	24	0	27
63	297	1	46	15	8	25	34	0	28
66	294	1	49	16	35	26	43	0	30
69	291	1	52	18	0	27	52	0	32
72	288	1	54	19	33	28	57	0	34
75	285	1	56	21	8	30	4	0	36
78	282	1	58	22	32	31	9	0	38
81	279	1	59	24	7	32	13	0	41
84	276	2	0	25	30	33	17	0	43
87	273	2	0	27	9	34	00	0	45
90	270	2	0	28	28	35	21	0	47

公共數		偏心圓改正量		比例分數		在高拱點的地球軌道圓視差		在低拱點的視差超出量	
°	°	°	′	′	″	°	′	°	′
93	267	2	0	29	58	36	20	0	50
96	264	2	0	31	28	37	17	0	53
99	261	1	59	32	57	38	13	0	55
102	258	1	58	34	26	39	7	0	58
105	255	1	57	35	55	40	0	1	0
108	252	1	55	37	23	40	49	1	4
111	249	1	53	38	52	41	36	1	8
114	246	1	51	40	19	42	18	1	11
117	243	1	48	41	45	42	59	1	14
120	240	1	45	43	10	43	35	1	18
123	237	1	42	44	37	44	7	1	22
126	234	1	39	46	6	44	32	1	26
129	231	1	35	47	36	44	49	1	50
132	228	1	31	49	6	45	4	1	36
135	225	1	27	50	12	45	10	1	41
138	222	1	22	51	17	45	5	1	47
141	219	1	17	52	33	44	51	1	53
144	216	1	12	53	48	44	22	2	0
147	213	1	7	54	28	43	36	2	6
150	210	1	1	55	0	42	34	2	13
153	207	0	55	55	57	41	12	2	19
156	204	0	49	56	47	39	20	2	34
159	201	0	43	57	33	36	58	2	27
162	198	0	37	58	16	33	58	2	27
165	195	0	31	58	59	30	14	2	27
168	192	0	25	59	39	25	42	2	16
171	189	0	19	59	48	20	20	1	56
174	186	0	13	59	54	14	7	1	25
177	183	0	7	59	58	7	16	0	46
180	180	0	0	60	0	0	16	0	0

水星行差表

公共數		偏心圓 改正量		比例 分數		在高拱點的地 球軌道圓視差		在低拱點的 視差超出量	
°	°	°	′	′	″	°	′	°	′
3	357	0	8	0	3	0	44	0	8
6	354	0	17	0	12	1	28	0	15
9	351	0	26	0	01	2	12	0	23
12	348	0	34	0	50	2	00	0	31
15	345	0	43	1	43	3	41	0	38
18	342	0	51	2	42	4	25	0	45
21	339	0	59	3	51	5	8	0	53
24	336	1	8	5	10	5	51	1	1
27	333	1	16	6	41	6	34	1	8
30	330	1	24	8	29	7	15	1	16
33	327	1	32	10	35	7	57	1	24
36	324	1	39	12	50	8	38	1	32
39	321	1	46	15	7	9	18	1	40
42	318	1	53	17	26	9	59	1	47
45	315	2	0	19	47	10	38	1	55
48	312	2	6	22	8	11	17	2	2
51	309	2	12	24	31	11	54	2	10
54	306	2	18	26	17	12	31	2	18
57	303	2	24	29	17	13	7	2	26
60	300	2	29	31	39	13	41	2	34
63	297	2	34	33	59	14	14	2	42
66	294	2	38	36	12	14	46	2	51
69	291	2	43	38	29	15	17	2	59
72	288	2	47	40	45	15	46	3	8
75	285	2	50	42	58	16	14	3	16
78	282	2	53	45	6	16	40	3	24
81	279	2	56	46	59	17	4	3	32
84	276	2	58	48	50	17	27	3	40
87	273	2	59	50	36	17	48	3	48
90	270	3	0	52	2	18	6	3	56

公共數		偏心圓 改正量		比例 分數		在高拱點的地 球軌道圓視差		在低拱點的 視差超出量	
°	°	°	′	′	″	°	′	°	′
93	267	3	0	53	43	18	23	4	3
96	264	3	1	55	4	18	37	4	11
99	261	3	0	56	14	18	48	4	19
102	258	2	59	57	14	18	56	4	27
105	255	2	58	58	1	19	2	4	34
108	252	2	56	58	40	19	3	4	42
111	249	2	55	59	14	19	3	4	49
114	246	2	53	59	40	18	59	4	54
117	243	2	49	59	57	18	53	4	58
120	240	2	44	60	0	18	42	5	2
123	237	2	39	59	49	18	27	5	4
126	234	2	34	59	35	18	8	5	6
129	231	2	28	59	19	17	44	5	9
132	228	2	22	58	59	17	17	5	9
135	225	2	16	58	32	16	44	5	6
138	222	2	10	57	56	16	7	5	3
141	219	2	3	56	41	15	25	4	59
144	216	1	55	55	27	14	38	4	52
147	213	1	47	54	55	13	47	4	41
150	210	1	38	54	25	12	52	4	26
153	207	1	29	53	54	11	51	4	10
156	204	1	19	53	23	10	44	3	53
159	201	1	10	52	54	9	34	3	33
162	198	1	0	52	33	8	20	3	10
165	195	0	51	52	18	7	4	2	43
168	192	0	41	52	8	5	43	2	14
171	189	0	31	52	3	4	19	1	43
174	186	0	21	52	2	2	54	1	9
177	183	0	10	52	2	1	27	0	35
180	180	0	0	52	2	0	0	0	0

第三十四章　怎樣計算五大行星的黃經位置

我們將根據所列的這些表，毫不困難地計算這五大行星的黃經位置，因為對它們幾乎可以運用相同的計算程式。不過在這方面，三顆外行星與金星和水星有少許的不同。

因此，我首先來說土星、木星及火星，其計算如下：用前面所述的方法，對任一給定時刻求出平均行度，即太陽的簡單行度和行星的視差行度。然後從太陽的簡單位置減去行星偏心圓高拱點的位置。再從剩下的部分減去視差行度。最後所得的餘量為行星偏心圓的近點角。我們從表中前兩列中的公共數中找到它的這個數字，對著這個數，從表的第三列取出偏心差，並從下一列查出比例分數。如果我們查表所用的數字是在第一列，則把上述修正值與視差行度相加，並將它從偏心圓近點角中減去。反之，如果（起始的）數字是在第二列，則從視差近點角中減去它，並把它與偏心圓近點角相加，這樣得到的和或差即為視差和偏心圓的歸一化近點角，而比例分數則用於其他目的，我們很快就會對此作出說明。然後，從前面（兩列）的公共數中找到這個歸一化的視差近點角，並在第五列中找出與之相應的視差行差，並從最後一列查出它的超出量。我們按照比例分數取此超出量的比例值，並且把這個比例值與行差相加，其和即為行星的真視差。如果歸一化近點角小於半圓，則應從歸一化視差近點角中減去行星的真視差；如果歸一化近點角大於半圓，則應把近點角與行星的真視差相加。這樣我們就可求得行星在太陽的平位置向西的真距離與視距離。從太陽（的位置）減去這個距離，則其餘部分就是所要求的行星在恆星天球上的位置。最後，如果把二分點的歲差與行星位置相加，便可求得行星與春分點之間的距離。

對於金星和水星，我們用高拱點與太陽平位置的距離來代替偏心圓的近點角。用前面已經講過的方法，我們用這個近點角將視差行度和偏心圓近點角歸一化。不過，如果偏心圓的行差和歸一化視差在同

一方向上或爲同一類型（即都是相加或相減），則要從太陽平位置中同時加上或減去它們。但是，如果它們並非爲同一類型，則從較大量減去較小量。按照我前面對較大量的相加或相減性質的說明，用餘量進行運算，所得的結果即爲所要求的行星的視位置。

第三十五章　五大行星的停留與逆行

怎樣理解行星的留、回和逆行以及這些現象出現的位置、時刻和範圍，這顯然與行星的經度運動有著某種聯繫。數學家們，尤其是佩爾加的阿波羅尼，對這些論題做過不少討論。但他們討論的出發點是行星運動彷彿只有唯一的一種相對於太陽出現的不均勻性，我把這種不均勻性稱爲由地球的大軌道圓運動所產生的視差。

假設地球的大軌道圓與行星的圓同心，所有行星都在各自的圓周上以不等的速率同向運行，也就是向東運行。又假設像金星和水星這樣一顆位於地球大軌道圓以內的行星，在其自身軌道上的運動比地球的運動快。從地球作一直線與行星軌道相交，並把軌道內的線段二等分，使這一半線段與從我們的觀測點（即地球）到被截軌道圓上離我們較近的凸弧的距離之比，等於地球運動與該行星速度之比。這時，如此畫出的直線與行星圓近地弧的交點便將行星的逆行與順行分割開了。於是，當行星正好位於該處時，它看起來將好像靜止不動。

對於剩下的三顆運動比地球慢的外行星，情況與此類似。通過我們的眼睛作一條直線與地球的大軌道圓相交，使截於該圓內的一半線段與從行星到位於大軌道圓較近凸弧上的我們眼睛的距離之比，恰好等於行星運動與地球速率之比。在我們的眼睛看來，此時在此位置上的行星將好像停止不動。

但是，如果在上述（內）圓裏的這一線段之半與外面剩下的一段之比超過了地球速率與金星或水星速率之比，或是超過了三顆外行星中任何一顆的運動與地球速率之比，則行星就將繼續向東前進。另一方面，如果第一個比值小於第二個比值，則行星將向西逆行。

　　爲了證明上述論斷，阿波羅尼還引用了一條輔助定理。雖然它遵循地球靜止的假說，但也與我基於地球運動而提出的原則是相容的，所以我也將使用它。我可以用下述方式來說明它：假設在一個三角形中，將長邊分爲兩段，使其中的某一段不小於它的鄰邊，則該段與剩下的一段之比將會大於被分割一邊的兩角之比的倒數。

　　在 $\triangle ABC$ 中，設長邊爲 BC。在邊 BC 上，如果

$$CD < AC,$$

則我說

$$CD:BD > \angle ABC:\angle BCA。$$

其證明如下：作平行四邊形 $ADCE$。延長 BA 和 CE，使之相交於點 F。以 A 爲中心、AE 爲半徑作圓。因

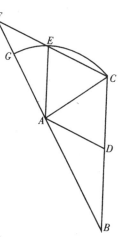

$$AE < AC,$$

所以這個圓將通過或超過點 C。現在設這個圓通過點 C，並設它爲 GEC。由於

$$\triangle AEF > 扇形\ AEG,$$

但

$$\triangle AEC < 扇形\ AEC,$$

所以

$$\triangle AEF:\triangle AEC > 扇形\ AEG:扇形\ AEC。$$

但是

$$\triangle AEF:\triangle AEC = FE:EC,$$

所以

$$FE:EC > \angle FAE:\angle EAC。$$

但因

$$FE:EC = CD:DB$$
$$\angle FAE = \angle ABC,$$

且

$$\angle EAC = \angle BCA，$$

因此

$$CD{:}DB > \angle ABC{:}\angle ACB。$$

而且，如果不假定

$$CD = AC = AE，$$

而假定

$$CD > AE，$$

則（第一個）比值顯然還要大得多。

現在設以 D 為中心的圓 ABC 為金星或水星的圓周。設地球 E 在該圓外面繞同一中心 D 運轉。從我們在 E 的觀察處作直線 $ECDA$ 通過該圓中心。設 A 是離地球最遠的點，C 是離地球最近的點。假設 DC 與 CE 之比大於觀測者與行星運動速率的比值。因此可以找到一條直線 EFB，使得 BF 的一半與 FE 之比等於觀測者的運動與行星速率之比。當 EFB 遠離中心 D 而去時，則它沿 FB 不斷縮短而沿 EF 不斷伸長，直至所需條件滿足為止。

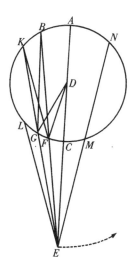

我要說的是，當行星位於點 F 時，它將顯得靜止不動。無論我們在 F 任一邊所取的弧段多麼短，我們都將發現它在朝向遠地點方向上是順行的，而在朝向近地點方向是逆行的。

首先，使 $\overset{\frown}{FG}$ 朝遠地點延伸。延長 EG 交圓於 K。連接 BG、DG 和 DF。在 $\triangle BGE$ 中，由於長邊 BE 上的線段 BF 大於 BG，所以

$$BF{:}EF > \angle FEG{:}\angle GBF。$$

因此

$$\tfrac{1}{2}BF{:}FE > \angle FEG{:}2\angle GBF，$$

即

$$\tfrac{1}{2}BF{:}FE > \angle FEG{:}2\angle GDF。$$

但是

$$\frac{1}{2}BF{:}FE=地球運動：行星運動，$$

因此
$$\angle FEG{:}\angle GDF<地球速率：行星速率。$$

現在，設
$$\angle FEL{:}\angle FDG=地球運動：行星運動，$$

則
$$\angle FEL>\angle FEG。$$

因此，當行星在此圓的 GF 上運動期間，可以認為我們的視線掃過了直線 EF 與 EL 之間的一段相反的距離。顯然，當 $\overset{\frown}{GF}$ 將行星從 F 送到 G 時，即就我們看來它向西掃過較小角度 $\angle FEG$ 時，地球在同一時間內的運行則使行星看上去向東後退了較大的角度 $\angle FEL$。結果行星還是退行了角度 $\angle GEL$，並且似乎是前進了，而不是保持靜止不動。

與此相反的命題顯然可以用同樣的方法加以證明。在同一圖上，假設取
$$\frac{1}{2}GK{:}GE=地球運動：行星速率。$$

設 $\overset{\frown}{GF}$ 從直線 EK 向近地點延伸。連接 KF，形成 $\triangle KEF$。在此三角形中，
$$GE>EF，$$
$$KG{:}GE<\angle FEG{:}\angle FKG，$$

於是也有
$$\frac{1}{2}KG{:}GE<\angle FEG{:}2\angle FKG$$

即
$$\frac{1}{2}KG{:}GE<\angle FEG{:}\angle GDF。$$

這個關係與上面所述相反。用同樣的方法，可以證明
$$\angle GDF{:}\angle FEG<行星速率：視線速率。$$

於是，當這些比值由於 $\angle GDF$ 變大而變得相等時，行星的運動也就會實現向西運行大於向前運動的要求。

這種考慮也會使下面一點變得很明顯。如果我們假設

$$\overset{\frown}{FC} = \overset{\frown}{CM}，$$

則第二次留應出現在點 M。作直線 EMN，則

$$\frac{1}{2}MN{:}ME = \frac{1}{2}BF{:}FE = 地球速率：行星速率。$$

因此 F 與 M 兩點都爲留點，將整個 $\overset{\frown}{FCM}$ 定作逆行弧，剩下的弧則爲順行弧。同時也會得出，在任何

$$DC{:}CE > 地球速率：行星速率$$

的距離處，都不可能作另外一條直線，使得它的比值等於地球速率與行星速率之比，於是在我們看來行星既不會靜止也不會逆行。在△ DGE 中，如果我們假定

$$DC > EG，$$

則

$$\angle CEG{:}\angle CDG < DC{:}CE。$$

但是

$$DC{:}CE < 地球速率：行星速率，$$

因此

$$\angle CEG{:}\angle CDG < 地球速率：行星速率。$$

當發生這種情況時，行星會向東運動，我們在行星軌道上找不到任何行星看起來會逆行的弧段。以上的討論適用於（地球的）大軌道圓之內的金星與水星。

對於三顆外行星而言，可採用同樣的圖形（只是符號改變）以同一方法加以證明。我們設 ABC 爲地球的大軌道圓，它是我們的觀測點的軌道。把行星置於點 E，它在其自身軌道上的運動要比我們的觀測點在大軌道圓上的運動慢。剩下的證明則與前面完全一樣。

第三十六章　逆行的時間、位置和弧段是怎樣確定的

現在，如果負載行星的軌道圓與地球的大軌道圓同心，則前面所論證的結論很容易得到證實（因爲行星速率與觀測點速率的比值始終保持不變）。然而，這些圓是偏心的，這就是視運動不均勻的原因。因

此，我們必須處處假定速度變化各不相同的
歸一化行度，而非簡單的均勻行度，並將它
們用於我們的證明中，除非行星恰好處在平
經，這裏似乎是行星唯一可以按照平均行度
在軌道圓上運行的地方。

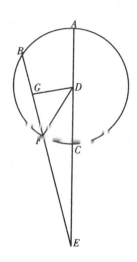

我將以火星爲例證明這些命題，從而也
能闡明其他行星的逆行。設地球的大軌道圓
爲 ABC，我們的觀測點在此大圓上。把行星
置於點 E，從點 E 通過大軌道圓中心作直線
$ECDA$，並作直線 EFB 以及與之垂直的
DG。BF 的一半，即弦 GF 與 EF 之比等於
行星的瞬時速率與觀測點的速率之比，而觀
測點的速率是大於行星速率的。我們的任務
是求出逆行弧段的一半即 FC，或者 ABF，
從而得出行星留時與點 A 的最大（角）距離以及 $\angle FEC$ 的值，以便
由此預測這種行星現象的時間和位置。

設行星位於偏心圓的中拱點附近，在這裏行星的黃經行度以及近
點行度與均勻行度相差甚微。對於火星來說，由於它的平均行度（即
直線 BF 的一半）爲 $1^{\mathrm{p}}8'7''$，它的視差行度即我們視線的運動爲 1^{p}，
並且等於直線 EF，因此

$$EB = 3^{\mathrm{p}}16'14'',$$

類似地，

$$BE \cdot EF = 3^{\mathrm{p}}16'14''。$$

現在我們已經求得，如果取 $DE = 10000$，則軌道圓的半徑

$$DA = 6580。$$

然而，若取 $DE = 60^{\mathrm{p}}$，則在此單位中，

$$DA = 39^{\mathrm{p}}29',$$

$$AE:EC = 99^{\mathrm{p}}29':20^{\mathrm{p}}31'。$$

而

$$AE \cdot EC = BE \cdot EF = 2041^{\mathrm{P}}4',$$

因此，相除可得，

$$2041^{\mathrm{P}}4' \div 3^{\mathrm{P}}16'14'' = 624^{\mathrm{P}}4',$$

類似地，如果取 DE 等於 60^{P}，則

$$EF = 24^{\mathrm{P}}58'52''。$$

然而，如果取 $DE = 10000$，則

$$EF = 4163,$$

$$DF = 6580。$$

由於 $\triangle DEF$ 的各邊均已給出，我們得到行星的逆行角

$$\angle DEF = 27°15',$$

以及視差近點角

$$\angle CDF = 16°50'。$$

在第一次留時，行星出現在直線 EF 上，沖時則在直線 EC 上。如果行星完全沒有向東運動，則 $16°50'$ 的 $\overarc{CF}$ 將構成在 $\angle AEF$ 中求得的逆行 $27°15'$。但是，按照已經確定的行星速率與觀測點速率的比值與 $16°50'$ 的視差近點角相應的行星經度約爲 $19°6'39''$。現在，

$$27°15' - 19°6'39'' \approx 8°8',$$

即爲從第二個留點到沖點的距離，約爲 $36\frac{1}{2}$ 日。在這段時間中，行星走過的經度爲 $19°6'39''$，因此整個 $16°16'$ 的逆行是在 73 天內完成的。以上分析是對偏心圓的中等經度來說的。對於其他位置，分析的步驟是類似的。但正如前面已經指出的那樣，應當採用的總是爲根據這些位置確定的行星瞬時速度。

因此，只要我們把觀測點置於行星處，把行星置於觀測點處，則適用於土星、木星和火星的分析方法對金星和水星也同樣有效。自然，在被地球圍住的軌道上發生的情況，正好與包圍地球的那些軌道上發生的情況相反。因此，可以認爲前面所說的已能滿足需要，我不必在這裏一遍一遍地老調重彈了。然而，由於行星行度隨視線而變化，所以對留點而言就會產生很大困難和不確定性。阿波羅尼的定理亦未使我們擺脫這種困境。因此，我不知道相對於最近的位置研究留是否會好

一些。類似地，我們可以由行星與太陽平均運動線的接觸來求行星的沖，也可以由行星運動的已知數量來求任一行星的合。我將把這一問題留給讀者，他可以繼續研究，直至得到令自己滿意的結果。

第六卷

　　我已盡我所能地論證了，假定的地球運行是如何影響和支配行星在黃經上的視運動，以及它是如何使所有這些現象都遵循一種精確而必然的規則性的。此外，我們還要考慮引起行星黃緯偏離的那些運動，闡明地球運動如何也支配著這些現象，並確立它們在這一領域所遵從的法則。科學的這一領域是必不可少的，因爲諸行星在黃緯上的偏離對於升、落、初現、掩星以及前面已經作過一般解釋的其他現象，都造成了不小的改變。事實上，只有當行星的黃經連同它們對黃道的黃緯偏離都已測出之後，我們才能說知道了行星的眞位置。對於古代數學家認爲用地球靜止所能論證的事情，我將通過假設地球運動來做到，而且或許我的論證會更爲簡潔和合理。

第一章　對五大行星黃緯偏離的一般解釋

　　古人對所有這些行星都發現了兩種黃緯偏離，這對應於每顆行星的兩種黃經不均勻性。按照古人的看法，在這些黃緯偏離中，一種是由偏心圓造成的，而另一種則是由本輪造成的。我不採用這些本輪，而採用地球的一個大軌道圓（對此前文已多次提及）。我之所以要採用這一大圓，並非是由於它與黃道面有某種偏離（實際上兩者是完全等同的），而是因爲行星軌道與這一平面的傾角是不固定的。傾角的這一變動是根據地球大軌道圓的運動和旋轉而調節的。

　　然而，土星、木星和火星這三顆外行星的經向運動所遵循的運動規律，卻不同於其他兩顆行星的經向運動規律，而且這些外行星在它們的黃緯運動上也有不小的差別。因此，古人首先考察了它們在北黃緯上的極限位置和星值。托勒密發現，對於土星和木星，這些極限接近天秤宮的起點，而對於火星，則在靠近偏心圓遠地點的巨蟹宮終點附近。然而，在我們這個時代，我發現土星的北限在天蠍宮內 7°處，木星的北限在大秤宮內 27°，火星的北限在獅子宮內 27°。此外由現在，它們的遠地點已經移動了，這是因為那些圓的運動會引起黃道傾角和黃緯基點的變化。不論地球當時位於何處，在這些極限之間的某個歸一化的或視象限的距離處，這些行星似乎在緯度上沒有發生任何偏離。於是，在這些平經處，可以認為這些行星位於它們的軌道與黃道的交點上，就像月亮位於它的軌道與黃道的交點上一樣。托勒密把這些點稱為「節點」（nodes）：行星從升節點進入北天區，從降節點進入南天區。這些偏離的產生並不是因為地球的大軌道圓（它永遠位於黃道面內）在這些行星中造成了任何黃緯偏離。相反地，所有黃緯偏離均來自節點，而且在兩節點連線的中點位置達到最大。當人們看到行星與太陽相沖並且於午夜到達中天，隨著地球的接近，行星在北天區向北移動和在南天區向南移動時，發生的偏離總要比地球在其他任何位置時更大。這一偏離比地球的靠近和遠離所要求的大一些。這種情況使人認識到，行星軌道的傾角不是固定不變的，而是與地球大圓的旋轉相適應地在某種天平動中發生變化。本書稍後就要對此進行解釋。

　　然而，儘管金星與水星遵從一種與其中拱點、高拱點和低拱點有關的精確規律，但它們卻似乎是按照另外的方式發生偏離的。在它們的平經處，即當太陽的平均運動線與它們的高拱點或低拱點相距一個象限時，亦即當行星於晨、昏時與同一條（太陽的）平均運動線的距離為行星軌道的一個象限時，古人沒有發現它們與黃道之間的偏離。古人通過這一情況認識到，這些行星當時此位於它們的軌道與黃道的交點處。由於當行星遠離或接近地球時，此交點分別通過它們的遠地

點和近地點，所以在這些時刻它們呈現出明顯的偏離。但是當行星距地球最遠時，亦即在黃昏初現或晨沒時（此時金星看起來在最北方，水星在最南方），這些偏離達到最大。另一方面，在距地球較近的一個位置上，當行星於黃昏沉沒或於清晨升起時，金星在南而水星在北。與此相反，當地球位於這一點對面的另一個中拱點，即偏心圓的近點角等於 270°時，金星看起來位於南面距地球較遠處，而水星位於北面距地球較遠處。在距地球較近的一個位置上，金星看起來在北而水星在南。但是托勒密發現，當地球靠近這些行星的遠地點時，金星在清晨時的黃緯爲北緯，在黃昏時的黃緯爲南緯。而水星的情況正好相反，清晨時爲南緯，黃昏時爲北緯。在相反的位置，即（當地球靠近這些行星的）近地點時，這些方向都作類似的反轉，所以金星在南方看時是晨星，在北方看時是昏星，而水星在北方於清晨出現，在南方於黃昏出現。然而，（當地球）位於這兩點（這些行星的遠地點和近地點）時，古人發現金星的偏離在北方總比在南方大，而水星的偏離在南方總比在北方大。

考慮到這些事實，針對（地球位於行星的遠地點和近地點）這一情況，古人設想出兩種黃緯偏離，而在普遍情況下爲三種黃緯偏離。第一種發生在中間經度區，他們稱之爲「赤緯」（declination）；第二種發生在高、低拱點，他們稱之爲「偏斜」（obliquation）；最後一種與第二種有關，他們稱之爲「偏差」（deviation）。金星永遠偏北，而水星永遠偏南。在這四個界點（高、低拱點和兩個中拱點）之間，各黃緯偏離相互疊加，依次增減並相互交替。我將爲所有這些現象找出適當的根據。

第二章　行星黃緯運動的圓周假說

我們必須認爲，這五顆行星的軌道圓都傾斜於黃道面（它們的交線成爲黃道的一條直徑），傾角可變但又有規則。對於土星、木星和火星而言，如同我對於二分點進動所證明的那樣，交角以交線爲軸做著

某種振動。然而這種振動是簡單的，並且與視差運動相一致，它在一個固定週期內使交角增大或減小。於是，每當地球距行星最近，即（行星於）午夜（過中天）時，該行星軌道圓的傾角達到最大；在相反位置最小；在中間位置則取平均值。結果，當行星位於它的北緯或南緯的極限位置時，它的黃緯在地球最近時要比在地球最遠時大得多。儘管根據物體看起來近大遠小的原理，這種變化的唯一原因只能是地球的遠近不同，但是這些行星的軌道的傾斜（隨之便由此所造成改變所引起的）更大。除非這些行星的軌道圓的傾角也在起伏振動，否則這種情況是不可能發生的。但正如我已經說過的，對於發生振動的情況，我們必須取兩個極限之間的平均值。

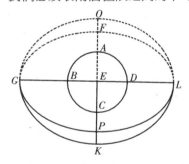

為了說明這些情況，設 *ABCD* 為黃道面上以 *E* 為圓心的地球大軌道圓。設行星的軌道同這一大圓斜交。設 *FGKL* 為行星軌道圓的平均固定赤緯，*F* 位於黃緯的北限，*K* 位於南限，*G* 位於交線的降節點，*L* 為升節點。設（行星軌道與地球大圓的）交線為 *BED*。沿直線 *GB* 和 *DL* 延長 *BED*。除對拱點的運動外，這四個極限點不能移動。然而應當認為，行星的經向運動並非發生在圓 *FG* 的平面上，而是發生在與 *FG* 同心且與之傾斜的另一個圓 *OP* 上。設這些圓彼此相交於同一條直線 *GBDL*。因此，當行星在圓 *OP* 上運轉時，這個圓有時會與平面 *FK* 重合，並且由於天平動而在 *FK* 的兩個方向上振動，從而使緯度好像是在不斷變化。

首先設行星位於其黃緯北限處的點 *O*，且距位於點 *A* 的地球最近。此時行星的黃緯將按照 ∠*OGF*（即軌道圓 *OGP* 的最大傾角）而增大。它是一種接近與遠離的運動，因為根據假設，它是與視差運動成比例的。然後，若設地球位於點 *B*，則點 *O* 將與點 *F* 重合，並且行星的黃緯看上去要比以前在同一位置時為小。如果地球位於點 *C*，那

麼行星的黃緯看上去就會顯得更小。因爲 O 會跨到它振動的最遠的相對部分，那時其緯度僅爲北緯扣除天平動後的餘量，即等於 $\angle OGF$。此後，在通過剩下的半個圓周 CDA 的過程中，位於點 F 附近的行星的北黃緯會一直增大，直到地球返回到它由之出發的第一點 A 爲止。當行星位於南面點 K 附近時，如果假設地球的運動是從點 C 開始的，則行星也會出現同樣的變化過程。但是，如果假定行星位於節點 G 或 L 上，與太陽相沖或相合時，則即使當時軌道圓 FK 與 OP 之間的傾角可能爲最大，我們也看不到行星的黃緯偏離，因爲它是在軌道圓的交點上。我認爲由此不難理解，行星的北黃緯是如何從 F 到 G 減小，而它的南緯是如何從 G 到 K 增大，並在 L 處完全消失並轉爲北黃緯的。以上就是三顆外行星的運動方式。

　　而金星和水星無論是經向還是緯向的運動，都與它們有所不同，這是因爲內行星的軌道圓（與大圓）相交於遠地點和近地點。與外行星類似，它們在中拱點的最大傾角也因振動而變化，內行星與外行星所不同的是，它們還有另一種振動。然而，兩者都隨地球運轉而變化，但方式不同。第一種振動的性質是，每當地球回到內行星的拱點時，振動重複兩次，其軸爲上面提到的過遠地點和近地點的固定交線。這樣一來，每當太陽的平均運動線位於行星的近地點或遠地點時，交角就達到其極大值，而在平經處卻總爲極小值。而疊加在第一種振動上的第二種振動與前者的不同之處在於，它的軸線是可以移動的。結果，當地球位於金星或水星的平經處時，行星總是在軸線上，即位於這一振動的交線上。反之，當地球與行星的遠地點或近地點成一直線時，行星的偏離最大（正如我已說過的，金星總是向北傾斜，水星總是向南傾斜）。不過在這些時刻，行星不會由於第一種簡單赤緯而產生任何緯向偏離。

　　舉例來說，假定太陽的平均運動位於金星的遠地點，並且該行星也在同一位置。由於此時行星位於其軌道圓與黃道面的交點，所以它顯然不會因簡單赤緯或第一種振動而產生緯向偏離。但是交線或軸線位於偏心圓的橫向直徑上的第二種振動，卻使行星具有最大偏離，因

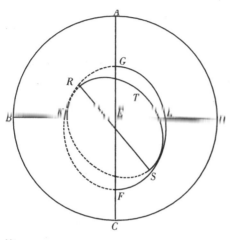

爲它與通過高、低拱點的直徑相交成直角。但如果行星此時位於（與其遠地點的）距離爲一象限的兩點中任何一點，並且在其軌道圓的中拱點附近，那麼這（第二種）振動的軸就會與其偏心圓的平均運動線重合。金星將把最大偏差加在北緯偏離上，而南緯偏離則由於減去了最大偏差而變小了。偏差的振動就是這樣與地球的運行相對應的。

爲了使以上這段話更容易理解，我們重新繪出大軌道圓 $ABCD$ 以及金星或水星的軌道圓 $FGKL$（它是圓 ABC 的偏心圓，並且兩者之間的傾角爲平均值）。它們的交線爲 FG，此交線通過軌道圓的遠地點 F 及近地點 G。爲了便於論證，我們首先把偏心軌道圓 GKF 的傾角看作是簡單恆定的，或是介於極小值和極大值之間，除了它們的公共交線 FG 隨著近地點與遠地點的運動而移動。當地球位於交線上，即在 A 或 C 處，並且行星也在同一直線的時候，它顯然沒有黃緯偏離可言，因爲它的全部緯度都在半圓 GKF 和 FLG 的周邊。如前所述，行星在該處北偏或南偏取決於圓 FKG 對黃道面的偏離。有些人把行星的這種偏離稱爲「偏斜」，另一些人則稱之爲「偏轉」（reflexion）。另一方面，當地球位於 B 或 D，即位於行星的中拱點時，被稱做「赤緯」的 FKG 和 GLF 分別爲上下相等的緯度。因此它們與前者只是名稱上的不同而並無實質性的差異，在中間位置上甚至連名稱也可以通用。然而，這些圓周的「偏斜」角要比「赤緯」大，如前面所述，這種差異被認爲是以交線 FG 爲軸的振動所產生的。因此，當我們知道這兩種情況下的交角時，我們根據其差值可以很容易地推導出振動的

最大值和最小值。

　　現在設想另一個傾斜於 *GKFL* 的偏差圓。設該圓對金星而言是同心的，而對水星來說爲偏偏心圓（如我們將在後文說明的）。設它們的交線 *RS* 爲振動的軸線，此軸線按照以下規則在一個圓周內運動：當地球位於 *A* 或 *B* 時，行星位於其偏離極限處，比如在 *T* 點。地球離開 *A* 前進多遠，可以認爲行星也離開 *T* 多遠。這時偏差圓的傾角減小了，結果當地球掃過象限 *AB* 時，可以推斷行星已經到達了該緯度的節點 *R*。然而此時，兩平面在振動的中點重合，然後反向運動。因此，原來在南面的一半偏差圓，此時就向北轉移。當金星進入這個半圓時，它就離開南緯北行，並且由於這種振動不再轉向南方。與此類似，水星在相反方向上運行，並不再轉向北方。水星與金星還有一點不同，即它不是在偏心圓的同心圓上搖擺，而是在偏偏心圓上振動。

　　我曾經用一個小本輪來說明它的經向運動的不均勻性。然而當時，它的黃經是脫離黃緯來考慮的，而這裏是拋開黃經來研究緯度。它們都包含在同一運轉中一道變化。因此很顯然，這兩種變化可以由單一的運動和同樣的振動產生，此運動既是偏心的又是傾斜的。除了我剛才說過的以外，再沒有其他假說了。對此我將在後面做進一步的討論。

第三章　　土星、木星和火星軌道圓的傾角有多大

　　在闡述了五大行星黃緯偏離的假說之後，我現在必須轉向觀測事實本身做具體分析。首先（我應確定）各個圓周的傾角有多大。利用通過傾斜圓兩極並與黃道正交的大圓，我們可以計算出這些傾角。緯度偏差值是相對於這個大圓測定的。當我們確定了這些傾角之後，就可以確定每顆行星的黃緯了。讓我們再一次從三顆外行星開始談起。我們發現，根據托勒密所製的表，當行星與太陽相沖、緯度爲最南限時，土星偏離 3°5′，木星偏離 2°7′，火星偏離 7°。而當行星位於相反位置，即與太陽相合時，土星偏離 2°2′，木星偏離 1°5′，而火星僅偏離 5′，

所以它幾乎接觸到了黃道。黃緯偏離的這些數值可以從托勒密在行星掩日和初現前後所測的結果推算出來。

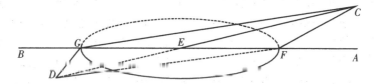

在得到了這些結果之後，在一個與黃道垂直並且通過黃道中心的平面中，設 AB 爲（此平面）與黃道的交線，CD 爲（平面）與三個偏心圓中任何一個的交線，此交線通過最南限和最北限。再設黃道中心爲 E，地球大軌道圓的直徑爲 FEG，D 爲南緯，C 爲北緯。連接 CF、CG、DF 和 DG。

對於單顆（行星）而言，地球大圓（的半徑） EG 與行星偏心圓（的半徑） ED 之比，在前面已經就任何已知的位置求出來了，而最大黃緯的位置也已由觀測給出。因此，由於最大南緯 $\angle BGD$ 即 $\triangle EGD$ 的外角已知了，那麼根據平面三角形定理，與之相對的內角，即偏心圓相對黃道面的最大南面傾角 $\angle GED$ 也可求出。

類似地，我們可以用最小南黃緯即 $\angle EFD$ 求得最小傾角。由於在 $\triangle EFD$ 中，邊 EF 與邊 ED 之比以及 $\angle EFD$ 均爲已知，所以最小南面傾角，即外角 $\angle GED$ 也可求得。這樣，我由兩傾角之差可以求出偏心圓相對於黃道的整個振動量。不僅如此，我們用這些傾角還可以計算出相對的北緯，即 $\angle AFC$ 和 $\angle EGC$。如果所得結果與觀測相符，這就顯示我們沒有出錯。

下面，我將以黃緯偏離超過其他一切行星的火星爲例。當火星位於近地點時，托勒密求得其最大南黃緯大約爲 7°，而當它位於遠地點時，最大北黃緯爲 4°20′。但是，在確定了

$$\angle BGD = 6°50′$$

之後，我們可以相應地求得

$$\angle AFC \approx 4°30′ \text{。}$$

由於

$$EG:ED = 1^P:1^P22'26'',$$

最大南面傾角

$$\angle BCD = 6°50',$$
$$\angle DEG \approx 1°51'。$$

因爲

$$EF:CE = 1^P:1^P39'57'',$$

以及

$$\angle CEF = \angle DEG = 1°51',$$

所以，當行星與太陽相沖時，上面提到的外角

$$\angle CFA = 4\frac{1}{2}°。$$

類似地，當火星位於相反位置即與太陽相合時，如果我們假定

$$\angle DFE = 5',$$

那麼由於邊 DE 和 EF 以及 $\angle EFD$ 均已知，所以

$$\angle EDF = 4',$$

表示最小傾角的外角

$$\angle DEG \approx 9'。$$

由此還可求得北緯度角

$$\angle CGE \approx 6'。$$

從最大傾角中減去最小傾角，我們就可以得到這個傾角的振動量爲

$$1°51' - 9' = 1°42'。$$

於是，

$$\frac{1}{2}(1°42') \approx 50\frac{1}{2}'。$$

對於其他兩顆行星，即木星和土星，我們也可以用類似的方法求出傾角和黃緯偏離。由於木星的最大傾角爲 1°42'，最小傾角爲 1°18'，所以它的全部振動量不超過 24'。而土星的最大傾角爲 2°44'，最小傾角爲 2°16'，所以二者之間的振動量爲 28'。因此，當行星被掩在了太陽後面時，通過在相反位置出現的最小傾角，就可以求出以下相對黃道的緯度偏差值：土星爲 2°3'，木星爲 1°6'。這些數值馬上就會得到說明，

我們要把它們用於編製後面的表。

第四章　對這三顆行星其他黃緯值的一般解釋

有了上面這些內容，我們就可以一般性地將這三顆行星的特定緯度求出來了。和前面一樣，設 AB 爲與黃道垂直並且通過行星最遠偏離極限的平面的交線，設北限爲點 A，直線 CD 爲行星軌道圓（與黃道）的交線，並與 AB 相交於點 D。以點 D 爲圓心作地球大軌道圓 EF。從沖點 E 截取任一段已知 $\overarc{EF}$，從 F 以及行星位置 C 向 AB 引垂線 CA 和 FG。連接 FA 與 FC。

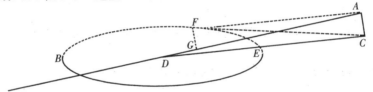

我們首先來求偏心圓傾角 $\angle ADC$ 的大小。我們已經證明，當地球位於點 E 時傾角爲極大，而且振動的性質要求，它的整個振動量與地球在圓 EF 上的運轉成比例，而圓 EF 由直徑 BE 決定。因此，由於 $\overarc{EF}$ 已知，所以可求得 ED 與 EG 之比，這就是整個振動量與剛剛由 $\angle ADC$ 分離出的振動之比。由此也可以求得 $\angle ADC$。這樣，$\triangle ADC$ 的各邊、角均已知。但由於 CD 與 ED 之比已知，CD 與〔ED 減去 EG 的〕餘量 DG 之比也已知，所以 CD 和 AD 二者與 GD 之比也可求得。於是（AD 減去 GD 的）餘量 AG 就求得了。由此同樣可得 FG，因爲

$$FG = \tfrac{1}{2} \text{弦 } 2\overarc{EF}，$$

因此，在直角三角形 $\triangle AGF$ 中，（AG 與 FG）兩邊已知，所以邊 AF 以及 AF 與 AC 之比也可知。最後，由於直角三角形 $\triangle ACF$ 的〔AF 和 AC〕兩邊已知，所以 $\angle AFC$ 可知，此即我們所要求的視緯度角。

我們再次以火星爲例進行分析。設其最大南緯極限位於點 A 附

近，而點 A 大致位於其低拱點。設行星位於點 C，則當地球位於點 E 時，前已證明傾角達到最大，即 $1°50'$。現在我們把地球置於點 F，於是沿 $\overset{\frown}{EF}$ 的視差行度爲 $45°$，因此，如果取 $ED=10000$，則

$$直線\ FG=7071，$$

而半徑的餘量

$$GE=10000-7071=2929。$$

我們已經求得

$$振動角\ \angle ADC\ 之半=50\tfrac{1}{2}'。$$

在此情況下它的增減量之比爲

$$DE:GE=50\tfrac{1}{2}':15'。$$

現在，傾角

$$\angle ADC=1°50'-15'=1°35'。$$

因此，$\triangle ADC$ 的各邊、角均可知。如果取 $ED=6580$，前面已求得

$$CD=9040，$$
$$FG=4653，$$
$$AD=9036，$$

相減可得，

$$AG=4383，$$

以及

$$AC=249\tfrac{1}{2}。$$

因此，在直角三角形 $\triangle AFG$ 中，

$$直角邊\ AG=4383，$$
$$底邊\ FG=4653，$$
$$斜邊\ AF=6392，$$

於是，在 $\triangle ACF$ 中，

$$\angle CAF=90°，$$

邊 AC 與邊 AF 已知，於是可知

$$\angle AFC=2°15'，$$

即爲地球位於點 F 時的視緯度角。對於土星和木星，我們也將作類似

的推理。

第五章　金星和水星的黃緯

　　接下來是金星和水星。我說過，它們的黃緯偏差可以通過三種同時發生且相互聯繫的黃緯偏離來說明。為使它們可以彼此區分開來，我將從古人所說的「赤緯」開始談起，因為它比較容易處理。在這三種偏離當中，有時只有它會發生。這種偏離發生在中間經度和節點附近，根據精確的經向行度計算，此時地球與行星的遠地點或近地點相距一個象限。當地球距行星非常近的時候，（古人）求得金星的南黃緯或北黃緯為 6°22′，水星為 4°5′；而當地球距行星最遠的時候，金星的南黃緯或北黃緯為 1°2′，水星的為 1°45′。用已經編製的修正表可以查出行星在這些位置的傾角。而當金星距地球最遠時的緯度 1°2′，以及距地球最近時的緯度 6°22′ 時，都要求（通過軌道圓的極並與黃道面垂直的）弧長約為 $2\frac{1}{2}°$；當水星距地球最遠時的緯度 1°45′，以及距地球最近時的緯度 4°5′ 時，都要求弧長為 $6\frac{1}{4}°$。因此，如果取四直角等於 360°，那麼金星軌道圓的傾角就等於 2°30′，水星的傾角等於 $6\frac{1}{4}°$。我將要證明，它們赤緯的每一個特定數值都可以用這些（角度）來解釋。我們首先來看金星。

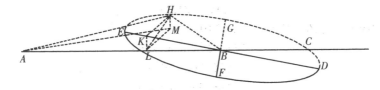

　　設與黃道面垂直並且通過其中心的平面與黃道面交於直線 ABC，（垂直平面）與金星軌道圓平面的交線為 DBE。設點 A 為地球的中心，點 B 為行星軌道圓的中心，$\angle ABE$ 為軌道圓對黃道的傾角。以點 B 為中心作圓 $DFEG$，作直徑 FBG 垂直於直徑 DE。設想軌道圓平面與所取垂直面之間的關係是，在軌道圓平面中垂直於 DE

的直線都相互平行且與黃道面平行，其中只畫出了 FBG。

我們現在的任務是，比如假設行星與最靠近地球的點 E 相距 $45°$，利用已知直線 AB 和 BC 以及已知的傾角 $\angle ABE$，求出行星在黃緯上的偏離是多少。我之所以要仿效托勒密的做法選取此點，是為了弄清楚軌道圓的傾角是否會引起金星或水星的經度改變，這些改變在極限點 D、F、E 與 G 之間大約一半處最為顯著。因為顯然，當行星位於這四個極限點時，它的經度與沒有「赤緯」時是一樣的。

因此，如前所述，假設

$$\overset{\frown}{EH} = 45°。$$

作 HK 垂直於 BE，作 KL 和 HM 垂直於黃道面。連接 HB、LM、AM 和 AH。由於 HK 平行於黃道面，所以我們得到了一個四角為直角的 $\square LKHM$。$\angle LAM$ 為經度行差角。由於 HM 也垂直於同一黃道面，所以 $\angle HAM$ 包含了黃緯偏離。由上所述，由於

$$\angle HBE = 45°，$$

因此，如果取 $EB = 10000$，則

$$HK = \frac{1}{2} \text{弦} \, 2\overset{\frown}{HE} = 7071。$$

類似地，在 $\triangle BKL$ 中，

$$\angle KBL = 2\frac{1}{2}°，$$
$$\angle BLK = 90°，$$

如果取 $BE = 10000$，則

$$\text{邊} \, BK = 7071，$$

所以

$$\text{邊} \, KL = 308，$$
$$\text{邊} \, BL = 7064。$$

但是前面已求得，

$$AB{:}BE \approx 10000{:}7193，$$

所以

$$HK = 5086，$$
$$HM = KL = 221，$$

以及

$$BL = 5081。$$

於是，相減可得，

$$LA = 4919。$$

由於在△ALM 中，邊 AL 已知，且

$$LM = HK，$$

$$\angle ALM = 90°，$$

所以

$$邊\ AM = 7075，$$

$$\angle MAL = 45°57'$$

即爲金星的行差或大視差。類似地，在△MAH 中，

$$邊\ AM = 7075，$$

$$邊\ MH = KL，$$

於是可得

$$\angle MAH = 1°47'，$$

此即計算出的金星赤緯。

如果我們還想不厭其煩地考察金星的這一赤緯能夠引起多大的經度變化，可取△ALH，邊 LH 爲 ▱LKHM 的一條對角線。當 AL = 4919 時，

$$LH = 5091，$$

且

$$\angle ALH = 90°，$$

所以

$$邊\ AH = 7079。$$

因此，由於兩邊之比已知，所以

$$\angle HAL = 45°59'，$$

但前已求得

$$\angle MAL = 45°57'，$$

所以差別僅爲 2'。　　　　　　　　　　　　　　　　　　　　證畢。

對於水星，我仍將採用與前面類似的圖形求水星的赤緯度數。設
$$\overset{\frown}{EH}=45°，$$
於是，如果取斜邊 $HB=10000$，則
$$HK=KB=7071。$$
因此，由前面所求得的經度差，
$$半徑\ BH=3953，$$
$$半徑\ AB=9964，$$
用這樣的單位，
$$BK=KH=2975。$$
如果取四直角＝360°，則上面已求得
$$傾角\ \angle ABE=6°15′，$$
因此，由於直角三角形 $\triangle BKL$ 中的各角已知，所以
$$底邊\ KL=304，$$
$$直角邊\ BL=2778。$$
相減可得，
$$AL=7186。$$
但是
$$LM=HK=2795，$$
在 $\triangle ALM$ 中，
$$\angle L=90°，$$
而邊 AL 和邊 LM 已知，因此可求得
$$邊\ AM=7710，$$
$$\angle LAM=21°16′，$$
此即為算出的行差。
　　類似地，在 $\triangle AMH$ 中，邊 AM 已知，
$$邊\ MH=KL，$$
由此求得邊 AM 和邊 MH 所夾的角
$$\angle M=90°。$$
由此可得

$$\angle MAH = 2°16',$$

即為我們所要求的緯度。但如果我們想知道（這個緯度）在多大程度
上是由眞行差和視行差引起的，那麼作平行四邊形的對角線 LH，由
（平行四邊形的）邊長可得，

$$LH = 2811,$$

而

$$AL = 7186,$$

所以

$$\angle LAH = 21°23',$$

即為視行差。它大約比前面的計算結果（$\angle LAM$）大 7'。　　證畢。

第六章　與遠地點或近地點的軌道圓偏斜有關的金星與水星的第二種黃緯偏離

以上談論的是在行星軌道圓的中間經度區發生的黃緯偏離。我曾
經說過，這些黃緯偏離被稱為「赤緯」。現在，我們必須繼續考慮在近
地點與遠地點附近發生的黃緯偏離，它與第三種（黃緯）偏離有著緊
密的聯繫。三顆外行星並不發生這種偏離，但（對於金星和水星，）
它是容易區分和分離開來的。如下頁圖所示。托勒密曾經觀測到，當
行星位於從地球中心向軌道圓所引切線上時，這些黃緯達到極大值。
正如我已說過的，這種情況發生在行星於晨、昏時距太陽最遠的時候。
托勒密還發現，金星的北緯度比南緯度大 $\frac{1}{3}$°，而水星的南緯度約比北
緯度大 $1\frac{1}{2}$°。但是，為了減少計算的難度和繁雜，他在不同黃緯方向
採取 $2\frac{1}{2}$°作為平均值。這些度數為環繞地球並與黃道正交的圓上的緯
度，而緯度正是在這個圓上測量的。他相信由此不會引起明顯的誤差，
我也會證明這一點。但如果我們只取 $2\frac{1}{2}$°作為黃道每一邊的偏離角，
並且在求得偏斜以前暫不考慮偏差，那麼我們的論證就會更加簡易一
些。因此，我們首先必須說明，此黃緯偏離在偏心圓切點附近達到最
大，經度行差也在這裏達到最大。

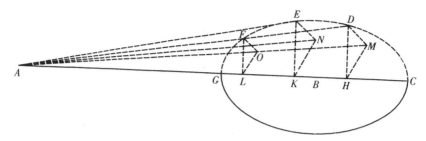

作黃道面與金星或水星的偏心圓平面的交線——此交線通過（行星的）遠地點和近地點。設地球的位置爲 A，與黃道相傾斜的偏心圓 $CDEFG$ 的中心爲點 B。於是，（在偏心圓上）畫出的任何與 CG 垂直的直線所成角度都等於偏斜角度。作 AE 與偏心圓相切，AD 爲任一條割線。從 D、E、F 各點作 DH、EK、FL 垂直於 CG，作 DM、EN 和 FO 垂直於黃道水平面。連接 MH、NK 和 OL 以及 AN 和 AOM。AOM 爲一直線，因爲它的三個點都在兩個平面（即黃道面和與之垂直的 ADM 平面）上。

因爲對於目前的偏斜來說，$\angle HAM$ 和 $\angle KAN$ 分別爲這兩顆行星的經度行差，$\angle DAM$ 和 $\angle EAN$ 爲它們的黃緯偏離，所以我首先要說，在切點處形成的 $\angle EAN$ 爲最大的緯度角，而此處的經度行差也幾乎達到最大值。

由於 $\angle EAK$ 比其他的（經度角）都要大，所以

$$KE:EA > HD:DA，$$
$$KE:EA > LF:FA。$$

但是

$$EK:EN = HD:DM = LF:FO，$$

因爲，正如我已說過的，

$$\angle EKN = \angle HDM = \angle LFO，$$

且

$$\angle M = \angle N = \angle O = 90°，$$

所以，

$$NE:EA > MD:DA$$

$$NE{:}EA > OF{:}FA \circ$$

由於

$$\angle DMA = \angle ENA = \angle FOA ,$$

所以，

$$\angle EAN > \angle DAM ,$$

並且 $\angle EAN$ 大於以這種方式構造的其他任何角。因此顯然，由這一偏斜所引起的經度行差的最大值也出現在點 E 附近的最大距角處。因爲（在相似三角形中）對應角相等，所以

$$HD{:}HM = KE{:}KN = LF{:}LO \circ$$

由於它們的差值也具有相等的比值，所以

$$(EK-KN){:}EA > (HD-HM){:}AD ,$$
$$(EK-KN){:}EA > (LF-FO){:}AF \circ$$

於是，偏心弧的經度行差與黃緯偏離之比等於最大經度行差與最大黃緯偏離之比，這也是很清楚的，因爲

$$KE{:}EN = LF{:}FO = HD{:}DM ,$$

這就是前面所要證明的結論。

第七章　金星和水星的偏斜角有多大

在完成了上述初步論證之後，讓我們看看這兩顆行星平面的偏斜角有多大。讓我們重複一下前面所說的內容：當每顆行星（與太陽的距離）介於最大和最小之間時，它最多偏北或偏南5°，相反方向取決於它在軌道上的位置，因爲在偏心圓的遠地點和近地點，金星的偏離與5°相差極小，而水星卻與5°相差 $\frac{1}{2}$°左右。

和前面一樣，設 ABC 爲黃道與偏心圓的交線。按照前已闡明的方式，以點 B 爲中心作傾斜於黃道面的行星的軌道圓。從地球中心作直線 AD 切（行星的）軌道圓於點 D。從點 D 作 DF 垂直於 CBE，DG 垂直於黃道的水平面。連接 BD、FG 和 AG。取四直角＝360°，並設每顆行星的緯度差之半

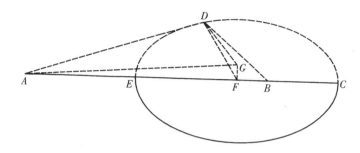

$$\angle DAG = 2\frac{1}{2}°。$$

我們的任務是要求出兩平面的偏斜角有多大，即 $\angle DFG$ 的大小。

對於金星而言，如果取半徑＝7193，則我們已經求得

位於遠地點處的最大距離＝10208，

位於近地點處的最小距離＝9792。

這兩個數值的平均＝10000，

托勒密在證明中決定採用的正是這個平均值，因為他希望計算過程不會過於繁難。由於這兩個極值不會造成很大差別，所以採用平均值是比較好的。於是，

$$AB{:}BD = 10000{:}7193，$$

而

$$\angle ADB = 90°，$$

因此，

$$邊\ AD = 6947。$$

類似地，由於

$$\angle DAG = 2\frac{1}{2}°，$$

$$\angle AGD = 90°，$$

所以在 $\triangle ADG$ 中，各角均已知，且如果取 $AD = 6947$，則

$$邊\ DG = 303，$$

這樣，（在 $\triangle DFG$ 中），DF 和 DG 兩邊均已知，且

$$\angle DGF = 90°，$$

所以

$$\angle DFG = 3°29',$$

即爲傾角或偏斜角。但由於 $\angle DAF$ 超出 $\angle FAG$ 的量爲經度視差之差，所以此差值可以從各已知量推算出來。如果取 $DG = 303$，我們已經求得

$$AD = 6947,$$
$$DF = 4997,$$

現在

$$AD^2 - DG^2 = AG^2,$$

且

$$FD^2 - DG^2 = GF^2,$$

所以

$$AG = 6940,$$
$$FG = 4988。$$

但如果取 $AG = 10000$，則

$$FG = 7187,$$
$$\angle FAG = 45°57',$$

如果取 $AD = 10000$，則

$$DF = 7193,$$
$$\angle DAF \approx 46°。$$

因此當偏斜角最大時，視差之差大約減少了 $3'$。軌道圓在中拱點處的傾角顯然是 $2\frac{1}{2}°$，但在此處它卻幾乎增加了 $1°$，這是我所說的第一種天平動加給它的。

　　水星的情形也是類似的。如果取軌道圓半徑爲 3573，那麼軌道圓與地球的最大距離爲 10948，最小距離爲 9052，而這兩個值的平均值爲 10000。

而且

$$AB:BD = 10000:3573,$$

所以

邊 $AD=9340$。

由於

$$AB:AD=BD:DF,$$

所以

$$DF=3337。$$

由於緯度角

$$\angle DAG=2\frac{1}{2}°,$$

所以如果取 $DF=3337$，則

$$DG=407。$$

於是在 $\triangle DFG$ 中，該兩邊之比為已知，而

$$\angle G=90°,$$

於是

$$\angle DFG\approx7°。$$

這就是水星軌道圓相對於黃道面的傾角或偏斜角。然而我們已經求得位於中間經度區或中間象限區的傾角為 6°15′，所以第一種天平動給它增加了 45′。

要想確定行差角及其差值，證明是類似的。如果取 $AD=9340$，$DF=3337$，則

$$DG=407。$$

而

$$AD^2-DG^2=AG^2,$$
$$DF^2-DG^2=FG^2,$$

所以

$$AG=9331,$$
$$FG=3314。$$

由此可推得行差角

$$\angle GAF=20°48′,$$
$$\angle DAF=20°56′,$$

它大約比與偏斜角成比例的 $\angle GAF$ 大 8′。接下來，我們還要看看這

些與軌道圓的最大距離和最小距離有關的偏斜角和黃緯是否與觀測值相一致。

為此，我們仍然使用同一圖形，在金星軌道圓的最大距離處，設

$$AB{:}BD=10208{:}7193。$$

由於

$$\angle ADB=90°，$$
$$DF=5100，$$

我們已經求得偏斜角

$$\angle DFG=3°29'，$$

因此，如果取

$$AD=7238，$$

則

$$邊\ DG=309。$$

於是，如果取 $AD=10000$，則

$$DG=427。$$

由此可知，在距地球的最遠處，

$$\angle DAG=2°27'。$$

而在最近處，如果取軌道圓半徑 $=7193$，則

$$AB=9792，$$

垂直於半徑的

$$AD=6644。$$

類似地，由於

$$BD{:}DF=AB{:}AD，$$

所以

$$DF=4883。$$

但

$$\angle DFG=3°28'，$$

所以如果取 $AD=6644$，則

$$DG=297。$$

於是△ADG 的各邊均已知，所以
$$∠DAG = 2°34′。$$
然而，3′、4′這樣的大小很難通過星盤這樣的儀器測量出來，因此，前面對金星所取的最大黃緯偏斜角仍然是正確的。

再設水星的軌道圓的最大距離
$$AB:BD = 10948:3573，$$
則通過與前面類似的論證，我們可以求得
$$AD = 9452，$$
$$DF = 3085。$$
但我們在這裏再次求得偏斜角
$$∠DFG = 7°，$$
所以，如果取 $DF = 3085$，$DA = 9452$，則
$$DG = 376。$$
因此，由於直角三角形△DAG 的各邊已知，所以
$$∠DAG ≈ 2°17′，$$
即爲最大黃緯偏斜角。但在最小距離處，
$$AB:BD = 9052:3573，$$
因此
$$AD = 8317，$$
$$DF = 3283。$$
由於（傾角）相同，如果取 $AD = 8317$，則
$$DF:DG = 3283:400。$$
所以
$$∠DAG = 2°45′。$$
因此，取平均值時的黃緯偏離角 $2\frac{1}{2}°$與遠地點處的黃緯偏離角至少相差 13′，而與在近地點處的黃緯偏離角至多相差 15′。我在計算中將把這個差值取爲 $\frac{1}{4}°$，這與觀測得到的差值相差不大。

在證明了這些結論，以及最大經度行差與最大黃緯偏離之比等於軌道圓其餘部分的行差與黃緯偏離之比之後，我們就可以求出金星和

水星的軌道圓偏斜所引起的所有黃緯值了。但正如我已說過的，我們算出的只是介於遠地點和近地點之間的黃緯。這些緯度的極大值爲 2 $\frac{1}{2}$°，此時金星的最大行差爲 46°，水星的最大行差約爲 22°。我們已經在非均勻行度表中就軌道圓的個別部分列出了行差。因此，我們將分別對每顆行星從 2$\frac{1}{2}$° 中取出最大行差值比最小行差值多出來的那部分，並在下面的表中列出這些數值。通過這種方法，我們可以求出當地球位於這些行星的高、低拱點時，每一特殊偏斜緯度的精確値——正如我們可以記下（當地球與行星的遠地點和近地點）距離一個象限而（行星）位於平經處時行星的赤緯一樣。這四個極限點之間出現的情況可以在業已提出的圓周假設的幫助下，通過運用數學技巧求出，不過計算比較繁雜。在處理每一問題時都力求簡潔的托勒密發現，這兩種緯度（赤緯和偏斜）無論是整體還是部分，都像月球緯度那樣成比例地增減。因爲它們的最大緯度爲 5°，即 60° 的 $\frac{1}{12}$，所以他把每一部分都乘以 12，並把乘積變成比例分數，想把它們不僅用於這兩顆行星，而且還用於另外三顆外行星，這一點我們後面就會闡明。

第八章　金星和水星的第三種黃緯偏移，即所謂的「偏差」

在進行了上述說明之後，我們還要討論第三種黃緯偏移，即偏差。古人把地球置於宇宙的中心，認爲偏差是由帶著一個本輪並且圍繞地球中心旋轉的偏心圓的傾斜造成的——當本輪位於遠地點或近地點時偏差達到極大，而且正像前面所說的，金星總是向北偏 $\frac{1}{6}$°，水星總是向南偏 $\frac{3}{4}$°。但我們並不完全清楚，古人的意思是否就是軌道圓的傾角固定不變，因爲他們總是取比例分數的 $\frac{1}{6}$ 作爲金星的偏差，取比例分數的 $\frac{3}{4}$ 作爲水星的偏差，這些數值表明了這一點。但如果傾角並非總是像基於此角的比例分數所要求的那樣保持不變，那麼這些值就不成立了。而且即使傾角固定不變，我們依然無法理解行星的這一緯度爲什麼會突然從交點回到它原先的緯度值，除非這就如同光學中所講的

光線的反射那樣。但我們這裏所討論的運動並不是瞬時的，而是依其本性就可用時間測量。因此，我們必須承認有像我所講的那樣一種天平動存在於那些（圓）中，並且使圓的各部分緯度反向。這個結果是必然的，正如對於水星而言是 $\frac{1}{5}$°。按照我的假設，這個緯度是可變的，並非絕對常數，這並不應使人感到驚異。然而它不會引起明顯的誤差，這可以在它的一切變化中看出，論證如下：

設（ABC）爲垂直於黃道的平面與黃道面的交線，在此交線上，設點 A 爲地球的中心，點 B 爲距地球最

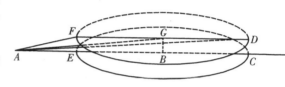

遠或最近處的通過傾斜軌道圓兩極的圓 CDF 的中心。當軌道圓的中心位於遠地點或近地點，即在 AB 線上時，無論行星位於與軌道圓平行的圓周上的任何地方，它的偏差都爲最大。DF 爲軌道圓的直徑，它平行於 CBE。DF 和 CBE 爲與平面 CDF 垂直的兩平面的交線。設 DF 被平分於點 G，即（與軌道圓）平行的圓的中心。連接 BG、AG、AD 與 AF。和金星發生最大偏差時一樣，我們取

$$\angle BAG = 10',$$

在 △ABG 中，

$$\angle B = 90°,$$

由此可知兩邊之比

$$AB:BG = 10000:29。$$

但是

$$線段 \ ABC = 17193,$$

相減可得，

$$AE = 2807,$$

$$\frac{1}{2} \ 弦 \ 2\widehat{CD} = \frac{1}{2} \ 弦 \ 2\widehat{EF} = BG。$$

因此

$$\angle CAD = 6',$$
$$\angle EAF \approx 15'。$$

而

$$\angle BAG - \angle CAD = 4',$$
$$\angle EAF - \angle BAG = 5',$$

這些差值小到可以忽略下計，因此，當地球位於遠地點或近地點時，無論金星位於軌道圓上的任何地方，它的視偏差都在 10′左右。

然而對於水星而言，我們取

$$\angle BAG = 45',$$
$$AB:BG = 10000:131,$$
$$ABC = 13573，$$

相減可得，

$$AE = 6427。$$

於是

$$\angle CAD = 33',$$
$$\angle EAF \approx 70'。$$

因此 $\angle CAD$ 少了 12′，而 $\angle EAF$ 多了 25′。不過在火星映入我們的視野之前，這些差值實際上都被太陽光遮住了。因此古人只研究過水星的視偏差，而它看起來似乎是固定不變的。然而，如果有人想不辭辛苦地弄清楚當行星為太陽所掩沒時的偏差有多大，我將在下面闡述如何做到這一點。我將以水星為例，因為它的偏差大於金星。

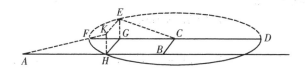

設直線 AB 位於行星的軌道圓與黃道的交線上。地球位於行星軌道圓的遠地點或近地點——點 A。和前面對偏斜的處理一樣，仍取線段 $AB = 10000$，把它當做最大距離和最小距離的平均值。以 C 為中心

作圓 DEF 與偏心軌道圓平行，且與之相距 CB。假設位於此緯圈上的行星此時正呈現其最大偏差。設此圓的直徑爲 DCF，它也必然平行於 AB，且 DCF 和 AB 都位於與行星軌道圓垂直的同一平面上。因此，舉例說來，設

$$\overset{\frown}{EF}=45°，$$

我們研究行星在此弧段的偏差。作 EG 垂直於 CF，EK 和 GH 垂直於軌道圓的水平面。連接 HK，完成矩形。再連接 AE、AK 和 EC。

根據水星的最大偏斜，如果取 $AB=10000$，則

$$BC=131，$$
$$CE=3573。$$

直角三角形 $\triangle EGC$ 的各角已知，因此

$$邊 EG=KH=2526。$$

由於

$$BH=EG=CG，$$
$$AH=BA-BH=7474，$$

因此，由於在 $\triangle AHK$ 中，

$$\angle H=90°，$$

$\angle H$ 的夾邊已知，所以

$$邊 AK=7889。$$

但是，

$$邊 KE=CB=GH=131，$$

於是在 $\triangle AKE$ 中，直角 $\angle K$ 的兩夾邊 AK 和 KE 已知，所以 $\angle KAE$ 可以求得，此即爲我們所要求的在所採用弧段 $\overset{\frown}{EF}$ 的偏差，它與實際觀測角度相差極少。對於金星和其他行星的情況，我們也會作類似的計算，並把所得發現列入附表。

在作了這樣一番解釋之後，我將對在這些極限之間的偏差算出比例分數。設圓 ABC 爲金星或水星的偏心軌道圓，點 A 和點 C 爲該緯度行度上的節點，點 B 爲最大偏差的極限點。以點 B 爲中心，作小圓 DFG 以及穿過它的直徑 DBF，偏差的天平動正是沿著直徑 DBF 發

生的。我已經說過，當地球位
於行星偏心軌道圓的遠地點或
近地點時，行星位於其最大偏
差點——點 F，而此時行星的
均輪與該小圓相切。現在設地
球被從行星偏心圓的遠地點或
近地點移開，根據這一位移取
FG 為小圓上的相似弧段。作
攜帶行星的均輪 AGC 與小圓

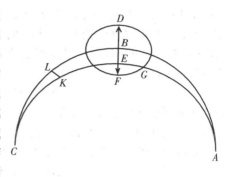

相交，並且截直徑 DF 於點 E。置行星於圓周上的點 K，而根據假設，
$\overarc{EK}$ 與 $\overarc{FG}$ 相似。作 KL 垂直於圓 ABC。

我們的任務是由 $\overarc{FG}$、$\overarc{EK}$ 和 BE 求得 KL 的長度，即行星與圓
ABC 的距離。因爲根據 $\overarc{FG}$ 可以求得 $\overarc{EG}$，它將是一條幾乎與圓弧或
凸線無什麼區別的直線。類似地，EF 也可用與 BF 同樣的單位表示
出來，它們的差 BE 可得。

$$BF:BE=\text{弦 } 2\overarc{CE} : \text{弦 } 2\overarc{CK} = BE:KL。$$

因此，如果把 BF 和半徑 CE 都與同一數目 60 相比，則由此可得 BE
的值。如果把這個數與它自身相乘，並把得到的積除以 60，我們便可
得到 $\overarc{EK}$ 的比例分數 KL。我也類似地把它們列入下表的第五列即最
後一列。

土星、木星和火星的黃緯表

公共數		土星黃緯 北		南		木星黃緯 北		南		火星黃緯 北		南		比例分數	
3	357	2	3	2	2	1	6	1	5	0	6	0	5	59	48
6	354	2	4	2	2	1	7	1	5	0	7	0	5	59	36
9	351	2	4	2	3	1	7	1	5	0	9	0	6	59	6
12	348	2	5	2	3	1	8	1	6	0	9	0	6	58	36
15	345	2	5	2	3	1	8	1	6	0	10	0	8	57	48
18	342	2	6	2	3	1	8	1	6	0	11	0	8	57	0
21	339	2	6	2	4	1	9	1	7	0	12	0	9	56	48
24	336	2	7	2	4	1	9	1	7	0	13	0	9	54	36
27	333	2	8	2	5	1	10	1	8	0	14	0	10	53	18
30	330	2	8	2	5	1	10	1	8	0	14	0	11	52	0
33	327	2	9	2	6	1	11	1	9	0	15	0	11	50	12
36	324	2	10	2	7	1	11	1	9	0	16	0	12	48	24
39	321	2	10	2	7	1	12	1	10	0	17	0	12	46	24
42	318	2	11	2	8	1	12	1	10	0	18	0	13	44	24
45	315	2	11	2	9	1	13	1	11	0	19	0	15	42	12
48	312	2	12	2	10	1	13	1	11	0	20	0	16	40	0
51	309	2	13	2	11	1	14	1	12	0	22	0	18	37	36
54	306	2	14	2	12	1	14	1	13	0	23	0	20	35	12
57	303	2	15	2	13	1	15	1	14	0	25	0	22	32	36
60	300	2	16	2	15	1	16	1	15	0	27	0	24	30	0
63	297	2	17	2	16	1	17	1	17	0	29	0	25	27	12
66	294	2	18	2	18	1	18	1	18	0	31	0	27	24	24
69	291	2	20	2	19	1	19	1	19	0	33	0	29	21	24
72	288	2	21	2	21	1	21	1	21	0	35	0	31	18	24
75	285	2	22	2	22	1	22	1	22	0	37	0	34	15	24
78	282	2	24	2	24	1	24	1	24	0	40	0	37	12	24
81	279	2	25	2	26	1	25	1	25	0	42	0	39	9	24
84	276	2	27	2	27	1	27	1	27	0	45	0	42	6	24
87	273	2	28	2	28	1	28	1	28	0	48	0	45	3	12
90	270	2	30	2	30	1	30	1	30	0	51	0	49	0	0

續表

公共數		土星黃緯				木星黃緯				火星黃緯				比例分數	
		北		南		北		南		北		南			
93	267	2	31	2	31	1	31	1	31	0	55	0	52	3	12
96	264	2	33	2	33	1	33	1	33	0	59	0	56	6	24
99	261	2	34	2	34	1	34	1	34	1	2	1	0	9	9
102	258	2	36	2	36	1	36	1	36	1	6	1	4	12	12
105	255	2	37	2	37	1	37	1	37	1	11	1	8	15	15
108	252	2	39	2	39	1	39	1	39	1	15	1	12	18	18
111	249	2	40	2	40	1	40	1	40	1	19	1	17	21	21
114	246	2	42	2	42	1	42	1	42	1	25	1	22	24	24
117	243	2	43	2	43	1	43	1	43	1	31	1	28	27	12
120	240	2	45	2	45	1	44	1	44	1	36	1	34	30	0
123	237	2	46	2	46	1	46	1	46	1	41	1	40	32	37
126	234	2	47	2	48	1	47	1	47	1	47	1	47	35	12
129	231	2	49	2	49	1	49	1	49	1	54	1	55	37	36
132	228	2	50	2	51	1	50	1	51	2	2	2	5	40	6
135	225	2	52	2	53	1	53	1	53	2	10	2	15	42	12
138	222	2	53	2	54	1	52	1	54	2	19	2	26	44	24
141	219	2	54	2	55	1	53	1	55	2	29	2	38	47	24
144	216	2	55	2	56	1	55	1	57	2	37	2	48	48	24
147	213	2	56	2	57	1	56	1	58	2	47	3	4	50	12
150	210	2	57	2	58	1	58	1	59	2	51	3	20	52	0
153	207	2	58	2	59	1	59	2	1	3	12	3	32	53	18
156	204	2	59	3	0	2	0	2	2	3	23	3	52	54	36
159	201	2	59	3	1	2	1	2	3	3	34	4	13	55	48
162	198	3	0	3	2	2	2	2	4	3	46	4	36	57	0
165	195	3	0	3	2	2	2	2	5	3	57	5	0	57	48
168	192	3	1	3	3	2	3	2	5	4	9	5	23	58	36
171	189	3	1	3	3	2	3	2	6	4	17	5	48	59	6
174	186	3	2	3	4	2	4	2	6	4	23	6	15	59	36
177	183	3	2	3	4	2	4	2	7	4	27	6	35	59	48
180	180	3	2	3	5	2	4	2	7	4	30	6	50	60	0

金星和水星的黃緯表

公共數		金 星				水 星				金星 偏離		水星 偏離		偏離的 比例分數	
		赤緯		傾角		赤緯		傾角							
3	357	1	2	0	4	0	7	1	45	0	5	0	33	59	36
6	354	1	2	0	8	0	7	1	45	0	11	0	33	59	12
9	351	1	1	0	12	0	7	1	45	0	16	0	33	58	25
12	348	1	1	0	16	0	7	1	44	0	22	0	33	57	14
15	345	1	0	0	21	0	7	1	44	0	27	0	33	55	41
18	342	1	0	0	25	0	7	1	43	0	33	0	33	54	9
21	339	0	59	0	29	0	7	1	42	0	38	0	33	52	12
24	336	0	59	0	33	0	7	1	40	0	44	0	34	49	43
27	333	0	58	0	37	0	8	1	38	0	49	0	34	47	21
30	330	0	57	0	41	0	8	1	36	0	55	0	34	45	4
33	327	0	56	0	45	0	8	1	34	1	0	0	34	42	0
36	324	0	55	0	49	0	8	1	30	1	6	0	34	39	15
39	321	0	53	0	53	0	8	1	27	1	11	0	35	35	53
42	318	0	51	0	57	0	8	1	23	1	16	0	35	32	51
45	315	0	49	1	1	0	8	1	19	1	21	0	35	29	41
48	312	0	46	1	5	0	8	1	15	1	26	0	36	23	40
51	309	0	44	1	9	0	8	1	11	1	31	0	36	26	34
54	306	0	41	1	13	0	8	1	8	1	35	0	36	30	39
57	303	0	38	1	17	0	8	1	4	1	40	0	37	17	40
60	300	0	35	1	20	0	8	0	59	1	44	0	38	15	0
63	297	0	32	1	24	0	8	0	54	1	48	0	38	12	20
66	294	0	29	1	28	0	9	0	49	1	52	0	39	9	55
69	291	0	26	1	32	0	9	0	44	1	56	0	39	7	38
72	288	0	23	1	35	0	9	0	38	2	0	0	40	5	39
75	285	0	20	1	38	0	9	0	32	2	3	0	41	3	57
78	282	0	16	1	42	0	9	0	26	2	7	0	42	2	34
81	279	0	12	1	46	0	9	0	21	2	10	0	42	1	28
84	276	0	8	1	50	0	10	0	16	2	14	0	43	0	40
87	273	0	4	1	54	0	10	0	8	2	17	0	44	0	10
90	270	0	0	1	57	0	10	0	0	2	20	0	45	0	0

續表

公共數		金星 赤緯		金星 傾角		水星 赤緯		水星 傾角		金星 偏離		水星 偏離		偏離的比例分數	
93	267	0	5	2	0	0	10	0	8	2	23	0	45	0	10
96	264	0	10	2	3	0	10	0	15	2	25	0	46	0	40
99	261	0	15	2	6	0	10	0	23	2	27	0	47	1	28
102	258	0	20	2	9	0	11	0	31	2	28	0	48	2	34
105	255	0	26	2	12	0	11	0	40	2	29	0	48	3	57
108	252	0	32	2	15	0	11	0	48	2	29	0	49	5	39
111	249	0	38	2	17	0	11	0	57	2	30	0	50	7	38
114	246	0	44	2	20	0	11	1	6	2	30	0	51	9	55
117	243	0	50	2	22	0	11	1	16	2	30	0	51	12	20
120	240	0	59	2	24	0	12	1	25	2	29	0	52	15	0
123	237	1	8	2	26	0	12	1	35	2	28	0	53	17	40
126	234	1	18	2	27	0	12	1	45	2	26	0	54	20	39
129	231	1	28	2	29	0	12	1	55	2	23	0	55	23	34
132	228	1	38	2	30	0	12	2	6	2	20	0	56	26	40
135	225	1	48	2	30	0	13	2	16	2	16	0	57	29	41
138	222	1	59	2	30	0	13	2	27	2	11	0	57	32	51
141	219	2	11	2	29	0	13	2	37	2	6	0	58	35	53
144	216	2	25	2	28	0	13	2	47	2	0	0	59	39	25
147	213	2	43	2	26	0	13	2	57	1	53	1	0	42	0
150	210	3	3	2	22	0	13	3	7	1	46	1	1	45	4
153	207	3	23	2	18	0	13	3	17	1	38	1	2	47	21
156	204	3	44	2	12	0	14	3	26	1	29	1	3	49	43
159	201	4	5	2	4	0	14	3	34	1	20	1	4	52	12
162	198	4	26	1	55	0	14	3	42	1	10	1	5	54	9
165	195	4	49	1	42	0	14	3	48	0	59	1	6	55	41
168	192	5	13	1	27	0	14	3	54	0	48	1	7	57	14
171	189	5	36	1	9	0	14	3	58	0	36	1	7	58	25
174	186	5	52	0	48	0	14	4	2	0	24	1	8	59	12
177	183	6	7	0	25	0	14	4	4	0	12	1	9	59	36
180	180	6	22	0	0	0	14	4	5	0	0	1	10	60	0

第九章　五大行星黃緯的計算

　　用以上諸表計算五大行星黃緯的方法如下：對於土星、木星和火星，我們可以由修正的或歸一化的偏心圓近點角求得公共數：使火星的近點角保持不變，木星減去 20，土星加上 50。然後，把結果用六十分位或比例分數列入最後一列。類似地，利用修正的視差近點角，我們把每顆行星的數字當做其相應的黃緯。如果比例分數由高變低，則取第一緯度即北黃緯，此時偏心圓的近點角小於 90 或大於 270；如果比例分數由低變高，即如果表中所列的偏心圓近點角大於 90 或小於270，則取第二緯度即南黃緯。因此，如果把其六十分位值乘以這兩個緯度中的任何一個緯度，則乘積即爲黃道以北或以南的距離，這要取決於所取數字的類型。

　　然而對於金星和水星，應首先通過修正的視差近點角分別求出赤緯、偏斜和偏差這三種黃緯偏離。只有一個例外，即對於水星，如果偏心圓近點角及其數字是在表的上部找到的，則應減掉偏斜的 $\frac{1}{10}$；而如果偏心圓近點角及其數字是在表的下部找到的，則應加上偏斜的 $\frac{1}{10}$。把由這些運算所得到的差或和保留下來。

　　我們必須把這些黃緯區分成南、北兩類。假設修正的視差近點角位於遠地點所在的半圓中，即小於 90 或大於 270，而且偏心圓近點角小於半圓，或者假設視差近點角位於近地點圓 f 上，即大於 90 且小於270，而且偏心圓的近點角大於半圓，那麼金星的赤緯在北，而水星的赤緯在南。另一方面，假設視差近點角位於近地點圓 f 上，而且偏心圓近點角小於半圓，或者假設視差近點角位於遠地點圓 f 上，而且偏心圓近點角大於半圓，那麼相反地，金星的赤緯在南，而水星的赤緯在北。然而，在偏斜的情況下，如果視差近點角小於半圓，而且偏心圓近點角爲遠地的，或者，如果視差近點角大於半圓，而且偏心圓近點角爲近地的，那麼金星的偏斜是向北的，而水星的偏斜是向南的。反之亦然。然而，金星的偏差總是向北，水星的偏差總是向南。

　　然後，根據修正的偏心圓近點角查到五大行星公共的比例分數，儘管這些比例分數是屬於三顆外行星的。我們先把這些比例分數應用於偏斜，最後應用於偏差。然後，在把同一偏心圓近點角加上 90 之後，我們就又一次得到了和以及與此和有關的比例分數，並把它們應用於赤緯。當所有這些量值都已按次序整理好之後，把已確定的三種黃緯值分別與其比例分數相乘，由此得到的結果即爲對時間和位置均已修正的黃緯值，於是我終於得到了這兩顆行星的三種黃緯之和。如果所有這些緯度都屬於同一類型，那麼就把它們加在一起。但如果它們不是同一類的話，就只把屬於同一類型的兩個緯度加起來。根據這樣得到的和是否大於第三種黃緯，可以作一次減法，得到的差即爲我們所要求的黃緯值。